高职高专"十三五"规划教材

航天工程材料

主　编　杨　林

副主编　丁宇涛　王　舟

北京航空航天大学出版社

内 容 简 介

本书系统介绍了航天机械工程中常用的金属和非金属材料的基础理论,以及航天工程材料的应用和新进展。全书共分16章,主要内容有:绪论、机械工程材料的性能、纯金属与合金的晶体结构、纯金属与合金的结晶、金属的塑性变形与再结晶、铁碳合金相图与非合金钢、钢的热处理、低合金钢与合金钢、超高强度钢、有色金属、高温金属结构材料、非金属材料与复合材料、工程材料的选用、先进金属基及无机非金属基复合材料、先进聚合物基复合材料、先进功能材料等。

本书注重基本理论和基本概念的阐述,力求理论准确、概念清晰,同时又注重可读性和实用性。本书既可作为高职高专院校航天、飞行器类各专业教学用书,也可作为相关专业工程技术人员的参考用书。

图书在版编目(CIP)数据

航天工程材料 / 杨林主编. -- 北京 : 北京航空航
天大学出版社,2018.4

  ISBN 978 - 7 - 5124 - 2681 - 8

Ⅰ. ①航… Ⅱ. ①杨… Ⅲ. ①航天材料 Ⅳ. ①V25

中国版本图书馆 CIP 数据核字(2018)第 052008 号

航天工程材料

主 编 杨 林

副主编 丁宇涛 王 舟

责任编辑 冯 颖

*

北京航空航天大学出版社出版发行

北京市海淀区学院路 37 号(邮编 100191) http://www.buaapress.com.cn

发行部电话:(010)82317024 传真:(010)82328026

读者信箱:goodtextbook@126.com 邮购电话:(010)82316936

北京时代华都印刷有限公司印装 各地书店经销

*

开本:787×1092 1/16 印张:23.25 字数:595 千字

2018 年 5 月第 1 版 2018 年 5 月第 1 次印刷 印数:2 000 册

ISBN 978 - 7 - 5124 - 2681 - 8 定价:59.00 元

前　言

航天工程材料是航天高技术发展的重要物质基础。许多先进材料及材料科学技术都是由航天高技术领域的需求而推动并发展起来的,例如先进复合材料、高温结构材料、先进功能材料等。"航天工程材料"是高职高专院校航天、飞行器类各专业的基础课程,它可为学生后续课程的学习和今后的工作打下必要的基础。

本书根据航天、飞行器类专业人才培养的需求,按照高职高专教育改革的培养目标,系统地介绍了航天工程材料。本书以金属材料的成分、结构、组织与性能的关系及其变化规律为主线,进行了原理性的论述和分析;对于非金属材料、复合材料和功能材料,由于其在航天工程领域中应用广泛,故进行了详细的介绍。作者采用从"一般"机械工程材料到"特殊"航天工程材料的思路,既关注机械工程材料普适性知识及应用的阐释,又注重航天材料的特殊要求的介绍。全书信息量丰富,图文并茂,将材料科学论述与航天工程应用紧密结合,以期激发读者的学习兴趣。通过本书的学习,读者能够正确、合理地选用工程材料,具有确定金属材料热处理工艺和妥善安排工艺路线的初步能力,并对航天工程材料的应用和综合发展趋势有一定的了解。

为更好地服务于我国高等职业技术教育的培养目标,本教材内容侧重于应用理论、应用技术和材料的选用;强调理论联系实际,强调对学生的实践训练;以应用为目的,以掌握概念、强化应用为教学重点,以必需、够用为原则。

本课程的教学课时数为 50～60 学时。使用本书时,各校可根据专业特点、教学时数等情况,对其内容进行调整和增删。书中标题带"※"的部分属于自学或选学的内容。全书由 16 章组成,分别是绪论、机械工程材料的性能、纯金属与合金的晶体结构、纯金属与合金的结晶、金属的塑性变形与再结晶、铁碳合金相图与非合金钢、钢的热处理、低合金钢与合金钢、超高强度钢、有色金属、高温金属结构材料、非金属材料与复合材料、工程材料的选用、先进金属基及无机非金属基复合材料、先进聚合物基复合材料、先进功能材料。

本书由四川航天职业技术学院杨林老师编写。在此,对在本书编写过程中给予帮助的相关人士一并致谢! 由于作者水平有限,不足之处敬请读者批评指正。

编　者

2018 年 2 月

目　　录

第0章 绪 论

0.1 航天高技术产业概况

自古以来,人类就怀有翱翔天空、遨游宇宙的愿望。在生产力和科学技术低下的时代,这种愿望只能停留在幻想的阶段。

1957年10月4日,苏联发射了世界上第一颗人造卫星,并于1961年4月12日发射了世界上第一艘载人飞船,标志着航天科学技术获得了巨大的成功,由此开启了人类航天事业的新纪元。

航天高技术产业的发展虽然与军事应用密切相关,但更重要的是人类在这个产业部门所取得的巨大进展,对国民经济的众多部门和社会生活的许多方面都产生了重大而深远的影响,推动并改变着世界的面貌。全世界从事航天产业的科技人员和工人,总数逾千万。作为拥有最新科学技术装备、高素质人才和先进软件的工业部门,航天产业的发达程度已经成为衡量一个国家科学技术、国防建设和国民经济现代化水平的重要标志之一。进入21世纪以来,航天高技术产业的进一步发展将为人类认识自然和驾驭自然注入新的强大的动力,航天活动的作用将远远超出科学技术领域,对政治、经济、军事以至人类社会生活都将产生更加广泛而深远的影响,并将不断地创造出崭新的科技成果和巨大的经济效益。

1956年中国开始筹建航天工业,并将该研究机构命名为国防部第五研究院,以后陆续演变为第七机械工业部、航天工业部、航空航天工业部、中国航天工业总公司、中国航天科技集团公司、中国航天机电集团公司。我国航天工业在创业初期曾仿制苏联产品,随后不断改进改型,坚持走自力更生、独立自主的发展道路。中国航天事业自创建以来,经历了艰苦创业、配套发展、改革振兴和走向世界等几个重要时期,才达到相当的规模和水平:形成了完整配套的研究、设计、生产和试验体系;建立了能发射各类卫星和载人飞船的航天器发射中心和由国内各地面站、远程跟踪测量船组成的测控网;建立了多种卫星应用系统,取得了显著的社会效益和经济效益;建立了具有一定水平的空间科学研究系统,取得了多项创新成果;培育了一支素质好、技术水平高的航天科技队伍。

中国航天事业是在基础工业比较薄弱、科技水平相对落后,以及特殊的国情、特定的历史条件下发展起来的。中国独立自主地进行航天活动,以较少的投入,在较短的时间里,走出了一条适合本国国情和有自身特色的发展道路,取得了一系列重要成就:中国在卫星回收、一箭多星、低温燃料火箭技术、捆绑火箭技术以及静止轨道卫星发射与测控等许多重要技术领域已跻身世界先进行列;在遥感卫星研制及其应用、通信卫星研制及其应用、载人飞船试验以及空间微重力实验等方面均取得重大成果。中国航天工业在为国民经济建设、国防建设和推动科学技术发展等方面所取得的丰硕成果令世人瞩目,目前已经成为世界航天产业家族中的重要一员。

0.2 航天高技术产业的特点

（1）当代科学技术的高度集中

航天技术是当代科学技术最新成果的高度集中，它是空气动力学、飞行控制、结构强度、推进系统、固体力学、热物理学、物理化学、材料科学、微电子学、光电子学、激光技术、真空技术、计算机技术、制造技术等众多学科和技术的综合，可以说与从数学、物理、化学、航天、地理、生物等基础学科到工业、农业、医学等国民经济领域都有着十分密切的关系。材料科学与工程是发展航天高技术产业的重要基础之一。

（2）高度复杂的系统工程

航天工程是一种极其复杂的系统工程，涉及大规模复杂社会劳动的组织协调和管理，需要有一套严密而科学的组织管理方法，即系统工程方法。例如：一枚多级运载火箭要由箭体结构、动力系统、控制系统、遥测系统及地面测试、发射、控制系统等众多分系统构成；它涉及上千种材料和数以十万计的零部件、数以百万计的元器件。各分系统之间要很好地协调配合，实行系统工程管理，才能确保飞行器最终研制成功并正常使用。

（3）高可靠性和高风险度

由于航天产品是一种要"上天"的飞行器，它们的设计、研制、使用和维修都有极其严格的质量控制要求，首当其冲的是必须确保产品的高可靠性。同时，由于高技术密集、复杂系统的合成以及苛刻的使用条件，航天飞行器又是一种高风险的产品。在世界航天工业发展史上有过多次箭毁人亡的惨痛教训，其起因可以小到一颗铆钉的脱落或者一个密封圈的失效。1988年，美国挑战者号航天飞机曾因密封破损而发生机毁人亡的严重事故，导致七名航天员牺牲和数十亿美元的经济损失。这类血的教训告诉我们，在发展航天高技术产业时"质量第一"的极度重要性。

（4）产品的多样性和小批量

航天高技术产业与大规模批量生产的汽车工业有很大的不同之处，也就是，前者的产品属于小批量生产而且品种繁多。航天工业产品中如火箭、导弹、卫星、飞船等都是属于多型号小批量生产。航天产品的多样性和小批量生产，导致了航天材料研制和生产上的多品种、多规格、小批量、技术质量要求高等特点。

（5）高昂的成本和价格

航天产品成本极为高昂，比如一颗卫星，仅一次发射费用就高达数千万美元。航天材料在航天产品的成本和价格构成中占有相当高的份额，科学地选材和努力发展低成本材料技术是航天材料发展的重要方向。

（6）要求富有创新精神、高度熟练的科学技术人才

航天高技术产业的发展高度依赖于富有创新精神和高度熟练的科学家、工程师以及技师等科技人才群体的配合，使设计、研究、试验、生产、使用、维修等多个环节都有优秀人才把关。航天高技术产业中的高科技人才密度高于一般产业部门，这是保证航天产品的高可靠性、高技术含量、高附加值和完成其特定使命的必要条件。

（7）军民结合，对国防建设和国民经济建设的双重贡献

航天高技术产业是亦军亦民、军民结合的产业。航天工业有战略战术导弹、卫星及飞船

等。战略导弹对于保障国家安全和彰显国威、军威起到了极其重要的作用,卫星、飞船等对于增强国家实力同样具有极其重要的价值。此外,航天工业是典型的知识和技术密集型产业。在一些发达国家中,航天工业不仅是国民经济中重要的产业部门,而且其所拥有的知识和技术对国民经济其他部门也具有很高的应用价值。美国航天局(NASA)一直将航天技术向国计民生推广应用的程度作为申请国家经费的重要依据。我国自 20 世纪 80 年代以来,所推行的"军转民"方针亦已收到了很好的效果,航天产业系统的民品生产产值已达到其总产值的 2/3以上,中国航天工业在为国防、国民经济和科学技术直接服务的同时,还努力将其所拥有的科技成果推广应用到其他工业部门,取得了显著的效益,其中包括不少新材料技术。

(8) 在科技发展中的牵引和辐射作用

从航天高技术产业的诸多特点可以看出,航天高技术在当代科学技术的发展中具有很强的牵引和辐射作用。美国、俄罗斯和西欧是当今世界航天高技术的主导国家和地区,中国也已占有一席之地。近年来,日本、韩国、巴西、印度及中国台湾地区等纷纷加强航天高技术的投入,希望通过发展航天高技术,来增强实力并推动其他高科技和产业的发展。21 世纪将是人类社会大跨度向前发展的世纪,航天活动在军事上的应用会进一步强化,并将最终为解决人类面临的能源、生态、环境、人口等诸多问题,开辟新的途径并做出具有突破性的贡献。航天高技术产业的发展势头会更加强劲,其在科学技术发展中的牵引和辐射作用将会更加突出。

0.3 航天材料的重要作用与发展方向

1. 航天材料的重要作用

航天材料包括金属材料、无机非金属材料、高分子材料和先进复合材料四大类,按其使用功能又可分为结构材料和功能材料两大类。航天材料既是研制生产航天产品的物质保障,又是推动航天产品更新换代的技术基础。

航天产品受其使用条件和环境的制约,对材料提出了严格的要求。对结构材料而言,最关键的要求是轻质、高强和高温耐蚀。从这一点上可以说,航天产品把结构材料的能力提高到了极限水平。飞行器的设计准则已经从原始的静强度设计发展到今天的损伤容限设计,设计选材时的重要决定因素是寿命期成本、强度重量比、疲劳寿命、断裂韧性、储存期、可靠性、可维修性等。对于航天产品来说,还要考虑材料更高的比刚度和比强度,更低的热膨胀系数,耐超高温和超低温能力,以及在空间环境中的耐久性。例如:为了提高航天器燃料燃烧时的效率和保证重返大气层时的防护,需要有耐高温防热材料;为了保存低温推进剂(如液氢、液氧),需要有耐低温和超低温材料及绝热材料。空间用高效能源也提出了许多关键性的材料问题。环境问题还包括外层空间的高真空状态、宇宙射线辐照和低地球轨道上原子氧的影响等问题。航天飞行器在超高温、超低温、高真空、高应力、强腐蚀等极端条件下工作,除了依靠优化的结构设计之外,还有赖于材料所具有的优异特性和功能。由此可见,航天材料在航天产品发展中具有极其重要的地位和作用。

航天产品在追求轻质和减重方面可以说是"克克计较"。图 0-1 所示为飞行器每减重 1 kg 所取得的经济效益与飞行速度的关系。由图可见,对航天飞机来说,每减重 1 kg 的经济效益将逾万美元。轻质高强可用比强度的概念来衡量,各种材料比强度与飞行器马赫数的关系见图 0-2。

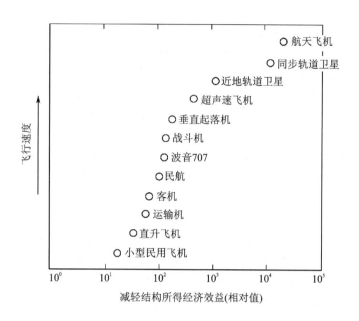

图 0-1　飞行器每减重 1 kg 所取得的经济效益与飞行速度的关系

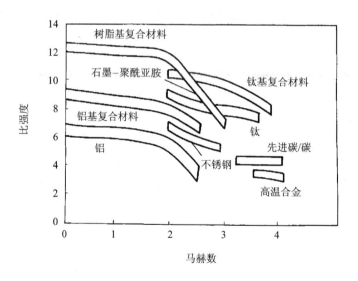

图 0-2　各种材料比强度与飞行马赫数的关系

高温材料是制约航天产品性能的另一类关键材料。火箭蒙皮的工作温度可达 1 000 ℃ 以上，而发动机则高达近 2 000 ℃。航天材料的耐温性见图 0-3。为了满足航天产品提高工作温度的要求，许多新型材料如金属间化合物、陶瓷、碳/碳（C/C）及各种复合材料正在加速发展之中。

除结构材料外，功能材料在航天产品的发展中同样具有重要的作用，如微电子和光电子材料、传感器敏感元件材料、功能陶瓷材料、光纤材料、信息显示与存储材料、隐身材料以及智能材料等。

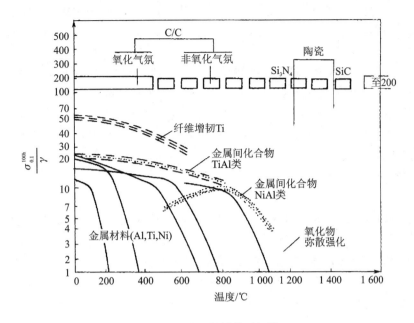

图 0-3 航天材料的耐温性

2. 航天材料的发展方向

（1）高性能

高性能航天结构材料对于减轻结构质量和提高飞行器的结构效率、服役可靠性及延长寿命具有极为重要的作用,是航天材料的主要发展趋势。航天结构材料的高性能主要是:轻质、高强、高模、高韧、耐高温、耐低温、抗氧化、耐腐蚀等。航天飞行器极力追求轻质,对于提高飞行器的性能和降低成本具有重要的作用。除了结构设计的因素外,发展低密度材料是其追求的目标,当然在低密度的同时还要求有高的比强度和比模量。近年来,在航天产品设计中引入损伤容限设计的概念,意味着对材料的韧性要求更高了,有时宁可牺牲一点强度,也要确保韧性的要求,这是由于航天产品已发展到高可靠性、高耐久性和长寿命的阶段。对于航天飞行器的动力装置来说,特别重要的是耐高温、耐低温、抗氧化、耐腐蚀等性能要求,这几乎是结构材料中最高的性能要求。对于新一代飞行器动力装置性能的改善,高性能材料起到了关键性的作用,如发动机中的单晶涡轮叶片材料和航天固体发动机中的高能推进剂材料等。

（2）高功能及多功能

功能材料在航天飞行器中的作用越来越重要,如火控设备和隐身结构、火箭导弹的制导和测控都要求有高性能的光、电、声、热、磁材料,高功能和多功能是其重要发展方向。例如:航天飞行器的隐身材料,其雷达散射截面积仅为 $0.1 \sim 0.4 \ m^2$,而且隐身材料进一步向结构隐身方向发展,要求承载与隐身结构一体化,要求发展能同时兼顾雷达、红外线、可见光的多频谱兼容的隐身材料。

（3）复合化

各类复合材料在航天飞行器上的应用具有举足轻重的作用,这在飞行器的结构应用上更为突出。复合材料可以明显减轻结构质量和提高结构效率,这是航天材料的重要发展趋势。国外卫星、战略导弹及固体火箭发动机的关键结构材料几乎已经复合化。未来的高推重比发动机上的结构材料中,高温树脂基复合材料、金属基复合材料、陶瓷基复合材料和C/C复合材料将占有重要地位。

（4）智能化

材料智能化是材料科学领域的重要发展方向之一,也是智能材料及结构通过自身的感知与驱动,实行自诊断、自适应和自修复等功能,赋予工程结构件或元器件以智能,可以大大增加航天飞行器的敏捷性、安全性和可靠性。未来航天飞行器的安全检测及多功能化也将有赖于智能材料的贡献。因此,智能化是航天材料跨世纪发展的一个重要方向,对未来航天飞行器性能的改善和提高具有很大的潜力。从材料科学与工程的范围来看,智能化应包括功能材料和结构材料的制备加工、性能检测控制等。

（5）低成本

20世纪90年代以来,由于两极对抗的世界格局发生变化,包括美国在内的世界强国都在强调军民结合和军民转化,航天产品同样在追求低成本化,所以航天材料的低成本是一个重要发展趋势。例如:我国卫星发射的低成本服务在国际上就占有十分有利的地位。材料的低成本目标应该包括原材料、制备加工、检测评价和维修等的全过程。从目前的发展趋势看,碳纤维增强树脂基复合材料在航天结构上更广泛的应用高度依赖于降低碳纤维成本方面的突破性进展。

（6）高环境相容性

可持续发展是人类在地球上赖以生存的重要前提,在大气层内和大气层外的航天飞行器所用的材料及其制备加工和回收,必须具有高度的环境相容性,无污染,易回收。航天飞行器上所用的金属材料、无机非金属材料和有机高分子材料都存在不同程度的环境污染问题,有待进一步解决。例如:飞行器内舱装饰材料主要是工程塑料,对它们就有无毒、阻燃、低烟雾等严格要求,除此之外,还有关于材料和部件的循环回收及再生利用等问题。

（7）材料的计算设计和模拟仿真

航天技术日新月异地飞速发展,飞行器关键零部件的工况和环境条件更加苛刻,这就对材料提出了新的更高的要求。在研究开发这些极端条件下工作的材料的同时,为适应材料科学的创新,发展了材料的计算设计和数值模拟技术。材料设计可以从微观水平上分为不同层次,进而从不同层次上了解材料的真实本质,实现现实生活中用实验方法难以达到的目标。新材料研究的计算机设计和模拟仿真是以量子力学、分子动力学、微观力学等为理论基础,以材料的固有性能、使用性能、静态力学和动态力学的以及物理的各种参量为依据的数据库,以计算机为工具,在数学和物理建模的基础上开展的。当然模拟和简化边界条件的验证性的科学实验也是完全必要的。材料的计算设计和模拟仿真尚处于研究开发阶段,但其潜在的技术经济效益和应用价值已引起材料科学与工程界的注意,是研究发展新型航天材料的一条新途径。

0.4　航天材料概述

0.4.1　火箭与导弹的结构材料

第二次世界大战后,美苏两国分别接收了德国研制成功的V-2导弹的部分产品、专家、设备和资料,为这两个国家迅速发展导弹技术创造了有利条件。在当时冷战的形势下,美苏在

V-2导弹的基础上,开始了大规模的军备竞赛,成功研制了各类导弹武器,并形成了各种射程和不同制导精度的导弹武器系列,同时两国将导弹武器的技术转移发展为运载火箭技术。1957年,苏联率先把全球第一颗人造地球卫星送入太空,震撼了世界,揭开了人类探索太空的序幕。自20世纪60年代开始,我国自主研制成功了中近程、中程、中远程和洲际导弹,并在1970年用"长征一号"运载火箭把我国第一颗人造地球卫星"东方红"送入太空。我国走的是一条先武器后运载的发展航天飞行器的道路。后来发展起来的欧洲、日本的航天技术则是借鉴他国经验,从直接研制运载火箭开始的。

世界各国的运载火箭一般都是在研制导弹武器的基础上发展起来的。以发展空间技术和商业服务为目的,各国都研制多级火箭,包括发射在近地轨道(LEO)、太阳同步轨道(SSO)、地球同步转移轨道(GTO)以及星际航行等运行的航天器的各种多级运载火箭。其中,高性能大型运载火箭在结构上的特征是:以捆绑模块式或积木式将火箭进行组合。

随着空间活动的增多,推进剂的毒性、空间垃圾、大气污染、发射成本等问题必须加以研究解决。研究发展高性能、低成本、可重复使用、无污染的航天运载火箭技术成为这一发展阶段的特征。美国在1981年将可部分回收的第一代航天飞机"哥伦比亚"送上天,苏联也于1988年将航天飞机"暴风雪"送入轨道,表明已经向这一方面前进了重要的一步。

"长征三号"系列是我国自行研制的三级运载火箭,"长征三号甲"(CA-3A)是其中的典型代表,它具有新的大推力的液氢液氧火箭发动机的第三子级,具有运载能力大(有效载荷质量为2 500 kg)、适用性强(可发射单星、双星、可变轨、可大姿态角运动)、有空中二次点火能力等特点,"长征三号甲"的起飞质量为24 t,起飞推力为2 962 kN,第一、二子级发动机推进剂用四氧化二氮和偏二甲基肼,采用全惯性飞行控制系统,整流罩直径为3.35 m。

"长征三号甲"运载火箭箭体及整流罩所用结构材料见图0-4。火箭的第一子级与第二子级的分离采用热分离方式,即第二子级发动机点火后才发出指令,使第一、二子级火箭连接结构解锁,在第二子级发动机高温燃气流的作用下,实现级间分离;第二、三子级火箭采用冷分离方式,即第二子级发动机关机后,先发指令,使第二、三子级间连接结构解锁,然后点燃装在第二子级上的固体反推火箭,将第二子级反向推开,实现可靠分离。这些技术问题的解决都具有相当的难度,在材料的选择上也有所优化。与运载火箭配套使用的整流罩是一个重要部件,它是将有效载荷(卫星或其他航天器)安全地送入预定轨道上的保护装置,对整流罩的一般要求是要有足够的强度,质量要轻,刚度要大。

航天结构材料的工作状态也是极为复杂的。导弹是一种依靠自身动力装置推进,由制导系统导引,控制其飞行路线并导向目标的武器,所以它可以在大气中飞行,也可以在很高的大气层外进行一段自由飞行。它的弹头可以装普通炸药、核炸药、化学制剂或生物制剂。其中装普通炸药的称为常规导弹,装核炸药的称为核导弹。可见,导弹在攻击范围、攻击高度、破坏能力和破坏方式等方面都是迄今为止最具威力的武器之一(图0-5所示为"战斧"导弹及弹道式洲际导弹)。液体导弹或运载火箭的弹体结构在使用中承受内压、外压、轴压、弯曲扭转、拉伸等不同类型的载荷或几种载荷的复合,而航天飞机的关键材料却是热防护系统及其材料复合。对于在空间轨道上运行的卫星和空间站而言,环境作用(如粒子辐射、紫外线作用及原子氧剥蚀等)又成为材料失效中必须优先考虑的问题。

弹头是战略导弹的有效载荷部分。弹头的重量不仅影响全弹的起飞重量和外形尺寸,而且还会影响全弹的射程、有效载荷和地面机动能力,因此减轻质量是弹头结构设计中的首要问

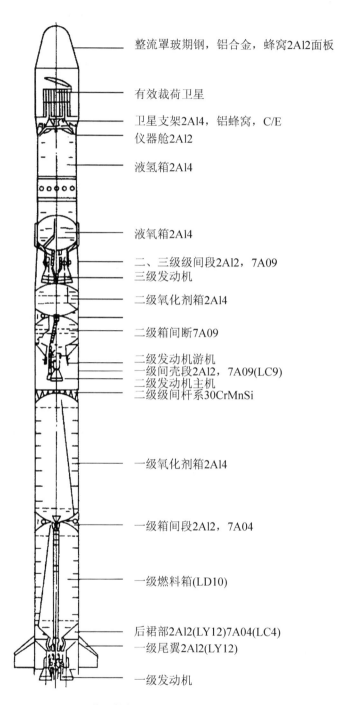

整流罩玻期钢，铝合金，蜂窝2Al2面板

有效裁荷卫星

卫星支架2Al4，铝蜂窝，C/E

仪器舱2Al2

液氢箱2Al4

液氧箱2Al4

二、三级级间段2Al2，7A09

三级发动机

二级氧化剂箱2Al4

二级箱间断7A09

二级发动机游机

一级间壳段2Al2，7A09(LC9)

二级发动机主机

二级级间杆系30CrMnSi

一级氧化剂箱2Al4

一级箱间段2Al2，7A04

一级燃料箱(LD10)

后裙部2Al2(LY12)7A04(LC4)

一级尾翼2Al2(LY12)

一级发动机

图 0-4　运载火箭箭体及整流罩所用结构材料示意图

题。另外,弹头再入大气层和突防中所遇到的问题也相当复杂,要求弹头材料防热,抗粒子云,耐蚀,减小雷达反射面和红外隐形等。

随着导弹射程的增加,弹头防热问题是战略导弹弹头材料中最基本的问题,通常称为"热障"问题。在再入过程中,弹头端头的气动力热环境比锥面部分严重得多。端头的最前端称为

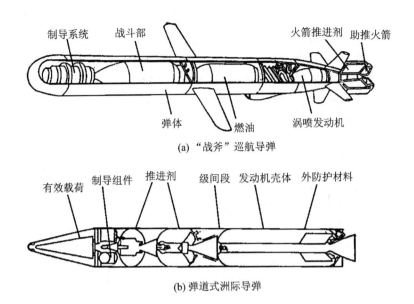

(a) "战斧"巡航导弹

(b) 弹道式洲际导弹

图 0-5　"战斧"导弹及弹道式洲际导弹

驻点区的部位,由于空气受到高超声速飞行器(马赫数为 20)的强烈压缩形成激波,产生 8 000~10 000 K 的驻点温度和 10 MPa 的压力,故要求烧蚀材料具有良好的高温力学性能、抗热震性和抗机械剥蚀性能。

导弹在大气中还会碰到粒子云的干扰。粒子云是指在大气中存在着冰雹、雨雪、雾等天然水凝粒子和人为的固体粒子(如核尘埃等)形成的聚集体。粒子云一般在高空 18 km 以下,与再入体(弹头)之间的高速碰撞能引起固体质量迁移,所增加的弹头后退量比烧蚀量增加了 3~5 倍,而且还会使再入环境变得更加复杂。这样就对弹头材料在耐热要求的基础上,提出了全天候的要求。

为提高战略导弹的突防能力,促进弹头隐形技术的发展,就涉及新型材料和特种工艺技术,如使用纳米级超微粒子、超薄材料等。对于飞机、导弹隐形材料的基本要求是吸收频带宽、密度小、吸收率高,能承受高速飞行的各种气动力的影响,这是研究电磁功能材料的努力方向。

液体推进剂导弹和运载火箭上的推进剂贮箱是它们最主要的结构。它既是一个增压的贮存推进剂的容器,同时又是液体导弹和运载火箭本身结构的主要组成部分。它的受力情况较为复杂,除了必须承受内压和轴向压缩外,在飞行中还要承受所产生的弯曲载荷以及液体晃动所产生的载荷。

火箭和导弹弹体的结构材料大多为铝合金,少量为镁合金、钛合金。除了要考虑材料的力学性能外,还应特别考虑材料的工艺性能和所使用环境的相容性,例如材料的焊接工艺性能。因为整个推进剂贮箱是一个巨大的、直径达数米的承压容器,由若干个金属壳体焊接组成。一枚大型液体导弹或运载火箭,其主推进剂贮箱的焊缝可长达数百米甚至上千米。因此在贮箱的选材中,无论材料的其他性能如何优异,若焊接性能不佳,则这种材料也是不可取的。除此之外还要求有良好的气密性,还需要经受存放和使用环境的考验,不产生腐蚀和开裂。为此需经表面处理与采取防护措施。

如果使用低温高能推进剂(如液氧、液氢等),要求材料还必须具有良好的超低温性能,特别是低温韧性等。因为液氧和液氢的温度分别为-183 ℃和-252 ℃,而一般材料在这样低的温度下均呈现出极大的脆性,即使是橡皮这样的弹韧性材料在如此低的温度下也会变得像玻璃一样易于破碎,所以研制能贮存并携带液氧、液氢的材料也是一个难题。

推进剂贮箱结构首选材料是可焊的铝镁系合金。该类合金具有优良的焊接性能和抗蚀性能,所以在国外及我国早期发展的导弹型号上广泛采用。随着型号的发展,要求运载的有效载荷增大,在新的型号中,贮箱材料改用可热处理强化的铝铜系合金,它们有更高的强度性能,良好的超低温下的韧性,并与推进剂介质相容,但可焊接性较铝镁合金差。美国"大力神"导弹及供登月飞行的"土星"运载火箭均采用中等强度的铝镁系合金及高强度可热处理强化的铝铜系合金。据资料报道,美国已经用 Weldolite 系列的铝锂合金制造航天飞机的贮箱,以代替铝铜合金,仅此一项改进即减轻结构质量 3 500 kg,该贮箱已经在 1998 年 6 月发射升空的"奋进号"航天飞机中成功应用。

导弹与火箭的结构除火箭发动机(包括液体与固体发动机)主要使用黑色金属外,其他基本上均采用有色金属,除铝、镁及钛合金外,还有少量的铌、钼、钨等难熔合金。发动机部分构件采用铜合金、铝合金。

表 0-1 给出了国外几种火箭、导弹使用有色金属材料的情况。

表 0-1　几种火箭、导弹使用有色金属材料的情况

型　号	射程/km	箱　体		箱间及级间结构		气　瓶	
		材　料	结构及工艺	材　料	结构及工艺	材　料	结构及工艺
红石	400	5052、5086 铝合金	半硬壳式,滚弯加工	2024 铝合金	铆接结构		
丘比特	3 000	5086 铝合金	半硬壳式,滚弯加工	2024 铝合金	铆接结构		
雷神	2 400	2014 铝合金	化学铣切,网格壁板				
宇宙神	8 000～12 000	301 不锈钢	薄壁充气结构			Ti-6Al-4V 钛合金	热旋压,熔焊
大力神	8 000～12 000	2014 铝合金	挤压带筋整体壁板	HK-31A 镁合金		Ti-6Al-4V 钛合金	
土星Ⅰ	登月飞行火箭试验件	一级:5456 铝合金 二级:2014 铝合金	半硬壳式结构	7075 铝合金	半硬壳式,蜂窝夹层结构	Ti-6Al-4V 钛合金	热旋压,压力焊
土星Ⅴ	登月飞行运载火箭	一级:2219 铝合金 二、三级:2014 铝合金	机械铣切,带筋整体壁板	7075 铝合金	半硬壳式,蜂窝夹层结构	Ti-6Al-4V 钛合金	热旋压,压力焊

在现代导弹与火箭的结构中大量使用蜂窝结构,因而铝合金箔材也成了蜂窝芯子的主要

结构材料。目前主要采用的是硬铝合金箔材,厚度为 0.03～0.05 mm。面板可以是硬铝合金,也可以是碳纤维,这些结构已经在卫星整流罩、仪器舱盖等方面得到了应用。

固体导弹舱体的材料,由于使用目标上要求更机动、小型化及轻质化,现更多地采用各类复合材料。比如前后仪器舱采用复合材料后,与相同铝合金结构相比可减轻结构质量 25%～30%。国外地地战略导弹不但早已固体化,而且弹体结构用材也已基本复合材料化。例如:美国 20 世纪 70 年代末服役的"三叉戟"Ⅰ导弹,除一、二、三级固体火箭发动机壳体均采用凯芙拉(Kevlar)/环氧复合材料外,其头部壳体、仪器舱和级间段等共 50 余个分系统部件均采用了树脂基复合材料;20 世纪 80 年代服役的"三叉戟Ⅱ"和 MX 导弹以及 80 年代后期开始研制的"侏儒"导弹,同样采用了大量的树脂基结构复合材料。

为了提高武器系统的生存能力和突防能力,实现对苏联的战略优势,美国在固体洲际导弹小型化、轻质化、高性能与全天候作战能力方面下了很大功夫,尤其在新材料的开发研究方面做了大量的工作。表 0-2 列出了美国固体洲际导弹所采用的材料类别,由表可以看出,主要是采用碳/碳、碳/高分子复合材料、陶瓷复合材料、金属基复合材料及高强度铝锂合金作为结构材料。这些新型高性能材料的研制成功,才保证了美国战略导弹的研制成功。

表 0-2　固体洲际导弹对新材料的要求

应用部位	材　料	技术要求
弹体结构	① 高性能碳/环氧复合材料; ② 高性能碳/双马复合材料; ③ 高性能碳/聚酰亚胺复合材料; ④ 高强轻质金属结构材料(铝锂合金、硼/铝金属基复合材料等)	实现弹体结构轻质化,减轻结构质量 15%～30%
弹头结构	① 先进碳/碳复合材料; ② 三维多向编织碳/酚醛复合材料; ③ 高性能布带斜缠碳/酚醛复合材料; ④ 高密度三向石英/二氧化硅复合材料; ⑤ 中强可焊铝锂合金及大型整体模锻件高性能红外、雷达隐身材料	实现弹头小型化、轻质化、高性能、全天候、强突防,减轻结构质量 30%～50%
固体火箭 发动机壳体	① 新型芳纶/环氧复合材料; ② 高强中模碳/环氧复合材料	发动机质量比达到 0.92～0.95
仪器框架	① 高性能碳/环氧复合材料; ② 高强轻质铝合金材料	弹上设备小型化、轻质化、减轻结构质量 40%～50%

弹头是导弹武器系统的有效载荷,减轻弹头的结构质量,可以获得最大的技术经济效益。例如,对一枚小型化的洲际导弹弹头,减轻结构质量 1 kg,在有效载荷不变的情况下,可增加射程 15 km 左右。所以弹头材料的研究一直是航天材料研制的关键和重点之一。弹道导弹弹头的超高速再入大气层时形成的气动加热流场具有高温、高压和高热流的特征。以洲际战略导弹弹头再入大气层为例,其再入速度可达 20～25 倍声速,弹头驻点温度可达 8 000～10 000 ℃,驻点压力可达 10 MPa,启动噪声可达 160 dB。这样恶劣的气动环境,很难有任何一种单一的材料能满足这种工况的要求。导弹端头帽材料经历了从层压玻璃/酚醛、模压高硅

氧/酚醛到碳/碳复合材料的发展过程。后期远程及洲际导弹端头帽几乎无一例外都采用了碳/碳复合材料,这是由于碳/碳复合材料的综合性能明显地优于其他几种材料。当然碳/碳复合材料在端头帽上的应用也经历了正交三向碳/碳、细编穿刺三向碳/碳和含钨芯细编穿刺三向碳/碳等复合材料的发展历程。与正交三向碳/碳复合材料相比,细编穿刺碳/碳材料纤维含量较高,因而其抗腐蚀性能更好。含钨芯碳/碳材料的抗腐蚀性能比正交三向碳/碳/材料提高了 50%左右。美国先进弹头采用含钨芯细编穿刺碳/碳复合材料端头帽后,很好地解决了弹头再入过程中端头帽材料耐烧蚀性能与抗侵蚀性能的匹配问题,从而使端头帽在整个再入过程中保持了外形稳定,对保证弹头的命中精度起到了重要的作用。

火箭和导弹贮箱以外的非焊接结构主要是指尾段、级间段、仪器舱等部件。无论是在国外还是在国内,这类结构所用的材料主要是铝合金。

由于镁合金具有低密度的优点,所以在导弹火箭的结构中得到了较广泛的应用,其中主要用于战术防空导弹,制作舱段与副翼蒙皮、壁板、加强框、舵面、隔框等零件。使用的材料主要是变形镁合金。在卫星上采用了 ZM5 铸镁合金制作井字梁与相机架,以及各种仪器的支架和壳体等。

在导弹、运载火箭及卫星上,大量使用了钛合金压力容器,如将 TA7ELI 钛铝合金用于超低温下工作的气瓶。此外,在卫星上使用 TB2 钛合金制作卫星包带、尾罩。

在辐射冷却的液体火箭发动机喷管延伸段和几种姿控发动机的推力室均采用了铌基合金 C103,由于它具有良好的高温性能、焊接性能和塑性冷成型性能,所以近年来在发动机结构中得到较多的应用。此外钨渗铜被用于固体火箭发动机喉衬和高温燃气舵,钼合金被用于卫星上的波纹板。

由于铍具有密度小、比热容大、比强度与比模量高、尺寸稳定性好等优点,因此在航天惯性器件上得到了应用,主要用作陀螺稳定平台、加速度陀螺的主要结构,以及在空间光学系统中用作光学镜体材料。

0.4.2 火箭发动机材料

当前导弹和航天领域的主要动力装置是化学火箭发动机,它的能源和工质(实现热能和机械能相互转化的媒介物质称为工质)来自本身的化学推进剂。化学火箭发动机又可分为固体发动机、液体发动机和固液混合发动机,但目前得到实际应用的主要是前两种发动机。

液体火箭发动机所用的能源及工质是飞行器自身携带的,因此它既能在大气层中工作,也能在大气层外的宇宙空间工作,还能在水下工作,这是液体火箭发动机的最大特点。目前世界各国大多数液体火箭发动机都是采用由液体燃料和氧化剂组合的双组元推进剂。

推力室是液体火箭发动机的心脏,推力室除要经受发动机其他高温部件所经受的工作环境外,同时还要经受高温、高压和高速燃气流的冲刷。推力室喉部的燃气温度可达 3 000～3 600 ℃,平均壁温为 1 040 ℃。所使用的燃料和氧化剂都可能具有腐蚀性,高温高压及高速燃气对材料的侵蚀也极为严重。由于采用了低温高能推进剂,为了保证发动机在超低温(−183～−253 ℃)和高温条件下均能可靠地工作,对材料与制造工艺提出了一系列在超低温条件下须解决的技术难题。一般发动机推力室采用内、外壁钎焊连接而成的夹壁式结构。内壁材料为 1Cr18Ni9Ti 不锈钢,外壁材料采用了一种专门研制的双相不锈钢,它既具有双相钢的良好的钎焊性能,同时又具有奥氏体不锈钢在超低温条件下的良好韧性。

发动机还采用新型多孔发散冷却材料作燃烧室喷注器面板。面板是氢氧发动机的重要部件。面板一侧是 $-150\ ℃$ 的低温氢,另一侧是 $3\ 000\ ℃$ 以上的高温燃气。这种高温和两侧温差很大的工作条件,是一般高温材料难以承受的,国外大多采用多孔发散冷却材料来制作面板,或用镍基高温合金丝编织的席型网为材料,将 $17\sim18$ 层丝网重叠在一起轧制,并经真空烧结而成。

火箭涡轮与航空发动机涡轮及其他涡轮的主要不同之处有:火箭涡轮从零载到满载的时间很短,一般只需 $0.2\sim0.5\ s$,这就要求充分考虑材料的热冲击和热膨胀等问题;火箭燃料中的杂质很难完全去除,若燃料中含有 0.007% 的硫,则在高温下就足以引起材料产生晶间腐蚀,所以必须充分考虑材料的热侵蚀问题。由于常规火箭涡轮系一次性使用,所以一般对材料的持久强度和热疲劳强度要求较低。

姿态控制液体火箭发动机材料用于导弹或运载火箭姿态控制的小型液体火箭发动机,其推力较小,一般为 $0.02\sim2\ 000\ N$,能脉冲工作,启动次数多达几十万次,总工作寿命可达 $5\sim10$ 年,故要求发动机具有极高的可靠性。一般用高温性能很好的铌基难熔合金制造,并在表面喷涂抗氧化涂层。这种带抗氧化涂层的推力室或喷管延伸段,使用温度范围为 $1\ 100\sim1\ 600\ ℃$ 或更高。

近期美国研制成功了双组元姿态控制发动机的铼铱燃烧室。用金属铼(Re)作为制造燃烧室的基本材料,金属铱(Y)作为抗氧化涂层。选用铼是因为它有较好的低温塑性和高的熔点($3\ 180\ ℃$),用铱作涂层是因为它有好的抗氧化性能和较高的熔点($2\ 454\ ℃$),并且铱的热膨胀系数与铼接近。据资料介绍,美国已相继研制成功推力为 $22\ N$、$66\ N$ 和 $445\ N$ 的铼铱姿控发动机燃烧室,投入使用后,使卫星和飞船的有效载荷增加了 $20\sim100\ kg$。

固体发动机的用材有别于液体发动机,它的最大特点是结构简单,因而它具有机动、可靠、生存能力力强的优点,非常符合现代战争的要求,在航天领域也有广泛应用。但是正因为它结构简单,使之不能像液体发动机那样用液体冷却,因而它必须选用高效率、功能强的先进材料,以承受高温、高压、高速和化学气氛下各种复杂载荷的作用,这就给结构设计带来了困难,对材料工程提出了苛刻的要求。

固体火箭发动机通常由推进剂药柱、燃烧室绝热壳体、喷管和点火装置四个主要部件构成。当代高性能固体发动机的主要特征是高能、轻质、可控。这三者是相互关联的,而且是以先进材料为基础和支柱框连起来的。例如:提高发动机质量比需要采用高强轻质结构材料;而提高发动机能量则需要采用高能量的推进剂,同时还要求增大工作压强,这就要求燃烧室承压能力提高,且要求喷管使用更耐烧蚀的轻质材料;实现发动机推力向量控制和推力终止,也需要选用先进的复合材料和成型工艺。由此不难得出结论,先进材料的全面应用是提高固体火箭发动机性能的一项决定性因素。

固体发动机的壳体既是推进剂贮箱又是燃烧室,同时还是火箭或导弹的箭体,因此在设计选材时要考虑满足它们的共同要求。从贮箱和燃烧室的角度考虑,壳体可看作高压容器。作为弹体的一部分,则必须考虑轴向推力及推力终止的作用力,推力裙和级间分离的力,重力、风力等载荷所引起的轴压、弯曲、剪切、扭转、振动等动态和静态作用,以及飞行时的气动加热作用。

发动机壳体所用的高强度材料有两大类:金属材料和纤维缠绕的复合材料。常用的金属材料主要是超高强度合金钢,钛合金也是壳体常用的金属材料,它尤其适合直径不太大、容器效率要求较高的上面级发动机。美国"民兵Ⅱ"导弹第二级和数十种"星"发动机都采用 Ti-6Al-4V 壳体。日本的上面级发动机也采用钛合金壳体。

金属材料容器效率较低,远不能满足先进战略导弹的要求。高强度钢容器的特性系数通常为 5～8 km,钛合金容器也只是 7～11 km。复合材料壳体则高得多,玻璃钢为 12～19 km,芳纶复合材料为 20～35 km,碳纤维复合材料为 30～40 km,甚至更高。由此可见,应用先进复合材料壳体是其必然趋势。(评价发动机壳体材料的性能水平,是按高压容器的模式选用容器特性系数 PV/W 作为衡量指标。P 为容器爆破压强,V 为容器体积,W 为材料质量。)

近十年来,碳纤维开发已有迅猛发展,性能水平大幅度提高,抗拉强度已由初期的 2.5 GPa 提高到了 7.0 GPa,并且有了性能优良的表面处理剂和树脂机体配合,使碳纤维在缠绕复合材料中强度转化率提高到 85%～95%。这样,碳纤维不仅比模量高于凯芙拉(Kevlar)-49,而且比强度也超过了凯芙拉(Kevlar)-49。美国已用石墨纤维缠绕了直径 2.1 m 的"三叉戟Ⅱ"导弹第一级和第二级发动机壳体,小型洲际导弹"侏儒"也选用石墨纤维壳体,使壳体性能提高了 30%。

固体火箭发动机的燃烧室工作时要承受 3 500 K 以上的高温和 3～100 MPa 甚至更高的内压。为了保证发动机正常工作,必须采取热防护措施,以防止材料过热失强造成结构件失效甚至结构件被燃气烧穿。燃烧室热防护一般是在壳体内壁粘贴一层绝热材料来解决。

弹性内绝热层目前主要使用贴片型。一般常用与推进剂化学相容性好的合成橡胶作为基体,加入耐烧蚀组分和配合剂,经塑炼、混炼制成软片或模压成预制件再粘贴。柔性内绝热层实际上是一种功能性橡胶基复合材料。

用作基体的合成橡胶几乎遍及各胶种,早期多用丁腈、丁苯、丁羧等,所加填料有二氧化硅、石棉、碳黑。如"民兵"、"海神"导弹发动机所用的绝热层为丁腈-二氧化硅,密度太大,一般在 1.25 g/cm³ 左右,有的高达 1.40～1.50 g/cm³,从而影响了发动机质量比的提高,如"民兵"导弹的第一级发动机,其内绝热层的质量达 288 kg,占壳体质量的 1/4 强。所以,内绝热层对发动机质量比的影响是不可忽视的。在不降低内绝热层耐烧蚀性能的前提下尽量降低其密度,是提高发动机质量比的重要措施之一。

乙丙橡胶的密度是通用橡胶中最低的,约为 0.87 g/cm³,且其比热容大,气密性好,耐老化和低温性好,烧蚀率低,拉伸强度和延伸率适中,能满足使用要求,与芳纶和碳纤维都能相容,所以近年来国外大量采用三元乙丙橡胶作为低密度内绝热层的基体。

固体火箭发动机的喷管是非冷却喷管,工作环境极其恶劣,尤其是喉部要承受高温、高压、高速的二相流燃气的机械冲刷、化学侵蚀和热冲击。因此,材料的选择也是发展现代固体火箭推进的重大关键技术。

随着发动机性能的不断提高,喷管选材和设计经历了"简单→复杂→简单"的从低级向高级的发展过程。20世纪50年代初,采用耐热钢喷管;20世纪50年代后期和60年代,复合推进剂的能量不断提高,燃气温度上升到 3 500 K,使发动机比冲和材料之间的矛盾日益突出,当时的各种新材料,如难熔金属(钨、钼等)、碳素材料(多晶石墨、热解石墨)、烧蚀材料(高硅氧玻纤/酚醛、粘胶丝碳纤维/酚醛)和特种陶瓷(烧结氧化物、碳化物)等单独使用都无法满足要求。因此只能在喷管设计上做文章,根据工作环境、烧蚀因素和材料特点,实行合理设计,使得各种材料能在不同部位扬长避短,各尽其能。这就是复合结构的设计概念。根据这种概念,选用金属或高强度增强塑料作为承力的结构材料,用高熔点金属或优质石墨作为耐热(亦称热障、防热、隔热)-热沉(吸热)材料,而用烧蚀型增强塑料作为绝热材料。美国"民兵"导弹第三级发动机喷管就是用锻造钨作为热障材料、用石墨作为热沉材料组合的喉衬镶嵌件,耐烧蚀热固性增强塑料作为收敛和扩散段的刚性绝热层,4130 钢作为外壳,装配而成的复合喷管。

全碳/碳复合材料是一种碳纤维增强碳基体复合材料,特别适用于固体火箭发动机喷管应用。这种材料比强度高,抗热震性好,耐烧蚀性好,性能可设计,即比较容易制成大型、复杂形状的产品。20 世纪 80 年代后,各国几乎所有战略导弹和高性能航天发动机喷管都采用了碳/碳材料,典型的发动机有 MX 导弹、"侏儒"导弹等系列各级发动机以及俄罗斯的战略导弹各级发动机。

火箭、导弹发动机的能量来自推进剂。固体推进剂是一种以高分子为基并且具有特定性能的高能复合材料,是既含氧化剂又含可燃剂的固态致密材料,含量约占发动机总质量的90%,它作为能源与工质对发动机的性能有着决定性的影响。对大多数发动机来说,推进剂药柱和发动机壳体黏结成一体,因此还起着结构材料的作用。

固体火箭发动机对推进剂有一系列的严格要求,就使用性能来说主要有能量性能、力学性能、燃烧性能、安全性能和使用寿命。

能量性能决定了发动机能量高低,通常以比冲和密度为标志,其乘积称为体积比冲。体积比冲越高,则能量性能越好。

力学性能也是一项至关重要的使用性能,这是由于固体推进剂药柱在整个寿命和工作周期内要经受多种载荷作用,必须保证其结构完整性,因此要求推进剂在高、中、低各种温度环境下具有足够的抗拉强度和伸长率。

燃烧性能是要求在各种压强、温度条件下推进剂可以有控制地燃烧。

安全性能和使用寿命是指对摩擦、热、静电、冲击的感度、燃烧转爆轰的临界条件及安定性,对高能材料来说这无疑是个十分敏感的问题。

应用于固体火箭发动机的主要有四种类型的推进剂:由硝化甘油和硝化纤维组成的无相分面的固体溶胶-双基推进剂;以高聚物黏合剂为弹性基体,以氧化剂和金属燃料为填料的复合推进剂;高新推进剂;需要某种特殊性能甚至特定场合应用的特种推进剂,主要有少烟推进剂、微烟推进剂、燃气发生剂及富燃料推进剂等。

0.4.3 宇宙飞船和航天飞机材料

飞船听起来像河流中的船舶,然而,它却具有与船只完全不同的外貌。因为飞船是由运载火箭发射到太空中飞行,它的飞行过程经历上升、轨道、再入和着陆等不同阶段,飞船的外形受空间环境、发射上升环境、再入大气环境的影响,所以飞船外形在飞行各阶段的要求不同,可以分为上升外形、救生外形、轨道外形、再入外形和着陆外形等;但关键应考虑再入外形。图 0-6 所示为"联盟 11 号"载人飞船。

飞船是发展载人航天技术的先导工具,返回舱是载人飞船的核心部分。飞船在发射上升段有整流罩防护,返回舱主要是承受振动、噪声和过载等力学环境。飞船在轨道上飞行几天到几个月,受到太阳的直接照射和地球对太阳的反射辐照以及地球的红外辐射,环境温度为 $-90 \sim +125\ ℃$。温度交变周期为 95 min 左右。轨道飞行的低温和高低温交变环境,是防热结构的重要考虑因素。轨道的其他环境,如高能粒子辐射、太阳紫外辐射和微陨石撞击等,对防热材料的影响均不可忽视。返回舱在 100 km 左右高度再入大气层的速度约为 7 700 m/s,经历气

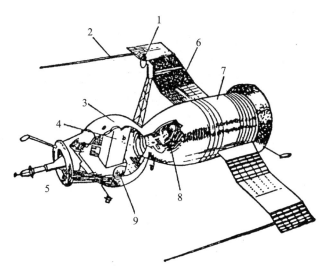

1—会合雷达;2—通用天线;3—轨道舱;4—仪器舱;5—对接装置;

6—太阳能电池翼;7—服务舱;8—返回座舱;9—出口舱门

图 0-6 "联盟 11 号"载人飞船

动加热和气动力变化的环境。返回舱各部位的热流大小,反映舱体表面温度的高低,如拐角温度 1 200～1 800 ℃,钝头球面温度 1 000～1 200 ℃,侧壁迎风面温度 410～950 ℃,侧壁背风面 400 ℃。

同洲际导弹弹头再入环境有很大区别,载人飞船返回舱再入环境的特点是高焓(可理解为高的热能)、再入时间长、低热流、低驻点压力。由于热流低,材料的烧蚀不严重,而再入时间长,使得材料的隔热性能变得至关重要。由于飞船返回地面时的再入热环境等特征与战略导弹的再入环境特征不同,因而飞船的热防护系统及其所用的材料也与导弹不完全相同。美国从"双子星座"飞船以后,均采用低密度烧蚀防热材料作为飞船返回舱的热防护材料。目前国外在低密度烧蚀材料的成型工艺方面又有新的进展,如采用喷涂成型等。此种工艺特别适用于序层类低密度烧蚀材料的成型,可用于运载火箭整流罩、推进剂贮箱和其他航天部件的传热。

飞船是一次性使用的天地往返运输系统的航天器。为了降低发射成本,人们研制了可部分重复使用的天地往返运输系统——航天飞机。航天飞机采用垂直起飞入轨,水平降落返回地面的方式,因而可部分实现重复使用。

至今,只有美国和苏联研制成功了可重复使用的天地返回系统——航天飞机。航天专家们认为,航天飞机的技术关键是它的防热系统(TPS)(图 0-7 所示为航天飞机表面温度分布)。之所以如此,是由于气动热环境的复杂性和防热系统可重复使用的要求均是以前从未碰到的问题。美国非常重视 TPS 的研究,他们采用了冷结构加外部防热系统的设计思想。经 30 多次飞行试验,从总体来讲,防热系统设计是成功的、可靠的。在此之后,苏联的航天飞机"暴风雪"号、法国航天飞机"使神"号、日本航天飞机"大和"号的防热系统都是延续美国的设计思想和选材方案进行设计的。

载人飞船和航天飞机的研制,都充分采用了当时新材料、新工艺的科研成果作为各类航天器改型的技术基础。两种航天飞行器各有自己的特点,结构、使用环境、功能都不同,但从解决

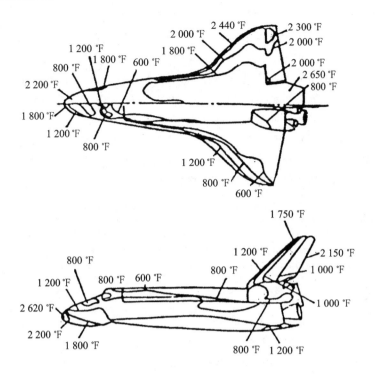

注:华氏温度(℉)=32+摄氏温度(℃)×1.8。

图 0-7 航天飞机表面温度分布

结构与材料角度考虑,航天飞机要求更高,难度更大。根据美国 NASA 的技术分析,研制航天飞机有"一个半"大的技术关键,其中"半个"是大推力的液氢液氧发动机,"一个"是航天飞机轨道器的热防护系统(TPS)。

航天飞机轨道器再入大气层时所经受的最大热流为 79.55 kJ/m²,表面最低温度为 300 ℃,高温区为 1 300 ℃以上,鼻锥和前缘超过 1 260 ℃。它还要经受起飞阶段助推火箭的脉冲力、气动力、声激和再入返回地面时的颤振、抖振和起落架的摆动等许多不确定因素。这样防热系统要经受住上述条件的考验,保证防热层的物理外形,保护轨道器内部乘员,保证仪器在特定环境在要求。

航天飞机防热系统设计有一个认识、再认识、发展和演变的过程。当初的设计思想中防热和结构是分开设计的,即冷结构加上外面的防热材料,经过几十次的飞行试验,证明这种方案是可行的、基本成功的,但总有防热瓦局部脱落。这种技术状态代表着 20 世纪 70 年代结构设计和材料应用的水平。第二代航天飞机的总体设计,将防热系统的主体结构和防热材料向一体化方向发展,也就是一种特殊的结构材料。它既是结构材料又是防热材料,即承载又防热。NASA 将这种材料称为热结构材料(TSM),如钛合金蜂窝、钛合金夹层板、碳/碳化硅夹层板、碳/碳材料渗硅、提高抗氧化性能的先进碳/碳材料(ACC)等都属于这类材料。热结构材料能减轻质量,可以重复使用,提高了可靠性,降低了造价。通过针对"可重复使用运载器 RLV 目标"的研究,拓宽了利用新材料的设想,在理论上可以大大减轻航天器的质量。例如:飞行器原质量为 250.4 t,如果该飞行器利用先进技术的子系统,则可减轻 16.8 t,其质量为 233.6 t。同样,采用先进的防热系统(TPS)和改用铝锂合金贮箱,将会使飞行器尺寸变小,质量进一步减轻至 171.0 t;如果改用复合材料主结构和复合材料氢主燃烧箱,使飞行器尺寸进一步变小,干重可减轻至 93.4 t。采用复合材料结构和复合材料贮箱为人们提供了一种能满足计划目标的飞行器,可以看出,采用新材料对促进飞行器设计优化的潜力是很大的。

美国航天飞机不同部位表面所使用的防热材料情况如表 0-3 所列。可以看出,美国航天飞机热防护系统使用的防热材料主要包括抗氧化的碳/碳复合材料、刚性陶瓷防热瓦、柔性陶瓷隔热毡和硅橡胶基低密度烧蚀材料。研制航天飞机的本来意图是为了降低成本,比一次性使用的运载火箭更具竞争力,而实践结果表明并非如此。因此许多国家开始致力于研制可完全重复使用的第二代航天飞机,或者叫作空天飞机,使它能像一般飞机那样可水平起飞和着陆,实现完全重复使用。但这样,它再入的热环境又要比第一代航天飞机复杂和苛刻得多,对材料的要求也就更高。表 0-4 所列为国外正在或准备研制的第二代航天飞机或空天飞机计划采用的防热材料。

表 0-3　美国航天飞机热防护系统所用材料情况

应用部位	材料	适用范围	备注
头锥帽,机翼前缘	抗氧化碳/碳	>1 260 ℃	已实用
机身,机翼下表面	刚性陶瓷瓦	650～1 260 ℃	已实用
机身,机翼上表面	柔性陶瓷隔热毡	370～650 ℃	已实用
固体火箭助推器	MSA-1 和 MSA-2	低密度烧蚀材料	已实用
外贮箱	SLA-561 和 MA-25S	低密度烧蚀材料	已实用

表 0-4　第二代航天飞机或空天飞机热防护系统拟采用的防热材料

国　别	拟采用材料	应用部位	应用范围
美国 NASP 空天飞机	抗氧化碳/碳	机翼前缘面板、控制舵	1 371～1 927 ℃
	碳化硅/碳化硅		816～1 371 ℃
	快速凝固钛合金	机身	593～837 ℃
	高温先进柔性隔热毡	机身	1 093 ℃
	先进柔性隔热毡	机身	650 ℃
英国 HOTOL 空天飞机	碳/碳化硅	机头锥帽、舵面、机翼前缘	1 477～1 727 ℃
	钛合金	机身	
	碳/PEEK	贮箱结构材料	
法国	法国热氧化碳/碳	机头锥帽、机翼前缘	1 700 ℃
Hermes 航天飞机	碳/碳化硅、碳化硅/碳化硅	盖板等	1 300 ℃
	柔性陶瓷隔热毡 RSI		
Sanger 空天飞机	抗氧化碳/碳	机头锥帽、机翼前缘	
	碳/碳化硅	机头锥帽、机翼前缘	1 000 ℃(盖板)≥1 300 ℃ (热结构)
	多层壁钛基、镍基合金	机身	300～1 000 ℃
	柔性隔热毡	机身	300～500 ℃

国　别	拟采用材料	应用部位	应用范围
日　本	抗氧化碳/碳	头锥、机翼前缘	1 000 ℃（面板）， 1 560 ℃（头锥）
HOPE	陶瓷防热瓦	机身	550～1 200 ℃
航天飞机	柔性陶瓷隔热毡 RSI	机身	

用什么材料制造航天器与宇宙飞船呢？

航天器是经火箭运到太空，长期在高空状态下工作。在空间轨道上，航天器处于失重状态，由于空间温度急剧变化，弯曲刚度减小，容易引起变形，所以航天器对材料的刚度要求大于强度要求。另外，地球轨道的环境与地面不同，主要的环境条件是高真空、紫外线、带电粒子辐射、微陨石、人造轨道碎片、高低温度交变和原子氧的剥蚀。大量的研究工作表明，大多数环境条件对材料的作用是叠加的，材料失效是空间多种环境条件综合作用的结果。在空间环境条件下航天器长时间在轨道上运行，其结构材料和辅助材料有多种失效方式，其中也包括地面上常见的疲劳、腐蚀疲劳、应力疲劳开裂、蠕变和氢脆等。

在空间环境条件下某些材料会出现放气和质量损失，材料物理和化学变化的任何一种表现对高分子材料都应当特别重视，有机聚合物的低分子物质（如溶剂、催化剂、抗氧化剂、各种助剂等添加剂）都可能挥发。例如：对温度比较稳定、工作温度跨度大的有机硅树脂，在真空中加热处理到 125 ℃时，其出气量可达总质量的 10%，这会引起有机硅树脂性能的下降。究其原因，是太阳电磁辐射和带电粒子辐射直接造成的。带电粒子辐射是通过粒子与材料外层电子的相互作用，削弱原子间的键合力。

航天器在高空飞行时，受到太阳光照射，有的是阳面，有的是阴面，温差很大，从 120 ℃到 −170 ℃。冷热温度变化大，这就要求材料的热膨胀系数要小，结构变形小。例如：天线和天线支架，如果变形大，则天线的指向精度就差，增益就要降低，而且，若防热壳体和承力壳的材料膨胀系数不匹配，则多次温度交变，容易引起防热壳体产生裂纹，甚至零件破坏。

原子氧是很强的氧化剂，其氧化性远远大于分子氧，仅次于氟。它对低轨道航天器表面材料的危害比紫外线辐照、冷热交变大得多。受原子氧影响最大的是有机材料。有机材料被原子氧氧化生成 H_2O、CO、CO_2 等挥发性气体。例如：航天器热控材料广泛使用的聚酰亚胺膜在浓度为 $3 \times 10^{22}/mm^2$ 的原子氧（约相当于 200 km 高度，3 天航行总量）作用后，原先光滑的表面变成毛毡状，失去光泽。碳纤维/环氧复合材料，在原子氧作用前，纤维方向清晰可见，而经原子氧作用后，表面像灯芯绒，碳纤维变成疏松的条纹。

人们一直在研究，何种材料能承受原子氧的作用。迄今尚未发现可以完全抗原子氧作用的材料，不过大多数金属、金属氧化物，大多数有机硅氧化物以及碳/碳化硅复合材料等材料都在一定程度上具有抗原子氧的作用。近年国外对原子氧的防护进行了深入研究。在各种敏感材料上涂覆不同的防护涂层，如金属及其氧化物，氟化物以及含硅化合物。地面实验证明，等离子体聚合制备的有机硅薄膜具有极好的防原子氧的性能。

0.4.4　人造卫星和空间站材料

各类人造卫星和空间站的结构选材标准是高比强度、长寿命、低放气、尺寸稳定和必要的导电导热性能。空间站和人造卫星的大型部件(如太阳电池帆板、散热器和有效载荷专用结构)都要求材料有高的比强度。空间站和人造卫星长时间在轨道上运行,它不返回地面,因此不必考虑再入时苛刻的气动加热环境,但是长时间工作环境的作用是必须考虑的。近地轨道空间环境和地面显著不同,主要特征是微重力、温度交变、高真空、原子氧侵蚀、强辐射以及微流星和空间碎片的撞击。

人造地球卫星是由人工制造,环绕地球在空间轨道上运行至少一圈的无人航天器,简称人造卫星。人造卫星按用途分可分为科学卫星、技术试验卫星和应用卫星三大类。应用卫星是直接为国民经济和军事服务的卫星。它的种类多,数量也最多,其外形结构见图 0-8。

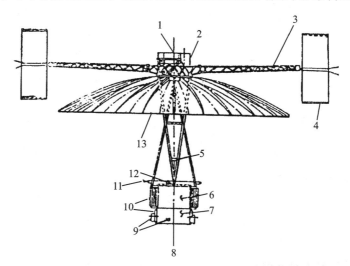

1、2—试验仪器;3—太阳能电池翼臂;4—太阳能电池翼;5—定点发动机;
6、7—试验仪器部分;8—指向地球的轴线;9—传感器;10—散热器;11—姿控喷嘴;
12—馈电系统;13—直径 9.2 m 的天线反射器

图 0-8 应用技术卫星

空间微陨石和人造卫星轨道碎片可使材料表面磨损,生成裂纹和孔洞。引起人们关注的是,空间垃圾逐年增多。在 20 世纪 70 年代设计空间实验室时,人们主要关心的是微陨石;而在当前,空间站设计关心的除陨石外,还有人造轨道碎片问题,这些空间垃圾对航天器高速撞击,造成航天器局部破坏,这种情况已被"阿波罗"(Appolo)登月航天器的飞行实践所证实。为了避免微陨石和轨道碎片对航天器和压力容器可能造成的灾难性破坏,人们都在加紧对航天器的"护屏设计和选材"工作开展科学研究。当前无论低轨道返回式卫星还是高轨道式通信卫星,80%以上采用复合材料结构。卫星本体结构一般采用高模量碳纤维和环氧树脂基体,既可最大限度地减轻质量,又可保证足够的刚度。国际通信卫星原先采用铝面板蜂窝夹层结构,之后改进为碳纤维面板铝蜂窝夹层结构,由此便可减轻 9 kg 的质量,并得以增加了 2 000 路电话,7 年盈利 7 000 万美元。

目前,返回式卫星(230~400 km 高度的低轨道卫星)的内部承力结构主要采用轻金属结构材料,外部为防热结构;通信卫星(36 000 km 的高轨道卫星)则 80%以上采用复合材料结构,包括卫星本体结构、天线和太阳电池阵等。

卫星的重要部件是天线。保证天线灵敏度与角度的关键是天线的尺寸精度。因此,在空间温度交变的情况下必须保持天线尺寸的稳定性。由于碳纤维复合材料可设计成近于零膨胀系数的结构,所以成为天线反射器的理想材料。

当前实验中的卫星材料有:铝锂合金、聚合物复合材料、金属基复合材料、碳/碳复合材料等。铝锂合金取代常规铝合金是减轻卫星质量最方便、最快捷的方法。不做任何改动,只须替换材料就能减轻 20%～75% 的结构质量。

总之,20 世纪是现代科学技术飞速发展的一个世纪,其中重要的标志之一就是人类在航天领域所取得的辉煌成就。进入 21 世纪,航天已展现出更加广阔的发展前景,高水平或超高水平的航天活动更加频繁,其作用将远远超出科学技术领域本身,对政治、经济、军事乃至人类的社会生活都会产生更广泛和更深远的影响。应该指出,航天事业所取得的巨大成就,与航天材料技术的发展和突破是分不开的。材料是现代高新技术和产业的基础与先导,很大程度上是高新技术取得突破的前提条件。航天材料的发展对航天技术起到强有力的支撑和保障作用;反过来,航天技术的发展需求又极大地引领和促进了航天材料的发展。21 世纪以来,航天事业的发展进入新的阶段,将会推动航天材料朝着质量更高、品类更全、功能更强和更具经济实效的方向发展。

第1章　机械工程材料的性能

1.1　工程材料的类型及主要特征

1.1.1　机械工程材料的类型

飞行器及其动力装置、附件、仪表所用的各类材料,是航天工程技术发展的决定性因素之一。航天材料科学是材料科学中富有开拓性的一个分支。飞行器的设计不断地向材料科学提出新的课题,推动航天材料科学向前发展;各种新材料的出现也给飞行器的设计提供新的可能性,极大地促进了航天技术的发展。本教材采用从"一般"机械工程材料到"特殊"航天工程材料的思路,既关注机械工程材料普适性知识的获得和应用,又注重航天材料的特殊要求的介绍,以期激发读者的学习兴趣。

现代材料种类繁多。据粗略统计,目前世界上的材料已达 40 余万种,并且每年以约 5% 的速度增加。材料有许多不同的分类方法,机械工程中使用的材料常按化学组成分为金属材料、高分子材料、陶瓷材料、复合材料四大类,如图 1-1 所示。

按零件在机械或机器中实现的功能,又可将制造零件的材料分为结构材料和功能材料。用于制造实现运动和传递动力的零件的材料称为结构材料,用于制造实现其他功能的零件的材料称为功能材料。功能材料是利用物质的物理特性、化学特性及其对外界环境敏感的反应,从而实现各种信息处理和能量转换,主要有弹性材料、膨胀材料、形状记忆合金、光电和磁性材料等。机械工程中大量使用各类结构材料。

金属材料、高分子材料和陶瓷材料在性能上各有其优缺点,集各类材料的优异性能于一体,充分发挥各类材料的潜力,可制成各种复合材料。

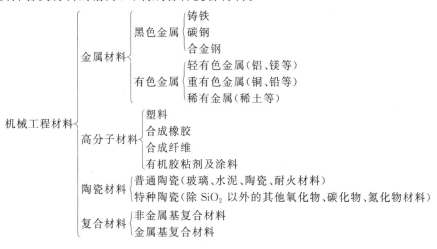

图 1-1　机械工程材料的分类

1.1.2　各类材料的特征

1. 金属材料的特征

金属材料因具有金属键(个别含有一定共价键)而使其具有良好的综合力学性能(强度和塑性等)、导电性、导热性和工艺性能等,并呈特有的金属光泽,因而在工业中获得广泛的应用。金属中有自由电子存在,只要在金属两端施加很小的电压,就可使自由电子向正极流动,从而形成电流,这便是金属具有高导电性的原因。同样理由也使金属具有良好的导热性。当对金属施加很大的外力时,其正离子将沿着一定的方向发生相对移动,此时,自由电子也随之移动,于是离子间仍保持着牢固的结合。因此,金属能在一定外力作用下发生一定的永久变形而不致破裂,这就是金属具有高塑性的原因,这使金属可进行各种塑性加工。当温度升高时,金属中的正离子振动增强,电子运动受阻,电阻增大,使金属具有正的电阻温度系数。各种金属的原子结合强弱相差很大,使它们的强度、熔点等也相差较大。应该指出,在特别高的温度以及特殊介质环境中,由于对化学稳定性要求非常高,故一般金属材料难以胜任。

2. 高分子材料的特征

高分子材料(也称为高聚物)是以相对分子质量大于 5 000 的高分子化合物为主要组分的材料,其中每一个分子可含几千、几万甚至几十万个原子。高分子材料又可分为有机高分子材料和无机高分子材料。

有机高分子材料的大分子主链内原子间强共价键及大分子链间弱分子键的结合特征,使其具有高弹性、耐磨性、绝缘性、抗腐蚀性及质量轻等优良性能,而且易于成型,原料来源丰富,在工业中得到广泛的应用,但由于耐热差,尺寸稳定性低,强度和硬度低,易老化,使其应用又受到一定限制。

3. 陶瓷材料的特征

陶瓷是一种无机非金属材料,是由一种或多种金属和非金属元素形成的具有离子键或共价键的化合物。由于它的熔点高、硬度高、化学稳定性好,具有耐高温、耐腐蚀、耐磨损、绝缘、热膨胀系数小等优点,故在现代工业中已得到愈来愈广泛的应用。在某些情况下,陶瓷为唯一能选用的材料。例如:内燃机的火花塞,引爆时瞬间温度可达 2 500 ℃,并要求绝缘和耐化学腐蚀,显然金属材料和高分子材料都不能满足要求,只有陶瓷最为合适。但陶瓷由于具有脆性大及不易加工成型的特性又使其应用受到一定限制。

4. 复合材料

复合材料是由两种或两种以上物理性质和化学性质不同的物质结合起来而得到的一种多相固体材料。有些钢和陶瓷材料也可以看作是复合材料,但现代复合材料的概念主要是指经人工特意复合而成的材料,而不包括天然复合材料、钢和陶瓷材料这一类多相体系。复合材料能充分发挥其组成材料的各自长处,又在一定程度上克服了自身的弱点。按基体不同,可分为树脂基、金属基、陶瓷基三类,具有广阔的应用前景。

1.2　机械工程对材料性能的要求

工业生产中所使用的各种机械,大部分是由金属材料与非金属材料制成的。其中金属材料应用得更为广泛,主要是由于金属材料本身具有优良的性能,能够满足各种机械加工和使用要求。

材料的性能通常可分为两类:使用性能和工艺性能。使用性能是指机械零件在正常工作情况下应具备的性能,包括机械性能、物理性能、化学性能等;工艺性能是指机械零件在冷、热加工的制造过程中应具备的性能,它包括铸造性能、锻造性能、焊接性能和切削加工性能。在机械制造中,一般机械零件是在常温、常压和非强烈腐蚀性介质中使用的,如汽车、拖拉机上的各类齿轮、轴等。有一些机械零件却是在高温、高压和腐蚀介质中使用的,如化工机械、石油机械和锅炉中的容器、管道等。根据不同的使用要求,确定采用不同性能的材料,所以说,材料的性能是零件设计和选材的主要依据。

1.3 工程构件与机械零件所受各种负荷概述

工程构件与机械零件(以下简称零件或构件)在工作条件下可能受到力学负荷、热负荷或环境介质的作用。有时只受到一种负荷的作用,更多的时候将受到两种或三种负荷的共同作用。在力学负荷作用条件下,零件将产生变形,甚至出现断裂;在热负荷作用下,将产生尺寸和体积的改变,并产生热应力,同时随温度的升高,零件的承载能力下降;环境介质的作用主要表现为环境对零件表面造成的化学腐蚀、电化学腐蚀及摩擦磨损等作用。

1.3.1 力学负荷

按载荷随时间变化的情况,可把载荷分成静载荷和动载荷。

若载荷缓慢地由零增加到某一定值以后保持不变或变动不很显著,即为静载荷。机器的重量对其基体的作用便是静载荷。

若载荷随时间而变化,则为动载荷。按其随时间变化的方式,动载荷又可分为交变载荷和冲击载荷。交变载荷是随时间作周期性变化的载荷,例如齿轮转动时作用于每一个齿上的力都是随时间按周期性变化的;冲击载荷则是物体的运动在瞬时内发生突然变化所引起的载荷,例如急刹车时飞轮的轮轴、锻造时汽锤的锤杆等都受到冲击载荷的作用。

作用在机械零件上的静载荷分为四种基本形式,即拉伸或压缩、剪切、扭转和弯曲。

1. 拉伸或压缩载荷

图 1-2 所示为简易吊车的受力杆件,在载荷 P 的作用下,AC 杆受到拉伸载荷作用,而

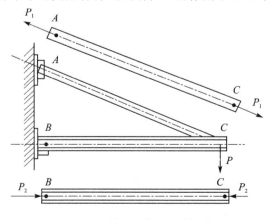

图 1-2 简易吊车的受力杆件

BC 杆受到压缩载荷作用。拉伸载荷和压缩载荷是由大小相等、方向相反、作用线与杆件轴线重合的一对力引起的。这类载荷使杆件的长度发生伸长或缩短。起吊重物的钢索、桁架的杆件、液压油缸的活塞杆等在工作时都受到拉伸载荷或压缩载荷的作用,产生拉伸或压缩变形。

2. 剪切载荷

图 1-3 所示为铆钉连接,在力 P 的作用下,铆钉连接中的铆钉受到剪切载荷作用。剪切载荷是由大小相等、方向相反、作用线垂直于杆轴且距离很近的一对力引起的。剪切载荷使受剪杆件的两部分沿外力作用方向发生相对的错动。机械中常用的连接件(如键、销钉、螺栓等)都受剪切载荷作用,产生剪切变形。

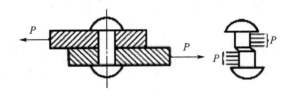

图 1-3　铆钉连接

3. 扭转载荷

图 1-4 所示为汽车转向轴在工作时发生扭转载荷作用。扭转载荷是由大小相等、方向相反、作用面垂直于杆轴的一对力偶引起的,扭转载荷使杆件的任意两个横截面发生绕轴线的相对转动。汽车的传动轴、电机和水轮机的主轴等都受扭转载荷的作用,产生扭转变形。

4. 弯曲载荷

图 1-5 所示为火车轮轴发生弯曲变形。弯曲载荷是由垂直于杆件轴线的横向力,或由作用于包含杆轴的纵向平面内的一对大小相等、方向相反的力偶引起的。弯曲载荷使杆件轴线由直线变为曲线即发生弯曲。在工程中,杆件受弯曲载荷作用是最常遇到的情况之一。桥式吊车的大梁、各种心轴以及车刀等都受弯曲载荷作用,产生弯曲变形。

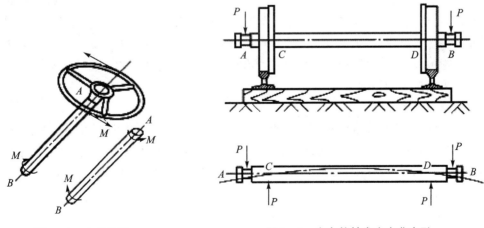

图 1-4　方向盘图　　　　图 1-5　火车轮轴发生弯曲变形

很多零件工作时会同时承受几种载荷作用。例如:车床主轴工作时承受弯曲、扭转与压缩三种载荷作用,钻床立柱同时承受拉伸与弯曲两种载荷作用。在这种情况下,产生组合变形。

1.3.2 热负荷

有些零件是在高温条件下工作的。高温使工程材料的力学性能下降,并可能产生氧化。另外,温度反复变化还会引起热疲劳。

首先,高温下材料的强度随温度升高而降低;其次,高温下载荷持续时间对强度有显著影响,强度随加载时间的延长而降低(在低温下,材料的强度不受加载时间的影响)。例如:20 钢在 450 ℃的短时抗拉强度为 330 MPa,若试样仅承受 230 MPa 的应力,则在该温度下持续工作 300 h 就会发生断裂;如果将应力降至 120 MPa,则持续 10 000 h 才会发生断裂。试验结果表明,高温下钢的抗拉强度随载荷持续时间的延长而降低。在给定温度和规定的时间内,使试样发生断裂的应力叫作持久强度。

同时,材料在长时间的高温作用下,即使应力小于屈服强度,也会慢慢地产生塑性变形,这种现象称为高温蠕变。一般来说,只有当温度超过 $0.3T_m$(T_m 为材料的熔点,以 K 为单位)时,才出现较明显的蠕变。

另外,许多零件在不断变化的温度条件下工作,若作用时间甚短,则零件将受到热冲击作用,如将 Al_2O_3 陶瓷管直接放入 1 200 ℃的盐浴中会立即发生爆裂。一般而言,如零件各部分受热(或冷却)不均匀引起的膨胀(或收缩)量不一致,而在零件内部产生的应力,叫作热应力。热应力将使零件产生热变形,或者降低零件的实际承载能力。温度交替变化引起热应力的交替变化,交变的热应力会引起材料的热疲劳。

1.3.3 环境介质的作用

环境介质对金属零件的作用主要体现在两方面:腐蚀和摩擦磨损。环境介质对高分子材料零件的作用体现为老化。

(1)腐蚀作用

由于金属材料的化学性质相对活泼,故容易受到环境介质的腐蚀作用。根据腐蚀的过程和腐蚀机理,可将腐蚀分为化学腐蚀、电化学腐蚀和物理腐蚀三大类。化学腐蚀是指材料与周围介质直接发生化学反应,但反应过程中不产生电流的腐蚀过程。电化学腐蚀是指金属与电解质溶液接触时发生电化学反应,反应过程中有电流产生的腐蚀过程。物理腐蚀是指由于单纯的物理溶解而产生的腐蚀。

(2)摩擦磨损作用

机器运转时,任何在接触状态下发生相对运动的零件(如轴与轴承、活塞环与汽缸套、十字头与滑块、齿轮与齿轮等)彼此之间都会发生摩擦。零件在摩擦过程中其表面发生尺寸变化和物质耗损的现象叫作磨损。磨损类型很多,最常见的有粘着磨损、磨粒磨损、腐蚀磨损、麻点磨损(即接触疲劳)四种。

(3)老化作用

高分子材料在加工、储存和使用过程中,由于受各种环境因素的作用导致性能逐渐变坏,以致丧失使用价值的现象叫作老化。例如:农用薄膜经日晒雨淋,发生变色、变脆和透明度下降;玻璃钢制品长期暴露在大气中,其表面逐渐露出玻璃纤维(起毛)、变色、失去光泽,并且强度下降;汽车轮胎和自行车轮胎在储存或使用中发生龟裂;等等。

1.4　工程设计与加工工艺所需要的材料性能

1.4.1　整机性能、零部件性能以及金属材料性能

机器是零件(或部件)间有确定的相对运动,用来转换或利用机械能的一种机械装置。

机器一般由零件、部件(若干零件的组合,且具备一定功能)组成一个整体。因此,一部机器的整机性能除与机器构造、加工与制造等因素有关外,主要取决于零部件的结构与性能,尤其是关键件的性能。比如,金属切削机床(车床、铣床、磨床等)要能对金属坯料或工件进行有效且高质量的加工,其主轴组件、支承件(床身等)、导轨及传动装置等必须处于良好的工作状态。主轴的刚度、强度或韧性不足,导轨的磨损,传动齿轮因种种原因造成破损或失效而影响功率与扭矩的传递以及传动精度的下降等,都会严重地妨碍机床的正常工作,以致无法进行切削加工。柴油机是以柴油作为燃料的往复活塞式内燃机,靠燃油在汽缸内的高温高压空气中雾化、压缩、自动燃烧所释放的能量推动活塞做往复运动,并通过连杆和曲轴转换为旋转的机械功。柴油机的性能主要由喷油系统(喷油泵)、连杆、曲轴及活塞与汽缸的性能所决定。比如,喷油泵的喷油状况(即雾化程度,由三副精密偶件控制)决定了柴油机的燃烧质量与燃油消耗,汽缸缸套的磨损又决定了柴油机的大修期,而连杆与曲轴的力学性能则是柴油机安全可靠工作的基本保证。因此,可以认为,在合理而优质的设计与制造的基础上,机器的性能主要由其零部件的强度及其他相关性能来决定。

机械零件的强度一般表现为短时承载能力和长期使用寿命,它是由许多因素确定的,其中结构因素、加工工艺因素和材料因素起主要作用。此外,使用因素对寿命也起很大的作用。结构因素指零件在整机中的作用、零件的形状和尺寸,以及与其他连接件的配合关系等。加工工艺因素指全部加工工艺过程中对零件强度所产生的影响。材料因素指材料的成分、组织及性能。这三个因素各自有独立的作用,又相互影响,在解决与零件强度有关的问题时必须综合加以考虑。在结构因素和加工工艺因素正确合理的条件下,大多数零件的体积、质量、性能和寿命主要由材料因素(即主要由材料的强度及其他力学性能)所决定。

为了正确、合理地使用金属材料,必须了解其性能。金属材料的性能包括使用性能和工艺性能。使用性能是指金属材料在使用过程中所表现出来的性能,主要有力学性能、物理性能和化学性能;工艺性能是指金属材料在各种加工过程中所表现出来的性能,主要有铸造、锻造、焊接、热处理和切削加工等性能。

在机械行业中选用材料时,一般以力学性能作为主要依据。力学性能是指金属在外力作用下所表现出来的特性(或指金属在力的作用下,显示出的与弹性和非弹性反应相关或涉及应力-应变关系的性能)。金属力学性能判据是指表征和判定金属力学性能所用的指标和依据。判据的高低表征了金属抵抗各种损伤能力的大小,也是设计金属制件时选材和进行强度计算的主要依据。常用的力学性能判据有:静态力学性能(强度、塑性、硬度)、动态力学性能(韧性和疲劳强度)。

在设计机械产品时,主要是根据零件失效的方式正确选择金属材料的力学性能判据指标来进行定量计算,以确定产品的结构和零件的尺寸。

1.4.2 静态力学性能

1. 强　度

强度是指金属抵抗塑性变形和断裂的能力。它是通过拉伸试验测得的。塑性变形是指金属在外力作用下,发生不能恢复原状的变形,也称永久变形。

(1)拉伸试验

拉伸试验前,将金属材料制成一定形状和尺寸的标准拉伸试样,见图1-6。图中 d_0 为试样原始直径(mm), l_0 为试样原始标距长度(mm)。按照 GB/T 228—2002《金属拉伸试验试样》规定:试样分为长试样和短试样。对圆形拉伸试样,长试样 $l_0=10d_0$,短试样 $l_0=5d_0$ 。

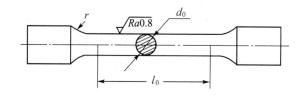

图1-6　圆形标准拉伸试样

试验时,将标准试样装夹在拉伸试验机上,缓慢地进行拉伸,使试样承受轴向拉力,直至拉断。试验机自动记录装置可将整个拉伸过程中的拉伸力和伸长量描绘在以拉伸力 F 为纵坐标、伸长量 Δl 为横坐标的图上,即得到拉伸力-伸长量曲线,如图1-7所示。

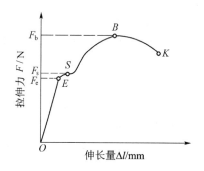

图1-7　退火低碳钢的拉伸力-伸长量曲线

当拉伸力由0逐渐增加到 F_e 时(即曲线上 OE 段),试样的伸长量与拉伸力成正比例增加,试样随拉伸力的增大而均匀伸长,此时若去除拉伸力,试样能完全恢复到原来的形状和尺寸,即试样处于弹性变形阶段。

当拉伸力超过 F_e 时,试样除产生弹性变形外,还开始出现微量的塑性变形(但此时若去除载荷,则弹性变形消失,而另一部分变形被保留,即试样不能恢复到原来的尺寸,这种不能恢复的变形称为塑性变形或永久变形)。

当拉伸力增大到 F_s 时,曲线上出现水平(或锯齿形)线段,即表示拉伸力不增加,试样却继续伸长,此现象称为屈服。引起试样屈服的载荷称为屈服载荷。

拉伸力超过 F_s 后,试样产生大量的塑性变形;当达到最大拉伸力为 F_b 时,试样横截面发生局部收缩,即产生缩颈。此后,试样的变形局限在缩颈部分,故承受的拉伸力迅速减小,直至拉断试样(曲线 K 点)。

　　应该指出,工业上使用的许多材料在进行静拉伸试验时,其承受的载荷与变形量之间的关系,并非都与上述低碳钢相同。某些脆性金属(如铸铁等)在尚未产生明显塑性变形时已经断裂,故不仅没有屈服现象,而且也不产生缩颈现象。

　　(2) 强度的主要判据

　　金属材料的强度是用应力来度量的。单位截面上的内力称为应力,用符号 σ 表示。内力是指材料受外力作用发生变形时,内部产生阻止变形的抗力。

　　常用的强度判据有:弹性极限、屈服点和抗拉强度。

　　① 弹性极限

　　弹性极限是指试样产生完全弹性变形时所能承受的最大应力,用符号 σ_e 表示,单位为 MPa。

$$\sigma_e = \frac{F_e}{A_0}$$

式中:F_e——试样产生完全弹性变形时的最大拉伸力,N;

　　　A_0——试样原始横截面积,mm。

　　② 屈服点

　　屈服点是指试样在拉伸过程中,力不增加(保持恒定)但仍能继续伸长(变形)时的应力,用符号 σ_s 表示,单位为 MPa。

$$\sigma_s = \frac{F_s}{A_0}$$

式中:F_s——试样产生屈服时的最大拉伸力,N。

　　有些材料在拉伸时没有明显的屈服现象,无法测定 σ_s。因此,GB/T 10623—2008 规定,以试样去掉拉伸力后,其标距部分的残余伸长量达到规定原始标距长度 0.2% 时的应力,为该材料的条件屈服点,用符号 $\sigma_{r0.2}$ 表示。

　　σ_s 和 $\sigma_{r0.2}$ 是表示材料抵抗微量塑性变形的能力。零件工作时一般不允许产生塑性变形。因此,σ_s 是设计和选材时的主要参数。

　　③ 抗拉强度

　　抗拉强度是指试样被拉断前所能承受的最大拉应力,用符号 σ_b 表示,单位为 MPa。

$$\sigma_b = \frac{F_b}{A_0}$$

式中:F_b——试样被拉断前的最大拉伸力,N。

　　σ_b 表征材料对最大均匀塑性变形的抗力。σ_s 与 σ_b 的比值称为屈强比,屈强比越小,零件工作时的可靠性越高,这是因为若超载也不会立即断裂。但屈强比太小,材料强度的有效利用率降低。σ_b 也是设计和选材时的主要参数。

　　2. 塑　性

　　塑性是指断裂前材料发生不可逆塑性变形的能力。常用的判据有断后伸长率和断面收缩率。

　　(1) 断后伸长率

　　断后伸长率是指试样被拉断后,标距的伸长量与原始标距的百分比,用符号 δ 表示:

$$\delta = \frac{l_k - l_0}{l_0} \times 100\%$$

式中：l_0——试样原始标距长度，mm；

l_k——试样被拉断后的标距长度，mm。

长试样的断后伸长率用符号 δ_{10} 表示，通常写成 δ；短试样的断后伸长率用符号 δ_5 表示。对于同种材料，$\delta_5 > \delta_{10}$，但不能直接比较。

（2）断面收缩率

断面收缩率是指试样被拉断后，缩颈处横截面积的最大缩减量与原始横截面积的百分比，用符号 ψ 表示：

$$\Psi = \frac{A_0 - A_k}{A_0} \times 100\%$$

式中：A_k——试样被拉断处的横截面积，mm。

断面收缩率不受试样尺寸的影响，因此能较准确地反映出材料的塑性。

一般 δ 或 ψ 值越大，材料塑性越好。由于断面收缩率比延伸率更接近材料的真实应变，因而在塑性指标中，断面收缩率比延伸率更为合理，但现有的材料塑性指标往往仍较多地采用延伸率。材料的塑性对要求进行冷塑性变形加工的工件有着重要的意义；此外，在工件使用中偶然过载时，由于能产生一定的塑性变形，而不至于突然破坏。同时，在工件的应力集中处，塑性能起到削减应力峰（即局部的最大应力）的作用，从而保证工件不至于突然断裂，这就是大多数工件除要求高强度外，还要求具有一定塑性的道理。塑性好的材料可用轧制、锻造、冲压等方法加工成型。另外，塑性好的零件在工作时即使超载，也可因其塑性变形而避免突然断裂，提高了工作安全性。

3. 硬　度

硬度是衡量材料软硬程度的指标。目前生产中测定硬度最常用的方法是压入硬度法，它是用具有一定几何形状的压头在一定载荷作用下压入被测试的材料表面，根据被压入程度来测定其硬度值。用同样的压头在相同大小载荷作用下压入材料表面时，压入程度愈大，则材料的硬度值愈低；反之，硬度值就愈高。因此，压入法所表示的硬度是指材料表面抵抗更硬物体压入的能力。

硬度试验设备简单，操作迅速方便，又可直接在零件或工具上进行试验而不破坏工件，并且还可根据测得的硬度值估计出材料的强度和耐磨性。此外，硬度与材料的冷成型性、切削加工性、可焊性等工艺性能间也存在着一定的联系，可作为选择加工工艺时的参考。因此，硬度试验是实际生产中作为产品质量检查、制定合理加工工艺的最常用的试验方法。在产品设计图纸的技术条件中，硬度是一项主要技术指标。为了能获得正确的试验结果，被测材料表面不应有氧化皮、脱碳层、划痕、裂纹等缺陷。

测定硬度的方法很多，生产中应用较多的有布氏硬度、洛氏硬度和维氏硬度等试验方法。

（1）布氏硬度

布氏硬度试验原理如图 1-8 所示。用直径为 D 的淬火钢球或硬质合金球做压头，以相应的试验力 F 将压头压入试件表面，经规定的保持时间后，去除试验力，在试件表面得到一直径为 d 的压痕。用试验力除以压痕表面积 A，所得值即为布氏硬度值，用符号 HB 表示。淬火钢球为压头时，符号为 HBS；硬质合金球为压头时，符号为 HBW。

在布氏硬度试验中载荷 F 的单位为 N（或 kgf），压头直径与压痕直径 d 的单位为 mm，所以布氏硬度的单位为 N/mm²，但习惯上只写明硬度的数值而不标出单位。

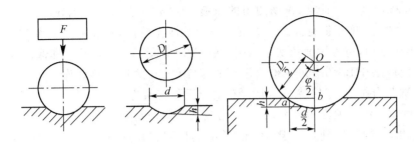

图 1-8　布氏硬度试验原理示意图

$$\text{HBS(HBW)} = \frac{F}{A_{压}} = \frac{F}{\pi Dh} = \frac{2F}{\pi D(D - D^2 - d^2)} \qquad （试验力 F 的单位为 kgf）$$

$$\text{HBS(HBW)} = 0.102 \frac{2F}{\pi D(D - D^2 - d^2)} \qquad （试验力 F 的单位为 N）$$

式中：$A_{压}$——压痕表面积，mm^2；

　　d、D、h——压痕平均直径、压头直径、压痕深度，mm。

上面的算式中只有 d 是变数，只要测出 d 值，即可通过计算或查表得到相应的硬度值。根据图 1-8 中 d 与压入角 φ 的关系，布氏硬度计算公式又可写成：

$$\text{HBS(HBW)} = \frac{2F}{\pi D^2 \left(1 - D - \sin^2 \dfrac{\varphi}{2}\right)} \qquad （试验力 F 的单位为 kgf）$$

由上式可知，为使同一硬度材料的布氏硬度值相同，必须保证 φ 和 F/D^2 均为常数，并使压痕直径在 $0.25D \sim 0.6D$ 之间。

布氏硬度试验时，应根据被测金属材料的种类和试件厚度，选用不同直径的压头、试验力和试验力保持时间。按 GB/T 231—1984 规定，压头直径有 5 种（10 mm、5 mm、2.5 mm、2 mm 和 1 mm）；F/D^2 的比值有 7 种（30、15、10、5、2.5、1.25 和 1），可根据金属材料种类和布氏硬度范围选择 F/D^2 值，见表 1-1；试验力保持时间：钢铁材料为 $10 \sim 15$ s，有色金属为 30 s，布氏硬度值小于 35 时为 60 s。

表 1-1　按材料和布氏硬度范围选择 F/D^2 值

材　料	布氏硬度值	F/D^2
钢和铸铁	<140	10
	≥140	30
铜及铜合金	<35	5
	35～130	10
	>130	30
轻金属及其合金	<35	2.5(1.25)
	35～80	10(5 或 15)
	>80	10
铅、锡		1.25(1)

注：1. 当试验条件允许时，应尽量选用直径为 10 mm 的球。

　　2. 当有关标准中没有明确规定时，应使用无括号的 F/D^2 值。

实验时布氏硬度无须计算,根据测出的压痕直径 d 查表即可得到硬度值。d 值越大,硬度值越小;d 值越小,硬度值越大。布氏硬度一般不标注单位,其表示方法为:在符号 HBS 或 HBW 前写出硬度值,符号后面依次用相应的数字注明压头直径、试验力和保持时间(10～15 s 不标注)。例如:120HBS10/1000/30 表示用直径 10 mm 的淬火钢球作为压头,在 1 000 kgf(9.807 kN)试验力作用下,保持 30 s 所测得的布氏硬度值为 120。

布氏硬度试验法压痕面积较大,能反映出较大范围内材料的平均硬度,测得结果较准确、稳定,试验结果较精确,特别是对于组织比较粗大且不均匀的材料(如铸铁、轴承合金等),更是其他硬度试验方法所不能代替的。但由于操作不够简便,又因压痕大,故不宜测试薄件或成品件。HBS 适于测量硬度值小于 450 的材料;HBW 适于测量硬度值小于 650 的材料。

目前,大多用淬火钢球作为压头测量材料硬度,故主要用来测定灰铸铁、有色金属及退火、正火和调质的钢材等的硬度。

(2)洛氏硬度

洛氏硬度试验原理如图 1－9 所示。它是用顶角为 120° 的金刚石圆锥体或直径为 1.588 mm 的淬火钢球作为压头,在初试验力和总试验力(初试验力＋主试验力)的先后作用下,将压头压入试件表面,经规定的保持时间后,去除主试验力,用测量的残余压痕深度增量(增量是指去除主试验力并保持初试验力的条件下,在测量的深度方向上产生的塑性变形量)来计算硬度的一种压痕硬度试验法。

图 1－9 中:0—0 为压头与试件表面未接触的位置;1—1 为加初试验力 10 kgf(98.07 N)后,压头经试件表面 a 压入到 b 的位置,b 处是测量压入深度的起点(可防止因试件表面不平引起的误差);2—2 为初试验力和主试验力共同作用下,压头压入到 c 的位置;3—3 为卸除主试验力,但保持初试验力的条件下,因试件弹性变形的恢复使压头回升到 d 的位置。因此,压头在主试验力作用下,实际压入试件产生塑性变形的压痕深度为 bd(bd 为残余压痕深度增量)。可用 bd 来判断材料的硬度,bd 越大,硬度越低;反之,硬度越高。为适应习惯上数值越大,硬度越高的概念,故用一常数 K 减去 bd 作为硬度值(每 0.002 mm 的压痕深度为一个硬度单位),直接由硬度计表盘上读出。洛氏硬度用符号 HR 表示:

$$HR = K - \frac{bd}{0.002}$$

式中:金刚石作为压头,K 为 100;淬火钢球作为压头,K 为 130。

洛氏硬度值 HR 在试验时一般均由硬度计的指示器上直接读出。为使同一硬度计能测试不同硬度范围的材料,可采用不同的压头和试验力。按压头和试验力的不同,GB/T 230—1991 规定洛氏硬度的标尺有 9 种,但常用的是 HRA、HRB、HRC 三种,其中 HRC 应用最广。

洛氏硬度的表示方法如下:在符号前面写出硬度值,如 62HRC、85HRA 等。洛氏硬度的试验条件和应用范围见表 1－2。

表 1－2　常用洛氏硬度的试验条件和应用范围

硬度符号	压头类型	总试验力 $F_总$/kgf(N)	硬度值有效范围	应用举例
HRA	120°金刚石圆锥	60(588.4)	70～88	硬质合金、表面淬火钢、渗碳钢等
HRB	1.588 mm 钢球	100(980.7)	20～100	有色金属、退火钢、正火钢等
HRC	120°金刚石圆锥	150(1 471.1)	20～70	淬火钢、调质钢等

注:总试验力＝初试验力＋主试验力。

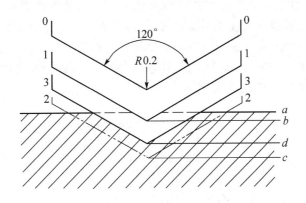

图 1-9　洛氏硬度试验原理示意图

洛氏硬度试验操作简便,测量硬度范围大,压痕小,无损于试件表面,可直接测量成品或较薄工件。同时,采用不同标尺,可测出从极软材料到极硬材料的硬度。但因压痕小,对内部组织和硬度不均匀的材料,所测结果不够准确。因此,需在试件的不同部位测定三点取其平均值。洛氏硬度无单位,各标尺之间没有直接的对应关系。

（3）维氏硬度

维氏硬度试验原理与布氏硬度试验原理相似。区别在于维氏硬度的压头是两相对面夹角为 136° 的正四棱锥金刚石。试验时,在规定试验力 F 的作用下,压头压入试件表面,保持一定时间后,卸除试验力,测量压痕两对角线长度 d_1 和 d_2,求其平均值,用以计算出压痕表面积,如图 1-10 所示。单位压痕表面积所承受试验力的大小即为维氏硬度值,用符号 HV 表示,单位为 kgf/mm^2（或 N/mm^2）。

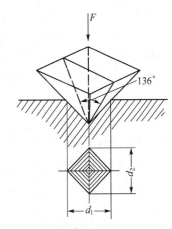

图 1-10　维氏硬度试验原理示意图

维氏硬度值无须计算,一般是根据压痕对角线长度平均值查 GB/T 4340—1984 附表得出。维氏硬度习惯上不标单位,其表示方法为:在符号 HV 前面写出硬度值,HV 后面依次用相应数字注明试验力和保持时间（10～15 s 不标注）。例如:640HV30/20 表示在 30 kgf（294.2 N）试验力作用下,保持 20 s 测得的维氏硬度值为 640。

维氏硬度试验法所用试验力小,压痕深度浅,轮廓清晰,数字准确可靠,故广泛用于测量金属镀层、薄片材料和化学热处理后的表面硬度。又因其试验力可在很大范围内选择（49.03～980.7 N）,所以可测出从很软材料到很硬材料的硬度。但维氏硬度试验不如洛氏硬度试验简便、迅速,不适于成批生产的常规试验。

1.4.3　动态力学性能

1. 韧　性

生产中许多零件是在冲击力作用下工作的,如冲床用的冲头、锻锤的锤杆、风动工具等。

对于这类零件,不仅要满足在静力作用下的强度、塑性、硬度等性能判据,还应具有足够的韧性。韧性是指金属在断裂前吸收变形能量的能力,它表示了金属材料抗冲击的能力。韧性的判据是通过冲击试验确定的。常用的方法是摆锤式一次冲击试验法,它是在专门的摆锤试验机上进行的。按 GB/T 229—2007《金属夏比(U 形或 V 形缺口)冲击试验法》的规定,将被测材料制成标准冲击试样,如图 1-11 所示。

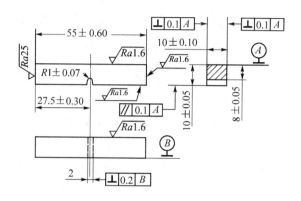

图 1-11　夏比 U 形缺口试样

试验时,将试样缺口背向摆锤冲击方向放在试验机支座上(见图 1-12(a)),摆锤举至高度 h_1,具有位能 mgh_1,然后使摆锤自由落下,冲断试样后,摆锤升至高度 h_2(见图 1-12(b)),此时摆锤的位能为 mgh_2。摆锤冲断试样所消耗的能量,即试样在冲击力一次作用下折断时所吸收的功,称为冲击吸收功(单位 J),用符号 A_K 表示(U 形缺口试样用 A_{KU},V 形缺口试样用 A_{KV})。

$$A_K = mgh_1 - mgh_2 = mg(h_1 - h_2)$$

A_K 值不需计算,可由冲击试验机刻度盘上直接读出。冲击试样缺口底部单位横截面积上的冲击吸收功,称为冲击韧度,用符号 a_K 表示,单位为 J/cm^2。

$$a_K = \frac{A_K}{A}$$

式中:A——试样缺口底部横截面积,cm^2。

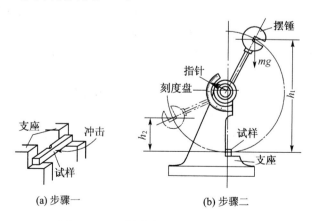

(a) 步骤一　　　　(b) 步骤二

图 1-12　摆锤式冲击试验原理示意图

一般,脆性材料在断裂前无明显的塑性变形,断口较平整,呈结晶状或瓷状,有金属光泽;韧性材料在断裂前有明显的塑性变形,断口呈纤维状,无光泽。一般把冲击韧性值 a_K 低的材料称为脆性材料,a_K 值高的材料称为韧性材料。冲击吸收功还与试样形状、尺寸、表面粗糙度、内部组织和缺陷等有关。因此,冲击吸收功一般作为选材的参考,而不能直接用于强度计算。

应当指出,冲击试验时,冲击吸收功中只有一部分消耗在断开试样缺口的截面上,冲击吸收功的其余部分则消耗在冲断试样前,缺口附近体积内的塑性变形上。因此,冲击韧度不能真正代表材料的韧性,而采用冲击吸收功 A_K 作为材料韧性的判据更为适宜。国家标准现已规定采用 A_K 作为材料韧性判据。

冲击吸收功越大,材料韧性越好。金属材料的冲击韧性值除了与其成分、组织以及试样的形状、尺寸与表面质量有关外,冲击速度与温度对冲击韧性值也有影响,尤其是温度对冲击韧性值的影响具有更重要的意义。实践证明,有些材料在室温时并不显示脆性,而在低温下则可能发生脆断,这一现象称为冷脆现象,表现为冲击韧性值随温度的降低而减小,当试验温度降低到某一温度范围时,其冲击韧性值急剧降低,试样的断口由韧性断口过渡为脆性断口。因此,这个温度范围称为冷脆转变温度范围。在这个温度范围内,通常以试样断口表面上出现50%脆性断口特征时的温度作为冷脆转变温度。冷脆转变温度的高低是材料质量指标之一,冷脆转变温度越低,材料的低温冲击性能就越好。这对于在寒冷地区和低温下工作的机械和工程结构(如运输机械、地面建筑、输送管道等)尤为重要。由图1-13可知,A_K 值随温度降低而减小。在不同温度下的冲击试验中,冲击吸收功急剧变化或断口韧性急剧转变的温度区域,称为韧脆转变温度。韧脆转变温度越低,材料的低温抗冲击性能越好。

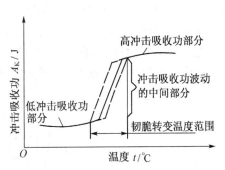

图 1-13　温度对冲击吸收功的影响

实践表明,冲击韧性值 a_K 对材料的内部结构、缺陷等具有较大的敏感性,在冲击试验中很容易揭示出材料中的某些物理现象,如晶粒粗化、冷脆、热脆和回火脆性等,故目前常用冲击试验来检验冶炼、热处理以及各种加工工艺的质量。此外,冲击试验过程迅速方便,已在生产和科研中得到广泛应用。

应当指出,生产实际中,机件很少是因为一次大能量冲击而损坏的,大多数是在小能量多次冲击载荷下工作的,对这类零件应采用小能量多次冲击的抗力指标作为评定材料质量及选材的依据。

※多冲抗力

生产上有不少承受冲击载荷的机件,如锤杆、凿岩机活塞等,每次所受的冲击载荷不大,一次或少数几次的冲击不致断裂,而是在多次(>10^3)冲击之后才可能断裂。在这种情况下,仅用a_K值来衡量材料的抗冲击能力是不合理的,应进行多次冲击试验以测定其多次冲击抗力,简称多冲抗力。

图1-14所示为多次冲击弯曲试验示意图。将材料制成专用试样放在多冲试验机上,使之受到试验机锤头较小能量(<1 500 J)的多次冲击,测定在一定冲击能量下,材料断裂前的冲击次数作为多冲抗力的指标。通常,承受冲击载荷的机件,其多冲抗力要求材料具备一定强度的同时,还要求有适当的塑性,因此,多冲抗力是一个取决于材料强度和塑性的综合力学性能。实践证明,冲击能量高时,材料的多冲抗力主要取决于塑性;冲击能量低时,则主要取决于强度。

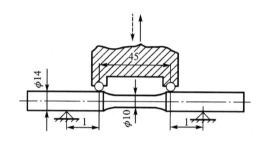

图1-14 多次冲击试验示意图

2. 疲劳强度

许多机械零件如各种发动机曲轴、机床主轴、齿轮、弹簧、各种滚动轴承等都是在重复或交变载荷的作用下工作的(见图1-15),所谓交变载荷是指载荷大小、方向随时间发生周期性变化的载荷。零件在重复或交变载荷的作用下,在一处或几处产生局部永久性累积损伤,经一定循环次数后产生裂纹或突然发生完全断裂的过程,称为疲劳(疲劳断裂)。疲劳断裂前无明显塑性变形,因此危险性很大,常造成严重事故。据统计,大部分零件的损坏均是由疲劳造成的。

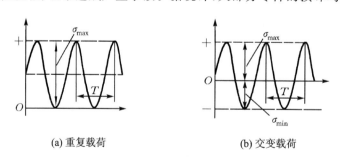

(a) 重复载荷　　　　　　　　　(b) 交变载荷

图1-15 重复应力与交变应力曲线示意图

产生疲劳断裂的原因一般认为是由于在零件应力集中的部位或材料本身强度较低的部位,如原有裂纹、软点、脱碳、夹杂、刀痕等缺陷,在交变应力的作用下产生了疲劳裂纹,随着应力循环周次的增加,疲劳裂纹不断扩展,使零件承受载荷的有效面积不断减小,当减小到不能承受外加载荷的作用时,零件即发生突然断裂。因此,疲劳断口是由以裂纹源(疲劳源)为中心逐渐向内扩展的若干弧线的光亮区和最后断裂的粗糙区(结晶状或纤维状)所组成的,如图1-16所示。

实验证明,金属材料能承受的交变应力 σ 与断裂前应力循环基数 N 之间的关系见图 1-17。由图可知,当 σ 低于某一值时,曲线与横坐标平行,表示材料可经无数次循环应力作用而不断裂,这一应力称为疲劳强度,用 σ_{-1} 表示光滑试样对称弯曲疲劳强度。一般,交变应力越小,断裂前所能承受的循环次数越多;交变应力越大,循环次数越少。工程上用的疲劳强度是指在一定的循环基数下不发生断裂的最大应力,通常规定钢铁材料的循环基数取 10^7,有色金属取 10^8。

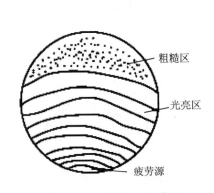

图 1-16　疲劳断口示意图

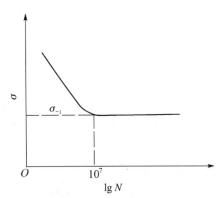

图 1-17　钢铁材料的疲劳曲线

一般钢铁材料的 σ-N 曲线为如图 1-18 所示的曲线 1 的形式。从曲线上可以看出,循环应力 σ 越低,则断裂前的循环次数 N 越多。当应力降到某一定值后,曲线趋于水平,这说明当应力低于此值时,材料可经无限次应力循环而不断裂。一般非铁金属、高强度钢及在腐蚀介质作用下的钢铁材料,其 σ-N 曲线如图 1-18 中曲线 2 所示,其特征是循环次数 N 随所受应力的降低而增加,但不存在水平线段。因此,对于具有如图 1-18 中曲线 2 所示特征的金属,以断裂前所规定的循环次数 N 时所能承受的最大应力为疲劳强度,称为条件疲劳强度,用 σ_N 表示。一般规定:非铁金属的 N 取 10^6 次;腐蚀介质作用下钢铁材料的 N 取 10^8 次。

材料存在气孔、微裂纹、夹杂物等缺陷,材料表面划痕、局部应力集中等因素,均可加快疲劳断裂。改善零件的结构形状以避免应力集中;提高零件表面加工光洁度;尽可能减少各种热处理缺陷(如脱碳、氧化、淬火裂纹等);采用表面强化处理,如化学热处理、表面淬火、表面喷丸和表面滚压等强化处理,使零件表面产生残余压应力,从而能显著提高零件的疲劳抗力。

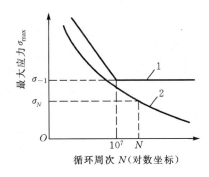

图 1-18　两类材料的疲劳曲线示意图

※ **断裂韧度**

一般认为,零件在许用应力下工作不会发生塑性变形,更不会发生断裂。然而事实并非如此,工程中曾多次出现过在应力低于许用应力的情况下发生突然断裂的事故。试验研究表明,工程上实际使用的材料,其内部不可避免地存在一定的缺陷,如夹杂物、气孔、微裂纹等。这些缺陷破坏了材料的连续性,如同材料中存在裂纹一样。当材料受到外力作用时,这些裂纹的尖端附近便出现了应力集中,如图 1-19 所示。由于应力线不能在试样的内部中断,因而被迫绕过裂纹尖端上下相连,使裂纹尖端处的应力线增多,产生应力集中,甚至局部应力大大超过材料的允许应力值,使裂纹失稳扩展,直至最终断裂。

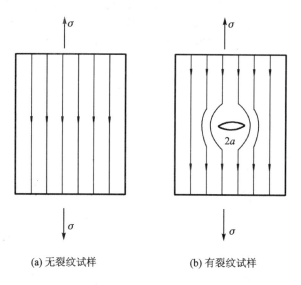

(a) 无裂纹试样　　　　　　　　(b) 有裂纹试样

图 1 - 19　无裂纹和有裂纹试样的应力线

根据断裂力学的观点,只要裂纹很尖锐,顶端前沿各点的应力就按一定的形状分布,亦即外加应力增大时,各点的应力按相应比例增大,这个比例系数称为应力强度因子 K_1,其值计算如下:

$$K_1 = Y \sigma a^{\frac{1}{2}} (MN \cdot m^{-3/2})$$

式中:Y——与裂纹形状、加载方式及试样几何尺寸有关的量,为无量纲系数;

　　　σ——外加应力(MPa);

　　　a——裂纹半长(m)。

当外力增大或裂纹增长时,裂纹尖端的应力强度因子也增大,当 K_1 达到某一临界值时,裂纹将突然失稳扩展,发生快速脆断,这一临界值称为材料的断裂韧度,用 K_{IC} 表示。K_{IC} 可通过试验测定,它反映了材料抵抗裂纹扩展的能力,是材料本身的一种力学性能指标,也同其他力学性能一样,主要取决于材料的成分、组织结构及各种缺陷,并与生产工艺过程有关。可见,只要工作应力小于临界断裂应力 $\sigma_c = K_{IC}/(Ya)$,就可以安全使用带有长度小于 $2a$ 的裂纹构件。例如:通常使用的中、低强度钢,其 K_{IC} 往往高达 50 MN/m$^{3/2}$ 以上,而其工作应力常小于 200 MPa,此时存在几厘米甚至更长的裂纹也不会脆断。但对高强度材料来说,其 K_{IC} 常小于 30 MN/m$^{3/2}$,而工作应力却很高,此时几毫米长的裂纹就很危险了。可见,理想的材料应该强而韧,在不可兼得时可略微降低强度而保证足够的韧度,以提高安全性。

1.4.4　高、低温性能[※]

1. 高温性能

在高压蒸汽锅炉、汽轮机、化工炼油设备及航空航天发动机中,很多机件都需要长期在高温下运转,因此仅考虑这类机件的常温性能显然不行。高温下的机件易发生蠕变失效。材料在长时间的恒温、恒应力作用下,即使应力小于屈服强度,也会缓慢地发生塑性变形,这种现象称为蠕变。蠕变的一般规律是,温度越高,工作应力越大,则蠕变的发展越快,产生断裂的时间就越短。因此,在高温下使用的金属材料,应具有足够的抗蠕变能力。

工程塑料在室温下受到应力的作用就可能发生蠕变,这在应用塑料受力件时应予以注意。蠕变的另一种不良结果是导致应力松弛。所谓应力松弛是指承受弹性变形的零件,在工作过程中的总变形量应保持不变,但随时间的延长发生蠕变后,就会发生工作应力自行逐渐衰减的现象。如高温紧固件,当出现应力松弛时,将会使紧固失效。

高温下,金属的强度可用蠕变强度和持久强度来表示。蠕变强度是指金属在一定温度下,一定时间内产生一定变形量所能承受的最大应力,例如 $\sigma_{0.1/1\,000}^{600} = 88$ MPa,表示在 600 ℃下、1 000 h 内,引起 0.1% 变形量所能承受的最大应力值为 88 MPa;而持久强度是指金属在一定温度下、一定时间内所能承受的最大断裂应力,例如 $\sigma_{100}^{800} = 186$ MPa,表示工作温度为 800 ℃,约 100 h 所能承受的最大断裂应力为 186 MPa。

2. 低温性能

随着温度的下降,多数材料会出现脆性增加的现象,严重时甚至发生脆断。通过在不同温度下对材料进行一系列冲击试验,可得到材料的冲击韧度与温度的关系曲线。图 1-20 所示为两种钢材的温度-冲击功关系曲线。由图可知,材料的冲击功 A_K 随温度下降而减小。当温度降到某一值时,A_K 值会急剧减小,使材料呈脆性状态。材料由韧性状态变为脆性状态的温度 T_K 称为冷脆转化温度。材料的 T_K 低,表明其低温韧性好。图 1-20 中虚线所表示的钢材的 T_K 低于实线所表示的钢材的 T_K',故前者低温韧性好。低温韧性对于在低温条件下使用的材料是很重要的。

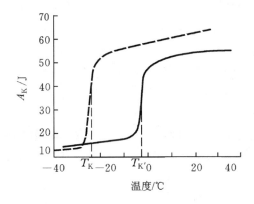

图 1-20　两种钢材的温度-冲击功关系曲线

1.4.5　磨损性能

任何一部机器在运转时,各机件之间总要发生相对运动。由于相对摩擦,摩擦表面逐渐有微小颗粒分离出来形成磨屑,使接触表面不断发生尺寸变化与重量损失,称为磨损。引起磨损的原因既有力学作用,也有物理作用和化学作用。因此磨损是一个复杂的过程。

1. 磨损的类型与材料的耐磨性

磨损是摩擦的必然结果。为了对比不同材料的磨损特性,可采用磨损量或磨损量的倒数来表示,也可用相对耐磨性 ε 来表示,即

$$\varepsilon = \frac{标准试样的磨损量}{被测试样的磨损量}$$

磨损量的表示方法很多。从测量上可分为失重法和尺寸法两类,即用试样重量的减少、长度或体积的变化来表示磨损量。按磨损机理和条件的不同,通常将磨损分为黏着磨损、磨粒磨损、接触疲劳磨损和腐蚀磨损四大基本类型(见表 1-3)。

表 1-3 磨损的分类

分　类	产生条件	磨损特征	实　例
黏着磨损	在法向加载下两接触物体表面相对滑动时产生的磨损	磨损表面有细的划痕,严重时有材料的转移	蜗轮与蜗杆、凸轮与挺杆间的磨损
磨粒磨损	硬的磨粒或凸起物在与摩擦表面接触过程中使表面材料产生损耗	磨损表面有明显的划痕或犁沟,磨损物为条状或切削状	犁铧、磨球与衬板间的磨损
接触疲劳磨损	两个接触体相对滚动或滑动时材料表面因疲劳损伤导致局部区域产生小片金属剥落而使物质损失	点蚀与剥落	滚动轴承、齿轮齿面的磨损
腐蚀磨损	摩擦副之间或摩擦副与环境介质发生化学或电化学反应形成腐蚀产物,腐蚀产物的不断形成与脱落引起腐蚀磨损	磨损表面有化学反应膜或小麻点	汽缸与活塞、船舶外壳、水轮机叶片

2. 提高材料耐磨性的途径

磨损是造成材料损耗的主要原因,也是零件的主要失效形式之一。尽管影响磨损过程的因素很多,但材料的磨损主要是发生在材料表面的变形与断裂过程。因此,提高摩擦副表面的强度、硬度和韧性,是提高材料耐磨性的有效措施。对于不同的磨损类型,提高耐磨性的方法不尽相同。

下面主要讨论提高材料黏着磨损和磨粒磨损的途径。

改善润滑条件,增强氧化膜的稳定性及氧化膜与基体的结合力,增强表面光洁度以及采用表面热处理都能减轻粘着磨损。

对于磨粒磨损,应设法提高表面硬度。但当机件受重载荷,特别是在较大冲击载荷下工作时,则要求有较高的硬度和韧性相结合。另外,控制和改变材料第二相的数量、分布、形态等对提高材料的耐磨粒磨损能力有决定性影响。

1.4.6　物理性能、化学性能

1. 物理性能

材料的物理性能主要有密度、熔点、热膨胀性、导电性和导热性等。不同用途的机械零件,对其物理性能的要求也各不相同。例如:电器零件要求良好的导电性;内燃机的活塞要求材料具有小的热膨胀系数;喷气发动机的燃烧室则需用高熔点的合金来制造。飞机、火箭、人造卫星等则要求比强度(抗拉强度/密度)大的金属材料制作,减轻自重。非金属材料(工程塑料)由于密度小,又具有一定的强度,因此也具有较高的比强度,常用于要求减轻自重的车辆、船舶和飞机等交通工具;而复合材料因其可能达到的比强度、比模量最高,是目前最有前途的一种新型结构材料。

材料的一些物理性能,对制造工艺也有一定的影响。例如:高合金钢的导热性很差,当其进行锻造或热处理时,加热速度应缓慢,否则会产生裂纹。

2. 化学性能

材料的化学性能主要是指它们在室温或高温时抵抗各种介质的化学侵蚀能力。在海水、酸、碱、腐蚀性气体、液体等腐蚀性介质中工作的零件必须采用化学稳定性良好的材料。例如:化工设备及医疗器械等通常采用不锈钢和工程塑料来制造。

1.4.7　工艺性能

材料的工艺性能是材料物理、化学、机械性能的综合。按工艺方法的不同,可分为铸造性、可锻性、焊接性和切削加工性等。在设计零部件和选择工艺方法时,为了使工艺简单,产品质量好、成本低,必须要考虑材料工艺性能是否良好的问题。

1. 铸造性能

铸造性能主要是指液态金属的流动性和凝固过程中的收缩和偏析倾向。几种金属材料的铸造性能的比较见表 1-4。流动性好的金属或合金易充满型腔,宜浇铸薄而复杂的铸件,溶渣和气体容易上浮,不易形成夹渣和气孔;收缩小,铸件中缩孔、疏松、变形、裂纹等缺陷较少;偏析少,各部分成分较均匀,从而使铸件各部分的机械性能趋于一致。合金钢偏析倾向大,高碳钢的偏析倾向又比低碳钢大,因此合金钢铸造后要用热处理来清除偏析。常用金属材料中,灰铸铁和锡青铜的铸造性较好。

表 1-4　几种金属材料的铸造性能的比较

材料	流动性	收缩性		偏析倾向	其他
		体收缩	线收缩		
灰口铸铁	好	大	小	小	铸造内应力小
球墨铸铁	稍差	大	小	小	易形成缩孔、缩松,白口化倾向小
铸钢	差	大	大	大	导热性差,易发生冷裂
铸造黄铜	好	小	较小	较小	易形成集中缩孔
铸造铝合金	尚好	小	小	较大	易吸气,易氧化

金属材料铸造性能用流动性、收缩性和偏析来衡量。

(1)流动性

熔融金属的流动能力称为流动性。流动性好的金属容易充满铸型,从而获得外形完整、尺寸精确、轮廓清晰的铸件。

(2)收缩性

铸件在凝固和冷却过程中,其体积和尺寸减小的现象称为收缩性。铸件收缩不仅影响尺寸,还会使铸件产生缩孔、疏松、内应力、变形和开裂等缺陷,故铸造用金属材料的收缩率越小越好。

(3)偏析

金属凝固后,铸锭或铸件化学成分和组织的不均匀现象称为偏析。偏析大会使铸件各部分的力学性能有很大的差异,降低铸件的质量。

2. 可锻性能

可锻性能是指材料在受外力锻打变形而不破坏自身完整性的能力。可锻性包含材料的塑性和变形抗力两个概念。塑性好,变形抗力小,则可锻性好。低碳钢的可锻性比中、高碳钢好,而碳钢又比合金钢好。铸铁是脆性材料,不能进行锻造。

3. 焊接性能

焊接性能是指材料是否适合通常的焊接方法与工艺的性能。焊接性能好的材料易于用一般的焊接方法和工艺施焊,且焊时不易形成裂纹、气孔、夹渣等缺陷,焊后接头强度与母材相近。在机械工业中,焊接的主要对象是钢材。碳质量分数是焊接性好坏的主要因素。低碳钢和碳质量分数低于 0.18% 的合金钢有较好的焊接性能,碳质量分数大于 0.45% 的碳钢和碳质量分数大于 0.35% 的合金钢的焊接性能较差。碳质量分数和合金元素质量分数越高,焊接性能越差。铜合金和铝合金的焊接性能都较差。灰口铸铁的焊接性很差。

4. 切削加工性能

切削加工性能是指材料是否易于切削。切削性能好的材料在切削时消耗的动力小,切屑易于排除,刀具寿命长,切削后表面光洁度好。需切削加工的材料,硬度要适中,太高则难以切削,且刀具寿命短;太软则切屑不易断,表面光洁度差。故通常要求材料的硬度为 180～250HBS。改变钢的化学成分(如加入少量铅、磷等元素)和进行适当的热处理(如低碳钢进行正火,高碳钢进行球化退火)均可提高钢的切削加工性能。表 1-5 所列为几种金属材料的切削加工性能比较。

表 1-5　几种金属材料的切削加工性能比较

等　级	金属材料	切削加工性能
1	铝、镁合金	很容易加工
2	易切削钢	易加工
3	30 钢正火	易加工
4	45 钢、灰口铸铁	一般
5	85 钢(轧材)、2Cr13 钢调质	一般
6	65Mn 钢调质、易切削不锈钢	难加工
7	1Cr18Ni9Ti、W18Cr4V 钢	难加工
8	耐热合金、钴合金	难加工

5. 热处理性能

热处理是改变材料性能的主要手段。在热处理过程中,材料的成分、组织、结构发生变化,从而引起了材料机械性能的变化。热处理性能是指材料热处理的难易程度和产生热处理缺陷的倾向,其衡量的指标或参数很多,如淬透性、淬硬性、耐回火性、氧化与脱碳倾向及热处理变形与开裂倾向等。第 6 章将重点对此讨论。

思考题与作业题

1. 什么是金属的力学性能?金属的力学性能主要有哪些?何谓金属的力学性能判据?

2. 按 GB/T 699—2015《优质碳素结构钢》中的规定,15 钢的力学性能判据应不低于下列数值：$\sigma_b \geqslant 375$ MPa、$\sigma_s \geqslant 225$ MPa、$\delta_5 \geqslant 27\%$、$\psi \geqslant 55\%$。现将购进的 15 钢制成 $d_0 = 10$ mm 的圆形截面短试样，经拉伸试验测得：$F_b = 33.81$ kN、$F_s = 20.68$ kN、$l_k = 65$ mm、$d_k = 6$ mm。试问这批 15 钢的力学性能是否合格？

3．现测得长、短两根圆形截面标准试样的 δ_{10} 和 δ_5 均为 30%，求两试样拉断后的标距长度是多少？两试样中哪一根塑性较好？为什么？

4．下列情况应采用什么方法测定硬度？请写出硬度值符号。

（1）钳工用锤子的锤头；

（2）机床床身铸铁毛坯；

（3）硬质合金刀片；

（4）机床尾座上的淬火顶尖；

（5）铝合金汽缸体；

（6）钢件表面很薄的硬化层。

5．下列硬度要求或写法是否正确？为什么？

（1）$12 \sim 15$HRC；

（2）$550 \sim 600$HBS；

（3）$70 \sim 75$HRC；

（4）HRC50kgf/mm^2；

（5）$230 \sim 260$HBW；

（6）$800 \sim 850$HV。

6．发现某紧固螺栓使用后有塑性变形（伸长），试分析该材料的哪些性能判据没有达到要求？

7．图 1-21 所示为五种材料经拉伸试验测得的应力-应变（单位长度上的伸长量）曲线：①为 45 钢，②为铝青铜，③为 35 钢，④为硬铝，⑤为纯铜。试问：

（1）当应力 $\sigma = 300$ MPa 时，各种材料处于什么状态？

（2）用 35 钢（$w_C = 0.35\%$）制成的轴，在使用过程中发现有较大的弹性弯曲变形，若改用 45 钢（$w_C = 0.45\%$）制作该轴，试问能否减少弹性变形？若弯曲变形中已有塑性变形，试问是

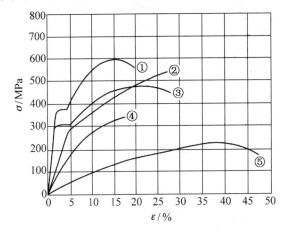

图 1-21　第 7 题图

否可以避免塑性变形？

8. 冲击吸收功能否作为选材时的计算依据？为什么？

9. 试查出 10 钢、20 钢、30 钢、40 钢、50 钢、60 钢和 70 钢的 σ_b、σ_s、δ_5、ψ、A_{KU} 的数值（参见表 5-6），并画出以钢号为横坐标，以各种力学性能为纵坐标的关系曲线。

10. 金属疲劳断裂是怎样产生的？如何提高零件的疲劳强度？

第 2 章　纯金属与合金的晶体结构

2.1　金属键、金属晶体和金属特性

材料的性能取决于材料的化学成分及其内部的组织结构。

固态物质按其原子(离子或分子)的聚集状态可分为两大类:晶体与非晶体。原子(离子或分子)在三维空间有规则地周期性重复排列的物体称为晶体,如天然金刚石、水晶、氯化钠等;原子(离子或分子)在空间无规则排列的物体称为非晶体,如松香、石蜡、玻璃等。

由于金属由金属键结合,其内部的金属离子在空间有规则地排列,因此固态金属一般情况下均是晶体。大部分液态物质凝固时结晶,它们结晶时黏度很低,原子或分子易扩散聚集成稳定的晶体状态(如金属),而高黏度的熔体凝固时形成非晶体(如多数高聚物及部分陶瓷材料)。

研究金属与合金的内部结构,对了解和掌握金属与合金的性能是非常重要的。

下面分别介绍金属键、金属晶体和金属特性。

1. 金属键

固态金属是金属原子的集合体,它是由许多金属原子组成的固体。金属原子的特点是价电子少,而且容易失去,使其变为金属正离子和自由电子;而自由电子也有可能进入金属正离子的外层轨道,使金属正离子变为金属原子。当金属原子组成金属固体时,其中以金属原子状态存在的是极少数,而绝大多数是以金属正离子和自由电子状态存在的。

根据量子力学研究确定,金属中原子的核外电子都是处于微观运动状态,并形成电子云,只是不同电子有不同的电子云图形。这表明了每个电子的运动都有一个电子云,自由电子的运动也形成自由电子云。因此,金属原子组成金属固体时,绝大多数是以金属正离子和自由电子云状态存在的。

固态金属原子就是通过金属正离子和自由电子云的相互吸引而结合在一起的,这种结合方式称为金属键。由此可见,金属中,原子或离子是由自由电子云联结在一起的,从而使其成为固态金属。

金属键模型如图 2-1 所示。

2. 金属晶体

固态金属原子是以金属键的方式结合在一起,它是以正离子状态为主来实现的。金属正离子的结构是以原子核为中心,在其外面有电子呈壳层分布。从统计规律看,金属正离子的电荷在原子核周围的分布具有球面对称性质。由于金属正离子带正电荷,是带电体(+),这种带电体和它所形成的电场或

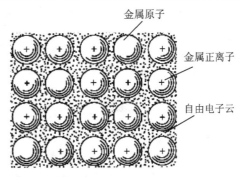

金属原子

金属正离子

自由电子云

图 2-1　金属键模型

电场力也具有球面对称性质。在球面对称电场力的作用下,必然使金属原子以对称的方式规则排列堆积,结果金属正离子在自由电子云中呈简单的、周期性的、有规律的排列,形成了晶体,即金属原子在一般条件下形成的固体都是金属晶体。

3.金属特性

根据金属晶体的金属键的结合方式可以解释金属的一般特性。

（1）金属导电性好

当金属原子组成晶体时,由于金属内有大量的自由电子存在,当金属的两端存在着电势差或外加电场时,自由电子便会定向流动,形成电流。在宏观上表现为金属具有良好的导电性能。

值得指出的是,金属的导电性随它自身温度的升高而降低,这是由于金属的导电性在受热后所产生的变化。受热后,金属晶体的规则性被破坏,金属中离子热振动振幅增大和自由电子无规律的热运动增加,从而减弱了自由电子的定向运动,使电阻增加。因此,金属的电阻随温度的升高而增加,即金属具有正的电阻温度系数。它是金属独有的特性,其他绝大部分固体都没有这一特性。

（2）金属导热性好

导热性是指传递热量的能力。当金属两端有温差时,金属通过正离子热交换,传递了热量,同时热端高能量电子通过运动把能量传递给冷端,使其能量增加,温度升高。因此,金属具有良好的导热性能。

（3）金属不透明

固态金属由于入射光束产生的交变电磁场作用,引起金属内电子振动,从而吸收了可见光所有波长的光能量,即金属能强烈地吸收可见光。即使是很薄的金属片,也不能透过可见光,因此金属是不透明的。

（4）金属具有特殊光泽

金属因其电子吸收入射光的能量处于不稳定的高能量状态,当不稳定的高能量电子回到低能量状态时放射出能量产生辐射,即被光波辐射激发了的电子,当跳回较低能级时发出辐射,光线几乎全部被金属反射,使金属具有特殊的光泽。

（5）金属塑性好

塑性是表示金属变形的能力。金属晶体变形时微观上是金属晶体内原子做相对的移动,而移动后的金属原子或正离子还是通过自由电子云连接在一起,即仍然保持着金属键结合。在宏观上使金属表现出一定的变形能力,即金属塑性好。

2.2 晶体结构的基本知识

2.2.1 晶体结构基本概念

1. 晶体与非晶体

晶体内部的原子按一定的几何形状有规则地重复排列(见图 2-2(a)),如金刚石、石墨及固态金属与合金;而非晶体内部的原子无规律地堆积在一起,如沥青、玻璃、松香等。晶体具有固定的熔点和各向异性的特征,而非晶体没有固定熔点,且各向同性。表 2-1 列出了几种常见金属沿其不同方向测得的力学性能,即各向异性。

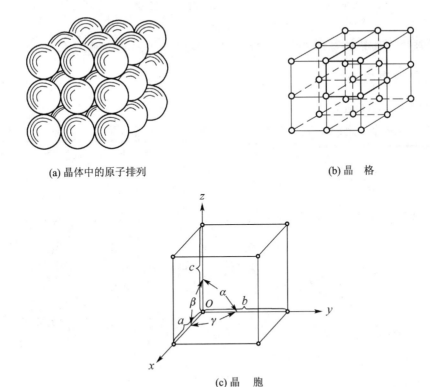

(a) 晶体中的原子排列　　　　　　　　　　　　(b) 晶　格

(c) 晶　胞

图 2 - 2　简单立方晶格与晶胞示意图

表 2 - 1　几种常见金属的各向异性

类　别	弹性模量/MPa		抗拉强度/MPa		延伸率/%	
	最　大	最　小	最　大	最　小	最　大	最　小
Cu	191 000	66 700	346	128	55	10
α - Fe	293 000	125 000	225	158	80	20
Mg	50 600	42 900	840	294	220	20

在非晶态结构中,原子排列没有这种规则的周期性,即原子的排列从总体上是无规则的(即远程无序),但近邻原子的排列是有一定规律的(即近程有序)。例如:非晶硅的每一个原子仍为四价共价键,与最邻近原子构成四面体,这是有规律性的;而总体原子的排列却没有周期性的规律,呈玻璃态物质。普通玻璃(属硅酸盐)即是非晶体。

2. 晶格与晶胞

为便于分析晶体中原子排列规律,可将原子近似地看成一个点,并用假想的线条(直线)将各原子中心连接起来,便形成一个空间格子(见图 2 - 2(b))。这种抽象的、用于描述原子在晶体中规则排列方式的空间几何图形,称为晶格。晶格中直线的交点称为结点。

晶格是由一些最基本的几何单元周期重复排列而成,这种最基本的几何单元称为晶胞

（见图 2-2(c)）。分析晶胞即可从中找出晶体特征及原子排列规律。晶胞大小和形状可用晶胞的三条棱边长 a、b、c（单位为 Å，1 Å＝10^{-8} cm）和棱边夹角 α、β、γ 来描述，其中 a、b、c 称为晶格常数。

各种晶体由于其晶格类型和晶格常数不同，故呈现出不同的物理、化学及力学性能。

2.2.2 常见的晶格类型

1. 体心立方晶格（bcc）

体心立方晶格的晶胞为一个立方体，立方体的八个顶角各排列着一个原子，立方体中心有一个原子，如图 2-3 所示。其晶格常数 $a=b=c$。属于这种晶格类型的金属有 α 铁（α-Fe）、铬（Cr）、钨（W）、钼（Mo）、钒（V）等。

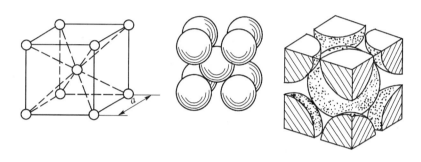

图 2-3　体心立方晶胞示意图

2. 面心立方晶格（fcc）

面心立方晶格的晶胞也是一个立方体，立方体的八个顶角和六个面的中心各排列着一个原子，如图 2-4 所示。属于这种晶格类型的金属有 γ 铁（γ-Fe）、铝（Al）、铜（Cu）、镍（Ni）、金（Au）、银（Ag）等。

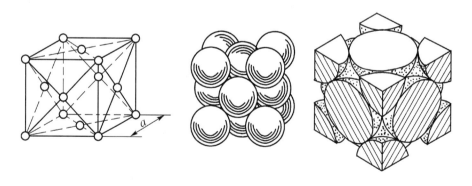

图 2-4　面心立方晶胞示意图

3. 密排六方晶格（hcp）

密排六方晶格的晶胞是一个六方柱体，柱体的十二个顶角和上、下面中心各排列着一个原子，在上、下面之间还有三个原子，如图 2-5 所示。属于这种晶格类型的金属有镁（Mg）、锌（Zn）、铍（Be）、α 钛（α-Ti）等。

晶格类型不同，原子排列的致密度（晶胞中原子所占体积与晶胞体积的比值）也不同。体

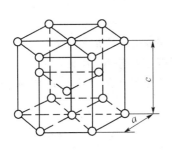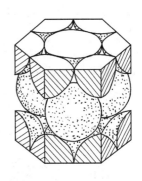

图 2-5　密排六方晶胞示意图

心立方晶格的致密度为 68%，而面心立方晶格和密排六方晶格的致密度均为 74%。晶格类型发生变化，将引起金属体积和性能的变化。

2.2.3　纯金属的实际晶体结构

1. 多晶体结构

晶体内部晶格位向（即原子排列方向）完全一致的晶体称为单晶体（如图 2-6 所示），单晶体具有各向异性的特征。实际使用的金属材料，即使体积很小，其内部仍包含许多小晶体。由于这些晶格位向基本相同的小晶体外形不规则，且呈颗粒状，故称晶粒。每个晶粒内的晶格位向一致，但各个晶粒之间彼此位向都不相同（相差 30°～40°）。由许多晶粒组成的晶体称为多晶体，一般金属材料都是多晶体，如图 2-7 所示。多晶体材料中相邻晶粒的界面称为晶界。由于多晶体是由许多位向不同的晶粒组成的，一个晶粒的各向异性在许多位向不同的晶粒之间可以互相抵消或补充，其性能是位向不同晶粒的平均性能，故可认为金属（多晶体）是各向同性的。例如：工业纯铁（α-Fe）的弹性模量 E 在任何方向上测定都大致为 2.0×10^5 MPa。

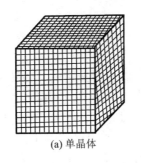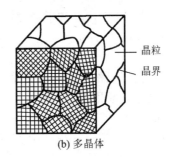

(a) 单晶体　　　　　　　　　　(b) 多晶体

图 2-6　单晶体和多晶体示意图

钢铁材料的晶粒尺寸一般为 $10^{-1} \sim 10^{-3}$ mm，只有在显微镜下才能观察到。这种在显微镜下观察到的各种晶粒的形态、大小和分布等情况，称为显微组织或金相组织。有色金属的晶粒尺寸一般都比钢铁材料的晶粒尺寸大，有的用肉眼也可以看到。

2. 纯金属的实际晶体结构

在实际晶体中，原子的排列并不像理想晶体那样规则和完整。由于许多因素（如结晶条件、原子热运动及加工条件等）的影响，使某些区域的原子排列受到干扰和破坏，这种区域称为晶体缺陷。

根据晶体缺陷的几何形态特点,可将其分为点缺陷、线缺陷以及面缺陷三类。

（1）点缺陷

点缺陷是指在长、宽、高三个方向上尺寸都很小的一种缺陷,最常见的是晶格空位和间隙原子(见图2-8),即晶格中某些结点未被原子占有而形成晶格空位,同时又可能在其他晶格空隙处出现多余原子而形成间隙原子。点缺陷可使周围原子发生靠拢或撑开,造成晶格畸变。

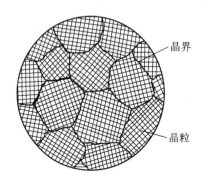

图2-7　金属的多晶体结构图

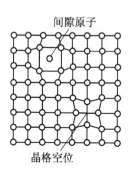

图2-8　点缺陷示意

① 空 位

晶格中某个原子脱离了平衡位置形成的空结点称为空位,空位是一种热平衡缺陷。温度升高,则原子的振动能量升高,振幅增大。当某些原子振动的能量高到足以克服周围原子的束缚时,它们便有可能脱离原来的平衡位置,跳到晶体的表面(包括晶界面、孔洞、裂纹等内表面),甚至从金属表面蒸发,使其原来的位置或其所经历的路径的某个结点空着,于是在晶体内部形成了空位。也有少量空位是结点原子进入晶格间隙后形成的,但这种形成方式要求能量高,形成空位比较困难。随着温度的升高,原子的动能增大,空位的浓度也增大。在温度接近于熔点时,空位的浓度可达到整个晶体原子数的1%的数量级。通过快速冷却可以将空位保留到室温。在纯金属中,空位是其主要的点缺陷。例如:铜在1 000 ℃时,空位浓度约为间隙原子浓度的10^{35}倍。空位的存在为金属中进行与原子迁移有关的过程创造了便利条件。

② 间隙原子

间隙原子就是位于晶格间隙之中的原子,有自间隙原子和杂质间隙原子两种。自间隙原子是从晶格结点转移到晶格间隙中的原子,与此同时产生一个空位。在多数金属的密排晶格中,形成自间隙原子是非常困难的。材料中总存在一些其他元素的杂质,有时杂质的含量很高,它们形成的间隙原子称为杂质间隙原子。金属中存在的间隙原子主要是杂质间隙原子。当杂质的原子半径较小(如B、C、H、N、O等)时,间隙原子的浓度甚至可达到10%(原子百分数)以上。在点缺陷附近,由于原子间作用力的平衡遭到破坏,因此其周围的其他原子将发生靠拢或者撑开的不规则排列,这种变化称为晶格畸变。晶格畸变使晶体产生强度、硬度和电阻增加等的变化。

（2）线缺陷

线缺陷是指在晶体中呈线状分布(在一个方向上尺寸很大,另两个方向上尺寸很小)的缺陷。常见的线缺陷。是各种类型的位错。

① 刃型位错

金属晶粒内存在大量的、各种类型位错,其中,刃型位错是一种比较简单的位错(见

图 2-9）。在 $ABCD$ 晶面上垂直插入一个原子面 $EFGH$，像刀刃一样切到 EF 线上，使得 $ABCD$ 晶面上、下两部分晶体的原子排列数目不等，即原子产生了错排现象，故称刃型位错。在位错线 EF 附近，由于原子错排而产生了晶格畸变，使位错线上方附近原子受到压应力，而其下方附近原子受到拉应力，离位错线越近，应力越大。因此，位错的存在以及位错的数量，对金属的力学性能有很大影响。

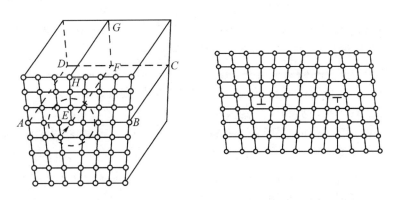

图 2-9　刃型位错示意图

② 螺型位错

如图 2-10 所示，右前部晶体的原子逐步向下位移一个原子间距，并与左部晶体形成几个原子宽的过渡区（图中的阴影区），使它们的正常位置发生错动，具有螺旋形特征，故称为螺型位错，过渡区顶端在晶体中的连线为位错线。原子错动最大或晶格畸变最大的地方是过渡区螺旋面的中心线，这才是真正的螺型位错线。所以螺型位错在空间实际上为一个螺旋状的晶格畸变管道，其宽度仅为几个原子间距，而长度却可穿透整个晶体。

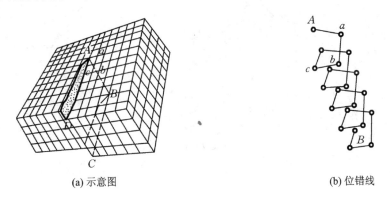

(a) 示意图　　　　　　　　　　(b) 位错线

图 2-10　螺型位错

晶体中位错线周围造成的晶格畸变，随与位错线距离的增大而逐渐减小，直至为 0。严重晶格畸变的范围实际约为几个原子间距。金属中的位错线数量很多，呈空间曲线分布，有时会连接成网，甚至缠结成团。位错可在金属凝固时形成，更容易在塑性变形中产生。它在温度和外力作用下还能够不断地运动，数量随外界作用情况的不同而发生变化。评定晶体中位错的数量可用位错密度 ρ（单位：cm^{-2}）来表示：

$$\rho = \frac{L}{V}$$

式中：V——晶体的体积，cm^3；

$\quad\quad L$——位错线的总长度，cm。

位错的存在使晶体强度降低，但在位错大量产生后，强度反而提高，生产中可通过增加位错的办法来对金属进行强化，但强化后其塑性有所降低。当金属材料处于退火状态时，位错密度为 $10^6 \sim 10^8 \, cm^{-2}$，强度最低，但经过冷变形加工后，金属材料的位错密度可达到 $10^{11} \sim 10^{12} \, cm^{-2}$，此时由于位错密度增大，金属的强度明显提高。

（3）面缺陷

面缺陷是指在晶体中呈面状分布（在两个方向上的尺寸很大，在第三个方向上尺寸很小）的缺陷。常见的面缺陷是晶界和亚晶界。

多晶体中各相邻晶粒位向不同，晶界处原子排列不规则，是相邻两晶粒间不同位向的过渡区。相邻晶粒的位向差一般为 $30° \sim 40°$，晶界宽度为 $5 \sim 10$ 个原子间距，见图 2-11。晶界上一般积累有较多的位错，位错的分布有时候是规则的。晶界也是杂质原子聚集的地方，杂质原子的存在加剧了晶界结构的不规则性，并使结构复杂化。

在每个晶粒内，其晶格位向并不像理想晶体那样完全一致，而是存在许多尺寸很小，位向差也很小（一般 $2° \sim 3°$）的小晶块，这些小晶块称为亚晶粒，两相邻亚晶粒的界面称为亚晶界，见图 2-12。亚晶界是由一系列刃型位错组成的小角度晶界，其原子排列不规则，也产生晶格畸变。这种具有亚晶粒与亚晶界的组织称为亚组织。

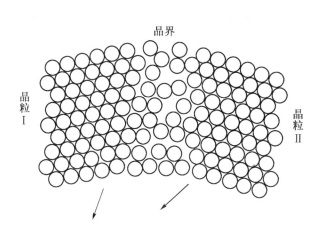

图 2-11　晶界的过渡结构示意图

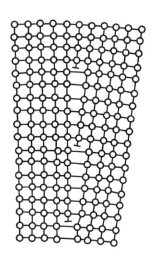

图 2-12　亚晶界的结构示意图

以上各种缺陷处及其附近晶格均处于畸变状态，直接影响到金属的力学性能，使金属的强度、硬度有所提高。在实际晶体结构中，晶体缺陷并不是静止不变的，而是随着一定的温度和加工过程等各种条件的改变而不断变化的。它们可以产生、发展、运动，甚至相互之间发生交互作用而合并或消失。晶体缺陷对金属的许多性能有很大的影响，特别是对金属的塑性变形、固态相变以及扩散等过程都起着重要的作用。

2.3　合金的晶体结构

纯金属因强度、硬度等力学性能较低,在应用上受到一定限制,所以实际上使用的金属材料大多是合金。

2.3.1　合金的基本概念

合金是指由两种或两种以上的金属元素(或金属与非金属元素)组成的、具有金属特性的新物质。

组成合金最基本的、最独立的物质称为组元(简称元)。通常组元就是指组成合金的元素。例如普通黄铜的组元是铜和锌,铁碳合金的组元是铁和碳。按组元数目,合金分为二元合金、三元合金和多元合金等。

可以由给定组元按不同比例配制出一系列不同成分的合金,这一系列合金就构成了一个合金系。例如各种牌号的碳钢就是由不同铁、碳含量的合金所构成的铁碳合金系。

在纯金属或合金中,具有相同的化学成分、晶体结构和相同物理性能的组分称为相。例如:纯铜在熔点温度以上或以下,分别为液相或固相,而在熔点温度时则为液、固两相共存。合金在固态下,可以形成均匀的单相组织,也可以形成由两相或更多相组成的多相组织,这种组织称为两相或复相组织。组织是泛指用金相观察方法看到的由形态、尺寸不同和分布方式不同的一种或多种相构成的总体。

2.3.2　合金的相结构

按合金组元间相互作用的不同,合金在固态下的相结构分为固溶体和金属化合物两类。

1.　固溶体

固溶体是指合金在固态下,组元间能相互溶解而形成的均匀相。与固溶体晶格类型相同的组元称为溶剂,其他组元称为溶质。根据溶质原子在溶剂晶格中所占位置的不同,固溶体分为置换固溶体和间隙固溶体。

(1) 置换固溶体

置换固溶体是指溶质原子占据了部分溶剂晶格结点位置而形成的固溶体,见图 2 - 13 (a)。一般来说,当溶剂和溶质的原子半径比较接近时容易形成置换固溶体。在合金中,如 Mn、Cr、Si、Ni、Mo 等元素都能与 Fe 形成置换固溶体。

在置换固溶体中,溶质原子在溶剂晶格中的分布一般是无序的,有的合金在一定条件下(如结晶后缓慢冷却过程中),通过原子的扩散,溶质原子可过渡到有序排列,这种固溶体称为有序固溶体。有序固溶体是介于固溶体与化合物之间的中间相,其硬度和脆性较大,塑性和电阻较低。

按溶解度的不同,置换固溶体又分为无限固溶体和有限固溶体两种。以铜镍合金为例,铜原子和镍原子可按任意比例相互溶解,形成无限固溶体。铜锌合金只有当 $w_{Zn} \leqslant 39\%$ 时,锌能全部溶入铜中形成单相的 α 固溶体,而当 $w_{Zn} > 39\%$ 时,组织中除 α 固溶体外,还出现铜与锌形成的金属化合物。溶解度的大小主要取决于组元的晶格类型、原子半径及温度等。只有当各组元的晶格类型相同且原子半径相差不大时,才有可能形成无限固溶体,否则只能形成有限固溶体。有限固溶体的溶解度还与温度有关,随温度的升高,溶解度增加。因此,凡是在高温下已达饱和的有限固溶体,冷却后由于本身固溶度的降低都将会使固溶体发生分解而析出其他相。

（2）间隙固溶体

间隙固溶体是指溶质原子溶入溶剂晶格的间隙而形成的固溶体,见图 2-13(b)。

由于溶剂晶格的间隙有限,因此间隙固溶体都是有限固溶体。间隙固溶体形成的条件是溶质原子半径与溶剂原子半径的比值 $r_{溶质}/r_{溶剂} \leqslant 0.59$。因此,形成间隙固溶体的溶质元素通常是原子半径小的非金属元素,如碳、氮、氢、硼、氧等。凡是间隙固溶体,必然是有限固溶体,这是因为溶剂晶格中的间隙总是有一定限度的。

溶质原子溶入溶剂晶格中使晶格产生畸变(见图 2-14),增加了变形抗力,因而导致材料的强度和硬度提高。这种通过溶入溶质元素,使固溶体强度和硬度提高的现象称为固溶强化。固溶强化是提高合金力学性能的重要途径之一。实践表明,固溶体的强度和塑性、韧度之间有较好的配合,适当控制固溶体中的溶质含量,可以在显著提高金属材料的强度和硬度的同时,使其保持较好的塑性和韧度。例如:在低合金钢中利用 Mn、Si 等元素来强化铁素体,同时保持了很好的塑性和韧度。实际使用的金属材料,大多数是单相固溶体合金或以固溶体为基体的多相合金。

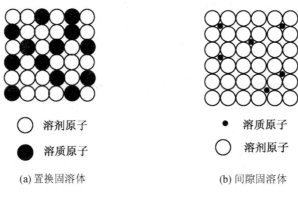

(a) 置换固溶体   (b) 间隙固溶体

○ 溶剂原子   ● 溶质原子

图 2-13　固溶体结构示意图

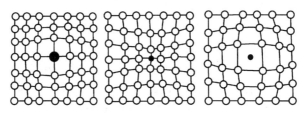

● 溶质原子;　○ 溶剂原子

图 2-14　固溶体中晶格畸变示意图

2. 金属化合物

金属化合物是指合金组元间发生相互作用而形成的具有金属特性的一种新相,一般可用分子式表示。根据形成条件及结构特点的不同,常见的金属化合物有正常价化合物、电子化合物、间隙化合物三种类型。

（1）正常价化合物

正常价化合物是指严格遵守原子价规律的化合物，它们是由元素周期表中相距较远，电化学性质相差较大的元素组成的，如 Mg_2Si、Mg_2Sn、Mg_2Pb、Cu_2Se 等。金属间化合物一般具有复杂的晶格结构，熔点高，硬而脆。当合金中出现金属化合物时，通常能提高合金的强度、硬度和耐磨性，但会降低塑性和韧度。

（2）电子化合物

电子化合物是指不遵守原子价规律，但是有一定的电子浓度（化合物中总价电子数与总原子数之比）的化合物。电子化合物的晶体结构与电子浓度有一定的对应关系。例如：当电子浓度为 3/2 时，形成体心立方晶格的电子化合物，称为 β 相，如 $CuZn$、Cu_3Al 等；当电子浓度为 21/13 时，形成复杂立方晶格的电子化合物，称为 γ 相，如 Cu_5Zn_8、$Cu_{31}Sn_8$ 等；当电子浓度为 7/4 时，形成密排六方晶格的电子化合物，称为 ε 相，如 $CuZn_3$、Cu_3Sn 等。电子化合物具有明显的金属特性，高熔点和高硬度，是合金中的重要组成相。

（3）间隙化合物

间隙化合物是指由过渡族金属元素与原子半径较小的碳、氮、氢、硼等非金属元素形成的化合物。尺寸较大的金属元素原子占据晶格的结点位置，尺寸较小的非金属元素的原子则有规律地嵌入晶格的间隙中。间隙相具有金属特性，有极高的熔点和硬度，非常稳定。它们的合理存在，可有效地提高钢的强度、热强性、红硬性和耐磨性，是高合金钢和硬质合金中的重要组成相。

按结构特点的不同，间隙化合物分为以下两种：

① 间隙相

当非金属元素的原子半径与金属元素的原子半径的比值＜0.59 时，形成具有简单晶格的间隙化合物，称为间隙相，如 TiC、WC、VC 等。

② 复杂晶体结构的间隙化合物

当非金属元素的原子半径与金属元素的原子半径的比值＞0.59 时，形成具有复杂晶体结构的间隙化合物，如 Fe_3C、Mn_3C、Cr_7C_3、$Cr_{23}C_6$ 等。

Fe_3C 是铁碳合金中的一种重要的间隙化合物，通常称为渗碳体，其碳原子与铁原子半径之比为 0.61。Fe_3C 的晶体结构为复杂的斜方晶格（见图 2-15），熔点约 1 227 ℃，硬度高（约 1 000HV），塑性和韧性很差。

金属化合物的晶格类型和性能不同于组成它的任一组元，一般熔点高、硬而脆，生产中很少使用单相金属化合物的合金。但当金属化合物呈细小颗粒均匀分布在固溶体基体上时，将使合金强度、硬度和耐磨性明显提高，这一现象称弥散强化。因此，金属化合物主要用来作为碳钢、低合金钢、合金钢、硬质合金及有色金属的重要组成相及强化相。

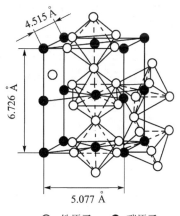

○ 铁原子；● 碳原子

图 2-15　Fe_3C 的晶体结构

<h1 align="center">思考题与作业题</h1>

1. 解释下列名词:晶体,晶格,晶胞,单晶体,多晶体,晶粒,晶界,亚晶粒,亚晶界,合金,相,组织,固溶体,固溶强化,金属化合物,弥散强化。

2. 常见的金属晶格类型有哪几种? 试绘图说明。

3. 晶体的各向异性是如何产生的? 为什么实际晶体一般都显示不出各向异性?

4. 实际金属晶体中存在哪几种缺陷? 这些缺陷对金属性能有何影响?

5. 在置换固溶体中,被置换的溶剂原子到哪里去了?

6. 金属化合物的性能有何特点? 生产中如何利用这些特点?

7. 确定下列情况下相的数目:

(1) 金和银在高温下呈熔融状态;

(2) 铅和锑形成的两相复合物;

(3) 锡正在结晶(232 ℃)的时候;

(4) 铜和镍构成的固溶体。

第3章 纯金属与合金的结晶

纯金属或合金由液态转变为固态晶体的过程称为结晶。因结晶所形成的组织直接影响到纯金属与合金的性能,所以研究纯金属与合金结晶的基本规律,对改善其组织和性能具有重要意义。

3.1 纯金属的结晶

3.1.1 冷却曲线与过冷度

纯金属的结晶过程可用冷却曲线来描述。图 3-1 所示为用热分析法测绘的冷却曲线,即在金属液缓慢冷却过程中,观察并记录温度随时间变化的数据,并将其绘制在温度-时间坐标中。

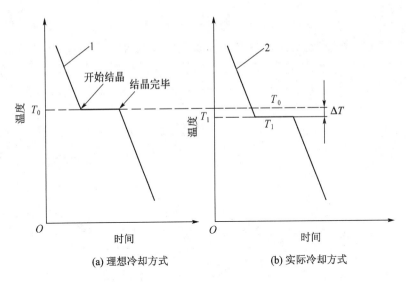

(a) 理想冷却方式   (b) 实际冷却方式

图 3-1 纯金属的冷却曲线

由图 3-1(a)所示冷却曲线 1 可知,金属液缓慢冷却时,随着热量向外散失,温度不断下降,当温度降到 T_0 时,开始结晶。由于结晶时放出的结晶潜热补偿了其冷却时向外散失的热量,故结晶过程中温度不变,即冷却曲线上出现了一段水平线段,水平线段所对应的温度称为理论结晶温度(T_0)。结晶结束后,固态金属的温度继续下降,直至室温。

在实际生产中,金属结晶的冷却速度都很快。因此,金属液的实际结晶温度 T_1 总是低于理论结晶温度 T_0(见图 3-1(b)中的曲线 2),这种现象称为过冷现象。理论结晶温度与实际结晶温度之差 ΔT 称为过冷度,即 $\Delta T = T_0 - T_1$。过冷度的大小与冷却速度、金属的性质和纯度等因素有关。冷却速度越快,过冷度越大。实际上,金属都是在过冷情况下结晶的,过冷是金属结晶的必要条件。

3.1.2　纯金属的结晶过程

纯金属的结晶过程是晶核形成和长大的过程,见图3-2。液态金属中的原子进行着热运动,无严格的排列规则。但随温度下降,原子的热运动逐渐减弱,原子活动范围缩小,相互之间逐渐靠近。当冷却到结晶温度时,某些部位的原子按金属固有的晶格,有规则地排列成小晶体,这些细小的晶体称为晶核,也称自发晶核。晶核周围的原子按固有规律向晶核聚集,使晶核长大。在晶核不断长大的同时,又有新的晶核产生、长大,直至结晶完毕。因此,一般金属是由许多外形不规则,位向不同的小晶体(晶粒)所组成的多晶体。

图3-2　金属结晶过程示意图

金属中含有的杂质质点能促进晶核在其表面上形成,这种依附于杂质而形成的晶核称为非自发晶核。能起非自发形核作用的杂质的晶体结构和晶格参数应与金属的相似,这样它才能成为非自发晶核的基底。自发晶核和非自发晶核同时存在于金属液中,但非自发晶核往往比自发晶核更为重要,起优先和主导作用。

结晶过程中,晶核各部位的长大速度不同,晶核的棱角处散热条件好,故以较快速度生成晶体的主干(也称一次晶轴)。在主干长大过程中,又不断生出分枝(二次、三次晶轴),此形态如同树枝,因此称为枝晶,如图3-3所示。

图3-3　枝晶长大过程示意图

3.1.3　金属晶粒的大小与控制

金属结晶后,其晶粒大小(用单位面积或单位体积内的晶粒数目或晶粒平均直径定量表征)对金属材料的力学性能有很大影响。一般,晶粒越细小,金属的强度、塑性和韧性越高。

晶粒大小主要取决于形核速率 N(简称形核率)和长大速率 G(简称长大率)。形核率是指单位时间内在单位体积中产生的晶核数。长大率是指单位时间内晶核长大的线速度。凡是能促进形核率,抑制长大率的因素,都能细化晶粒。

生产中为细化晶粒,提高金属的力学性能,常采用以下方法。

（1）增大过冷度

金属结晶时,随过冷度的增加,形核率 N 和长大率 G 均增加,但增加速度有所不同,如图 3-4 所示。当过冷度较小时,形核率增加速度小于长大率;过冷度较大时,形核率增加速度大于长大率。实践证明,金属结晶时的过冷往往只能处于该曲线的上升部分。因此,增大过冷度可使晶粒细化。

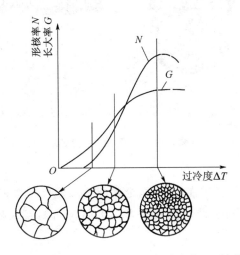

图 3-4 形核率 N 和长大率 G 与过冷度 ΔT 的关系

（2）变质处理

在浇注前,可人为地向金属液中加入一定量的难熔金属或合金元素（称变质剂）,增加非自发晶核,以增加形核率,这种方法称为变质处理。例如:向钢液中加入铝、钒,向铸铁液中加入硅铁合金等。

（3）附加振动

在金属液结晶过程中,对其采用机械振动、超声波振动、电磁振动等措施,可使枝晶破碎、折断,这样不仅使已形成的晶粒因破碎而细化,而且破碎了的细小枝晶又可起到新晶核的作用,增加了形核率。

3.1.4　铸锭的组织

金属的结晶过程主要受过冷度和难熔杂质的影响,而过冷度的大小取决于结晶时冷却速度的快慢。因此,凡影响冷却速度的因素,如浇注温度、浇注方式、铸型材料及铸件大小等,均影响金属结晶后晶粒的大小、形态和分布。

下面以图 3-5 所示铸锭组织为例来说明铸件的一般特点。

（1）表层细晶粒区

金属液浇入铸锭模后,与温度较低的模壁接触的金属液产生强烈的冷却,过冷度很大,形核率高,因而在铸锭表层形成细小、致密、均匀的等轴晶粒。

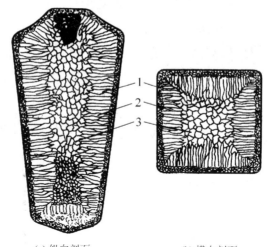

(a) 纵向剖面　　　　　　　　(b) 横向剖面

1—表层细晶粒区；2—柱状晶粒区；3—中心粗大等轴晶粒区

图 3 – 5　铸锭组织示意图

（2）柱状晶粒区

在细晶粒区形成的同时，模壁温度升高，金属液冷却速度变慢，过冷度减小，形核率下降。又因垂直于模壁方向散热最快，而且在其他方向上晶粒间相互抵触，长大受限，故形成柱状晶粒。

（3）中心粗大等轴晶粒区

柱状晶粒长大到一定程度，铸锭中心剩余的金属液内部温差减小，散热已无明显方向性，趋于均匀冷却状态。又由于中心处过冷度小，形核率下降，晶核等速长大，所以形成较粗大的等轴晶粒。

铸锭表层细晶粒区的组织致密，力学性能好。但该区很薄，对铸锭性能影响不大。柱状晶粒区的组织比中心等轴晶粒区更致密，但晶粒间常存有非金属夹杂物和低熔点杂质而形成脆弱面，在轧制或锻造时，易产生开裂。因此，对塑性差而熔点高的金属，不希望产生柱状晶粒区。但由于柱状晶粒沿长度方向的力学性能较好，因此对塑性好的有色金属及其合金或承受单向载荷的零件（如汽轮机叶片等），常采用顺序凝固法而获得柱状组织。中心粗大等轴晶粒无脆弱面，但组织疏松，杂质较多，力学性能较差。

在铸锭中，除组织不均匀外，还存在成分偏析、气孔、缩孔、缩松、夹杂、裂纹等缺陷。这些缺陷也会影响铸锭或铸件的质量和性能。

3.2　合金的结晶

合金的结晶同纯金属一样，也遵循形核与长大的规律。但由于合金成分中包含有两个以上的组元，其结晶过程除受温度影响外，还受到化学成分及组元间相互不同作用等因素的影响，故结晶过程比纯金属复杂。

为了解合金在结晶过程中各种组织的形成及变化规律，以掌握合金组织、成分与性能之间的关系,必须利用合金相图这一重要工具。

合金相图又称合金状态图或合金平衡图。它是表示在平衡条件下合金状态、成分和温度之间关系的图形。根据相图可以了解合金系中不同成分合金在不同温度时的组成相,还可了解合金在缓慢加热和冷却过程中的相变规律等。在生产实践中,相图可作为正确制定铸造、锻压、焊接及热处理工艺的重要依据。

3.2.1　二元合金相图

1. 相图的表示方法

纯金属的冷却过程可利用冷却曲线来研究。例如:将冷却曲线上的相变点(发生相变的温度,也称临界点或转折点)投影到温度坐标轴上,便得到纯金属的相图,所以纯金属的相图只是一条坐标轴,从该相图上可以查到纯金属在不同温度时的组织状态。

由于二元合金在结晶过程中除温度变化外,还有合金成分的变化,因而需用两个坐标轴来表示二元合金相图。通常用纵坐标表示温度,横坐标表示成分。

2. 二元合金相图的建立

相图是通过实验方法建立的。利用热分析法建立 Cu-Ni 二元合金相图的过程如下:

① 配制一系列不同成分的 Cu-Ni 合金:$w_{Cu}=100\%$;$w_{Cu}=80\%$,$w_{Ni}=20\%$;$w_{Cu}=60\%$,$w_{Ni}=40\%$;$w_{Cu}=40\%$,$w_{Ni}=60\%$;$w_{Cu}=20\%$,$w_{Ni}=80\%$;$w_{Ni}=100\%$。

② 用热分析法测定上述合金的冷却曲线,如图 3-6(a)所示。从冷却曲线可看出,与纯金属不同的是合金有两个相变点,上相变点是结晶开始的温度,下相变点是结晶终了的温度。因放出结晶潜热使结晶时的温度下降缓慢,所以合金的结晶是在一定温度范围内进行的,在冷却曲线上出现两个转折点。

③ 将各个合金的相变点标注在温度-成分坐标图中,并将开始结晶的各相变点(A、1、2、3、4、B)连起来成为液相线,将结晶终了的各相变点(A、$1'$、$2'$、$3'$、$4'$、B)连起来成为固相线,即

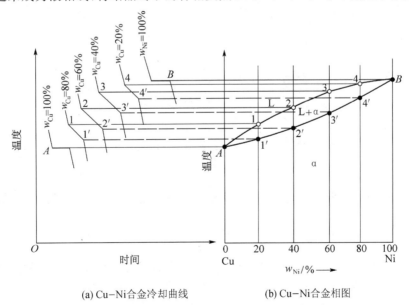

(a) Cu-Ni合金冷却曲线　　　(b) Cu-Ni合金相图

图 3-6　Cu-Ni 合金相图的建立

绘成了 Cu - Ni 合金相图,如图 3 - 6(b)所示。

二元合金相图除用热分析法建立外,还可用热膨胀法、金相分析法、磁性法、电阻法、X 射线晶体结构分析法等方法建立。

3.2.2 二元合金相图的基本类型

1. 匀晶相图

合金的两组元在液态和固态以任何比例均能无限互溶所构成的相图,称为二元匀晶相图。Cu - Ni、Fe - Cr、Au - Ag 等合金都可形成匀晶相图。

下面以 Cu - Ni 合金为例分析匀晶相图。

(1)相图分析

如图 3 - 7 所示,A 点(1 083 ℃)为纯铜熔点;B 点(1 452 ℃)为纯镍熔点;1 点为纯组元铜,2 点为纯组元镍,由 1 点向右至 2 点,镍的含量由 0%逐渐增加至 100%,铜的含量由 100%逐渐减少至 0%。Aa_1B 线为液相线;Ab_3B 线为固相线。液相线以上为液相区(用 L 表示),合金处于液态;固相线以下,合金全部形成均匀的单相固溶体(用 α 表示),处于固态,此区为固相区;液相线与固相线之间为液相与固相共存的两相区($L+\alpha$)。

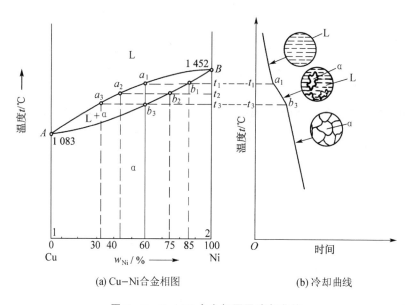

(a)Cu-Ni合金相图　　(b)冷却曲线

图 3 - 7　Cu - Ni 合金相图及冷却曲线

(2)合金冷却过程分析

由于 Cu、Ni 两组元能以任何比例形成单相 α 固溶体,因此任何成分的 Cu - Ni 合金的冷却过程都相似。现以 $w_{Ni}=60\%$ 的 Cu - Ni 合金为例分析其冷却过程。

$w_{Ni}=60\%$ 的 Cu - Ni 合金的成分垂线与液、固相线分别交于 a_1、b_3 点,当液态合金缓冷到 t_1 温度时,开始从液相中结晶出 α 相,随温度继续下降,α 相的量不断增多,剩余液相的量不断减少。缓冷至 t_3 温度时,液相消失,结晶结束,全部转变为 α 相。温度继续下降,合金组织不再发生变化。该合金的冷却过程可用冷却曲线表示,如图 3 - 7(b)所示。

在结晶过程中,液相和固相的成分通过原子扩散在不断变化,液相 L 成分沿液相线由 a_1

点变至 a_3 点,固相 α 成分沿固相线由 b_1 点变至 b_3 点。在 t_1 温度时,液、固两相的成分分别为 a_1、b_1 点在横坐标上的投影,α 相成分为 $w_{Ni}=85\%$;温度降为 t_2 时,液、固两相的成分分别为 a_2、b_2 点在横坐标上的投影,α 相成分为 $w_{Ni}=75\%$,与 α 相平衡共存的剩余液相成分约为 $w_{Ni}=45\%$;温度降至 t_3 时,α 相成分约为 $w_{Ni}=60\%$。

（3）晶内（枝晶）偏析

如前所述,只有在非常缓慢冷却和原子能充分进行扩散条件下,固相的成分才能沿固相线均匀变化,最终得到与原合金成分相同的均匀 α 相。但在生产中,一般冷却速度较快,原子来不及充分扩散,致使先结晶的固相含高熔点组元镍较多,后结晶的固相含低熔点的组元铜较多,在一个晶粒内呈现为心部含镍多,表层含镍少。这种晶粒内部化学成分不均匀的现象称为晶内偏析,又称枝晶偏析。晶内偏析会降低合金的力学性能（如塑性和韧性）、加工性能和耐蚀性。因此,生产中常采用均匀化退火的方法以得到成分均匀的固溶体。

（4）二元相图的杠杆定律

如前所述,在液、固两相并存时固相的成分沿着固相线变化,液相的成分沿着液相线变化。对图 3-8 中的 Cu-Ni 合金,若想知道它在 t 温度时固、液两相的化学成分,可通过 K 合金的成分垂线作一条代表 t 温度的水平线;令其与液、固相线相交,两个交点（a 和 b）的横坐标就分别代表 t 温度时液、固两平衡相的成分点。那么,在 t 温度下液、固两相的相对量又是多少呢?这个问题可以通过如下的简单运算得到答案。

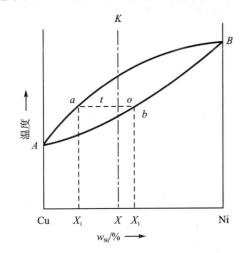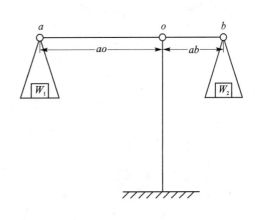

图 3-8　杠杆定律的力学比喻

假设:合金的总重量为 w_0,液相的重量为 w_L,固相的重量为 w_S。若已知液相中的含 Ni 量为 X_1,固相中含 Ni 量为 X_2,合金的含 Ni 量为 X,则可写出

$$\begin{cases} w_L + w_S = w_0 \\ w_L \cdot X_1 + w_S \cdot X_2 = w_0 \cdot X \end{cases}$$

解得

$$\frac{w_L}{w_S} = \frac{X_2 - X}{X - X_1} = \frac{bo}{oa}$$

上式好像力学中的杠杆定律,故称之为杠杆定律。上式可写成:

$$\frac{w_L}{w_0} = \frac{bo}{ba} \times 100\%$$

$$\frac{w_S}{w_0} = \frac{oa}{ba} \times 100\%$$

必须指出,杠杆定律只适用于二元系合金相图中两相区,对其他区域不适用。

2. 共晶相图

合金的两组元在液态下无限互溶,在固态下有限溶解并发生共晶转变所形成的相图,称为共晶相图,如 Al - Si、Pb - Sn、Pb - Sb、Ag - Cu 等合金都可形成共晶相图。

下面以 Pb - Sn 合金为例分析共晶相图。

(1) 相图分析

如图 3 - 9(a)所示,A 点(327.5 ℃)是纯铅的熔点,B 点(232 ℃)是纯锡的熔点,C 点

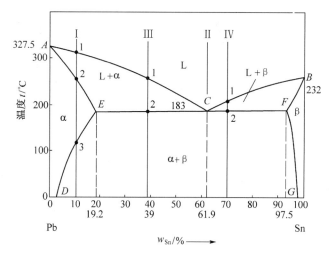

(a) 简化后的Pb-Sn合金相图

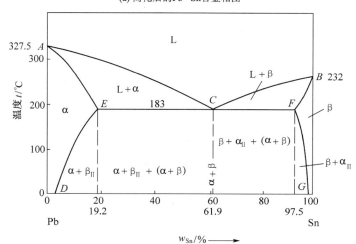

(b) 标准组织组分的Pb-Sn合金相图

图 3 - 9 Pb - Sn 合金相图

(183 ℃，w_{Sn}＝61.9％)为共晶点。ACB 线为液相线，液相线以上合金均为液相；$AECFB$ 线为固相线，固相线以下合金均为固相。α 和 β 是 Pb－Sn 合金在固态时的两个基本组成相，α 是锡溶于铅中所形成的固溶体，β 是铅溶于锡中所形成的固液体。E 点(183 ℃，w_{Sn}＝19.2％)和 F 点(183 ℃，w_{Pb}＝2.5％)分别为锡溶于铅中和铅溶于锡中的最大溶解度。由于在固态下铅与锡的相互溶解度随温度的降低而逐渐减小，所以 ED 线和 FG 线分别表示锡在铅中和铅在锡中的溶解度曲线，也称固溶线。

　　相图中包含三个单相区(液相区(L)、α 相区和 β 相区)、三个两相区($L＋α$、$L＋β$ 和 $α＋β$ 相区)以及一个三相共存($L＋α＋β$)的水平线 ECF。成分相当于 C 点的液相(L_C)在冷却到 ECF 线所对应的温度时，将同时结晶出成分为 E 点的 α 固溶体($α_E$)及成分为 F 点的 β 固溶体($β_F$)，其反应式为

$$L_C \xrightarrow{183\ ℃} α_E＋β_F$$

　　这种在一定温度下，由一定成分的液相同时结晶出两种固定成分的固相转变，称为共晶转变。共晶转变是在恒温下进行的，发生共晶转变的温度称为共晶温度。发生共晶转变的成分是一定的，该成分(C 点成分)称为共晶成分。C 点为共晶点。共晶转变后得到的组织称为共晶组织或共晶体。ECF 线称为共晶线。

　　C 点成分的合金称为共晶合金；E 点和 C 点之间合金均称为亚共晶合金；C 点和 F 点之间合金均称为过共晶合金。

　　(2) 典型合金的冷却过程

　　① 含 Sn 量小于 E 点的合金[※]

　　以合金Ⅰ(w_{Sn}＝10％)为例，其冷却曲线和冷却过程见图 3－10。当合金液缓冷到 1 点时，从液相中开始结晶出锡溶于铅中的 α 固溶体。随温度的下降，α 固溶体的量不断增多，其成分沿 AE 线变化；液相量不断减少，成分沿 AC 线变化。当冷却到 2 点时，合金全部结晶为 α 固溶体。这一过程实际上是匀晶结晶过程。在 2 点和 3 点温度之间，α 固溶体不发生变化。当冷却到与 ED 线相交的 3 点时，锡在铅中的溶解度达到饱和。温度下降到 3 点以下时，多余的锡以 β 固溶体的形式从 α 固溶体中析出，随温度的下降，β 固溶体的量不断增多。为区别于从液相中直接结晶出的 β 固溶体(初生 β 相)，将这种从 α 固溶体中析出的 β 固溶体称为二次 β 相(或次生 β 相)，用 $β_Ⅱ$ 表示。在 $β_Ⅱ$ 析出的过程中，α 固溶体的成分沿 ED 线变化，$β_Ⅱ$ 固溶体的成分则沿 FG 线变化。合金Ⅰ的室温组织为 $α＋β_Ⅱ$(见图 3－8)。其显微组织见图 3－11，图中黑色基体为 α 固溶体，白色颗粒为 $β_Ⅱ$ 固溶体。

　　凡成分在 E 点和 D 点之间的合金，其冷却过程均与合金Ⅰ相似，室温组织都是由 $α＋β_Ⅱ$ 组成，只是两相的相对量不同，合金越靠近 E 点，室温下 $β_Ⅱ$ 固溶体的量越多。成分在 F 点与 G 点间的合金，其冷却过程与合金Ⅰ基本相似，但室温组织为 $β＋α_Ⅱ$。

　　② 共晶合金

　　共晶合金Ⅱ(w_{Sn}＝61.9％)的冷却曲线和冷却过程见图 3－12。合金由液态缓慢冷却到 C 点(183 ℃)时发生共晶转变。由图 3－9 可知，C 点是两段液相线 AC 和 BC 的交点，从相图 $AECA$ 区看，应从成分为 C 点的合金液 L_C 中结晶出成分为 E 点的固相 $α_E$，从 $BCFB$ 区看，应从合金液 L_C 中结晶出成分为 F 点的固相 $β_F$，也就是应从液相中同时结晶出 $α_E$ 和 $β_F$ 两种固相组成的两相组织(即共晶体)。由于在一恒温下同时结晶出的两种固相得不到充分长大、

故组织中的两种固相都较细小,且呈层片状交替分布。在 C 点温度以下,液相完全消失,共晶转变结束。继续冷却时,固溶体的溶解度随温度降低而减少,共晶组织中的 α_E 和 β_F 固溶体将分别沿着 ED 和 FG 固溶线发生变化,析出 β_{II} 和 α_{II}。由于从共晶体中析出的二次相 β_{II} 和 α_{II} 数量较少,且 β_{II} 和 α_{II} 常与共晶体中的同类相混在一起,在显微镜下难以辨别,故可忽略不计。合金 II 的室温组织为 $(\alpha+\beta)$(见图 3-9(b))。其显微组织见图 3-13,图中黑色为 α 固溶体,白色为 β 固溶体。

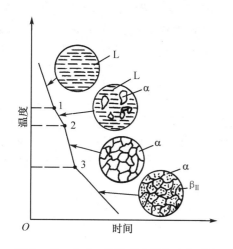

图 3-10　合金 I 的冷却曲线和冷却过程

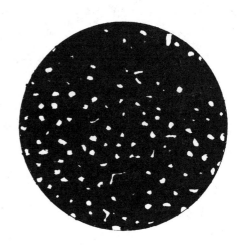

图 3-11　$w_{Sn}=10\%$ 的 Pb-Sn 合金显微组织

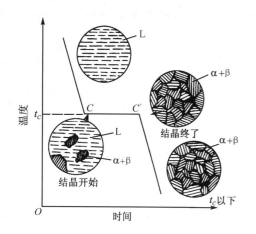

图 3-12　共晶合金的冷却曲线和冷却过程

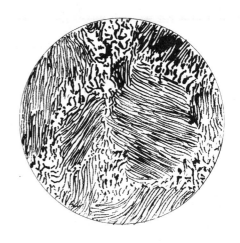

图 3-13　Pb-Sn 共晶合金显微组织

③ 亚共晶合金(含锡量在 E 点和 C 点之间的合金)

以合金 III($w_{Sn}=39\%$)为例,其冷却曲线和冷却过程见图 3-14。

合金由液态缓慢冷却到 1 点时,开始从液相中结晶出 α 固溶体。随温度下降,液相量不断减少,成分沿 AC 线变化;α 固溶体量不断增多,成分沿 AE 线变化。当温度降至 2 点(183 ℃)时,α 固溶体达到 E 点成分,而剩余的液相达到 C 点的共晶成分,因此发生共晶转变,此转变一直进行到剩余液相全部转变成共晶组织为止。此时,合金由初生相 α 固溶体和共晶体(α_E+

β_F)所组成。当合金冷却到 2 点温度以下时,由于固溶体溶解度的降低,从 α 固溶体(包括初生的 α 固溶体和共晶组织中的 α 固溶体)中不断析出 β_{II} 固溶体,而从 β 固溶体(共晶组织中的 β)中不断析出 α_{II} 固溶体,直至室温。在显微镜下,除了在初生的 α 固溶体中可观察到 β_{II} 固溶体外,共晶体中析出的二次相很难辨认。所以亚共晶合金Ⅲ的室温组织为 $\alpha+\beta_{\mathrm{II}}+(\alpha+\beta)$。其显微组织见图 3−15,图中黑色树枝状为初生 α 固溶体,黑白相间分布的是(α+β)共晶体,初生 α 固溶体内的白色小颗粒是 β_{II} 固溶体。

　　凡成分在 E 点和 C 点之间的亚共晶合金,其冷却过程均与合金Ⅲ相似。室温组织都是由 $\alpha+\beta_{\mathrm{II}}+(\alpha+\beta)$ 所组成的(见图 3−9(b)),只是成分不同,各相的相对量不同,越接近 C 点,初生相 α 量越少,而共晶体(α+β)量越多。

　　④ 过共晶合金(含锡量在 C 点和 F 点之间的合金)

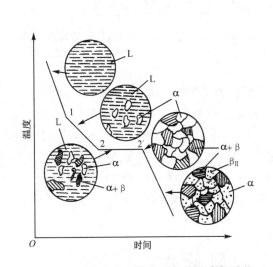

图 3−14　亚共晶合金的冷却曲线及冷却过程

图 3−15　亚共晶合金显微组织示意图

　　以合金Ⅳ($w_{\mathrm{Sn}}=70\%$)为例,其冷却曲线和冷却过程如图 3−16 所示。

　　过共晶合金的冷却过程与亚共晶合金类似,只是由液相析出的初生相为 β 固溶体,共晶转变结束至室温从 β 固溶体中析出的是 α_{II} 固溶体,所以室温组织为 $\beta+\alpha_{\mathrm{II}}+(\alpha+\beta)$(见图 3−9(b)),其显微组织见图 3−17,图中卵形白亮色为初生 β 固溶体,黑白相间分布的是共晶体(α+β),初生 β 固溶体内的黑色小颗粒为次生 α_{II} 固溶体。

　　凡成分在 C 点和 F 点之间的过共晶合金,其冷却过程均与合金Ⅳ相似。室温组织都是由 $\beta+\alpha_{\mathrm{II}}+(\alpha+\beta)$ 所组成的。只是各相的相对量不同,越接近共晶成分,初生相 β 量越少,共晶体(α+β)量越多。

　　根据以上分析,在 Pb−Sn 合金相图中仅出现了 α、β 两个相,图 3−9(a)中各区就是以合金的相构成的,α 和 β 称为组成相。但不同成分的合金,由于结晶条件不同,各组成相将以不同的形状、数量、大小相互结合,因而在显微镜下可观察到不同的组织。在金属显微组织中具有同样特征的部分,称为组织组分。图 3−9(b)为标准组织组分的 Pb−Sn 合金相图,图中的 α、α_{II}、β、β_{II} 及(α+β)均为合金的组织组分。

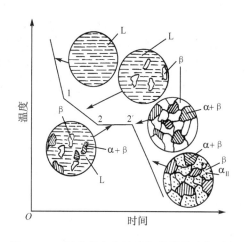

图 3 - 16　过共晶合金的冷却曲线及冷却过程

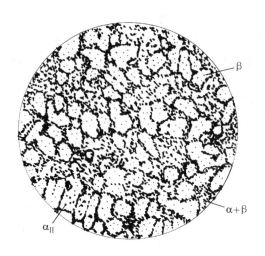

图 3 - 17　过共晶合金显微组织示意图

（3）重力偏析

亚共晶或过共晶合金结晶时，若初生相与剩余液相的密度相差很大，则密度小的相将上浮，密度大的相将下沉。这种由于密度不同而引起合金成分和组织不均匀的现象，称为重力偏析，又称区域偏析。

重力偏析会降低合金的力学性能和加工工艺性能。重力偏析不能用热处理来减轻或消除，为减轻或消除重力偏析，可加快冷却速度，使偏析相来不及上浮或下沉；浇注时对液态合金加以搅拌；在合金中加入某些元素，使其形成与液相密度相近的化合物，并首先结晶成树枝状的"骨架"悬浮于液相中，以阻止先析出相的上浮或下沉。

3.3　合金性能与相图的关系

合金的性能取决于合金的成分和组织，合金的某些工艺性能（如铸造性能）还与合金的结晶特点有关；而相图既可表明合金成分与组织间的关系，又可表明合金的结晶特点。因此，合金相图与合金性能之间存在一定的联系。了解相图与性能的联系规律，就可以利用相图大致判断出不同成分合金的性能特点，并作为选用和配制合金、制定工艺的依据。

3.3.1　合金力学性能与相图的关系

图 3 - 18 所示为合金力学性能与相图的关系，表示了在匀晶相图和共晶相图中合金强度和硬度随成分变化的一般规律。

当合金形成单相固溶体时，其强度和硬度随成分呈曲线变化，合金性能与组元性质及溶质元素的溶入量有关。当溶剂和溶质一定时，溶质的溶入量越多，固态合金晶格畸变越大，则合金的强度、硬度越高。一般来说，形成单相固溶体的合金具有较好的综合力学性能，但达到的强度、硬度有限。对于形成复相组织的合金，在两相区内，合金的强度和硬度随成分呈直线关系变化，大致是两相性能的算术平均值。在共晶点处，当形成细小、均匀的共晶组织时，其强度和硬度可达到最高值（如图 3 - 18 中虚线所示）。

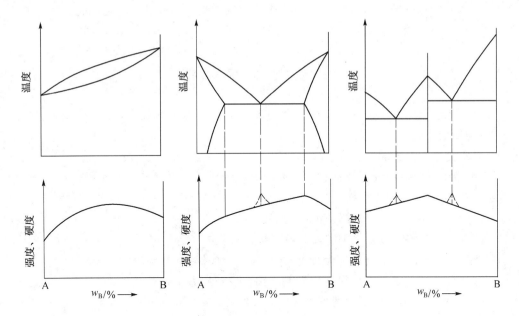

图 3 - 18　合金力学性能与相图的关系

3.3.2　合金铸造性能与相图的关系

合金铸造性能主要是指液态合金的流动性以及产生缩孔的倾向性等。从图 3 - 19 中可看出,液相线与固相线之间的距离越宽,合金的流动性越差,形成分散缩孔倾向及晶内偏析的倾

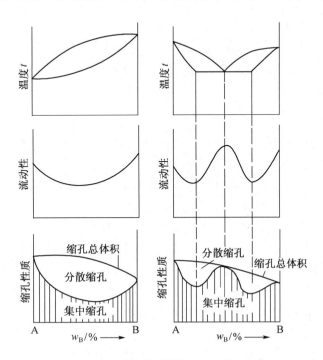

图 3 - 19　合金铸造性能与相图的关系

向越大,铸造性能也越差。所以铸造合金的成分常取共晶成分或在其附近的合金。

此外,相图还与锻造、焊接、切削加工等工艺性能有关。

思考题与作业题

1. 什么是过冷现象和过冷度?过冷度的大小与哪些因素有关?过冷度对结晶过程和晶粒大小有何影响?

2. 下列说法是否正确?为什么?

(1) 凡是由液体凝固成固体的过程都叫结晶;

(2) 金属结晶时冷却速度越快,晶粒越细小;

(3) 薄壁铸件的晶粒比厚壁铸件的晶粒细小。

3. 铸锭组织有何特点?如何抑制柱状晶体的长大?

4. 为什么铸件的加工余量过大,反而会使加工后的铸件强度降低?

5. 晶粒大小对金属力学性能有何影响?细化晶粒的方法有哪几种?

6. Pb-Sb 合金热分析实验数据见表 3-1,要求:

(1) 作 Pb-Sb 合金相图;

(2) 填出各相区中的相。

表 3-1 几种不同成分的 Pb-Sb 合金和相变点

序 号	合金成分含量 $w/\%$		结晶开始温度/℃	结晶终了温度/℃
	Pb	Sb		
1	100	0	327.5	327.5
2	95	5	296	253
3	90	10	260	253
4	88	12	253	253
5	80	20	280	253
6	50	50	485	253
7	20	80	570	253
8	0	100	630	630

7. 说明并分析 Al-Si 二元合金相图(见图 3-20):

(1) 写出图中主要点、线的含义及各区域相和组织的名称;

(2) 分析 $w_{Si}=5\%$、$w_{Si}=12.6\%$、$w_{Si}=60\%$ 三种典型合金的冷却过程。

8. Cu-Ni 合金系中什么成分的合金硬度最高?硬度最高的合金铸造性能如何?

9. 为什么铸造用合金常选用接近共晶成分的合金?

10. 在图 3-21 所示的 A-B 二元合金相图中:

(1) 标出①~④空白区域中的相;

(2) 说明 Z 合金的缓慢冷却过程及室温下的显微组织。

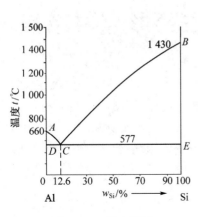

图 3-20　第 7 题图

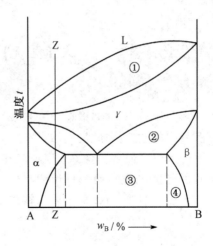

图 3-21　第 10 题图

第4章 金属的塑性变形与再结晶

塑性变形是压力加工(如锻造、轧制、挤压、拉拔、冲压等)的基础。大多数钢和有色金属及其合金都有一定的塑性,因此它们均可在热态或冷态下进行压力加工。

塑性变形不仅可使金属获得一定形状和尺寸的零件、毛坯或型材,而且还会引起金属内部组织与结构的变化,使铸态金属的组织与性能得到改善。因此,研究塑性变形过程中的组织、结构与性能的变化规律,对改进金属材料加工工艺,提高产品质量和合理使用金属材料都具有重要意义。

4.1 金属的塑性变形

4.1.1 单晶体的塑性变形

单晶体塑性变形的基本方式是滑移和孪生。

1. 滑 移

滑移是指在切应力作用下,晶体的一部分相对于另一部分沿一定晶面(即滑移面)发生相对的滑动。滑移是金属塑性变形的主要方式。

单晶体受拉伸时,外力 F 作用在滑移面上的应力 f 可分解为正应为 σ 和切应力 τ,如图 4-1 所示。正应力只使晶体产生弹性伸长,并在超过原子间结合力时将晶体拉断。切应力则使晶体产生弹性歪扭,并在超过滑移抗力时引起滑移面两侧的晶体发生相对滑移。

图 4-2 所示为单晶体在切应力作用下的变形情况。单晶体未受到外力作用时,原子处于平衡位置(见图 4-2(a))。当切应力较小时,晶格发生弹性歪扭(见图 4-2(b))。若此时去除外力,则切应力消失,晶格弹性歪扭也随之消失,晶体恢复到原始状态,即产生弹性变形;若切应力继续增大到超过原子间的结合力,则在某个晶面两侧的原子将发生相对滑移,滑移的距离为原子间距的整数倍(见图 4-2(c))。此时如果使切应力消失,则晶格歪

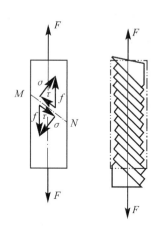

图 4-1 单晶体滑移示意图

扭可以恢复,但已经滑移的原子不能回复到变形前的位置,即产生塑性变形(见图 4-2(d));如果切应力继续增大,则在其他晶面上的原子也产生滑移,从而使晶体塑性变形继续下去。许多晶面上都发生滑移后就形成了单晶体的整体塑性变形。

一般来说,在各种晶体中,滑移并不是沿着任意的晶面和晶向发生的,而是沿晶体中原子排列最紧密(原子线密度最大)的晶面和该晶面上原子排列最紧密的晶向进行的(三种典型金属晶格的滑移面见图 4-3)。这是因为最密晶面间的面间距和最密晶向间的原子间距最大,

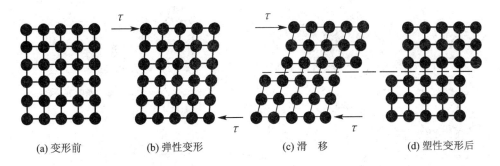

| (a) 变形前 | (b) 弹性变形 | (c) 滑　移 | (d) 塑性变形后 |

图 4 - 2　单晶体在切应力作用下的变形示意图

因而原子结合力最弱,故在较小切应力作用下便能引起它们之间的相对滑移。由图 4 - 4 可知,Ⅰ—Ⅰ晶面原子排列最紧密(原子间距小),面间距最大($a/\sqrt{2}$),面间结合力最弱,故常沿这样的晶面发生滑移;而Ⅱ—Ⅱ晶面原子排列最稀疏(原子间距大),面间距较小($a/2$),面间结合力较强,故不易沿此面滑移。同样也可解释为什么滑移总是沿滑移面(晶面)上原子排列最紧密的方向进行。

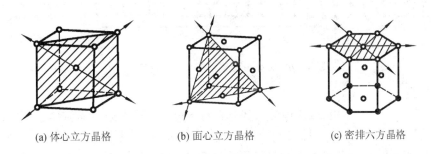

| (a) 体心立方晶格 | (b) 面心立方晶格 | (c) 密排六方晶格 |

图 4 - 3　三种典型金属晶格的滑移面

上述的滑移是指滑移面上每个原子都同时移动到与其相邻的另一个平衡位置上,即作刚性移动。但是近代科学研究表明,滑移时并不是整个滑移面上的原子一齐作刚性移动,而是通过晶体中的位错线沿滑移面的移动来实现的。如图 4 - 5 所示,晶体在切应力作用下,位错线上面的两列原子向右作微量移动到"●"位置,位错线下面的一列原子向左作微量移动到"●"位置,这样就使位错在滑移面上向右移动一个原子间距。在切应力作用下,位错继续向右移动到晶体表面上,就形成了一个原子间距的滑移量(见图 4 - 6);结果,晶体就产生了一定量的塑性变形。由于位错前进一个原子间距时,一齐移动的原子数目并不多(只有位错中心少数几个原子),而且他们的位移量都不大。因此,使位错沿滑移面移动所需的切应力不大。位错的这种容易移动的特点,称作位错的易动性。可见,少量位错的存在,显著降低了金属的强度。但当位错数目超过一定值时,随着位错密度的增加,强度和硬度逐渐增加,这是由于位错之间以及位错与其他缺陷之间存在相互作用,使位错运动受阻,滑移所需切应力增加,金属强度提高。

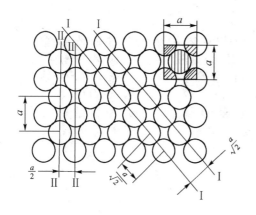

图 4-4　滑移面示意图

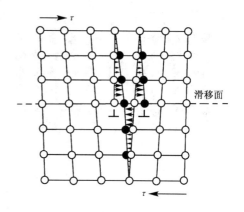

图 4-5　刃型位错运动时的原子位移

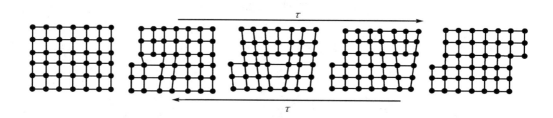

图 4-6　刃型位错移动产生滑移的示意图

2. 孪　生

孪生是指在切应力作用下,晶体的一部分相对于另一部分沿一定晶面(孪生面)和晶向(孪生方向)产生剪切变形(切变),见图 4-7。产生切变的部分称为孪生带。通过这种方式的变形,使孪生面两侧的晶体形成了镜面对称关系(镜面即孪生面)。整个晶体经变形后只有孪生带中的晶格位向发生了变化,而孪生带两边外侧晶体的晶格位向没发生变化,但相距一定

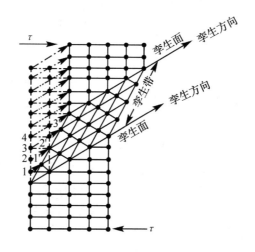

图 4-7　孪生示意图(双点划线是晶格在变形前的位置)

距离。

孪生与滑移的主要区别是：发生孪生变形时，孪生带中相邻原子面的相对位移为原子间距的分数值，且晶体位向发生变化，与未变形部分形成对称；而发生滑移变形时，滑移的距离是原子间距的整数倍，晶体的位向不发生变化。孪生变形所需的临界切应力比滑移变形的临界切应力大得多，例如：镁的孪生临界切应力为 $5 \sim 35$ MN/m^2，而滑移临界切应力为 0.83 MN/m^2。因此，只有当滑移很难进行时，晶体才发生孪生。

4.1.2　多晶体的塑性变形

多晶体塑性变形的方式仍然是滑移和孪生。多晶体中由于晶界的存在以及各晶粒位向不同，故各晶粒在外力作用下所受的应力状态和大小是不同的。因此，多晶体发生塑性变形时并不是所有晶粒都同时进行滑移，而是随着外力的增加，晶粒有先有后，分期分批地进行滑移。在外力作用下，滑移面和滑移方向与外力成 45°角的一些晶粒受力最大，称这些晶粒为软位向；而受力最小或接近最小的晶粒称为硬位向。软位向晶粒首先产生滑移，而硬位向晶粒最后产生滑移。如此一批批地进行，直至全部晶粒都发生变形为止。由此可见，多晶体塑性变形过程比单晶体复杂得多，它不仅有晶内滑移，而且还有晶间的相对滑移。此外，由于晶粒的滑移面与外力作用方向并不完全一致，所以在滑移过程中，必然会伴随晶粒的转动。

由于各晶粒位向不同，且晶界上原子排列紊乱，并存在较多杂质，造成晶格畸变，因此金属在塑性变形时各个晶粒会互相牵制，互相阻碍，从而使滑移困难，它必须克服这些阻力才能发生滑移。所以，在多晶体金属中其滑移抗力比单晶体大，即多晶体金属强度高，塑性好，如图 4-8 所示。这一规律可通过由两个晶粒组成的金属及其在承受拉伸时的变形情况显示出来。由图 4-9 可以看出，在远离夹头和晶界处晶体变形很明显，即变细了，而在靠近晶界处变形不明显，其截面基本保持不变，出现了所谓的"竹节"现象。

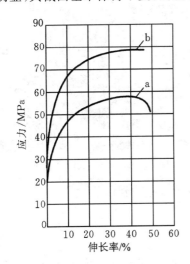

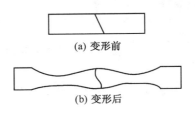

(a) 变形前

(b) 变形后

图 4-8　纯铝单晶体 a 与多晶体 b 的拉伸曲线　　图 4-9　由两个晶粒组成的金属试样在拉伸时的变形

一般来说，在室温下晶粒间结合力较强，比晶粒本身的强度大。因此，金属的塑性变形和断裂多发生在晶粒本身，而不是晶界上。金属的晶粒愈细，单个晶粒周围不同取向的晶粒数便愈多，晶界总面积愈大，对塑性变形的抗力也就愈大，从而使得金属的强度愈高。细晶粒金属不仅强度和韧度较高,而且塑性也好。因为晶粒愈细,金属单位体积内的晶粒数便愈多,同样的形变量下,变形可分散在更多的晶粒内进行,因而在断裂之前就能承受较大的变形量。此外,晶粒越细,晶粒内部和晶界附近的变形量差减小,晶粒的变形较为均匀,减小了应力集中,从而推迟了裂纹的形成和发展,表现出良好的塑性和较高韧度。因此,在工业生产中通常总是设法获得细小而均匀的晶粒组织,使材料具有较好的综合力学性能。

4.2 冷塑性变形对金属组织和性能的影响

4.2.1 形成纤维组织,性能趋于各向异性

金属在外力作用下产生塑性变形时,随着金属外形被拉长(或压扁),其晶粒也相应地被拉长(或压扁)。当变形量很大时,各晶粒将会被拉长成为细条状或纤维状,晶界模糊不清,这种组织称为纤维组织,如图 4-10 和图 4-11 所示。形成纤维组织后,金属的性能有明显的方向性,例如:纵向(沿纤维组织方向)的强度和塑性比横向(垂直于纤维组织方向)高得多。

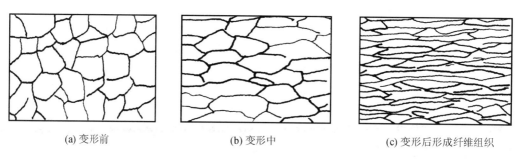

(a) 变形前 (b) 变形中 (c) 变形后形成纤维组织

图 4-10 变形前后晶粒形状的变化示意图

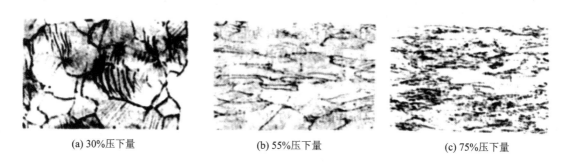

(a) 30%压下量 (b) 55%压下量 (c) 75%压下量

图 4-11 纯铁经不同程度冷轧变形后的显微组织(250×)

4.2.2 产生冷变形强化(加工硬化)

金属发生塑性变形时,不仅晶粒外形发生变化,而且晶粒内部结构也发生变化。在变形量不大时,先是在变形晶粒的晶界附近出现位错的堆积,随着变形量的增大,晶粒破碎成为细碎的亚晶粒。其规律是:变形量越大,晶粒被破碎得越严重;亚晶界越多,位错密度越大。这种在亚晶界处大量堆积的位错,以及它们之间的相互干扰,均会阻碍位错的运动,使金属塑性变形抗力增大,强度和硬度显著提高。随着变形程度的增加,金属强度和硬度升高,塑性和韧性下

降的现象,称为冷变形强化或加工硬化。图 4 - 12 所示为纯铜冷轧变形度对力学性能的影响。图 4 - 13 所示为工业纯铜、45 钢的变形程度与强度、硬度、塑性之间的关系。

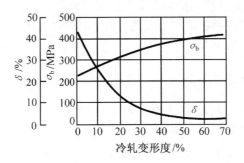

图 4 - 12　纯铜冷轧变形度对力学性能的影响

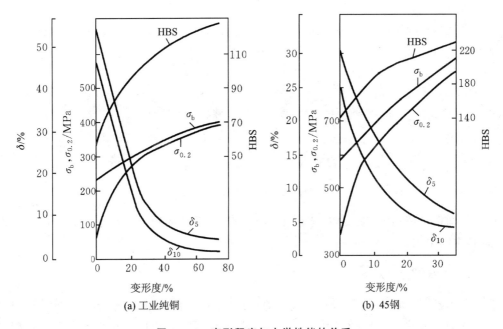

(a) 工业纯铜　　　　　　　　　　(b) 45钢

图 4 - 13　变形程度与力学性能的关系

冷变形强化在生产中具有很重要的实际意义。首先,可利用冷变形强化来强化金属,提高其强度、硬度和耐磨性。这一点对于不能用热处理方法来提高强度的金属尤为重要。例如:在机械加工过程中使用冷挤压、冷轧等方法,可大大提高钢和其他材料的强度和硬度(冷拉高强度钢丝和冷卷弹簧等,主要是利用冷加工变形来提高它们的强度和弹性极限。坦克和拖拉机履带板、破碎机的颚板和铁路的道岔等都是利用加工硬化来提高它们的硬度和耐磨性)。其次,冷变形强化有利于金属进行均匀变形,这是由于金属变形部分产生了冷变形强化,使继续变形主要在金属未变形或变形较小的部分中进行,所以使金属变形趋于均匀。另外,冷变形强化可提高构件在使用过程中的安全性,若构件在工作过程中产生应力集中或过载现象,则往往由于金属能产生冷变形强化,使过载部位在发生少量塑性变形后提高了屈服点,并与所承受的应力达到平衡,变形就不会继续发展,从而提高了构件的安全性。但冷变形强化使金属塑性降低,给进一步塑性变形带来困难。为了使金属材料能继续变形,必须在加工过程中安排中间退火以消除冷变形强化。

加工硬化的缺点是使金属进一步加工变形困难。例如:汽车上用的薄板是用冷轧工艺制成的,在轧制过程中必须安排一些中间退火的工序。冷变形强化不仅使金属的力学性能发生变化,而且还使金属的某些物理和化学性能发生变化,如使金属电阻增加,耐蚀性降低等。

4.2.3　形成形变织构(或择优取向)

金属发生塑性变形时,各晶粒的晶格位向会沿着变形方向发生转变。当变形量很大时(>70%),各晶粒的位向将与外力方向趋于一致,晶粒趋向于整齐排列。这种现象称为择优取向,所形成的有序化结构称为形变织构。形变织构会使金属性能呈现明显的各向异性。各向异性在多数情况下对金属后续加工或使用是不利的。例如:用有织构的板材冲制筒形零件时,由于不同方向上的塑性差别很大,使变形不均匀,导致零件边缘不齐,即出现所谓"制耳"现象,见图4-14。

织构在某些情况下是有利的,例如:制造变压器铁芯的硅钢片,利用织构可使变压器铁芯的磁导率明显增加,磁滞损耗降低,从而提高变压器的效率。

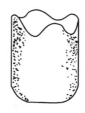

图4-14　冲压件的"制耳"现象

形变织构很难消除。生产中为避免织构产生,常将零件的较大变形量分为几次变形来完成,并进行中间退火。

4.2.4　产生残留应力

残留应力是指去除外力后,残留在金属内部的应力。它主要是由于金属在外力作用下内部变形不均匀造成的。例如:金属表层和心部之间变形不均匀会形成平衡于表层与心部之间的宏观应力(或称第一类应力);相邻晶粒之间或晶粒内部不同部位之间变形不均匀形成的微观应力(或称第二类应力);由于位错等晶体缺陷的增加形成晶格畸变应力(或称第三类应力)。通常外力对金属做的功绝大部分(90%以上)在变形过程中转化为热而散失,只有很少(约10%)的能量转化为应力残留在金属中,使其内能升高,其中第三类应力占绝大部分,它是使金属强化的主要因素。第一类或第二类应力虽然在变形金属中占的比例不大,但在大多数情况下,不仅会降低金属的强度,而且还会因随后的应力松弛或重新分布而引起金属变形。另外,残留应力还使金属的耐蚀性降低。

为消除和降低残留应力,通常要进行退火。

生产中若能合理控制和利用残留应力,也可使其变为有利因素,如对零件进行喷丸、表面滚压处理等使其表面产生一定的塑性变形而形成残留压应力,从而可提高零件的疲劳强度。

4.3　冷塑性变形后的金属在加热时组织和性能的变化

经过冷塑性变形后的金属,发生了上述一系列组织和性能的变化,造成金属内部能量较高而处于不稳定状态,所以塑性变形后的金属总有恢复到能量较低、组织较为稳定状态的倾向。但在室温下由于原子活动能力弱,这种不稳定状态不会发生明显变化。如果进行加热,则因原子活动能力增强,而使金属恢复到变形前的稳定状态。冷变形金属在加热时组织和性能的变化如图 4 - 15 所示。

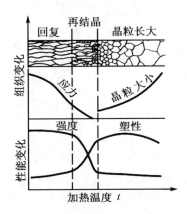

图 4 - 15　冷变形金属在加热时组织和性能的变化

4.3.1　回复(或称恢复)

当加热温度较低时,为 $(0.25\sim0.3)T_{熔}$(单位为 K),原子活动能力较弱,只能回复到平衡位置,冷变形金属的显微组织没有明显变化,其力学性能变化也不大,但残留应力显著降低,其物理和化学性能也基本恢复到变形前的情况,这一阶段称为回复。

由于回复加热温度较低,晶格中的原子仅能作短距离扩散,因此,金属内只需要较小能量就可开始运动的缺陷将首先移动,如偏离晶格结点位置的原子回复到结点位置,空位在回复阶段中向晶体表面、晶界处或位错处移动,使晶格结点恢复到较规则形状,晶格畸变减轻,残留应力显著降低。但因亚组织尺寸未明显改变,位错密度未显著减小,即造成冷变形强化的主要原因尚未消除,因而力学性能在回复阶段变化不大。

生产中,利用回复现象可将已产生冷变形强化的金属在较低温度下加热,使其残留应力基本消除,而保留了其强化的力学性能,这种处理称为低温去应力退火。例如:用深冲工艺制成的黄铜弹壳,放置一段时间后,由于应力的作用,将产生变形。因此,黄铜弹壳经冷冲压后必须进行 260 ℃左右的去应力退火。又如,用冷拔钢丝卷制的弹簧,在卷成之后要进行 200~300 ℃的去应力退火,以消除应力使其定型。

4.3.2　再结晶

当继续升高温度时,由于原子活动能力增大,金属的显微组织发生明显的变化,破碎的、被拉长或压扁的晶粒变为均匀细小的等轴晶粒,这一变化过程也是通过形核和晶核长大的方式进行的,故称再结晶。但再结晶后,晶格类型没有改变,所以再结晶不是相变过程。

经再结晶后,金属的强度、硬度显著降低,塑性、韧性大大提高,冷变形强化得以消除。再结晶过程不是一个恒温过程,而是在一定温度范围内进行的。通常再结晶温度是指再结晶开始的温度(发生再结晶所需的最低温度),它与金属的预先变形度及纯度等因素有关。金属的预先变形度越大,晶体缺陷就越多,组织越不稳定,因此开始再结晶的温度就越低。预先变形度达到一定量后,再结晶温度趋于某一最低值(见图 4-16),这一温度称为最低再结晶温度。实验证明:各种纯金属的最低再结晶温度与其熔点间的关系如下:

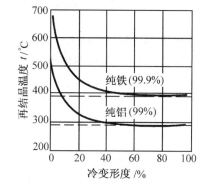

图 4-16　金属的再结晶温度与
冷变形度的关系

$$T_{再} \approx 0.4 T_{熔}$$

式中:$T_{再}$——纯金属的最低再结晶温度,K;

　　$T_{熔}$——纯金属的熔点,K。

金属中的微量杂质或合金元素(尤其是高熔点的元素),常会阻碍原子扩散和晶界迁移,从而显著提高再结晶温度。例如:纯铁的最低再结晶温度约为 437 ℃,加入少量的碳形成低碳钢后,最低再结晶温度提高到 500～650 ℃。由于再结晶过程是在一定时间内完成的,因此提高加热速度可使再结晶在较高的温度下发生;而延长保温时间,可使原子有充分的时间进行扩散,使再结晶过程能在较低的温度下完成。将冷塑性变形加工的工件加热到再结晶温度以上,保持适当时间,使变形晶粒重新结晶为均匀的等轴晶粒,以消除变形强化和残留应力的退火工艺称为再结晶退火。此退火工艺也常作为冷变形加工过程中的中间退火,以恢复金属材料的塑性便于后续加工。为了缩短退火周期,常将再结晶退火加热温度定此最低再结晶温度高 100～200 ℃。

工业纯铁的再结晶温度如表 4-1 所列。

表 4-1　工业纯铁的再结晶温度

金　属	金属熔点/℃	再结晶温度/℃	再结晶退火温度/℃
Fe	1 535	437	600～700
Al	657	100	250～350
Cu	1 083	270	400～500

4.3.3　再结晶后的晶粒大小

冷变形金属经过再结晶退火后的晶粒大小,对其力学性能有很大影响。再结晶退火后的晶粒大小主要与加热温度、保温时间和退火前的变形度有关。

1. 加热温度与保温时间

再结晶退火加热温度越高,原子的活动能力越强,越有利于晶界的迁移,故退火后得到的晶粒越粗大,如图 4-17 所示。此外,当加热温度一定时,保温时间越长,则晶粒越粗大,但其影响不如加热温度的影响大。

2. 变形度

当变形度很小时,由于金属的晶格畸变很小,不足以引起再结晶,故晶粒大小没有变化,如图4－18所示。当变形度在2%～10%范围时,由于变形度不大,金属中仅有部分晶粒发生变形,且很不均匀,再结晶时形核数目很少,晶粒大小极不均匀,因而有利于晶粒的吞并而得到粗大的晶粒,这种变形度称为临界变形度。生产中应尽量避开在临界变形度范围内加工。在变形度超过临界变形度之后,随着变形度的增大,各晶粒变形越趋于均匀,再结晶时形核率越来越高,故晶粒越细小均匀。但当变形度大于90%时,晶粒又可能急剧长大,这种现象是因形成织构造成的。

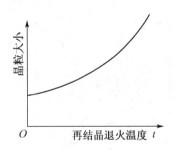

图4－17　再结晶退火温度对晶粒大小的影响

为了生产中使用方便,通常将加热温度和变形度对再结晶后晶粒度的影响,用一个被称为再结晶全图的空间图形来表示(见图4－19)。再结晶全图是制定金属变形加工和再结晶退火工艺的主要依据。

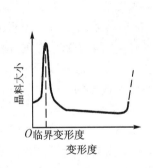

图4－18　再结晶退火时的晶粒
大小与变形度的关系

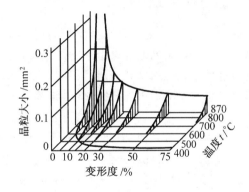

图4－19　纯铁的再结晶全图

4.3.4　晶粒长大

再结晶后,若继续升高温度或延长保温时间,则再结晶后均匀细小的晶粒会逐渐长大。晶粒的长大,实质上是一个晶粒的边界向另一个晶粒迁移的过程,将另一晶粒中的晶格位向逐步地改变为与这个晶粒的晶格位向相同,于是另一晶粒便逐渐地被这一晶粒吞并而成为一个粗大晶粒,如图4－20所示。

通常,经过再结晶后获得均匀细小的等轴晶粒,此时晶粒长大的速度并不是很快。若原来变形不均匀,则经过再结晶后得到大小不等的晶粒;由于大小晶粒之间的能量相差悬殊,因此大晶粒很容易吞并小晶粒而越长越大,从而得到粗大的晶粒,使金属力学性能显著降低。晶粒的这种不均匀急剧长大现象称为二次再结晶或聚合再结晶。

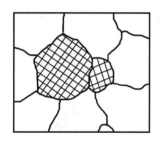

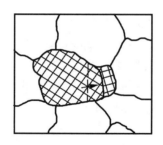

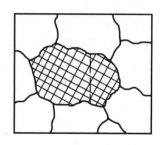

(a) "吞并"长大前的两个晶粒　　(b) 晶界移动,晶格位向　　(c) 一晶粒吞并另一晶
　　　　　　　　　　　　　　　　转向,晶界面积减小　　　　　粒而成为一个大晶粒

图 4 - 20　晶粒长大示意图

4.4　金属的热变形加工

4.4.1　热变形加工的概念

变形加工有冷、热之分。从金属学的观点来看,热变形加工和冷变形加工是根据再结晶温度来划分的。在再结晶温度以上进行的变形加工称为热加工;在再结晶温度以下进行的变形加工称为冷加工。例如:钨的最低再结晶温度为 1 200 ℃,即使在稍低于 1 200 ℃的高温下进行变形加工仍属于冷加工;铅的最低再结晶温度在 0 ℃以下,因此它在室温的变形加工便属于热加工。在再结晶温度以上变形时,要发生再结晶过程,使塑性变形造成的冷变形强化随即被再结晶产生的软化所抵消,因此金属显示不出变形强化现象。在再结晶温度以下变形时,一般不发生再结晶过程,故变形必然导致冷变形强化。在实际的热变形加工(热锻、热轧等)过程中,往往由于变形速度快,软化过程来不及消除变形强化的影响,因而需要用提高加热温度的办法来加速再结晶过程,故生产中金属的实际热加工温度总是高于它的再结晶温度。当金属中含有少量杂质或合金元素时,热加工温度还应高一些。

4.4.2　热变形加工对金属组织和性能的影响

热变形加工虽然不会使金属产生冷变形强化,但会使金属的组织和性能发生如下变化:

① 使金属中的脆性杂质被打碎,顺着金属主要伸长方向呈碎粒状或链状分布;塑性杂质顺着金属主要伸长方向呈带状分布,这样热锻后的组织就具有一定的方向性,通常称为锻造流线,也称流纹(见图 4 - 21),从而使金属的力学性能具有明显的各向异性。沿流纹方向的强度、塑性和韧性明显大于垂直于流纹方向的相应性能。表 4 - 2 所列为 45 钢(轧制空冷状态)的力学性能与流纹方向关系。

表 4 - 2　45 钢(轧制空冷状态)的力学性能与流纹方向关系

取样方向	σ_b/MPa	σ_s/MPa	δ/%	ψ/%	A_K/J
平行流纹方向	715	470	17.5	62.8	49.6
垂直流纹方向	675	440	10	31	24

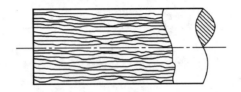

图 4-21　热加工变形的流纹示意图

热变形加工时,应力使零件具有合理的流纹分布,应使零件工作时的最大正应力方向与流纹方向平行,最大切应力方向与流纹方向垂直,流纹的分布应与零件外形轮廓相符而不被切断,以保证零件的使用性能。由图 4-22 和图 4-23 可看出,直接采用型材经切削加工制成的零件(见图 4-22(a)和图 4-23(a))会将流纹切断,使零件的轮廓与流纹方向不符,力学性能降低。若采用锻件,则可使热加工流纹合理分布(见图 4-22(b)和图 4-23(b)),从而提高零件力学性能,保证零件质量。

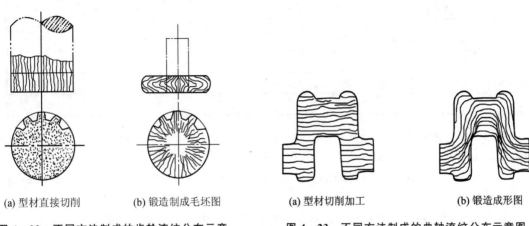

(a) 型材直接切削　　(b) 锻造制成毛坯图　　　(a) 型材切削加工　　　(b) 锻造成形图

图 4-22　不同方法制成的齿轮流纹分布示意　　图 4-23　不同方法制成的曲轴流纹分布示意图

② 热变形加工能碎化铸态金属中的粗大晶粒,使晶粒细化,提高力学性能。

③ 通过热变形加工可使铸态金属中的缩松、气孔、微裂纹等缺陷被焊合,从而提高金属的致密度和性能,见表 4-3。

表 4-3　碳钢($w_C = 0.3\%$)铸态与锻态的力学性能比较

状 态	σ_b/MPa	σ_s/MPa	δ/%	ψ/%	A_K/J
铸 态	500	280	15	27	28
锻 态	530	310	20	45	56

由此可见,通过热变形加工可使铸态金属的组织和性能得到明显改善,因此凡是受力复杂、载荷较大的重要工件一般都采用热变形加工方法来制造。但应指出,只有在正确的加工工艺条件下才能改善组织和性能。例如:若热加工温度过高,则有可能形成粗大的晶粒;若热加工温度过低,则可能使金属产生冷变形强化、残留应力,甚至发生裂纹等。

4.5 金属的强化

4.5.1 位错强化理论

若晶体材料中无任何缺陷,则当原子排列十分整齐时,晶体的上下两部分沿滑移面作整体刚性的移动。经计算,此时晶体材料的理论抗剪强度 τ_{th} 与材料切变模量 G 具有如下关系:

$$\tau_{th}=G/(2\pi)$$

考虑到各种修正因素后,$\tau_{th}\approx(G/10)\sim(G/30)$。然而,由于实际晶体中不可避免地存在着晶体缺陷,故晶体材料的实际强度远低于理论预期的值,如表 4-4 所列。

表 4-4 晶体材料的实际强度

材　料	屈服强度/MPa	最大抗剪强度/MPa	占 G 的分值
铁的多晶体的切变弹性模量	—	80	000
铁的理论强度	10 600	5 300	$\approx G/15$
0.002 mm 铁晶须(体对角线方向)	12 000	6 000	$\approx G/15$
冷拔钢丝(索氏体化)	3 000	1 500	$\approx G/60$
形变热处理钢	2 500	1 250	$\approx G/70$
调质钢	1 000	500	$\approx G/160$

对以上这一矛盾现象的研究,促成了位错学说的诞生。1934 年,泰勒(Taylor)先生首先提出了位错学说。理论和实践已经证明:在实际晶体中存在着位错,晶体的滑移不是晶体的一部分相对于另一部分同时作整体的刚性移动,而是通过位错在切应力的作用下沿着滑移面逐步移动的结果。

强度一般指对塑性变形的抗力。金属的塑性变形是由位错运动引起的,因此,位错直接影响金属的强度,位错在与金属强度的关系中扮演了双重角色。

非晶态金属不是晶体,没有位错,自然就没有晶体中所存在的滑移面,原子只能整体地移动,其屈服强度大。金属中如果不存在位错就是一个"完美"晶体,其变形就必须采取刚性滑移的方式,它的强度就可以达到前述的理论强度值。在一般晶体中,由于含有许多缺陷,所以其强度比理论强度值低得多。位错是一种典型的晶体缺陷,随着位错密度的增加,金属的强度迅速下降,直至位错密度为 $10^{10}\sim10^{12}$ cm^{-2},即接近于退火状态时,强度降至最低点。令人感兴趣的是,目前已能制出一些位错密度极低而尺寸极细的金属晶须或细丝,将其编织成较大尺寸的材料或混到某些材料中制成复合材料,从而发挥其强度最接近于理论强度值的优势。怎样制得尺寸较大而位错密度极低的金属晶体,已成为 21 世纪金属学界一项需要继续深入研究的课题。在这里,位错削弱了金属的强度,确实是一种缺陷。

若通过冷变形等方法使位错借助各种机制发生增殖,位错密度不断提高,甚至能达到 $10^{15}\sim10^{16}$ cm^{-2},则:一方面,位错之间的距离越来越小,位错间的交互作用增强,大量形成缠结、割阶、不动位错和胞状结构等各种各样的障碍,造成位错运动阻力增大,引起塑性变形抗力提高;另一方面,随着变形抗力的提高,位错运动的阻力增大,位错越易在晶体中发生塞积,反过来使位错的密度加速增大。因此,依靠冷变形时位错密度提高和变形抗力增大两方面的不断相互促进,很快导致金属强度和硬度的提高,即产生加工硬化。在这里,最关键的是位错为强度做出了贡献,即实现了位错强化,它又不是一种缺陷。总之,在实际工程材料中,一切阻碍位错运动的因素都会使金属的强度提高,造成强化。

4.5.2　金属强化机制

能阻碍位错运动的障碍有四种:第一种是溶质原子,引起固溶强化;第二种是晶界,引起细晶强化;第三种是第二相粒子,引起沉淀强化(或弥散强化);第四种是位错本身,引起位错强化。

1. 固溶强化

合金组织大多存在于固溶体中,由于其中的溶质原子与溶剂金属原子的大小不同,溶剂晶格发生畸变,并在周围形成一个弹性应力场,此应力场与运动位错的应力场发生交互作用,增大了位错运动的阻力,使金属的滑移变形困难,从而提高合金的强度和硬度,这便是固溶强化。其强化量取决于固溶体的类型和溶质原子的含量。一般地,间隙式溶质原子(如钢中的碳、氮等)比置换式溶质原子(如钢中的铬、镍、锰、硅等)所造成的强化高 $10\sim100$ 倍。

不同合金元素溶于铁素体中所产生的固溶强化效应大不一样。其中碳、氮的强化效果最佳;磷的强化效果也很显著,但它增大钢的冷脆性;一般以锰、硅等元素作为强化元素较合适。例如:低合金结构钢 16Mn 中,锰的作用之一就是强化铁素体。

2. 细晶强化

晶界是一种面缺陷,能有效地阻碍位错运动,使金属强化。晶粒越细,晶界越多也越曲折,强化作用越显著,强化量与晶粒直径的平方根成反比。钢中常用来细化晶粒的元素有铌、钒、铝、钛等。细化晶粒在提高钢的强度的同时,也改善了韧性,这是其他强化方式所不可比的。

3. 沉淀强化

材料通过基体中分布有细小弥散的第二相质点而产生的强化,称为沉淀强化(或弥散强化)。对于一般工业合金,位错须绕过第二相质点而消耗额外的能量,使合金发生强化,其强化量与第二相质点间距成反比。

第二相质点弥散度越高,强化效果也越明显。例如:钢中珠光体内渗碳体颗粒所引起的强化作用就属于弥散强化,渗碳体颗粒越细,间距越小,强化作用越大。

4. 位错强化

运动位错碰上与滑移面相交的其他位错时,发生交割而使位错运动受阻,其所造成的强化量与金属中的位错密度的平方根成正比。一般而言,面心立方金属中的位错强化效应比体心立方金属的大,像铜、铝等金属利用位错强化就很有利。例如:高锰钢 ZGMn13 经"水韧处理"处于奥氏体状态(具有面心立方晶格),可用于制造挖掘机的铲斗、各类碎石机的颚板,在剧烈摩擦的工作环境下,显示出非常优越的耐磨性。前已述及,金属的冷变形能产生大量位错,强化效果显著。合金中的相变,特别是低温下伴随有容积变化的相变(如马氏体相变等),都会产生大量的位错,也使合金显著强化。

实际金属中,很少只有一种强化效果起作用,而是几种强化效果同时起作用,相互叠加,综合强化。

思考题与作业题

1. 什么是金属的塑性变形？塑性变形方式有哪些？

2. 试说明单晶体和多晶体塑性变形的原理。

3. 试根据多晶体塑性变形的特点说明：为什么细晶粒金属不仅强度高，而且塑性、韧性也好？

4. 什么是冷变形强化现象？试用生产实例来说明冷变形强化现象的利弊。

5. 什么是回复？在回复过程中，金属的组织和性能有何变化？

6. 什么是再结晶？在再结晶过程中，金属的组织和性能有何变化？

7. 将未经塑性变形的金属加热到再结晶温度，会发生再结晶吗？为什么？

8. 已知纯铝的熔点是 660 ℃，黄铜的熔点是 950 ℃。试估算纯铝和黄铜的最低再结晶温度，并确定其再结晶退火温度。

9. 从金属学观点出发，如何区分热变形加工和冷变形加工？为什么在某些热变形加工过程中也会产生冷变形强化和晶粒粗大现象？

10. 金属经热塑性变形后，其组织和性能有何变化？

11. 用下列三种方法制成的齿轮，哪种合理？为什么？

(1) 用厚钢板切成齿坯再加工成齿轮；

(2) 用钢棒切下作齿坯并加工成齿轮；

(3) 用圆钢棒热镦成齿坯再加工成齿轮。

12. 假定有一铸造黄铜件，在其表面上打了数码，然后将数码锉掉，你怎样辨认这个原先打上的数码？如果数码是在铸模中铸出的，那么一旦被锉掉，还能否辨认出来？为什么？

13. 有一块低碳钢钢板，被炮弹射穿一孔，试问孔周围金属的组织和性能有何变化？为什么？

14. 试比较流纹与形变织构的区别，并分析其产生的原因及对材料性能的影响。

第 5 章   铁碳合金相图与非合金钢

钢和铸铁是现代工业中应用最广泛的金属材料。形成钢和铸铁的主要元素是铁和碳,故又称铁碳合金。不同成分的铁碳合金具有不同的组织和性能。要了解铁碳合金的成分、组织和性能之间的关系,必须研究铁碳合金相图。

5.1   铁碳合金的基本组织

5.1.1   纯铁的同素异晶转变

大多数金属在结晶后其晶格类型不再发生变化,但少数金属,如铁、钛、钴等在结晶后,其晶格类型会随温度的改变而发生变化,这种变化称为同素异晶(构)转变。同素异晶转变发生时,有结晶潜热产生,同时也遵循晶核形成和晶核长大的结晶规律,与液态金属的结晶相似,故又称为重结晶。

如图 5-1 所示,液态纯铁结晶后,晶格类型为体心立方晶格,称为 δ 铁,可用 δ-Fe 表示;继续冷却到 1 394 ℃,晶格类型转变为面心立方晶格,称为 γ 铁,可用 γ-Fe 表示;再继续冷却到 912 ℃,晶格类型转变为体心立方晶格,称为 α 铁,可用 α-Fe 表示;继续冷却,晶格类型不再发生变化。加热时则发生相反的变化。纯铁的同素异晶转变过程概括如下:

$$\delta-Fe \xleftrightarrow{1\,394\,℃} \gamma-Fe \xleftrightarrow{912\,℃} \alpha-Fe$$
（体心立方晶格）　（面心立方晶格）（体心立方晶格）

金属的同素异晶转变将导致金属的体积发生变化,并产生较大的应力。由于纯铁具有同素异晶转变的特性,因此生产中才有可能通过不同的热处理方法来改变钢铁的组织和

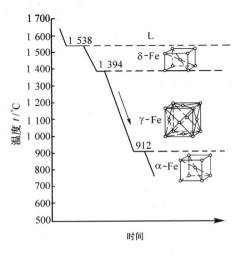

图 5-1   纯铁的冷却曲线

性能。

5.1.2　铁碳合金的基本相

铁碳合金中,因铁和碳在固态下的相互作用不同,所以可形成固溶体和金属化合物,其基本相有铁素体、奥氏体和渗碳体。

1. 铁素体

α铁中溶入一种或多种溶质元素构成的固溶体称为铁素体,用符号F表示。铁素体仍保持α铁的体心立方晶格。

由于体心立方晶格的间隙很小,溶碳能力很低,在600 ℃时溶碳量仅为$w_C=0.006\%$;随温度升高,溶碳量逐渐增大,在727 ℃时,溶碳量为$w_C=0.021\,8\%$。因此,铁素体室温时的性能与纯铁相似,强度和硬度低,塑性和韧性好($\sigma_b=180\sim280$ MPa,$\sigma_s=100\sim170$ MPa,$\delta=30\%\sim50\%$,$\psi=70\%\sim80\%$,$A_K=128\sim160$ J,50~80HBS)。

铁素体的显微组织呈明亮的多边形晶粒,晶界曲折,如图5-2所示。

2. 奥氏体

γ铁中溶入碳和(或)其他元素形成的固溶体称为奥氏体,用符号A表示。奥氏体仍保持γ铁的面心立方晶格。

由于面心立方晶格的间隙较大,因此溶碳能力也较大,在727 ℃时溶碳量为$w_C=0.77\%$;随温度的升高,溶碳量逐渐增大,到1 148 ℃时,溶碳量可达$w_C=2.11\%$。奥氏体塑性、韧性好,强度、硬度较低($\sigma_b=400$ MPa,$\delta=40\%\sim50\%$,170~220HBS)。因此,生产中常将工件加热到奥氏体状态进行锻造。

奥氏体的显微组织与铁素体的显微组织相似,呈多边形晶粒,但晶界较铁素体平直,如图5-3所示。

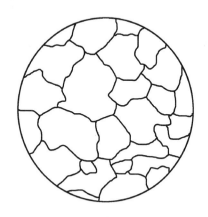

图5-2　铁素体的显微组织示意图

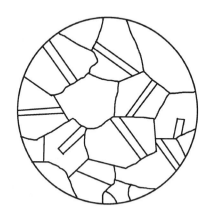

图5-3　奥氏体的显微组织示意图

3. 渗碳体

渗碳体是铁和碳形成的一种具有复杂晶格的金属化合物,用化学式Fe_3C表示,晶体结构见图2-15。渗碳体是钢和铸铁中常见的固相。

渗碳体的$w_C=6.69\%$,硬度很高(约1 000 HV),塑性、韧性几乎为零,极脆。熔点为1 227 ℃。

渗碳体在铁碳合金中常以片状、球状、网状等形式与其他相共存,它是钢中的主要强化相,其形态、大小、数量和分布对钢的性能有很大影响。

除上述基本相外,铁碳合金中还有由基本相组成的复相组织珠光体(P)和莱氏体(Ld)。

5.2　铁碳合金相图

铁碳合金相图是指在平衡条件下(极其缓慢加热或冷却),不同成分的铁碳合金,在不同温度下所处状态或组织的图形。

铁和碳可形成一系列稳定化合物(Fe_3C、Fe_2C、FeC),由于 $w_C > 6.69\%$ 时的铁碳合金脆性极大,没有实用价值,而且 Fe_3C 又是一种稳定的化合物,可以作为一个独立的组元,因此我们所研究的铁碳合金相图实际上是 $Fe - Fe_3C$ 相图,如图 5-4 所示(为便于分析和研究,图中左上角部分已简化)。

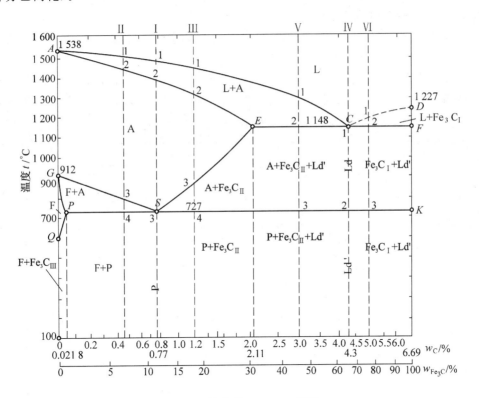

图 5-4　简化的 $Fe - Fe_3C$ 相图

5.2.1　$Fe - Fe_3C$ 相图分析

$Fe - Fe_3C$ 相图的纵坐标表示温度,横坐标表示成分。左端原点 $w_C = 0\%$,即纯铁;右端点 $w_C = 6.69\%$,即 Fe_3C。横坐标上任一点均代表一种成分的铁碳合金,例如:图 5-4 中的 S 点表示 $w_C = 0.77\%$($w_{Fe} = 99.23\%$)的铁碳合金。

1. $Fe - Fe_3C$ 相图中的特性点

表 5-1 所列为简化后的 $Fe - Fe_3C$ 相图中各特性点的温度、成分和含义。各代表符号通

用,一般不可随意改变。

表 5-1 简化的 Fe-Fe₃C 相图的特性点

特性点	t/℃	w_C/%	含　义
A	1 538	0	纯铁的熔点
C	1 148	4.3	共晶点,$L_C \xrightarrow{1\,148\,℃} Ld(A_E + Fe_3C)$
D	~1 227	6.69	渗碳体的熔点
E	1 148	2.11	碳在 γ 铁中的最大溶解度
G	912	0	纯铁的同素异晶转变点,$\alpha\text{-}Fe \xrightarrow{912\,℃} \gamma\text{-}Fe$
P	727	0.021 8	碳在 α 铁中的最大溶解度
S	727	0.77	共析点,$A_S \xrightarrow{727\,℃} P(F_P + Fe_3C)$
Q	600	0.006	碳在 α 铁中的溶解度

2. Fe-Fe₃C 相图中的特性线

Fe-Fe₃C 相图的特性线是不同成分合金具有相同意义相变点的连接线。简化的 Fe-Fe₃C 相图中各特性线的符号、名称及含义见表 5-2。

Fe-Fe₃C 相图中,一次、二次、三次渗碳体的含碳量、晶体结构和性能均相同,没有本质区别,只是来源、分布、形态不同,因而对铁碳合金性能的影响有所不同。

表 5-2 简化的 Fe-Fe₃C 相图特性线

特性线	名　称	含　义
ACD 线	液相线	任何成分的铁碳合金在此线以上处于液态(L),液态合金缓冷至 AC 线时,开始结晶出奥氏体(A);缓冷至 CD 线时,液体中开始结晶出渗碳体,称此渗碳体为一次渗碳体(Fe_3C_I)
AECF 线	固相线	任何成分的铁碳合金缓冷至此温度线时全部结晶为固相,加热到此温度线,合金开始熔化
ECF 水平线	共晶线	凡是 $w_C > 2.11\%$ 的铁碳合金,缓冷至该线(1 148 ℃)时,均发生共晶转变,生成莱氏体(Ld)
PSK 水平线	共析线(又称 A_1 线)	凡是 $w_C > 0.021\,8\%$ 的铁碳合金,缓冷至该线(727 ℃)时,均发生共析转变,生成珠光体(P)
ES 线	A_{cm} 线	碳在 γ 铁中的溶解度曲线。在 1 148 ℃ 时,$w_C = 2.11\%$(E 点),随着温度降低,溶碳量减少,727 ℃时,$w_C = 0.77\%$(S 点)。它也是 $w_C > 0.77\%$ 的铁碳合金,由高温缓冷时,从奥氏体中析出渗碳体的开始温度线,此渗碳体称为二次渗碳体(Fe_3C_{II})。另外,它还是缓慢加热时,二次渗碳体溶入奥氏体的终了温度线
PQ 线		碳在 α 铁中的溶解度曲线。在 727 ℃ 时,$w_C = 0.021\,8\%$(P 点),随着温度降低,溶碳量减少,至 600 ℃ 时,$w_C = 0.006\%$(Q 点)。因此,由 727 ℃ 缓冷时,铁素体中多余的碳将以渗碳体形式析出,此渗碳体称为三次渗碳体(Fe_3C_{III})
GS 线	A_3 线	$w_C < 0.77\%$ 的铁碳合金,缓冷时,由奥氏体中析出铁素体的开始线;也是缓慢加热时,铁素体转变为奥氏体终了线

5.2.2　典型铁碳合金的冷却过程及其组织

1. 铁碳合金的分类

按 Fe-Fe$_3$C 相图中碳的含量及室温组织的不同,铁碳合金分为工业纯铁、钢和白口铸铁三类。

(1) 工业纯铁

工业纯铁 $w_C \leqslant 0.0218\%$,室温显微组织为铁素体。

(2) 钢

钢 $0.0218\% < w_C \leqslant 2.11\%$。按室温组织不同,又可分为以下三种:

① 共析钢　$w_C = 0.77\%$,室温组织为珠光体;

② 亚共析钢　$0.0218\% < w_C < 0.77\%$,室温组织为珠光体+铁素体;

③ 过共析钢　$0.77\% < w_C \leqslant 2.11\%$,室温组织为珠光体+二次渗碳体。

(3) 白口铸铁

白口铸铁 $2.11\% < w_C \leqslant 6.69\%$。按室温组织不同,又可分为以下三种:

① 共晶白口铸铁　$w_C = 4.3\%$,室温组织为变态莱氏体;

② 亚共晶白口铸铁　$2.11\% < w_C < 4.3\%$,室温组织为变态莱氏体+珠光体+二次渗碳体;

③ 过共晶白口铸铁　$4.3\% < w_C \leqslant 6.69\%$,室温组织为变态莱氏体+一次渗碳体。

2. 典型铁碳合金冷却过程分析

(1) 共析钢冷却过程分析

图 5-4 中,合金 Ⅰ 为 $w_C = 0.77\%$ 的共析钢。合金 Ⅰ 在 1 点温度以上全部为液相(L),当缓冷至与 AC 线相交的 1 点温度时,开始从液相中结晶出奥氏体(A),奥氏体的量随温度下降而增多,其成分沿 AE 线变化,剩余液相逐渐减少,其成分沿 AC 线变化。冷至 2 点温度时,液相全部结晶为与原合金成分相同的奥氏体。2 点~3 点(即 S 点)温度范围内为单一奥氏体。冷至 3 点(727 ℃)时,发生共析转变,从奥氏体中同时析出成分为 P 点的铁素体和成分为 K 点的渗碳体,构成交替重叠的层片状两相组织,称为珠光体,用符号 P 表示,其共析转变式为

$$A_S \xrightleftharpoons{727\ ℃} P(F_P + Fe_3C_K)。$$

这种在一定温度下,由一定成分的固相同时析出两种一定成分的固相转变,称为共析转变。且共析转变在恒温下进行,该温度称为共析温度;发生共析转变的成分称为共析成分,且共析成分是一定的;共析转变后的组织称为共析组织或共析体。共析转变后的铁素体和渗碳体又称共析铁素体和共析渗碳体。由于在固态下原子扩散较困难,故共析组织均匀、细密。

在 3 点以下继续缓冷时,铁素体成分沿 PQ 线变化,将有少量三次渗碳体(Fe$_3$C$_Ⅲ$)从铁素体中析出,与共析渗碳体混在一起,不易分辨,其在钢中影响不大,故可忽略不计。共析钢冷却过程如图 5-5 所示,其室温组织为珠光体。珠光体的力学性能介于铁素体与渗碳体之间,即强度较高,硬度适中,有一定的塑性($\sigma_b = 770$ MPa,180HBS,$\delta = 20\% \sim 35\%$,$A_K = 24 \sim 32$ J)。

珠光体显微组织一般为片层状,当放大倍数较低时,只能看到白色基体的铁素体和黑色条状的渗碳体,如图 5-6(a)所示;放大倍数较高时,可清楚看到渗碳体是由黑色边缘围绕着的白色条状,如图 5-6(b)所示。

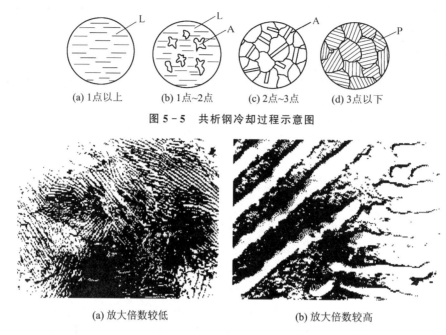

(a) 1点以上　　(b) 1点~2点　　(c) 2点~3点　　(d) 3点以下

图 5-5　共析钢冷却过程示意图

(a) 放大倍数较低　　　　　　　　　　(b) 放大倍数较高

图 5-6　珠光体的显微组织

（2）亚共析钢冷却过程分析

图 5-4 中,合金 II 为 $w_C=0.45\%$ 的亚共析钢。合金 II 在 3 点以上的冷却过程与合金 I 在 3 点以上相似。当合金冷至与 GS 线相交的 3 点时,开始从奥氏体中析出铁素体。随温度降低,铁素体量不断增多,其成分沿 GP 线变化,而奥氏体量逐渐减少,其成分沿 GS 线向共析成分接近,3 点~4 点间组织为奥氏体和铁素体。温度缓冷至 4 点时,剩余奥氏体的含碳量达到共析成分($w_C=0.77\%$),发生共析转变形成珠光体。温度继续下降,由铁素体中析出极少量的三次渗碳体,可忽略不计。故其室温组织为铁素体和珠光体,其冷却过程见图 5-7。所有亚共析钢的冷却过程均相似,其室温组织都是由铁素体和珠光体组成的。所不同的是随含碳量的增加,珠光体量增多,铁素体量减少。亚共析钢的显微组织见图 5-8,图中白色部分为铁素体,黑色部分为珠光体。

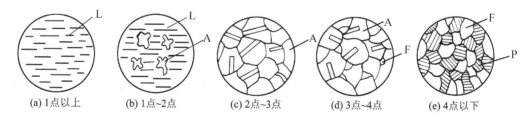

(a) 1点以上　　(b) 1点~2点　　(c) 2点~3点　　(d) 3点~4点　　(e) 4点以下

图 5-7　亚共析钢冷却过程示意图

（3）过共析钢冷却过程分析

图 5-4 中,合金 III 为 $w_C=1.2\%$ 的过共析钢。合金 III 在 3 点以上的冷却过程与合金I在 3 点以上的冷却过程相似。当合金冷却到与 ES 线相交的 3 点时,奥氏体中含碳量达到饱和,碳以二次渗碳体(Fe_3C_{II})的形式析出,呈网状沿奥氏体晶界分布。继续冷却,二次渗碳体量不断增多,奥氏体量不断减少,剩余奥氏体的成分沿 ES 线变化。当冷却到与 PSK 线相交的 4 点时,剩

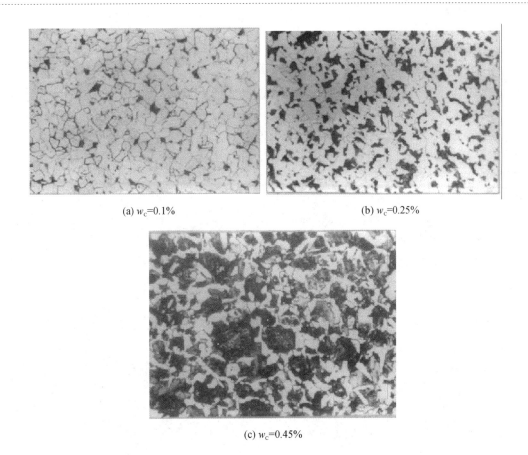

(a) w_C=0.1%　　　　　　　　　　　　(b) w_C=0.25%

(c) w_C=0.45%

图 5-8　亚共析钢的显微组织图

余奥氏体中含碳量达到共析成分($w_C=0.77\%$),故奥氏体发生共析转变,形成珠光体。继续冷却,组织基本不变。其室温组织为珠光体和网状二次渗碳体。冷却过程如图 5-9 所示。

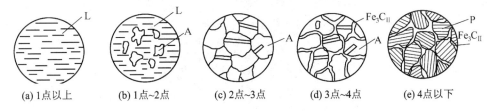

(a) 1点以上　　(b) 1点~2点　　(c) 2点~3点　　(d) 3点~4点　　(e) 4点以下

图 5-9　过共析钢冷却过程示意图

所有过共析钢的室温组织都是由珠光体和网状二次渗碳体组成的。不同的是,随含碳量的增加,网状二次渗碳体量增多,珠光体量减少。过共析钢的显微组织如图 5-10 所示,图中呈片状黑白相间的组织为珠光体,白色网状组织为二次渗碳体。

（4）共晶白口铸铁冷却过程分析

图 5-4 中,合金Ⅳ为 $w_C=4.3\%$ 的共晶白口铸铁。合金Ⅳ在 1 点（即 C 点）温度以上为液相。缓冷至 1 点温度（1 148 ℃）时,发生共晶转变,即从一定成分的液相中同时结晶出成分为 E 点的奥氏体和成分为 F 点的渗碳体。共晶转变后的奥氏体和渗碳体又称共晶奥氏体和共晶渗碳体。由奥氏体和渗碳体组成的共晶体,称为莱氏体,用符号 Ld 表示,其转变式如下:

$$L_C \xleftrightarrow{1\,148\ ℃} Ld(A_E + Fe_3C_F)$$

莱氏体的性能与渗碳体相似,硬度很高,塑性极差。继续冷却,从共晶奥氏体中不断析出二次渗碳体,奥氏体中的含碳量沿 ES 线向共析成分接近,当缓冷至 2 点时,奥氏体的含碳量达到共析成分,发生共析转变,形成珠光体,二次渗碳体保留至室温。因此,共晶白口铸铁的室温组织是由珠光体和渗碳体(二次渗碳体和共晶渗碳体)组成的两相组织,即变态莱氏体(Ld')。共晶白口铸铁的冷却过程如 图 5-11 所示。其显微组织如图 5-12 所示,图中黑色部分为珠光体,白色基体为渗碳体,其中共晶渗碳体与二次渗碳体混在一起,无法分辨。

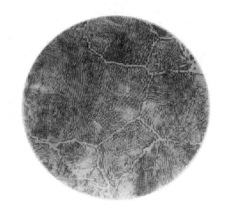

图 5-10 过共析钢的显微组织

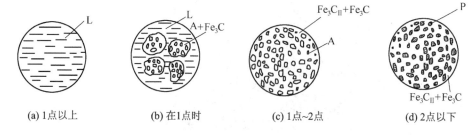

(a) 1点以上   (b) 在1点时   (c) 1点~2点   (d) 2点以下

图 5-11 共晶白口铸铁冷却过程示意图

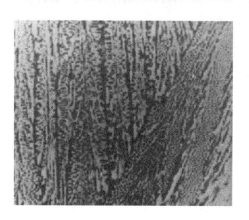

图 5-12 共晶白口铸铁的显微组织

(5) 亚共晶白口铸铁冷却过程

图 5-4 中,合金 V 为 $w_C = 3.0\%$ 的亚共晶白口铸铁。合金 V 在 1 点温度以上为液相。缓冷至与 AC 线相交的 1 点温度时,从液相中开始结晶出奥氏体,随温度降低,奥氏体量不断增多,其成分沿 AE 线变化,而液相逐渐减少,其成分沿 AC 线变化。冷却至与 ECF 线相交的 2 点(1 148 ℃)时,剩余液相成分达到共晶成分($w_C = 4.3\%$),发生共晶转变,形成莱氏体。在 2 点~3 点之间冷却时,奥氏体的成分沿 ES 线变化,并不断析出二次渗碳体,冷至与 PSK 线相交的 3 点温度时,奥氏体达到共析成分,发生共析转变,形成珠光体。其室温组织为珠光体+

二次渗碳体＋变态莱氏体，即 $P+Fe_3C_{II}+Ld'$。亚共晶白口铸铁的冷却过程如图 5-13 所示。其显微组织如图 5-14 所示，图中黑色块状或树枝状为珠光体，黑白相间的基体为变态莱氏体，二次渗碳体与共晶渗碳体混在一起，无法分辨。

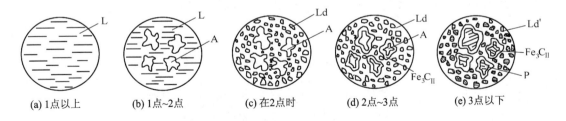

| (a) 1点以上 | (b) 1点~2点 | (c) 在2点时 | (d) 2点~3点 | (e) 3点以下 |

图 5-13　亚共晶白口铸铁冷却过程示意图

所有亚共晶白口铸铁的室温组织均由珠光体＋二次渗碳体＋变态莱氏体组成。不同的是随含碳量增加，组织中的变态莱氏体量增多，其他量相对减少。

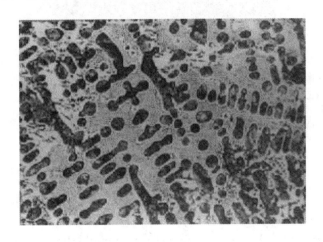

图 5-14　亚共晶白口铸铁的显微组织

(6)过共晶白口铸铁冷却过程[※]

图 5-4 中，合金Ⅵ为 $w_C=5.0\%$ 的过共晶白口铸铁。合金Ⅵ在 1 点温度以上为液相。缓冷至 1 点温度时，从液相中结晶出板条状一次渗碳体，随温度降低，一次渗碳体量不断增多，液相不断减少，其成分沿 DC 线变化，冷至 2 点(1 148 ℃)时，液相成分达到共晶成分，发生共晶转变，形成莱氏体。在 2 点~3 点温度之间冷却时，同样由奥氏体中析出二次渗碳体，但二次渗碳体在组织中难以辨认。继续冷却到 3 点(727 ℃)时，奥氏体发生共析转变，形成珠光体。过共晶白口铸铁的室温组织为变态莱氏体和一次渗碳体。过共晶白口铸铁的冷却过程如图 5-15 所示。其显微组织如图 5-16 所示，图中白色条状为一次渗碳体，黑白相间的基体为变态莱氏体。

所有过共晶白口铸铁的室温组织均由变态莱氏体和一次渗碳体组成。不同的是，随含碳量的增加，组织中一次渗碳体量增多。

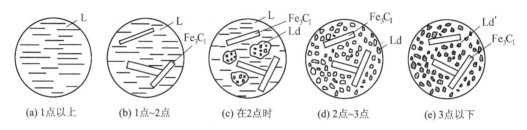

(a) 1点以上 　(b) 1点~2点 　(c) 在2点时 　(d) 2点~3点 　(e) 3点以下

图 5 - 15　过共晶白口铸铁冷却过程示意图

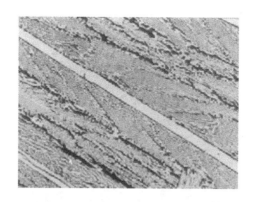

图 5 - 16　过共晶白口铸铁的显微组织

5.2.3　含碳量对铁碳合金平衡组织和力学性能的影响

1. 含碳量对铁碳合金平衡组织的影响

任何成分的铁碳合金在室温下的组织均由铁素体和渗碳体两相组成。只是随含碳量的增加，铁素体量相对减少，而渗碳体量相对增多，并且渗碳体的形状和分布也发生变化，因而形成不同的组织。室温时，随含碳量的增加，铁碳合金的组织变化如下：

$$F \rightarrow F+P \rightarrow P \rightarrow P+Fe_3C_{II} \rightarrow P+Fe_3C_{II}+Ld' \rightarrow Ld' \rightarrow Ld'+Fe_3C_{I} \rightarrow Fe3C$$

2. 含碳量对铁碳合金力学性能的影响

如图 5 - 17 所示，当 $w_c < 0.9\%$ 时，随含碳量增加，钢的强度和硬度直线上升，而塑性和韧

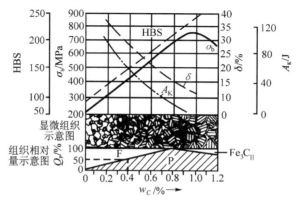

图 5 - 17　含碳量对钢组织和力学性能的影响图

性不断下降。这是由于随含碳量的增加,钢中渗碳体量增多,铁素体量减少所造成的;在 $w_c>0.9\%$ 以后,二次渗碳体沿晶界已形成较完整的网,因此钢的强度开始明显下降,但硬度仍在增高,塑性和韧性继续降低。

为保证工业用钢具有足够的强度,一定的塑性和韧性,钢的含碳量一般不超过 1.3%。$w_c>2.11\%$ 的白口铸铁,由于组织中有大量的渗碳体,硬度高,塑性和韧性极差,既难以切削加工,又不能用锻压方法加工,故机械工程上很少直接应用。

5.2.4　铁碳合金相图的应用

1. 在选材方面的应用

铁碳合金相图所表明的成分、组织与性能之间的关系,为合理选用钢铁材料提供了依据。例如:要求塑性、韧性好的各种型材和建筑用钢,应选用含碳量低的钢;承受冲击载荷,并要求较高强度、塑性和韧性的机械零件,应选用含碳量为 0.25%～0.55% 的钢;要求硬度高、耐磨性好的各种工具,应选用含碳量大于 0.55% 的钢;形状复杂、不受冲击、要求耐磨的铸件(如冷轧辊、拉丝模、犁铧等),应选用白口铸铁。

2. 在铸造方面的应用

根据 $Fe-Fe_3C$ 相图可确定合金的浇注温度,浇注温度一般在液相线以上 50～100 ℃。由相图可知,共晶成分的合金熔点最低,结晶温度范围最小,故流动性好、分散缩孔少、偏析小,因而铸造性能最好。

在铸造生产中,共晶成分附近的铸铁得到了广泛的应用。常用铸钢的含碳量规定为 $w_c=0.15\%$～0.6%,其结晶温度范围较小,铸造性能较好。

3. 在锻造和焊接方面的应用

碳钢在室温时是由铁素体和渗碳体组成的复相组织,塑性较差,变形困难,当将其加热到单相奥氏体状态时,可获得良好的塑性,易于锻造成型。含碳量越低,其锻造性能越好。而白口铸铁无论是在低温还是高温,组织中均有大量硬而脆的渗碳体,故不能锻造。铁碳合金的焊接性与含碳量有关,随含碳量增加,组织中渗碳体量增加,钢的脆性增加,塑性下降,导致钢的冷裂倾向增加,焊接性下降。含碳量越高,铁碳合金的焊接性越差。

4. 在热处理方面的应用

由于铁碳合金在加热或冷却过程中有相的变化,故钢和铸铁可通过不同的热处理(如退火、正火、淬火、回火及化学热处理等)来改善性能。根据 $Fe-Fe_3C$ 相图可确定各种热处理操作的加热温度,这将在第 6 章"钢的热处理"中介绍。

在使用铁碳合金相图时,应注意以下几个问题:

该相图反映的是在极缓慢加热或冷却的平衡条件下,铁碳合金的相状态,而实际生产中的加热或冷却速度却较快,此时,不能用 $Fe-Fe_3C$ 相图分析问题;$Fe-Fe_3C$ 相图只能给出平衡条件下的相、相的成分和各相的相对重量,不能给出相的形状、大小和分布;相图只反映铁碳二元合金中相的平衡状态,而实际生产中使用的钢和铸铁,除了铁和碳以外,往往含有或有意加入了其他元素,当其他元素的含量较高时,相图将发生变化。

5.3　非合金钢(碳钢)

钢是指以铁为主要元素,含碳量在 2.11% 以下,并含有其他元素的材料。根据 GB/T 13304—2008 规定,钢按化学成分可分为非合金钢(非合金钢即俗称的碳素钢简称碳钢,考虑到行业习惯,本书仍用碳钢)、低合金钢、合金钢三类。合金元素规定含量界限见附表 I。

碳钢是指 $w_C \leqslant 2.11\%$,并含有少量硅、锰、磷、硫等杂质元素的铁碳合金。碳钢具有一定的力学性能和良好的工艺性能,且价格低廉,在工业中应用广泛。

5.3.1　杂质元素对碳钢性能的影响

(1) 锰

锰来自炼钢原料(生铁和脱氧剂锰铁)。锰有较好的脱氧能力,可使钢中的 FeO 还原成铁,改善钢的质量;锰与硫能生成 MnS,以减轻硫的有害作用;锰大部分溶于铁素体中产生固溶强化,提高钢的强度和硬度,一部分锰能溶于渗碳体中形成合金渗碳体。锰在钢中是一种有益元素。碳钢中 $w_{Mn} = 0.25\% \sim 0.8\%$,当含锰量不高时,对钢的性能影响不大。

(2) 硅

硅也是来自生铁和脱氧剂。硅能与钢液中的 FeO 生成炉渣,消除 FeO 对钢质量的影响;硅能溶于铁素体中产生固溶强化,提高钢的强度和硬度。硅在钢中是一种有益元素。镇静钢(用铝、硅铁和锰铁脱氧的钢)中 $w_{Si} = 0.1\% \sim 0.4\%$,沸腾钢(只用锰铁脱氧)中 $w_{Si} = 0.03\% \sim 0.07\%$,当含硅量不高时,对钢的性能影响不大。

(3) 硫

硫是在炼钢时由矿石和燃料带入的。硫不溶于铁,以 FeS 的形式存在钢中。FeS 与 Fe 形成低熔点共晶体,熔点为 985 ℃,分布在奥氏体晶界上,当钢在 1 000~1 200 ℃进行热加工时,由于晶界处共晶体熔化,导致钢开裂,这种现象称为热脆。为此,除严格控制钢中硫的含量外,可在钢液中增加锰的含量,锰和硫能形成有一定塑性、熔点高(1 620 ℃)的 MnS,以避免热脆。硫在钢中是有害元素。

(4) 磷

磷是由矿石带入钢中的。一般磷能全部溶于铁素体中,提高钢的强度、硬度,但使塑性、韧性急剧下降,尤其在低温时更为严重,这种现象称为冷脆。磷是钢中的有害元素,应严格控制其含量。

5.3.2　碳钢的分类

碳钢的分类方法很多,常见的分类方法如下。

(1) 按钢的含碳量分类

低碳钢　$0.021\ 8\% < w_C < 0.25\%$;

中碳钢　$0.25\% \leqslant w_C \leqslant 0.6\%$;

高碳钢　$0.6\% < w_C \leqslant 2.11\%$。

（2）按钢的主要质量等级分类

① 普通质量碳钢

普通质量碳钢是指在生产过程中不需要特别控制质量要求的所有钢种。主要包括：一般用途碳素结构钢、碳素钢筋钢、铁道用一般碳素钢等。

② 优质碳钢

优质碳钢是指除普通质量碳钢和特殊质量碳钢以外的碳钢，硫、磷含量比普通质量碳钢低，在生产过程中需要特别控制质量（如控制晶粒度，降低硫、磷含量，改善表面质量等）。与普通质量碳钢相比，优质碳钢具有特殊的质量要求（如良好的抗脆断性能，良好的冷成型性等），但这种钢的生产控制不如特殊质量碳钢严格（如不控制淬透性等）。主要包括：机械结构用优质碳钢、工程结构用碳钢、冲压薄板的低碳结构钢、焊条用碳钢、非合金易切削结构钢、优质铸造碳钢等。

③ 特殊质量碳钢

特殊质量碳钢是指在生产过程中需要特别严格控制质量和性能（例如控制淬透性和纯洁度等）的碳钢。主要包括：保证淬透性碳钢、碳素弹簧钢、碳素工具钢、特殊易切削钢、特殊焊条用碳钢、铁道用特殊碳钢等。

（3）按钢的用途分类

① 碳素结构钢

碳素结构钢主要用于制作各种机械零件和工程构件，一般属于低、中碳钢。

② 碳素工具钢

碳素工具钢主要用于制作各种刀具、量具和模具，一般属于高碳钢。

此外，根据冶炼方法不同，分为转炉钢和电炉钢；按冶炼时的脱氧程度不同，分为沸腾钢、镇静钢和半镇静钢等。

5.3.3　碳钢的牌号、性能和应用

1. 碳素结构钢

按 GB/T 700—2006 规定，碳素结构钢牌号由 Q（屈服点的"屈"字汉语拼音字首）、屈服点数值、质量等级和脱氧方法四部分按顺序组成。质量等级有 A（$w_S \leqslant 0.050\%$，$w_P \leqslant 0.045\%$）、B（$w_S \leqslant 0.045\%$，$w_P \leqslant 0.045\%$）、C（$w_S \leqslant 0.040\%$，$w_P \leqslant 0.040\%$）、D（$w_S \leqslant 0.035\%$，$w_P \leqslant 0.035\%$）四种。脱氧方法用汉语拼音字首表示：F——沸腾钢，b——半镇静钢，Z——镇静钢，TZ——特殊镇静钢，通常 Z 和 TZ 可省略。例如：Q235 - A 表示 $\sigma_s \geqslant 235$ MPa，质量等级为 A 级的碳素结构钢。

碳素结构钢的牌号、成分和力学性能见表 5 - 3。

Q195 钢、Q215 钢（相当于旧牌号 A1 钢、A2 钢）有一定的强度，塑性好，主要制作薄板（如镀锌薄钢板）、钢筋、冲压件、铆钉、地脚螺栓、开口销和烟筒等，也可代替 08F 钢、10 钢制作冲压件和焊接结构件。Q235 钢（相当于 A3 钢）强度较高，用于制作钢筋、钢板、农业机械用型钢和不重要的机械零件，如拉杆、连杆、转轴等。Q235 - C 钢、Q235 - D 钢质量较好，可制作重要的焊接结构件。Q255 钢、Q275 钢（相当于 A4 钢、A5 钢）强度高，质量好，用于制作建筑、桥梁等工程上质量要求较高的焊接结构件，以及摩擦离合器、主轴、刹车钢带、吊钩等。

表5-3 碳素结构钢的牌号、成分和力学性能（摘自GB/T 700—2006）

牌号	统一数字代号	等级	化学成分 w/% （≤）					脱氧方法	屈服强度 σ_s/MPa 厚度(或直径)/mm （≥）						抗拉强度 σ_b/MPa	伸长率 δ/% 厚度(或直径)/mm （≥）					冲击试验(V形缺口) 冲击吸收功(纵向) A_KV/J	
			C	Mn	Si	P	S		≤16	>16~40	>40~60	>60~100	>100~150	>150~200		≤40	>40~60	>60~100	>100~150	>150~200	温度/℃	≥
Q195	U11952	—	0.12	0.50	0.30	0.035	0.040	F、Z	195	185	—	—	—	—	315~430	33	—	—	—	—	—	—
Q215	U12152	A	0.15	1.20	0.35	0.045	0.050	F、Z	215	205	195	185	175	165	335~450	31	30	29	27	26	—	—
	U12155	B					0.045	F、Z													+20	27
Q235	U12352	A	0.22	1.40	0.35	0.045	0.050	F、Z	235	225	215	205	195	185	370~500	26	25	24	22	21	—	—
	U12355	B	0.20				0.045	F、Z													+20	27
	U12358	C	0.17			0.040	0.040	Z													0	27
	U12359	D				0.035	0.035	TZ													-20	27
Q275	U12752	A	0.24	1.50	0.35	0.045	0.050	F、Z	275	265	255	245	235	225	410~540	22	21	20	18	17	—	—
	U12755	B	0.21			0.045	0.045	Z													+20	27
	U12758	C	0.22			0.040	0.040	Z													0	27
	U12759	D	0.20			0.035	0.035	TZ													-20	27

注：① 表中为镇静钢、特殊镇静钢牌号的统一数字代号，沸腾钢牌号的统一数字代号如下：Q195F对应U11950，Q215AF对应U12150，Q215BF对应U12153；Q235AF对应U12350，Q235BF对应U12353，Q275AF对应U12750。
② Q195的屈服强度值仅供参考，不作为交货条件。本类钢通常不进行热处理而直接使用，因此只考虑其力学性能和有害杂质含量，不考虑总含碳量。
A、B级钢为普通质量碳素钢，C、D级为优质碳素钢。

2. 优质碳素结构钢

优质碳素结构钢中的有害杂质元素磷、硫受到严格限制,非金属夹杂物含量较少,塑性和韧性较好,主要制作较重要的机械零件。

优质碳素结构钢按冶金质量等级分为优质钢、高级优质钢(A)、特级优质钢(E);按使用加工方法分为压力加工用钢(UP)和切削加工用钢(UC),压力加工用钢包括热压力加工用钢(UHP)、顶锻用钢(UF)、冷拔坯料用钢(UCD)。优质碳素结构钢的磷、硫含量见表 5-4。

表 5-4 优质碳素结构钢中的磷、硫含量

组 别	$w_P/\%$	$w_S/\%$
	不大于	
优质钢	0.035	0.035
高级优质钢	0.030	0.030
特级优质钢	0.025	0.020

优质碳素结构钢的牌号用两位数表示,即钢中平均含碳量的万分数,例如:40 钢表示平均 $w_C=0.40\%$ 的优质碳素结构钢。钢中含锰量较高($w_{Mn}=0.7\%\sim1.2\%$)时,在数字后面附以符号 Mn,例如:65Mn 钢表示平均 $w_C=0.65\%$ 且含有较多锰($w_{Mn}=0.9\%\sim1.2\%$)的优质碳素结构钢。高级优质钢在数字后面加 A;特级优质钢在数字后面加 E;沸腾钢在数字后面加 F;半镇静钢数字后面加 b。

优质碳素结构钢的牌号、成分、热处理(推荐)、力学性能见表 5-5 和表 5-6。

表 5-5 优质碳素结构钢(优质钢)的牌号和化学成分(摘自 GB/T 699—2015)

牌 号	化学成分 $w/\%$					
	C	Si	Mn	Cr	Ni	Cu
				$\leqslant$		
08F	0.05~0.11	≤0.03	0.25~0.50	0.10	0.30	0.25
15F	0.12~0.18	≤0.07	0.25~0.50	0.25	0.30	0.25
08	0.05~0.11	0.17~0.37	0.35~0.65	0.10	0.30	0.25
10	0.07~0.13	0.17~0.37	0.35~0.65	0.15	0.30	0.25
15	0.12~0.18	0.17~0.37	0.35~0.65	0.25	0.30	0.25
20	0.17~0.23	0.17~0.37	0.35~0.65	0.25	0.30	0.25
25	0.22~0.29	0.17~0.37	0.50~0.80	0.25	0.30	0.25
30	0.27~0.34	0.17~0.37	0.50~0.80	0.25	0.30	0.25
35	0.32~0.39	0.17~0.37	0.50~0.80	0.25	0.30	0.25
40	0.37~0.44	0.17~0.37	0.50~0.80	0.25	0.30	0.25
45	0.42~0.50	0.17~0.37	0.50~0.80	0.25	0.30	0.25
50	0.47~0.55	0.17~0.37	0.50~0.80	0.25	0.30	0.25
55	0.52~0.60	0.17~0.37	0.50~0.80	0.25	0.30	0.25

牌　号	化学成分 w /%					
	C	Si	Mn	Cr	Ni	Cu
				≤		
60	0.57～0.65	0.17～0.37	0.50～0.80	0.25	0.30	0.25
65	0.62～0.70	0.17～0.37	0.50～0.80	0.25	0.30	0.25
70	0.67～0.75	0.17～0.37	0.50～0.80	0.25	0.30	0.25
85	0.82～0.90	0.17～0.37	0.50～0.80	0.25	0.30	0.25
15Mn	0.12～0.18	0.17～0.37	0.70～1.00	0.25	0.30	0.25
35Mn	0.32～0.39	0.17～0.37	0.70～1.00	0.25	0.30	0.25
50Mn	0.48～0.56	0.17～0.37	0.70～1.00	0.25	0.30	0.25
65Mn	0.62～0.70	0.17～0.37	0.90～1.20	0.25	0.30	0.25
70Mn	0.67～0.75	0.17～0.37	0.90～1.20	0.25	0.30	0.25

表 5－6　优质碳素结构钢(优质钢)的热处理和力学性能(摘自 GB/T 699—2015)

牌　号	试样毛坯尺寸/mm	推荐热处理温度/℃			力学性能					钢材交货状态硬度 HBS1063/000≤	
		正火	淬火	回火	σ_b/MPa	σ_s/MPa	δ_5 /%	ψ /%	A_{KU}/J		
					≥					未热处理钢	退火钢
08F	25	930			295	175	35	60		131	
15F	25	920			355	205	29	55		143	
08	25	930			325	195	33	60		131	
10	25	930			335	205	31	55		137	
15	25	920			375	225	27	55		143	
20	25	910			410	245	25	55		156	
25	25	900	870	600	450	275	23	50	71	170	
30	25	880	860	600	490	295	21	50	63	179	
35	25	870	850	600	530	315	20	45	55	197	
40	25	860	840	600	570	335	19	45	47	217	187
45	25	850	840	600	600	355	16	40	39	229	197
50	25	830	830	600	630	375	14	40	31	241	207
55	25	820	820	600	645	380	13	35		255	217
60	25	810			675	400	12	35		255	229
65	25	810			695	410	10	30		255	229

牌号	试样毛坯尺寸/mm	推荐热处理温度/℃			力学性能					钢材交货状态硬度 HBS1063/000≤	
		正火	淬火	回火	σ_b/MPa	σ_s/MPa	δ_5/%	ψ/%	A_{KU}/J		
					≥					未热处理钢	退火钢
70	25	790			715	420	9	30		269	229
85	试样		820	480	1 130	980	6	30		302	255
15Mn	25	920			410	245	26	55		163	
35Mn	25	870	850	600	560	335	18	45	55	229	197
50Mn	25	830	830	600	645	390	13	40	31	255	217
65Mn	25	830			735	430	9	30		285	229
70Mn	25	790			785	450	8	30		285	229

注：① 对于直径或厚度小于 25 mm 的钢材，热处理是在与成品截面尺寸相同的试样毛坯上进行。

　　② 表中所列正火推荐保温时间不少于 30 min，空冷；淬火推荐保温时间不少于 30 min，70 钢、80 钢和 85 钢油冷，其余钢水冷；回火推荐保温时间不少于 1 h。

08F 钢含碳量低、强度低、塑性好，一般由钢厂轧成薄板或钢带供应，可制作冲压件，如外壳、容器、罩子等；10 钢～25 钢冷塑性变形能力和焊接性好，常用来制作受力不大且韧性要求高的冲压件和焊接件，如螺钉、螺母、杠杆、轴套和焊接容器等，这类钢经热处理（如渗碳）后，钢材表面具有高硬度、心部有一定的强度和韧性，常用来制作承受冲击载荷的零件，如齿轮、凸轮、销、摩擦片等；30 钢～55 钢、40Mn 钢、50Mn 钢，经调质处理后，可获得良好的综合力学性能，主要用来制作齿轮、连杆、轴类、套筒等零件，其中 40 钢、45 钢应用广泛；60 钢～85 钢、60Mn 钢、65Mn 钢、70Mn 钢，经热处理后可获得较高的弹性极限、足够的韧性和一定的强度，常用来制作弹性零件和易磨损的零件，如弹簧、弹簧垫圈、轧辊、犁镜等。

3. 碳素工具钢

碳素工具钢 $w_C = 0.65\% \sim 1.35\%$，一般需热处理后使用。这类钢经热处理后具有较高的硬度和耐磨性，主要用于制作低速切削刃具，以及对热处理变形要求低的一般模具、低精度量具等。

碳素工具钢的牌号由 T（"碳"字汉语拼音首字母）和数字组成，其中数字表示钢的平均含碳量的千分数。例如：T8 钢表示平均 $w_C = 0.8\%$ 的碳素工具钢。若牌号末尾加 A，则表示钢中硫、磷含量比相同含碳量的碳素工具钢少，如 T10A 钢的硫、磷含量比 T10 钢少。碳素工具钢的牌号、成分、力学性能和用途见表 5 - 7。

4. 铸　钢

铸钢 $w_C = 0.15\% \sim 0.6\%$，主要用来制作形状复杂、难以进行锻造或切削加工，同时要求较高强度和韧性的零件。

工程用铸钢牌号首位冠以 ZG（"铸钢"二字汉语拼音首字母）。根据 GB/T 5613—2014 规定，铸钢牌号有以下两种表示方法。

表 5-7 碳素工具钢的牌号、化学成分、性能和用途(摘自 GB/T 1298—1986)

牌 号	化学成分 $w/\%$					硬 度			用途举例
	C	Mn	Si	S	P	退火状态	试样淬火		
				$\leqslant$		HBS$\leqslant$	淬火温度(t /℃)和冷却剂	HRC$\geqslant$	
T7,T7A	0.65~0.74	≤0.40	≤0.35	0.030 0.020	0.035 0.030	187	800~820,水	62	淬火、回火后,常用于制造能承受振动、冲击,并且在硬度适中情况下有较好韧性的工具,如錾子、冲头、木工工具、大锤等
T8,T8A	0.75~0.84	≤0.40	≤0.35	0.030 0.020	0.035 0.030	187	780~800,水	62	淬火、回火后,常用于制造要求有较高硬度和耐磨性的工具,如冲头、木工工具、剪切金属用的剪刀等
T8Mn	0.80~0.90	0.40~0.60	≤0.35	0.030	0.035	187	780~800,水	62	性能和用途与T8钢相似,但由于加入了锰,提高了淬透性,故可用于制造截面较大的工具
T9	0.85~0.94	≤0.40	≤0.35	0.030	0.035	192	760~780,水	62	用于制造要求有一定硬度和韧性的工具,如冲模、冲头、錾岩石用錾子等
T10,T10A	0.95~1.04	≤0.40	≤0.35	0.030 0.020	0.035 0.030	197	760~780,水	62	用于制造耐磨性要求较高、不受剧烈振动,具有一定韧性及具有锋利刃口的各种工具,如刨刀、车刀、钻头、丝锥、手锯锯条、拉丝模、冷冲模等
T12,T12A	1.15~1.24	≤0.40	≤0.35	0.030 0.020	0.035 0.030	207	760~780,水	62	用于制造不受冲击、要求高硬度的各种工具,如丝锥、锉刀、刮刀、铰刀、板牙、量具等

用力学性能表示时(按 GB/T 11352—2009 规定),在 ZG 后面有两组数字,第一组数字表示该牌号钢屈服点的最低值,第二组数字表示其抗拉强度的最低值,例如:ZG340-640 钢表示 $\sigma_s \geqslant 340$ MPa,$\sigma_b \geqslant 640$ MPa 的工程用铸钢。

用化学成分表示时,在 ZG 后面的一组数字表示铸钢平均含碳量的万分数(平均 $w_C > 1\%$ 时不标出,平均 $w_C < 0.1\%$ 时,第一位数字为"0"),在含碳量后面排列各主要合金元素符号,每个元素符号后面用整数标出其含量的百分数,例如:ZG15Cr1Mo1V 钢表示平均 $w_C =$

0.15%、$w_{Cr}=1\%$、$w_{Mo}=1\%$、$w_V<0.9\%$（平均 $w_V<0.9\%$ 不标数字）的铸钢。

工程用铸钢的牌号、成分、力学性能和用途见表 5-8。

表 5-8　工程用铸钢的牌号、化学成分、力学性能和用途（摘自 GB/T 11352—2009）

牌　号	主要化学成分 w /%					室温力学性能					用途举例
	C	Si	Mn	P	S	$\sigma_s(\sigma_{r0.2})$ MPa	σ_b MPa	δ /%	ψ /%	A_{KV}/J 或 a_K/(J·cm^{-2})	
	≤					≥					
ZG200-400	0.20	0.50	0.80	0.04		200	400	25	40	30(60)	有良好的塑性、韧性和焊接性。用于受力不大、要求韧性好的各种机械零件，如机座、变速箱壳等
ZG230-450	0.30	0.50	0.90	0.04		230	450	22	32	25(45)	有一定的强度和较好的塑性、韧性，焊接性良好。用于受力不大、要求韧性好的各种机械零件，如砧座、外壳轴承盖、底板、阀体、犁柱等
ZG270-500	0.40	0.50	0.90	0.04		270	500	18	25	22(35)	有较高的强度和较好的塑性，铸造性良好，焊接性尚好，切削性好。用作轧钢机机架、轴承座、连杆、箱体、曲轴、缸体等
ZG310-570	0.50	0.60	0.90	0.04		310	570	15	21	15(30)	强度和切削性良好，塑性韧性较低。用于载荷较高的零件，如大齿轮、缸体、制动轮、辊子等
ZG340-640	0.60	0.60	0.90	0.04		340	640	10	18	10(20)	有高的强度、硬度和耐磨性，切削性良好，焊接性较差，流动性好，裂纹敏感性较大。用作齿轮、棘轮等

注：① 表中所列性能适用于厚度为 100 mm 以下的铸件。
　　② A_{KV} 针对 V 形缺口试样；a_K 针对 U 形缺口试样。

铸钢件常见的缺陷是魏氏组织（组织组分之一呈片状或针状沿母相特定晶面析出的显微组织），见图 5-18。这种组织使钢的塑性和韧性显著降低。生产中常用退火或正火来消除魏氏组图 5-18 所示铸钢中的魏氏组织，改善钢的性能。

图 5-18 铸钢中的魏氏组织

思考题与作业题

1. 何谓金属的同素异晶转变？有何实际意义？试以纯铁为例说明金属的同素异晶转变。

2. 解释下列概念，并说明其性能和显微组织特征：铁素体、奥氏体、渗碳体、珠光体、莱氏体。

3. 何谓共晶转变和共析转变？以铁碳合金为例，说明其转变过程及显微组织特征。

4. 默画简化的 $Fe-Fe_3C$ 相图，说明图中特性点、线的含义，填写各区域的相和组织组成物。

5. 分析 20 钢、45 钢、T8 钢、T12 钢从液态缓慢冷却至室温的组织转变过程，绘出室温显微组织示意图，并说明其力学性能有何不同。

6. 根据 $Fe-Fe_3C$ 相图，确定下表中四种钢在给定温度时的显微组织。

牌　号	温度 t/℃	显微组织	牌　号	温度 t/℃	显微组织
20 钢	770		20 钢	920	
45 钢	500		45 钢	770	
T8 钢	650		T8 钢	790	
T12 钢	750		T12 钢	950	

7. 同样形状和大小的三块铁碳合金，其含碳量分别为 $w_C=0.2\%$，$w_C=0.65\%$，$w_C=4.0\%$。用什么方法可迅速将它们区分开来？

8. 根据 $Fe-Fe_3C$ 相图解释下列现象：

(1) 在进行热轧和锻造时，通常将钢材加热到 1 000～1 250 ℃；

(2) 钢铆钉一般用低碳钢制作；

(3) 在 1 100 ℃时，$w_C=0.4\%$ 的钢能进行锻造，而 $w_C=4.0\%$ 的铸铁不能锻造；

(4) 室温下 $w_C=0.9\%$ 的碳钢比 $w_C=1.2\%$ 的碳钢强度高；

(5) 钳工锯削 70 钢、T10 钢、T12 钢比锯削 20 钢、30 钢费力，锯条易磨钝；

(6) 绑扎物件一般用铁丝（镀锌低碳钢丝），而起重机吊重物时却用钢丝绳（60 钢、65 钢、70 钢等制成）。

9. 什么叫碳钢？碳钢中常存杂质元素对钢的性能有何影响？

10. 碳钢常见的分类方法有哪些？试说明 20 钢、45 钢、60 钢、Q215 - A 钢、Q235 - B 钢、T8 钢、T10A 钢、T12 钢、ZG310 - 570 钢的名称及钢中数字与符号的含义，并写出每个牌号应用实例 1～2 个。

11. 随着钢中含碳量的增加，钢的力学性能如何变化？为什么？

12. 含碳量 $w_C > 0.6\%$ 的碳钢的铸造性能比 $w_C < 0.6\%$ 的碳钢差，但为什么 $w_C = 4.3\%$ 的铸铁的铸造性能好于碳钢？

第6章 钢的热处理

热处理是指采用适当方式对金属材料或工件进行加热、保温和冷却,以获得预期组织结构与性能的工艺方法。

热处理是提高金属使用性能和改善工艺性能的重要加工工艺方法。因此,在机械制造中绝大多数的零件都要进行热处理。例如:机床工业中60%~70%的零件要进行热处理,汽车、拖拉机工业中70%~80%的零件要进行热处理,各种量具、刃具、模具和滚动轴承几乎100%要进行热处理。可见,热处理在机械制造工业中占有十分重要的地位。

热处理按目的、加热条件和特点不同,分为以下三类:

(1) 整体热处理

整体热处理的特点是对工件整体进行穿透加热。常用的方法有:退火、正火、淬火、回火。

(2) 表面热处理

表面热处理的特点是对工件表层进行热处理,以改变表层组织和性能。常用的方法有:感应淬火、火焰淬火。

(3) 化学热处理

化学热处理的特点是改变工件表层化学成分、组织和性能。常用的方法有:渗碳、渗氮、碳氮共渗等。

热处理方法虽然很多,但都是由加热、保温和冷却三个阶段组成的,通常用热处理工艺曲线表示,如图6-1所示。

要了解各种热处理工艺方法,必须首先研究钢在加热(包括保温)和冷却过程中的组织变化规律。

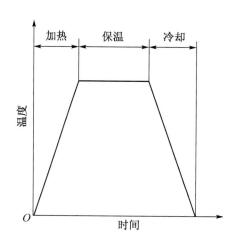

图6-1 热处理工艺曲线示意图

6.1　钢在加热时的组织转变

由 Fe-Fe_3C 相图可知，A_1、A_3、A_{cm} 线是碳钢在极其缓慢加热和冷却时的相变温度线，因此这些线上的点都是平衡条件下的相变点。但实际生产中，加热和冷却并不是极其缓慢的，因此实际发生组织转变的温度与 A_1、A_3、A_{cm} 有一定偏差，如图 6-2 所示。实际加热时各相变点用 A_{c1}、A_{c3}、A_{ccm} 表示；冷却时各相变点用 A_{r1}、A_{r3}、A_{rcm} 表示。

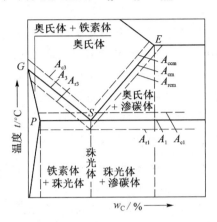

图 6-2　钢的相变点在 Fe-Fe_3C 相图上的位置

6.1.1　奥氏体的形成及其影响因素

将钢件加热到 A_{c3} 或 A_{c1} 温度以上，以获得全部或部分奥氏体组织的操作，称为奥氏体化。

1. 奥氏体的形成

以共析钢为例，共析钢在 A_1 点以下为珠光体组织，珠光体组织中铁素体具有体心立方晶格，在 A_1 点时 $w_C = 0.0218\%$；渗碳体具有复杂晶格，其 $w_C = 6.69\%$。当加热到 A_{c1} 点以上时，珠光体转变为具有面心立方晶格，其 $w_C = 0.77\%$ 的奥氏体。因此，珠光体向奥氏体的转变必须进行晶格改组和铁、碳原子的扩散，其转变过程遵循形核和核长大的基本规律。奥氏体形成过程可归纳为三个阶段，如图 6-3 所示。

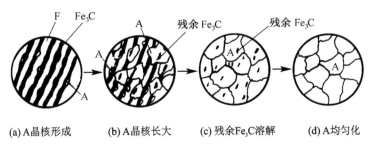

图 6-3　共析钢奥氏体形成过程示意图

(1) 奥氏体晶核的形成和长大(见图 6-3(a)和(b))

奥氏体晶核优先在铁素体和渗碳体相界面上形成,这是由于相界面处原子排列比较紊乱,处于能量较高状态。而且奥氏体含碳量介于铁素体和渗碳体之间,故在两相的相界面处为奥氏体形核提供了条件。奥氏体晶核形成后,便通过铁、碳原子的扩散,使其相邻铁素体的体心立方晶格改组为奥氏体的面心立方晶格,同时与其相邻的渗碳体不断溶入奥氏体中,使奥氏体晶核逐渐长大,与此同时又有新的奥氏体晶核形成,并长大。此阶段一直进行到铁素体全部转变为奥氏体为止。

(2) 残余渗碳体的溶解(见图 6-3(c))

由于渗碳体的晶体结构和含碳量与奥氏体有很大差异,所以铁素体全部消失后,仍有部分渗碳体尚未溶解,这部分渗碳体随着保温时间的延长,将逐渐溶入奥氏体中,直至完全消失为止。

(3) 奥氏体成分的均匀化(见图 6-3(d))

残余渗碳体完全溶解后,奥氏体中碳浓度是不均匀的,在原渗碳体处碳浓度较高,而原铁素体处碳浓度较低,只有继续延长保温时间,通过碳原子的扩散,才能得到成分均匀的奥氏体。

由上述可知,热处理的保温不仅是为了将工件热透,而且也是为了获得成分均匀的奥氏体组织,以便冷却后能得到良好的组织和性能。

亚共析钢和过共析钢的奥氏体形成过程与共析钢基本相同。但是,由于这两类钢的室温组织中除了珠光体以外,亚共析钢中还有先共析铁素体,过共析钢中还有先共析二次渗碳体,所以要想得到单一奥氏体组织,亚共析钢要加热到 A_{c3} 线以上,过共析钢要加热到 A_{ccm} 线以上,以使先共析铁素体或先共析二次渗碳体完成向奥氏体的转变或溶解。

2. 影响向奥氏体转变的因素

(1) 加热温度

加热温度越高,铁、碳原子扩散速度越快,且铁的晶格改组也越快,因而加速奥氏体的形成。

(2) 加热速度

如图 6-4 所示,加热速度越快($v_2 > v_1$),转变开始温度越高($t_2 > t_1$),转变终了温度也越高($t'_2 > t'_1$),完成转变所需的时间越短($\tau_2 < \tau_1$),即奥氏体转变速度越快。

(3) 钢的原始组织

若钢的成分相同,则其原始组织越细、相界面越多,奥氏体的形成速度就越快。例如,相同成分的钢,由于细片状珠光体比粗片状珠光体的相界面积大,故细片状珠光体的奥氏体形成速度快。

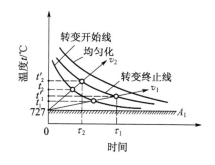

图 6-4 加热速度对奥氏体转变的影响

6.1.2 奥氏体晶粒长大及其影响因素

钢在加热时,奥氏体晶粒大小将直接影响冷却后钢的组织和性能。

1. 奥氏体晶粒度(奥氏体晶粒大小)

奥氏体晶粒度是指将钢加热到相变点(亚共析钢为 A_{c3},过共析钢为 A_{c1} 或 A_{ccm})以上某一温度,并保温给定时间所得到的奥氏体晶粒大小。

实践证明,不同成分的钢,在加热时奥氏体晶粒长大倾向是不相同的,如图 6-5 所示。有些钢随着加热温度的升高,奥氏体晶粒会迅速长大,称这类钢为本质粗晶粒钢(图 6-5 中曲线 1);而有些钢的奥氏体晶粒不易长大,只有当温度超过一定值时,奥氏体晶粒才会突然长大,称这类钢为本质细晶粒钢(图 6-5 中曲线 2)。生产中,须经热处理的工件,一般都采用本质细晶粒钢制造。

工业生产中,用铝脱氧的钢为本质细晶粒钢。其原因是铝与钢中的氧、氮化合,形成极细的 Al_2O_3、AlN 化合物,分布在奥氏体晶

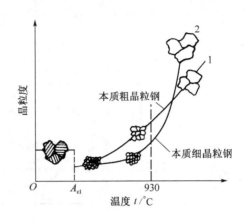

图 6-5　奥氏体晶粒长大倾向示意图

界上,能阻止奥氏体晶粒长大,但加热温度超过一定值时,这些极细的化合物会溶入奥氏体晶粒内,使奥氏体晶粒突然长大。用锰铁、硅铁脱氧的钢为本质粗晶粒钢,如沸腾钢。

2. 影响奥氏体晶粒长大的因素

(1) 加热温度和保温时间

加热温度越高,保温时间越长,奥氏体晶粒长得越大。通常加热温度对奥氏体晶粒长大的影响比保温时间的影响更显著。

(2) 加热速度

加热温度确定后,加热速度越快,奥氏体晶粒越细小。因此,快速高温加热和短时间保温,是生产中常用的一种细化晶粒的方法。

(3) 钢中加入一定量合金元素

大多数合金元素均能不同程度地阻碍奥氏体晶粒长大,尤其是与碳结合力较强的合金元素(如铬、钼、钨、钒等),由于它们在钢中形成难溶于奥氏体的碳化物,并弥散分布在奥氏体晶界上,故能阻碍奥氏体晶粒长大,而锰、磷则促使奥氏体晶粒长大。

6.2　钢在冷却时的组织转变

成分相同的钢在奥氏体化后采用不同的方式冷却,可得到不同的组织和性能,见表 6-1。这是由于热处理生产中,冷却速度比较快,因此奥氏体组织转变不符合 $Fe-Fe3C$ 相图所示的变化规律(相图未考虑冷却条件对相变的影响)。由于冷却速度较快,奥氏体被过冷到共析温度以下才发生转变,在共析温度以下暂存的、不稳定的奥氏体称为过冷奥氏体。

过冷奥氏体的冷却方式有两种:一种是等温冷却转变,即将钢件奥氏体化后,冷却到临界点(A_{r1} 或 A_{r3})以下等温保持时过冷奥氏体发生的转变,见图 6-6 中的曲线 1;另一种是连续冷却转变,即将钢件奥氏体化后,以不同的冷却速度连续冷却时过冷奥氏体发生的转变,见图 6-6 中的曲线 2。

表 6 - 1　45 钢不同方式冷却后的力学性能(加热温度 840 ℃)

冷却方式	力学性能				
	σ_b/MPa	σ_s/MPa	δ /%	ψ /%	HBS
炉冷	530	280	32.5	49.3	160 左右
空冷	670~720	340	15~18	45~50	210 左右
水冷	1 100	720	7~8	12~14	52~60HRC

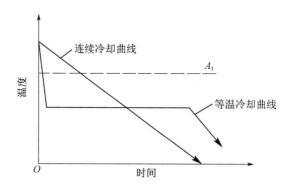

图 6 - 6　等温冷却曲线与连续冷却曲线

6.2.1　过冷奥氏体等温转变

1. 过冷奥氏体等温转变图的建立

现以共析钢为例来说明过冷奥氏体等温转变曲线图的建立。

首先将共析钢制成若干小圆形薄片试样,加热至奥氏体化后,分别迅速放入 A_1 点以下不同温度的恒温盐浴槽中进行等温转变;分别测出在各温度下,过冷奥氏体转变开始时间、终止时间以及转变产物量;将其画在温度-时间坐标图上,并把各转变开始点和终止点分别用光滑曲线连起来,便得到共析钢过冷奥氏体等温转变图,见图 6 - 7(a)。由于曲线形状与字母"C"相似,故又称为 C 曲线。因过冷奥氏体在不同过冷度下,转变所需时间相差很大,故图中用对数坐标表示时间。

图 6 - 7(b)中左边曲线为过冷奥氏体等温转变开始线,右边曲线为过冷奥氏体等温转变终止线。A_1 线以上是奥氏体的稳定区,A_1 线以下,转变开始线以左是过冷奥氏体暂存区。A_1 线以下,转变终止线以右是转变产物区。转变开始线和转变终止线之间是过冷奥氏体和转变产物共存区。

钢件的不平衡组织在一定过冷度或过热度条件下等温转变时,等温停留开始至相转变开始之间的时间称为孕育期。孕育期随转变温度的降低,先是逐渐缩短,而后又逐渐延长,在曲线拐弯处(或称"鼻尖")约 550 ℃时,孕育期最短,过冷奥氏体最不稳定,转变速度最快。

M_s 为上马氏体点(或 M_s 点),是指钢经奥氏体化后,以大于或等于马氏体临界冷却速度淬火冷却时,奥氏体开始向马氏体转变的温度。M_f 为下马氏体点(或 M_f 点),是过冷奥氏体停止向马氏体转变的温度。符号 A' 表示残留奥氏体(残存奥氏体),它是指工件淬火冷却至室温后残存的奥氏体。

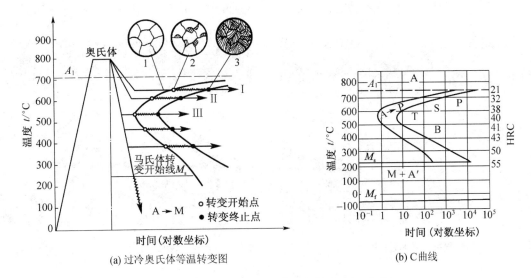

图 6-7　共析钢过冷奥氏体等温转变图(C 曲线)

2. 过冷奥氏体等温转变产物的组织和性能

(1) 珠光体转变

转变温度为 $A_1 \sim 550 ℃$。过冷奥氏体向珠光体转变是扩散型相变,要发生铁、碳原子扩散和晶格改组,其转变过程也是通过形核和核长大完成的。

当奥氏体被过冷到 A_1 点以下时,首先在奥氏体晶界处形成渗碳体晶核(见图 6-8(a)),其晶核依靠周围奥氏体不断供应碳原子而长大成为渗碳体片。与此同时,渗碳体周围的奥氏体含碳量不断降低,从而促使这部分奥氏体转变为铁素体片(见图 6-8(b))。铁素体溶碳能力很低,在它长大过程中必然要将多余的碳转移到相邻的奥氏体中,使其含碳量升高,这又促使新的渗碳体片形成(见图 6-8(c))。上述过程连续进行(见图 6-8(d)和(e)),最终形成了铁素体与渗碳体片层相间的珠光体组织(见图 6-8(f))。

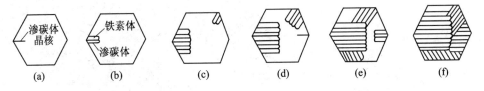

图 6-8　片层状珠光体形成示意图

珠光体中的铁素体和渗碳体片层间距与过冷度大小有关。在 $A_1 \sim 650 ℃$ 范围内,由于过冷度较小,故得到片层间距较大的珠光体,在 500 倍的光学显微镜下就能分辨出片层形态(见图 5-6);在 $650 \sim 600 ℃$ 范围内,因过冷度增大,转变速度加快,故得到片层间距较小的细珠光体,称为索氏体,用符号 S 表示,只有在 $800 \sim 1\,000$ 倍光学显微镜下才能分辨出片层形态,如图 6-9 所示;在 $600 \sim 550 ℃$ 范围内,因过冷度更大,转变速度更快,故得到片层间距更小的极细珠光体,称为托氏体,用符号 T 表示,只有在电子显微镜下才能分辨清片层形态,如图 6-10 所示。

珠光体片层间距越小,相界面越多,塑性变形抗力越大,故强度、硬度越高。另外,由于片层间距越小,渗碳体越薄,越容易随铁素体一起变形而不脆断,因而塑性、韧性也有所提高。

 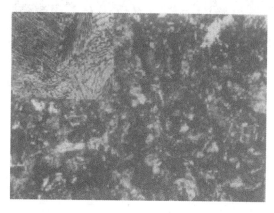

图6-9　索氏体显微组织(左上角为电子显微组织)　　图6-10　托氏体显微组织(左上角为电子显微组织)

（2）贝氏体转变

贝氏体转变温度为550 ℃～M_s。过冷奥氏体在此温度区间转变为贝氏体,用符号 B 表示。贝氏体是由过饱和 α 固溶体和碳化物组成的复相组织。由于转变时过冷度较大,只有碳原子扩散,铁原子不扩散,因此过冷奥氏体向贝氏体的转变是半扩散型相变。

按转变温度和组织形态不同,贝氏体可分为上贝氏体($B_上$)和下贝氏体($B_下$)两种。

上贝氏体的形成温度范围为550～350 ℃,它由大致平行、碳轻微过饱和的铁素体板条为主体和在铁素体板条间分布的短棒状或短片状碳化物组成(见图6-11)。在光学显微镜下,典型的上贝氏体呈羽毛状形态,组织中的碳化物不易辨认,如图6-12所示。

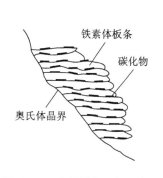 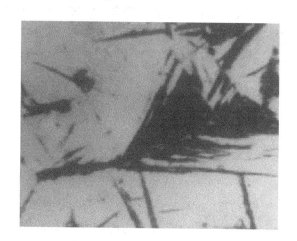

图6-11　上贝氏体组织示意图　　　　　图6-12　上贝氏体显微组织

下贝氏体的形成温度范围为350 ℃～M_s。下贝氏体由双凸透镜片状碳过饱和铁素体为主体,片中分布着与片的纵向轴呈55°～65°、平行排列的碳化物组成,如图6-13所示。共析钢的下贝氏体在光学显微镜下呈黑色针片状,如图6-14所示。

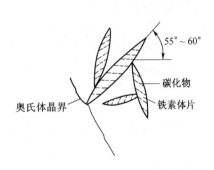
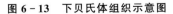

图 6－13　下贝氏体组织示意图

图 6－14　下贝氏体显微组织

贝氏体的性能与其形态有关。上贝氏体中,碳化物分布在铁素体片层间,脆性大,易引起脆断,因此基本上无实用价值。下贝氏体中,铁素体片细小,且无方向性,碳的过饱和度大,碳化物分布均匀,弥散度大,因此下贝氏体具有较高的强度、硬度、塑性和韧性相配合的优良力学性能。生产中常采用贝氏体等温淬火的方法来获得下贝氏体。

过冷奥氏体在 M_s 点以下转变为马氏体组织,这种转变是在连续冷却过程中进行的,将在 6.2.2 小节中介绍。

3. 影响 C 曲线的因素

(1) 含碳量

如图 6－15 所示,在过冷奥氏体转变为珠光体之前,亚共析钢有先共析铁素体析出,过共析钢有先共析渗碳体析出。因此,分别在 C 曲线左上部多了一条先共析铁素体析出线(见图 6－15(a))和先共析渗碳体析出线(见图 6－15(b))。

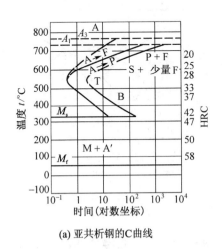

(a) 亚共析钢的C曲线

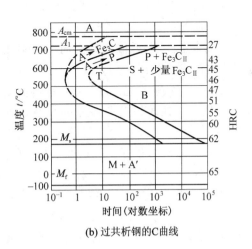

(b) 过共析钢的C曲线

图 6－15　亚共析钢和过共析钢的 C 曲线

奥氏体含碳量不同,C曲线位置不同。在正常热处理加热条件下,亚共析钢随奥氏体含碳量增加,C曲线逐渐右移,过冷奥氏体稳定性增高;过共析钢随奥氏体含碳量增加,C曲线逐渐左移,过冷奥氏体稳定性减小;共析钢C曲线最靠右,过冷奥氏体最稳定。

（2）合金元素

除钴以外,所有的合金元素溶入奥氏体后均能增大过冷奥氏体的稳定性,使C曲线右移。其中一些碳化物形成元素(如铬、钼、钨、钒等)不仅使C曲线右移,而且还使C曲线形状发生改变。

（3）加热温度和保温时间

加热温度越高,保温时间越长,奥氏体成分越均匀,晶粒也越粗大,晶界面积越少,使过冷奥氏体稳定性提高,C曲线右移。

6.2.2　过冷奥氏体的连续冷却转变

1. 过冷奥氏体连续冷却转变曲线

生产中,奥氏体的转变大多是在连续冷却过程中进行的。因此,分析过冷奥氏体连续冷却转变曲线具有重要的实用意义。

图6-16所示为共析钢连续冷却转变曲线图。由图可知,连续冷却转变曲线只有C曲线的上半部分,没有下半部分,即连续冷却转变时不形成贝氏体组织,且较C曲线向右下方移动了一些。

图6-16中,Ps线为过冷奥氏体向珠光体转变开始线;Pf线为过冷奥氏体向珠光体转变终了线;K线为过冷奥氏体向珠光体转变中止线,它表示当冷却速度线与K线相交时,过冷奥氏体不再向珠光体转变,一直保留到M_s点以下转变为马氏体。与连续冷却转变曲线相切的冷却速度线v_K,称为上临界冷却速度(或称马氏体临界冷却速度),它是获得全部马氏体组织的最小冷却速度。v_K'称为下临界冷却速度,它是获得全部珠光体的最大冷却速度。

2. C曲线在连续冷却转变中的应用

由于连续冷却转变曲线测定比较困难,而目前有关C曲线的资料又比较多。因此,生产中,常用C曲线来定性地、近似地分析同一种钢在连续冷却时的转变过程。

以共析钢为例,将连续冷却速度线画在C曲线图上,根据与C曲线相交的位置,可估计出连续冷却转变的产物,见图6-17。图中,v_1相当于随炉冷却的速度(退火),根据它与C曲线相交的位置,可估计出连续冷却后转变为珠光体,硬度170～220HBS;v_2相当于空冷的冷却速度(正火),可估计出转变产物为索氏体,硬度25～35HRC;v_3相当于油的冷却速度(油淬),它只与C曲线转变开始线相交于550℃左右处,未与转变终了线相交,

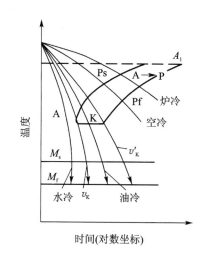

图6-16　共析钢连续冷却转变曲线图

并通过M_s点,这表明只有一部分过冷奥氏体转变为托氏体,剩余的过冷奥氏体到M_s点以下转变为马氏体,最后得到托氏体和马氏体及残留奥氏体的复相组织,硬度45～55HRC;v_4相

当于在水中冷却的冷却速度(淬火)，它不与 C 曲线相交，直接通过 M_s 点，转变为马氏体，得到马氏体和残留奥氏体，硬度 55～65HRC。

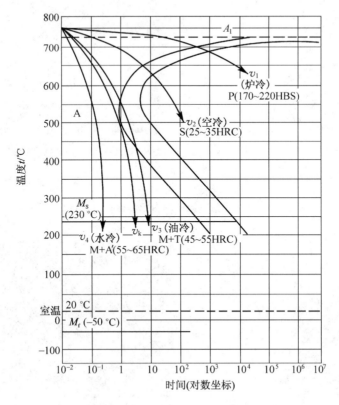

图 6 - 17　共析钢过冷奥氏体等温转变曲线在连续冷却中的应用

3. 马氏体转变

当冷却速度大于 v_K 时，奥氏体很快被过冷到 M_s 点以下，发生马氏体转变。由于过冷度很大，铁原子、碳原子均不能进行扩散，只有依靠铁原子的移动来完成 γ-Fe 向 α-Fe 的晶格改组，但原来固溶于奥氏体中的碳仍全部保留在 α-Fe 中，这种由过冷奥氏体直接转变为碳在 α-Fe 中的过饱和固溶体，称为马氏体，用符号 M 表示。

马氏体组织形态有片状(针状)和板条状两种，其组织形态主要取决于奥氏体的含碳量。

当奥氏体中 $w_C>1.0\%$ 时，马氏体呈凸透镜状，称片状马氏体，又称高碳马氏体，观察金相磨片其断面呈针状。一个奥氏体晶粒内，先形成的马氏体针较为粗大，往往贯穿整个奥氏体晶粒，而后形成的马氏体不能穿越先形成的马氏体。因此，越是后形成的马氏体，其尺寸越小，整个组织由长短不一的马氏体针组成，见图 6 - 18(a)。片状马氏体显微组织见图 6 - 18(b)。

当奥氏体中 $w_C<0.25\%$ 时，马氏体呈板条状，故称板条马氏体，又称低碳马氏体。许多相互平行的板条构成一个马氏体板条束，在一个奥氏体晶粒内可形成几个位向不同的马氏体板条束，见图 6 - 19(a)。板条马氏体显微组织见图 6 - 19(b)。

若奥氏体中 w_C 介于 0.25% 和 1.0% 之间，则为片状和板条状马氏体的混合组织。

马氏体的硬度和强度主要取决于马氏体的含碳量。如图 6 - 20 所示，马氏体的硬度和强度随着马氏体含碳量的增加而升高，但在马氏体的 $w_C>0.60\%$ 后，硬度和强度提高得并不明

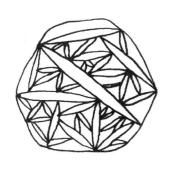

(a) 片状马氏体组织形态

(b) 片状马氏体显微组织

图 6 - 18　片状马氏体的组织形态和显微组织

(a) 板条马氏体的组织形态

(b) 板条马氏体显微组织

图 6 - 19　板条马氏体的组织形态和显微组织

显。马氏体的塑性和韧性也与其含碳量有关。片状高碳马氏体的塑性和韧性差,而板条状低碳马氏体的塑性和韧性较好。

　　钢的组织不同,其比体积(单位质量物质的体积,俗称比容)也不同,马氏体的比体积最大,奥氏体最小,珠光体介于两者之间。因此,淬火时钢的体积要膨胀,产生应力,易导致钢件变形与开裂。

　　过冷奥氏体向马氏体的转变是无扩散型相变,转变速度极快;马氏体在 M_s 点和 M_f 点温度范围内的连续冷却过程中不断形成,若在 M_s 点与 M_f 点之间的某一温度保持恒温,则马氏体量不会明显增多,即马氏体的形核数取决于温度,与时间无关;M_s 点和 M_f 点的位置与冷却速度无关,主要取决于奥氏体的含碳量,含碳量越高,M_s 点和 M_f 点越低,如图 6 - 21 所示。当奥氏体的 $w_C > 0.50\%$ 时,M_f 点降至室温以下。因此,淬火到室温不能得到 100% 的马氏体,而保留了一定数量的奥氏体,即残留奥氏体。残留奥氏体量随奥氏体含碳量的增加而增多,如图 6 - 22 所示。

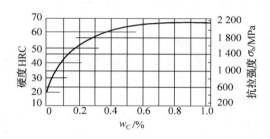

图 6 - 20　马氏体硬度和强度与含碳量的关系

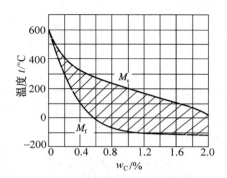

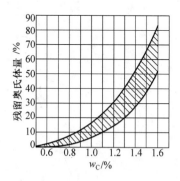

图 6 - 21　奥氏体含碳量对 M_s 点和 M_f 点的影响　　图 6 - 22　奥氏体含碳量对残留奥氏体量的影响

残留奥氏体的存在不仅降低了淬火钢的硬度和耐磨性,而且在零件长期使用过程中,残留奥氏体会继续转变为马氏体,使零件尺寸发生变化,尺寸精度降低。因此,对某些高精度零件(如精密量具、精密丝杠等)淬火冷至室温后,又随即放入零度以下的介质中冷却(如干冰＋酒精可冷至－78 ℃,液态氧可冷至－183 ℃),从而尽量减少残留奥氏体量,此处理方法称为冷处理(或深冷处理)。

6.3　钢的退火与正火

6.3.1　钢的退火

钢的退火是将钢件加热到适当温度,保温一定时间,然后缓慢冷却的热处理工艺。下面介绍退火的方法与应用。

1. 完全退火

完全退火是指将钢件完全奥氏体化(加热至 A_{c_3} 以上 30～50 ℃)后,随之缓慢冷却,获得接近平衡组织的退火工艺。生产中为提高生产率,一般随炉冷至 600 ℃左右,将工件出炉空冷。

完全退火可降低钢的硬度,以利于切削加工;消除残留应力,稳定工件尺寸,以防变形或开裂;细化晶粒,改善组织,以提高力学性能和改善工艺性能,为最终热处理(淬火、回火)做好组织准备。完全退火的主要缺点是时间长,特别是对于某些奥氏体比较稳定的合金钢,退火一般需要几十个小时。

完全退火主要用于亚共析钢的铸件、锻件、热轧型材和焊件等。不能用于过共析钢,因为加热到 A_{ccm} 点以上随后缓冷时,会沿奥氏体晶界析出网状二次渗碳体,使钢件韧性降低。为缩短完全退火时间,生产中常采用等温退火工艺,即将钢件加热到 A_{c3}(或 A_{c1})点以上,保温适当时间后,较快冷却到珠光体转变温度区间的适当温度并等温保持,使奥氏体转变为珠光体类组织,然后在空气中冷却的退火工艺。

等温退火与完全退火目的相同,但转变较易控制,所用时间比完全退火缩短约 1/3,并可获得均匀的组织和性能。

图 6-23 所示为高速工具钢完全退火与等温退火的比较。

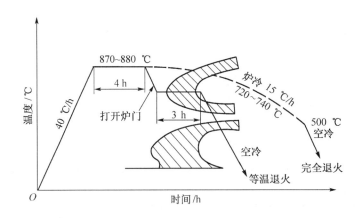

图 6-23　高速工具钢的完全退火与等温退火工艺曲线

2. 球化退火

球化退火是指将共析钢或过共析钢加热到 A_{c1} 点以上 20~30 ℃,保温一定时间后,随炉缓冷至室温,或快冷到略低于 A_{r1} 温度,保温后出炉空冷,使钢中碳化物球状化的退火工艺。其工艺曲线如图 6-24 所示。

过共析钢及合金工具钢热加工后,组织中常出现粗片状珠光体和网状二次渗碳体,钢的切削加工性能变差,且淬火时易产生变形和开裂。为消除上述缺陷,可采用球化退火,使珠光体中的片状渗碳体和钢中网状二次渗碳体均呈颗粒状,这种在铁素体基体上弥散分布着粒状渗碳体的复相组织,称为粒状珠光体,如图 6-25 所示。对于存在有严重网状二次渗碳体的钢,可在球化退火前,先进行一次正火,将渗碳体网破碎。

3. 均匀化退火(扩散退火)

均匀化退火是将铸锭、铸件或锻坯加热到高温(钢熔点以下 100~200 ℃),并在此温度下长时间(10~15 h)保温,然后缓慢冷却,以达到化学成分和组织均匀化目的的退火工艺。均匀化退火后,钢的晶粒过分粗大,因此还要进行完全退火或正火;均匀化退火时间长,耗费能量大,成本高。

均匀化退火主要用于要求质量高的合金钢铸锭和铸件。

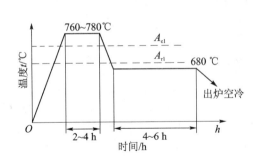

图 6 - 24　T10 钢球化退火工艺曲线 　　　　图 6 - 25　粒状珠光体显微组织

4. 去应力退火

为去除工件塑性变形加工、切削加工或焊接造成的应力,以及铸件内存在的残留应力而进行的退火,称为去应力退火。去应力退火工艺是将钢件加热至 500～600 ℃,保温后,随炉缓冷至 300～200 ℃出炉空冷。由于加热温度低于 A_1 点,因此在退火过程中不发生相变。主要用于消除工件中的残留应力,一般可消除 50%～80% 的应力,对形状复杂及壁厚不均匀的零件尤为重要。

6.3.2　钢的正火

正火是指将钢件加热到奥氏体化后在空气中冷却的热处理工艺。

正火与退火的主要区别是正火冷却速度稍快,得到的组织较细小,强度和硬度有所提高,操作简便,生产周期短,成本较低。对于低碳钢和低碳的合金钢经正火后,可提高硬度,改善切削加工性能(170～230HBS 范围内金属切削加工性较好);对于中碳结构钢制作的较重要件,可作为预先热处理,为最终热处理作好组织准备;对于过共析钢,可消除二次渗碳体网为球化退火作好组织准备;对于使用性能要求不高的零件,以及某些大型或形状复杂的零件,当淬火有开裂危险时,可采用正火作为最终热处理。

几种退火与正火的加热温度范围及热处理工艺曲线,如图 6 - 26 所示。

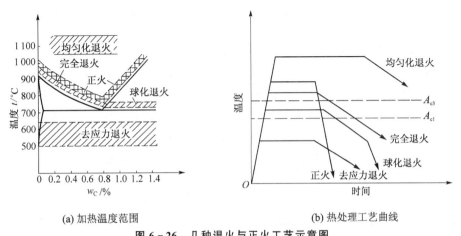

(a) 加热温度范围　　　　　　　　(b) 热处理工艺曲线

图 6 - 26　几种退火与正火工艺示意图

常用结构钢和工具钢的退火、正火工艺规范见附表Ⅱ和附表Ⅲ。

在机械零件、工模具等加工中,退火与正火一般作为预先热处理被安排在毛坯生产之后,粗加工或半精加工之前。

6.4 钢的淬火

淬火是将钢件加热到奥氏体化后以适当方式冷却,获得马氏体或(和)贝氏体组织的热处理工艺。淬火需与适当的回火工艺相配合,才能使钢具有不同的力学性能,以满足各类零件或工模具的使用要求。

6.4.1 淬火工艺

1. 淬火加热温度

钢的淬火加热温度可按 $Fe-Fe_3C$ 相图来选定,如图 6-27 所示。亚共析钢淬火加热温度一般在 A_{c3} 以上 30~50 ℃,得到单一细晶粒的奥氏体,则淬火后为均匀细小的马氏体和少量残留奥氏体。若加热温度在 A_{c1}~A_{c3} 之间,则淬火后组织为铁素体、马氏体和少量残留奥氏体,由于铁素体的存在,钢硬度降低。若加热温度超过 $A_{c3}+(30~50 ℃)$,则奥氏体晶粒粗化,淬火后得到粗大的马氏体,钢的性能变差,且淬火应力增大,易导致变形和开裂。

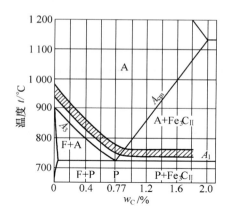

图 6-27 碳钢淬火加热温度范围

共析钢和过共析钢的淬火加热温度为 A_{c1} 以上 30~50 ℃,淬火后得到细小的马氏体和少量残留奥氏体(共析钢),或细小的马氏体、少量渗碳体和残留奥氏体。由于渗碳体的存在,钢硬度和耐磨性提高。当加热温度在 A_{ccm} 以上时,由于渗碳体全部溶于奥氏体中,故奥氏体含碳量提高,M_s 点降低,淬火后残留奥氏体量增多,钢的硬度和耐磨性降低。此外,因温度高,奥氏体晶粒粗化,淬火后得到粗大的马氏体,脆性增大。若加热温度低于 A_{c1} 点,则组织没发生相变,达不到淬火目的。实际生产中,淬火加热温度的确定,尚需考虑工件形状尺寸、淬火冷却介质和技术要求等因素。

2. 淬火加热时间

加热时间包括升温和保温时间。加热时间受工件形状尺寸、装炉方式、装炉量、加热炉类型、炉温和加热介质等影响。一般用下述经验公式确定:

$$t = \alpha D$$

式中：t——加热时间，min；

α——加热系数，min/mm；

D——工件有效厚度，mm。

α 和 D 的数值可查阅有关资料确定。

3. 淬火冷却介质

工件进行淬火冷却所用的介质称为淬火冷却介质。为保证工件淬火后得到马氏体，又要减小变形和防止开裂，必须正确选用冷却介质。由 C 曲线可知，理想的淬火冷却介质应保证：650 ℃以上由于过冷奥氏体较稳定，因此冷却速度可慢些，以减小工件内外温差引起的热应力，防止变形；650～400 ℃范围内，由于过冷奥氏体很不稳定（尤其是 C 曲线"鼻尖"处），只有冷却速度大于马氏体临界冷却速度，才能保证过冷奥氏体在此区间不形成珠光体；300～200 ℃范围内应缓冷，以减小热应力和相变应力，防止产生变形和开裂。

理想的淬火冷却速度如图 6-28 所示。

生产中，常用的冷却介质有水、油、碱或盐类水溶液。

（1）水及水溶液

在 650～400 ℃范围内需要快冷时，水的冷却速度相对较小；300～200 ℃范围内需要慢冷时，其冷却速度又相对较大。但因水价廉安全，故常用于形状简单、截面较大的碳钢件的淬火。淬火时随着水温升高，冷却能力降低，故使用时应控制水温低于 40 ℃。为提高水在 650～400 ℃范围内的冷却能力，常加入少量（5%～10%）的盐（或碱）制成盐（或碱）水溶液。盐水溶液对钢件有一定的锈蚀作用，淬火后必须清洗干净，主要用于形状简单的低、中碳钢件淬火。碱水溶液对工件、设备及操作者腐蚀性大，主要用于易产生淬火裂纹工件的淬火。

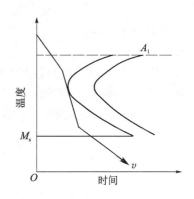

图 6-28 理想淬火冷却速度曲线

（2）油

常用的有机油、变压器油、柴油等。油在 300～200 ℃范围内的冷却速度比水小，有利于减小工件变形和开裂，而油在 650～400 ℃范围内冷却速度也比水小，不利于工件淬硬，因此只能用于低合金钢与合金钢的淬火，使用时油温应控制在 40～100 ℃范围内。

6.4.2 淬火方法

1. 水冷（或油冷）淬火

水冷（或油冷）淬火是将钢件奥氏体化后，保温适当时间，随之在水（或油）中急冷的淬火工艺，如图 6-29 中①所示。此法操作简便，易实现机械化和自动化。通常形状简单、尺寸较大的碳钢件在水中淬火，合金钢件及尺寸很小的碳钢件在油中淬火。

2. 双介质淬火

双介质淬火（双液淬火）是将钢件加热到奥氏体化后，先浸入冷却能力强的介质中，在组织即将发生马氏体转变时立即转入冷却能力弱的介质中冷却的淬火工艺。例如先水后油、先水

后空气等,如图 6-29 中②所示。采用此种方
法操作时,如能控制好工件在水中停留的时
间,就可有效防止淬火变形和开裂,但要求有
较高的操作技术。双介质淬火主要用于形状
复杂的高碳钢件和尺寸较大的合金钢件。

3. 马氏体分级淬火

马氏体分级淬火(分级淬火)是将钢件奥
氏体化后,随之浸入温度稍高或稍低于 M_s 点
的盐浴或碱浴中,保持适当时间,待工件整体
达到介质温度后取出空冷,以获得马氏体组
织的淬火工艺,如图 6-29 中③所示。此法操
作比双介质淬火容易控制,能减小热应力、相
变应力和变形,防止开裂。马氏体分级淬火

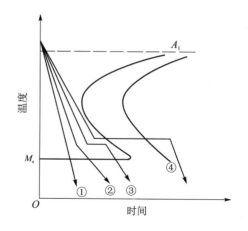

图 6-29　常用淬火方法示意图

主要用于截面尺寸较小(直径或厚度＜12 mm)、形状较复杂工件的淬火。

4. 贝氏体等温淬火

贝氏体等温淬火(等温淬火)是将钢件加热到奥氏体化后,随之快冷到贝氏体转变温度区
间等温保持,使奥氏体转变为贝氏体的淬火工艺,如图 6-29 中④所示。此法淬火后应力和变
形很小,但生产周期长,效率低。贝氏体等温淬火主要用于形状复杂、尺寸要求精确,并要求有
较高强韧性的小型工模具及弹簧的淬火。

6.5　钢的回火

回火是将钢件淬硬后,再加热到 A_{c1} 以下某一温度,保温后冷却到室温的热处理工艺。回
火一般在淬火后随即进行。淬火与回火常作为零件的最终热处理。

回火可减小和消除淬火时产生的应力和脆性,防止和减小工件变形和开裂;获得稳定组
织,保证工件在使用中形状和尺寸不发生改变;获得工件所要求的使用性能。

6.5.1　淬火钢的回火转变

淬火后的组织(马氏体和少量残留奥氏体)是不稳定的,在回火过程中将逐渐向稳定组织
转变。随着回火温度不同,将发生以下转变。

(1) 马氏体分解(100～350 ℃)

100 ℃以上回火时,马氏体中的碳开始以化学式为 $Fe_{2.4}C$ 的过渡型碳化物(称为 ε 碳化
物)的形式析出,马氏体中碳的过饱和程度逐渐降低,到 350 ℃左右,α 相含碳量降到接近平衡
成分,马氏体分解基本结束,但此时 α 相仍保持针状特征。这种由过饱和度较低的 α 相与极细
的 ε 碳化物组成的组织,称为回火马氏体。其显微组织见图 6-30。由于 ε 碳化物析出,晶格
畸变降低,淬火应力有所减小,但硬度并不降低。

(2) 残留奥氏体分解(200～300 ℃)

残留奥氏体从 200 ℃开始分解,到 300 ℃左右基本结束,转变为下贝氏体。在此温度范围
内,马氏体仍在继续分解,因而淬火应力进一步减小,硬度无明显降低。

（3）碳化物转变（250～400 ℃）

250 ℃以上 ε 碳化物逐渐向稳定的渗碳体转变，到 400 ℃全部转变为高度弥散分布的、极细小的粒状渗碳体。因 ε 碳化物不断析出，此时 α 相的含碳量降到平衡成分，即实际上已转变成铁素体，但形态仍为针状。于是得到由针状铁素体和极细小粒状渗碳体组成的复相组织，称为回火托氏体，其显微组织见图 6-31。此时，淬火应力基本消除，硬度降低。

图 6-30　回火马氏体显微组织

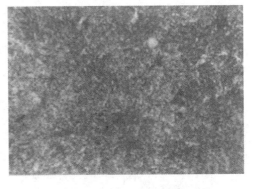

图 6-31　回火托氏体显微组织

（4）渗碳体聚集长大和 α 相再结晶（>400 ℃）

400 ℃以上，高度弥散分布的极细小粒状渗碳体逐渐转变为较大粒状渗碳体，到 600 ℃以上渗碳体迅速粗化。此外，在 450 ℃以上 α 相发生再结晶，铁素体由针状转变为块状（多边形）。这种在多边形铁素体基体上分布着粗粒状渗碳体的复相组织，称为回火索氏体，其显微组织见图 6-32。淬火应力完全消除，硬度明显下降。

图 6-32　回火索氏体显微组织

由上述可知，淬火钢回火时的组织转变，是在不同温度范围内进行的，但多半又是交叉重叠进行的，即在同一回火温度，可能进行几种不同的转变。淬火钢回火后的性能取决于组织变化，随着回火温度的升高，强度、硬度降低，而塑性、韧性提高，如图 6-33 所示。温度越高，其变化越

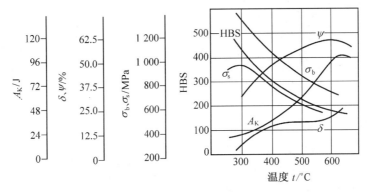

图 6-33　40 钢回火温度与力学性能的关系

明显。

为防止回火后重新产生应力,一般回火时采用空冷,冷却方式对回火后性能影响不大。

6.5.2　回火种类及应用

按回火温度不同,回火分为以下三种。

(1) 低温回火(<250 ℃)

低温回火后的组织为回火马氏体。其目的是减小淬火应力和脆性,保持淬火后的高硬度(58~64HRC)和耐磨性。低温回火主要用于处理刀具、量具、模具、滚动轴承以及渗碳、表面淬火的零件。

(2) 中温回火(250~500 ℃)

中温回火后组织为回火托氏体。其目的是获得高的弹性极限、屈服点和较好的韧性。硬度一般为35~50HRC。中温回火主要用于处理各种弹簧、锻模等。

(3) 高温回火(>500 ℃)

钢件淬火并高温回火的复合热处理工艺称为调质。调质后的组织为回火索氏体,硬度一般为200~350HBS。其目的是为获得强度、塑性、韧性都较好的综合力学性能。高温回火广泛用于各种重要结构件(如轴、齿轮、连杆、螺栓等),也可作为某些精密零件的预先热处理。钢经调质后的硬度与正火后的硬度相近,但塑性和韧性却显著高于正火,见表6-2。

常用钢的回火温度与硬度对照见附表Ⅳ。

表6-2　45钢(20~40 mm)调质与正火后性能

热处理方法	力学性能				组　织
	σ_b/MPa	δ /%	A_K/J	HBS	
调质	750~850	20~25	64~96	210~250	回火索氏体
正火	700~800	15~20	40~64	163~220	索氏体+铁素体

6.5.3　回火脆性

回火脆性是指工件淬火后在某些温度区间回火产生的脆性。回火脆性分为第一类回火脆性和第二类回火脆性。

由图6-34可知:工件淬火后在350 ℃左右回火时所产生的回火脆性称为第一类回火脆性,它与回火冷却速度无关,几乎所有的钢都会产生这类回火脆性。第一类回火脆性产生后无法消除,故又称不可逆回火脆性。它产生的主要原因是,在250 ℃以上回火时,由于沿马氏体晶界析出硬脆薄片碳化物,破坏了马氏体间的连接,导致韧性降低。

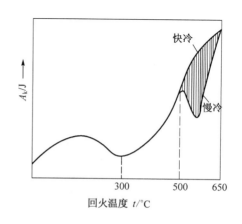

图6-34　回火温度与合金钢韧性的关系

为避免这类回火脆性,一般不在 250～350 ℃范围内回火。在 400～500 ℃范围内回火时,或经更高温度回火后缓冷通过该温度区所产生的脆性称为第二类回火脆性。它产生的主要原因是由于某些杂质及合金元素在原奥氏体晶界上偏聚,使晶界强度降低所造成的。含有铬、镍、锰等元素的合金钢经 400～550 ℃回火缓冷后,易产生第二类回火脆性。若回火后快冷,则由于杂质及合金元素来不及在晶界上偏聚,故不易产生这类回火脆性。所以,当出现第二类回火脆性时,可将其重新加热至高于脆化温度(400～550 ℃)再次回火并快速冷却予以消除,故第二类回火脆性又称可逆性回火脆性。为防止第二类回火脆性,可采用回火时快冷,或尽量减少钢中杂质元素的含量以及采用含钨、钼等的合金钢(钨、钼等可抑制晶界偏聚)。

6.6　钢的淬透性

6.6.1　淬透性的概念

淬透性是指以在规定条件下,钢试样淬硬深度和硬度分布表征的材料特性,它表征钢淬火时形成马氏体的能力。淬透性是钢的主要热处理工艺性能。

从理论上讲,淬硬层深度应是工件整个截面上全部淬成马氏体的深度。但实际上,当钢的淬火组织中含有少量非马氏体组织时,硬度值变化不明显,且金相检验也较困难。因此,一般规定从工件表面向里至半马氏体区(马氏体与非马氏体组织各占一半处)的垂直距离作为有效淬硬层深度。用半马氏体处作淬硬层界限,只要测出截面上半马氏体硬度值的位置,即可确定出淬硬层深度。实际生产中,零件淬火所能获得的淬硬层深度是变化的,随钢的淬透性、零件尺寸和形状以及工艺规范的不同而变化。

钢的淬透性和淬硬性是两个不同的概念。淬硬性是指以钢在理想条件下,进行淬火硬化所能达到的最高硬度来表征的材料特性。淬火后硬度值越高,淬硬性越好。淬硬性主要取决于马氏体的含碳量,合金元素含量对淬硬性没有显著影响,但对淬透性却有很大影响,所以淬透性好的钢,其淬硬性不一定好。

6.6.2　淬透性的测定方法

淬透性的测定方法很多,目前常用的方法是 GB/T 225—2006《钢的淬透性末端淬火试验方法》。图 6-35(a)所示为末端淬火试验装置,将标准试样(25 mm×100 mm)加热至奥氏体化后,垂直置于支架上,向试样末端喷水冷却,由于试样末端冷却最快,越往上冷却速度越慢,因此沿试样长度方向上各处的组织和硬度不同。淬火后,从试样末端起,每隔一定距离测量一个硬度值,即得到沿试样长度方向的硬度分布曲线,该曲线称为淬透性曲线,见图 6-35(b)。由图可见,45 钢比 40Cr 钢硬度下降得快,这表明 40Cr 钢淬透性比 45 钢要好。图 6-35(c)与图 6-35(b)相配合即可找出钢半马氏体区至末端的距离。该距离越大,淬透性越好。

钢的淬透性值用 $J\dfrac{\text{HRC}}{d}$ 表示,其中 J 为末端淬透性,d 为距水冷端的距离,HRC 为该处硬度值。例如:$J\dfrac{42}{5}$ 表示距水冷端 5 mm 处的硬度值为 42HRC。此外,在热处理生产中,还常用临界直径(D_c)来衡量钢的淬透性。临界直径是指工件在某种介质中淬火后,心部得到全

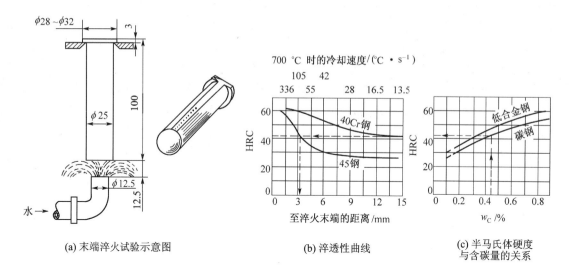

图 6－35　末端淬火法

部马氏体或半马氏体组织时的最大直径,直径越大,钢的淬透性越好。几种常用钢的临界直径见表 6－3。

表 6－3　几种常用钢的临界直径

牌　号	$D_{c水}$/mm	$D_{c油}$/mm	心部组织
45	10～18	6～8	50％M
60	20～25	9～15	50％M
40Cr	20～36	12～24	50％M
20CrMnTi	32～50	12～20	50％M
T8～T12	15～18	5～7	95％M
GCr15	—	30～35	95％M
9SiCr	—	40～50	95％M
Cr12	—	200	90％M

6.6.3　淬透性的应用

钢的淬透性是选材和制订热处理工艺规程时的主要依据。

钢的淬透性好坏对热处理后的力学性能影响很大。例如:当工件整个截面被淬透时,回火后表面和心部组织和性能均匀一致,见图 6－36(a);否则工件表面和心部组织不同,回火后整个截面上硬度虽然近似一致,但未淬透部分的屈服点(σ_s)和韧性(A_K)却显著降低,见图 6－36(b)和(c)。机械制造中许多大截面、形状复杂的工件和在动载荷下工作的重要零件,以及承受轴向拉伸和压缩的连杆、螺栓、拉杆、锻模等,常要求表面和心部的力学性能一致,故应选用淬透性好的钢;对于承受弯曲、扭转应力(如轴类)以及表面要求耐磨并承受冲击力的模具(如冷镦凸模等),因应力主要集中在工件表层,因此不要求全部淬透,可选用淬透性较差的钢;受交变应力和振动的弹簧,为避免因心部未淬透,工作时易产生塑性变形而失效,应选用淬透性好的钢;焊件一般不选用淬透性好的钢,否则易在焊缝和热影响区出现淬火组织,造成焊件变形和开裂。

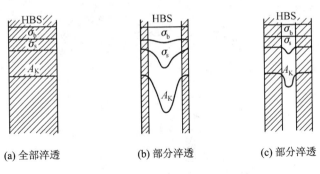

(a) 全部淬透　　　　　(b) 部分淬透　　　　　(c) 部分淬透

图 6 - 36　淬透性对钢回火后力学性能的影响

6.7　钢的表面热处理

钢的表面热处理是指为改变工件表面的组织和性能,仅对工件表层进行的热处理工艺。表面淬火是常用的一种表面热处理,它是指仅对工件表层进行淬火的工艺。目前生产中广泛应用的是感应淬火和火焰淬火。表面淬火主要用于要求表面具有高硬度和耐磨性,而心部有足够强度和韧性的零件。

6.7.1　感应淬火

感应淬火是指利用感应电流通过工件所产生的热量,使工件表层、局部或整体加热并快速冷却的淬火。

1. 感应加热的基本原理

如图 6 - 37 所示,将工件放入铜管制成的感应器(线圈)中,感应器通入一定频率的交流电,以产生交变磁场,于是在工件内产生同频率的感应电流,并自成回路,故称涡流。涡流在工件截面上分布不均匀,表面密度大,心部密度小。电流频率越高,涡流集中的表面层越薄,称此现象为集肤效应。由于工件本身有电阻,因而集中于工件表层的涡流可使表层迅速被加热到淬火温度,而心部仍接近于室温,在随即喷水快冷后,工件表层被淬硬,达到表面淬火的目的。

按所用电流频率不同,感应淬火分为以下三种。

(1) 高频感应淬火

常用频率为 200～300 kHz,淬硬层深度为 0.5～2 mm,主要用于要求淬硬层较薄的中、小模数齿轮和中、小尺寸轴类零件等。

(2) 中频感应淬火

常用频率为 2 500～8 000 Hz,淬硬层深度为 2～10 mm,主要用于大、中模数齿轮和较大直径轴类零件等。

(3) 工频感应淬火

电流频率为 50 Hz,淬硬层深度为 10～20 mm,主要用于大直径零件(如轧辊、火车车轮等)的表面淬火和大直径钢件的穿透加热。

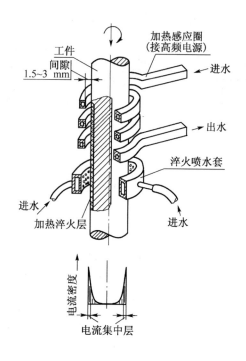

图 6 - 37　感应淬火示意图

2. 感应淬火的特点

与普通淬火相比,感应淬火加热速度极快(一般只需几秒至几十秒),加热温度高(高频感应淬火为 A_{c3} 以上 100～200 ℃);奥氏体晶粒均匀细小,淬火后可在工件表面获得极细马氏体,硬度比普通淬火高 2～3HRC,且脆性较低;因马氏体体积膨胀,工件表层产生残留压应力,疲劳强度提高 20%～30%;工件表层不易氧化和脱碳,变形小,淬硬层深度易控制;易实现机械化和自动化操作,生产率高。但感应加热设备较贵,维修调整较困难,对形状复杂的零件不易制造感应器,不适于单件生产。

感应淬火最适宜的钢种是中碳钢(如 40 钢、45 钢)和中碳合金钢(如 40Cr 钢、40MnB 钢等),也可用于高碳工具钢、含合金元素较少的合金工具钢及铸铁等。

一般表面淬火前应对工件正火或调质,以保证心部有良好的力学性能,并为表层加热作好组织准备。表面淬火后应进行低温回火,以降低淬火应力和脆性。

6.7.2　火焰淬火

火焰淬火是利用氧-乙炔(或其他可燃气体)火焰对工件表层加热,并快速冷却的淬火工艺,如图 6 - 38 所示。淬硬层深度一般为 2～6 mm。

火焰淬火操作简便,设备简单,成本低,灵活性大,但加热温度不易控制,工件表面易过热,淬火质量不稳定,主要用于单件、小批生产及大型零件(如大模数齿轮、大型轴类等)的表面淬火。

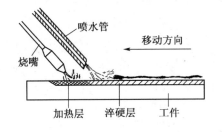

图 6-38　火焰淬火示意图

6.8　钢的化学热处理

钢的化学热处理是指将工件置于适当的活性介质中加热、保温,使一种或几种元素渗入其表层,以改变化学成分、组织和性能的热处理工艺。

化学热处理的基本过程是:活性介质在一定温度下通过化学反应进行分解,形成渗入元素的活性原子;活性原子被工件表面吸收,即活性原子溶入铁的晶格形成固溶体,或与钢中某种元素形成化合物;被吸收的活性原子由工件表面逐渐向内部扩散,形成一定深度的渗层。

目前常用的化学热处理方法有:渗碳、渗氮、碳氮共渗等。

6.8.1　钢的渗碳

渗碳是将钢件在渗碳介质中加热并保温,使碳原子渗入表层的化学热处理工艺。

渗碳的目的是提高钢件表层的含碳量并在其中形成一定的碳含量梯度,经淬火和低温回火后,提高工件表面硬度和耐磨性,使心部保持良好的韧性。渗碳用钢为低碳钢和低碳合金钢。

渗碳主要用于承受较大冲击力和在严重磨损下工作的零件,如齿轮、活塞销等。按渗碳剂的不同,分为气体渗碳、固体渗碳、液体渗碳。常用的是气体渗碳,液体渗碳应用很少。

1. 气体渗碳

如图 6-39 所示,气体渗碳是将工件置于密封的井式渗碳炉中,滴入易于热分解和气化的液体(如煤油、甲醇等),或直接通入渗碳气体(如煤气、石油液化气等),加热到渗碳温度($900 \sim 950\ ℃$),上述液体或气体在高温下分解形成渗碳气氛(即由 CO、CO_2、H_2、CH_4 等组成)。渗碳气氛在钢件表面发生反应提供活性碳原子〔C〕,即:

$$CH_4 \longrightarrow 2H_2 + 〔C〕$$
$$2CO \longrightarrow CO_2 + 〔C〕$$
$$CO + H_2 \longrightarrow H_2O + 〔C〕$$

活性碳原子〔C〕被工件表面吸收而溶于高温奥氏体中,并向工件内部扩散形成一定深度的渗碳层。气体渗碳速度平均为 $0.2 \sim 0.5\ mm/h$。

气体渗碳生产率高,渗碳过程易控制,渗碳层质量好,劳动条件较好,易实现机械化和自动化,但设备成本高,且不适宜单件、小批生产,因而广泛应用于大批量生产中。

2. 固体渗碳

如图 6-40 所示,工件放在填充渗碳剂的密封箱中,然后放入炉中加热至 $900 \sim 950\ ℃$,保温渗碳。渗碳剂是颗粒状的木炭和 $15\% \sim 20\%$ 碳酸盐($BaCO_3$ 或 Na_2CO_3)的混合物。木炭提供活性碳原子,碳酸盐可加速渗碳速度。加热时发生下列反应:

$$BaCO_3 \longrightarrow BaO + CO_2$$
$$CO_2 + C \longrightarrow 2CO$$
$$2CO \longrightarrow CO_2 + 〔C〕$$

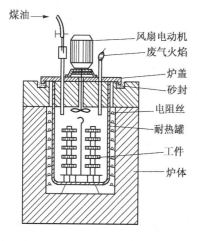

图 6-39 气体渗碳示意图

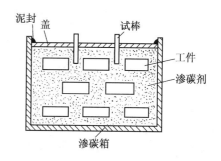

图 6-40 固体渗碳示意图

在渗碳温度下,CO 不稳定,与工件表面接触发生分解,生成活性碳原子〔C〕被工件表面吸收,并逐渐向内部扩散形成渗碳层。固体渗碳平均速度为 0.1 mm/h。

固体渗碳设备简单,成本低,但劳动条件差,质量不易控制,生产率低,主要用于单件、小批生产。该方法目前在一些中、小型工厂中仍有使用。

3. 渗碳后的组织及热处理

低碳钢件渗碳后表层的 $w_c = 0.85\% \sim 1.05\%$ 为最佳。渗碳缓冷后的组织(如图 6-41 所示),表层为过共析组织(珠光体和网状二次渗碳体),与其相邻为共析组织(珠光体),再向里为亚共析组织的过渡层(珠光体和铁素体),心部为原低碳钢组织(铁素体和少量珠光体)。一般规定,从渗碳工件表面向内至含碳量为规定值处(一般 $w_c = 0.4\%$)的垂直距离为渗碳层深度。工件的渗碳层深度取决于工件尺寸和工作条件,一般为 0.5~2.5 mm。

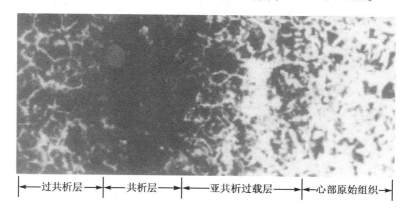

图 6-41 低碳钢渗碳缓冷后的显微组织

工件渗碳后常用的热处理方法有以下三种。

（1）直接淬火

直接淬火即工件从渗碳温度预冷到略高于心部 A_{r3} 的某一温度,立即淬入水或油中(见图 6 - 42)。预冷是为了减小淬火应力和变形。

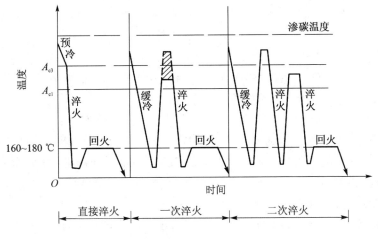

图 6 - 42　渗碳件常用的热处理方法

直接淬火法操作简便,不需重新加热,生产率高,成本低,脱碳倾向小。但由于渗碳温度高,奥氏体晶粒易长大,淬火后马氏体粗大,残留奥氏体也较多,所以工件耐磨性较低,变形较大。此法适用于本质细晶粒钢或受力不大且耐磨性要求不高的零件。

（2）一次淬火

一次淬火即渗碳件出炉缓冷后,再重新加热进行淬火(见图 6 - 42)。对心部性能要求较高的零件,淬火加热温度应略高于心部的 A_{c3}(如图 6 - 42 中,虚线所示),使其晶粒细化,并得到低碳马氏体;对表层性能要求较高,但受力不大的零件,淬火加热温度应在 A_{c1} 以上 30~50 ℃,使表层晶粒细化,而心部组织改善不大。

（3）二次淬火

第一次淬火是为了改善心部组织和消除表面网状二次渗碳体,加热温度为 A_{c3} 以上 30~50 ℃。第二次淬火是为细化工件表层组织,获得细马氏体和均匀分布的粒状二次渗碳体,加热温度为 A_{c1} 以上 30~50 ℃(见图 6 - 42)。二次淬火法工艺复杂,生产周期长,成本高,变形大,只适用于表面耐磨性和心部韧性要求高的零件或本质粗晶粒钢。

渗碳件淬火后应进行低温回火(一般 150~200 ℃)。直接淬火和一次淬火经低温回火后,表层组织为回火马氏体和少量渗碳体。二次淬火表层组织为回火马氏体和粒状渗碳体。渗碳、淬火回火后的表面硬度均为 58~64HRC,耐磨性好。心部组织取决于钢的淬透性,低碳钢一般为铁素体和珠光体,硬度为 137~183HBS。低碳合金钢一般为回火低碳马氏体、铁素体和托氏体,硬度为 35~45HRC,具有较高的强度和韧性以及一定的塑性。

6.8.2　钢的渗氮(氮化)

渗氮是指在一定温度下于一定介质中使氮原子渗入工件表层的化学热处理工艺。其目的是提高工件表面硬度、耐磨性、疲劳强度和耐蚀性。常用渗氮方法有气体渗氮和离子渗氮。

1. 气体渗氮

在可提供活性氮原子的气体中进行渗氮称为气体渗氮。常用方法是将工件放入通有氨气（NH_3）的井式渗氮炉中，加热到 $500\sim570$ ℃，使氨气分解出活性氮原子〔N〕，反应式如下：

$$2NH_3 \longrightarrow 3H_2 + 2[N]$$

活性氮原子〔N〕被工件表面吸收，并向内部逐渐扩散形成渗氮层。

应用最广泛的渗氮用钢是 38CrMoAl 钢，其中铬、钼、铝等元素在渗氮过程中形成高度弥散、硬度很高的稳定氮化物（CrN、MoN、AlN），使渗氮后工件表面有很高的硬度（$1\,000\sim1\,200$HV，相当于 72HRC）和耐磨性，因此渗氮后不需再进行淬火，且在 600 ℃ 左右时，硬度无明显下降，热硬性高。

氮原子的渗入使渗氮层内形成残留压应力，可提高疲劳强度（一般提高 $25\%\sim35\%$）；渗氮层表面由致密的、连续的氮化物组成，使工件具有很高的耐蚀性；渗氮温度低，工件变形小；渗氮层很薄（<0.70 mm），且精度高，渗氮后若需加工，只能精磨或研磨或抛光。但渗氮层较脆，不能承受冲击力，生产周期长（例如 $0.3\sim0.5$ mm 的渗层，需要 $30\sim50$ h），成本高。

渗氮前，零件须经调质处理，获得回火索氏体组织，以提高心部的性能。对于形状复杂或精度要求较高的零件，在渗氮前精加工后还要进行消除应力的退火，以减少渗氮时的变形。

渗氮主要用于耐磨性和精度要求很高的精密零件或承受交变载荷的重要零件，以及要求耐热、耐蚀、耐磨的零件，如镗床主轴、高速精密齿轮，高速柴油机曲轴、阀门和压铸模等。

2. 离子渗氮（离子氮化）

离子渗氮是指在低于 1×10^5 Pa（通常是 $10^{-1}\sim10^{-3}$ Pa）的渗氮气氛中，利用工件（阴极）和阳极之间产生的辉光放电进行渗氮的工艺。其方法是将工件放入离子渗氮炉的真空器内，通入氨气或氮、氢混合气体，使气压保持在 $133.32\sim1\,333.2$ Pa，在阳极（真空器）与阴极（工件）间通入高压（$400\sim700$ V）直流电，迫使电离后的氮离子以高速轰击工件表面，将表面加热到渗氮所需温度（$450\sim650$ ℃），氮离子在阴极上夺取电子后，还原成氮原子，被工件表面吸收，并逐渐向内部扩散形成渗氮层。

离子渗氮的特点是：渗氮速度快，时间短（仅为气体渗氮的 $1/5\sim1/2$）；渗氮层质量好，脆性小，工件变形小；省电，无公害，操作条件好；对材料适应性强，如碳钢、低合金钢、合金钢、铸铁等均可进行离子渗氮。其缺点是：对形状复杂或截面相差悬殊的零件，渗氮后很难同时达到相同的硬度和渗氮层深度，设备复杂，操作要求严格。

6.8.3 碳氮共渗

碳氮共渗是指在奥氏体状态下，同时将碳和氮渗入工件表层，并以渗碳为主的化学热处理工艺，其主要目的是提高工件表面的硬度和耐磨性。

常用的是气体碳氮共渗。其方法是向井式气体渗碳炉中同时滴入煤油和通入氨气，在共渗温度（$820\sim860$ ℃）下，煤油与氨气除单独进行前述的渗碳和渗氮作用外，渗碳气氛中的 CH_4、CO 与氨气还发生如下反应，提供活性碳、氮原子，即

$$CH_4 + NH_3 \longrightarrow HCN + 3H_2$$
$$CO + NH_3 \longrightarrow HCN + H_2O$$
$$2HCN \longrightarrow H_2 + 2[C] + 2[N]$$

碳氮共渗后要进行淬火、低温回火。共渗层表面组织为回火马氏体、粒状碳氮化合物和少

量残留奥氏体。渗层深度一般为 0.3～0.8 mm。气体碳氮共渗用钢,大多为低碳或中碳的碳钢、低合金钢及合金钢。

气体碳氮共渗与渗碳相比,具有温度低、时间短、变形小、硬度高、耐磨性好、生产率高等优点。气体碳氮共渗主要用于机床和汽车上的各种齿轮、蜗轮、蜗杆和轴类等零件。

6.8.4　气体氮碳共渗(气体软氮化)※

气体氮碳共渗是指在气体介质中对工件表层同时渗入氮和碳,并以渗氮为主的化学热处理工艺。其共渗温度为 520～570 ℃,时间为 2～4 h,共渗层深度为 0.02～0.06 mm。

气体氮碳共渗温度低,时间短,工件变形小,能显著提高工件的耐磨性、耐蚀性和疲劳强度,不受材料限制(钢、铸铁、粉末冶金材料均可进行软氮化),但渗层薄,不适宜重载下工作的零件。其目前广泛用于模具、量具、刀具、曲轴、齿轮等零件。

6.9　其他热处理方法简介※

6.9.1　形变热处理

形变热处理是指将塑性变形和热处理有机结合在一起,以提高工件力学性能的复合热处理方法。它能同时达到形变强化和相变强化的综合效果,可显著提高钢的综合力学性能。形变热处理方法较多,按形变温度不同分为低温形变热处理和高温形变热处理。

低温形变热处理是将钢件奥氏体化保温后,快冷至 A_{c1} 温度以下(500～600 ℃)进行大量(50%～75%)塑性变形,随后淬火、回火。其主要特点是在保证塑性和韧性不下降的情况下,能显著提高强度和耐回火性,改善抗磨损能力。例如:在塑性保持基本不变情况下,抗拉强度比普通热处理提高 30～70 MPa,甚至可达 100 MPa。此法主要用于刀具、模具、板簧、飞机起落架等。

高温形变热处理是将钢件奥氏体化,保持一定时间后,在该温度下进行塑性变形(如锻、轧等),随后立即淬火、回火。其特点是在提高强度的同时,还可明显改善塑性和韧性,减小脆性,增加钢件的使用可靠性。但形变通常是在钢的再结晶温度以上进行,故强化程度不如低温形变热处理大(抗拉强度比普通热处理提高 10%～30%,塑性提高 40%～50%),高温形变热处理对材料无特殊要求。此法多用于调质钢和机械加工量不大的锻件,如曲轴、连杆、叶片、弹簧等。

6.9.2　表面气相沉积

表面气相沉积按其过程本质不同分为化学气相沉积(CVD)和物理气相沉积(PVD)两类。

1. 化学气相沉积(CVD)

化学气相沉积是将工件置于炉内加热到高温后,向炉内通入反应气(低温下可气化的金属盐),使其在炉内发生分解或化学反应,并在工件上沉积成一层所要求的金属或金属化合物薄膜的方法。

碳素工具钢、渗碳钢、轴承钢、高速工具钢、铸铁、硬质合金等材料均可进行气相沉积。化学气相沉积法的缺点是加热温度较高。目前主要用于硬质合金的涂覆。

2. 物理气相沉积(PVD)

物理气相沉积是通过蒸发或辉光放电、弧光放电、溅射等物理方法提供原子、离子,使之在工件表面沉积形成薄膜的工艺。此法包括蒸镀、溅射沉积、磁控溅射、离子束沉积等方法。因为它们都是在真空条件下进行的,所以又称真空镀膜法。其中离子镀的发展最快。

进行离子镀时,先将真空室抽至高度真空后通入氩气,并使真空度调至 $1\sim10$ Pa,工件(基板)接上 $1\sim5$ kV 负偏压,将欲镀的材料放置在工件下方的蒸发源上。接通电源产生辉光放电后,由蒸发源蒸发出的部分镀材原子被电离成金属离子,在电场作用下,金属离子向阴极(工件)加速运动,并以较高的能量轰击工件表面,使工件获得需要的离子镀膜层。

CVD法和PVD法在满足现代技术所要求的高性能方面比常规方法有许多优越性,如镀层附着力强、均匀、质量好,生产率高,选材广,公害小,可得到全包覆的镀层,能制成各种耐磨膜(如 TiN、TiC 等)、耐蚀膜(如 Al、Cr、Ni 及某些多层金属等)、润滑膜(如 MoS_2、WS_2、石墨、CaF_2 等)、磁性膜、光学膜等。另外,气相沉积所适应的基体材料可以是金属、碳纤维、陶瓷、工程塑料、玻璃等多种材料。因此,在机械制造、航空航天、电器、轻工、原子能等方面应用广泛。例如:在高速工具钢和硬质合金刀具、模具以及耐磨件上沉积 TiC、TiN 等超硬涂层,可使其寿命提高几倍。

6.9.3 激光热处理

激光热处理是利用高能量密度的激光束,对工件表面扫描照射,使其在极短时间内被加热到相变温度以上,停止扫描照射后,热量迅速传至周围未被加热的金属,加热处迅速冷却,达到自行淬火的目的。

激光热处理具有加热速度极快(千分之几秒至百分之几秒);不用冷却介质,变形极小;表面光洁,不需再进行表面加工就可直接使用;细化晶粒,显著提高工件表面硬度和耐磨性(比常规淬火表面硬度高 20% 左右);对任何复杂工件均可局部淬火,不影响相邻部位的组织和表面质量;可控性好等优点。激光热处理主要用于精密零件的局部表面淬火。

6.9.4 真空热处理

真空热处理是指在低于 1×10^5 Pa(通常是 $10^{-1}\sim10^{-3}$ Pa)的环境中进行加热的热处理工艺。它包括真空淬火、真空退火、真空回火和真空化学热处理等。

真空热处理的工件不产生氧化和脱碳;升温速度慢,工件截面温差小,热处理变形小;因金属氧化物、油污在真空加热时分解,被真空泵抽出,使工件表面光洁,提高了疲劳强度和耐磨性;劳动条件好。但设备较复杂,投资较高。其目前多用于工模具、精密零件的热处理。

6.9.5 可控气氛热处理

可控气氛热处理是指在炉气成分可控制的炉内进行的热处理。其目的是减少和防止工件在加热时氧化和脱碳,提高工件表面质量和尺寸精度;控制渗碳时渗碳层的含碳量,且可使脱碳的工件重新复碳。

6.10 热处理零件质量分析

热处理零件质量的好坏主要取决于热处理工艺和零件的结构工艺性。

6.10.1 热处理工艺对质量的影响

因热处理工艺不当,工件常产生过热、过烧、氧化、脱碳、变形与开裂等缺陷。

1. 过热、过烧、氧化与脱碳

过热是指工件加热温度偏高使晶粒过度长大,造成力学性能显著降低的现象。过热可用正火消除。

过烧是指工件加热温度过高,致使晶界氧化和部分熔化的现象。工件过烧无法挽救,只能报废。

氧化是指金属加热时,介质中的氧、二氧化碳和水蒸气与金属反应生成氧化物的过程。加热温度越高,保温时间越长,氧化现象越明显。

脱碳是指加热时,由于介质和钢铁表层碳的作用,表层含碳量降低的现象,加热时间越长,脱碳越严重。

氧化和脱碳使钢材损耗,降低工件表层硬度、耐磨性和疲劳强度,增加淬火开裂倾向。为防止氧化和脱碳,常采用可控气氛热处理、真空热处理或用脱氧良好的盐浴炉加热。如果在以空气为介质的电炉中加热,需在工件表面涂上一层涂料或向炉内加入适量起保护作用的木炭或滴入煤油等。另外,还应正确控制加热温度和保温时间。

2. 变形与开裂热

在热处理过程中,工件形状和尺寸发生的变化称为变形。变形很难避免,通常是将变形量控制在允许范围内。开裂是不允许的,工件开裂后只有报废。

变形和开裂是由应力引起的。应力分为热应力和相变应力。热应力是指工件加热和冷却时,由于不同部位出现温差而导致热胀和冷缩不均所产生的应力;相变应力是指热处理过程中,由于工件不同部位组织转变不同步而产生的应力。热应力和相变应力是同时存在的,当两种应力综合作用超过材料的屈服点时,工件发生变形,当超过抗拉强度时,工件产生开裂。

为了减小变形,防止开裂应采用以下措施:正确选用零件材料;结构设计、热处理工艺等要合理;热处理操作方法要正确等。

6.10.2 热处理对零件结构设计的要求

零件结构形状是否合理,会直接影响热处理质量和生产成本。因此,在设计零件结构时,除满足使用要求外,还应满足热处理对零件结构形状的要求。设计零件结构时应考虑以下要求。

1. 尽量避免尖角、棱角,减少台阶

零件的尖角和棱角处易产生应力集中,常引起淬火开裂。一般应设计成圆角或倒角,如

图 6-43 所示。

图 6-43 避免尖角和棱角

2. 零件外形应尽量简单,避免厚薄悬殊的截面

截面厚薄悬殊的零件,在热处理时由于冷却不均匀,易产生变形和开裂。为使壁厚尽量均匀,并使截面均匀过渡,可采取开工艺孔,加厚零件截面过薄处,合理安排孔洞和槽的位置,变盲孔为通孔等措施,如图 6-44 所示。

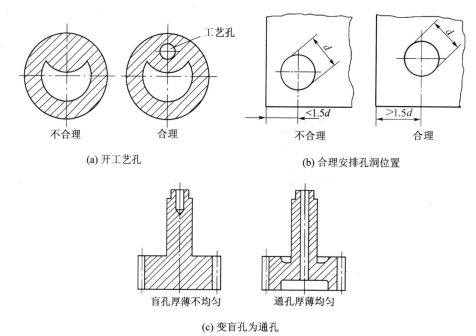

(a) 开工艺孔　　　　　　　　　(b) 合理安排孔洞位置

(c) 变盲孔为通孔

图 6-44 避免厚薄悬殊的截面

3. 尽量采用对称结构

若零件形状不对称,则会使应力分布不均匀,易产生变形。如图 6-45 所示,镗杆截面要求渗氮后变形极小,原设计在镗杆一侧开槽,热处理后弯曲变形很大,改在两侧开槽(所开槽应不影响镗杆的使用性能),使镗杆呈对称结构,可显著减小热处理变形。

4. 尽量采用封闭结构

如图 6-46 所示,为减小热处理变形,头部槽口处应留有工艺筋,使夹头的三瓣夹爪连成封闭结构,待热处理后再将槽磨开。

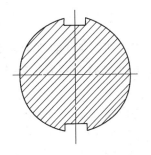

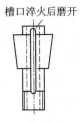

图 6 – 45　镗杆对称截面　　　　　图 6 – 46　弹簧夹头封闭结构

5. 尽量采用组合结构

对热处理易变形的零件或工具,应尽量采用组合结构。例如:山字形硅钢片冲模,若做成整体(见图 6 – 47(a)),热处理变形较大(图中双点划线),如改为四块组合件(见图 6 – 47(b)),每块单独进行热处理,磨削后组合装配,可避免整体变形。

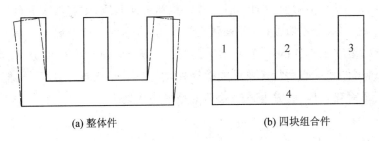

(a) 整体件　　　　　　　　　(b) 四块组合件

图 6 – 47　山字形硅钢片冲模

6.11　热处理技术条件与工序位置

6.11.1　热处理技术条件

根据零件性能要求,在零件图样上应标出热处理技术条件,其内容包括:最终热处理方法(如调质、淬火、回火、渗碳等)以及应达到的力学性能判据等,作为热处理生产及检验时的依据。

力学性能判据一般只标出硬度值(硬度值有一定允许范围,布氏硬度值为 30～40 个单位,洛氏硬度值为 5 个单位)。例如:调质 220～250HBS,淬火回火 40～45HRC。对于力学性能要求较高的重要件,如主轴、齿轮、曲轴、连杆等,还应标出强度、塑性和韧性判据,有时还要对金相组织提出要求。对于渗碳或渗氮件应标出渗碳或渗氮部位、渗层深度,以及渗碳淬火回火或渗氮后的硬度等。表面淬火零件应标明淬硬层深度、硬度及部位等。

在图样上标注热处理技术条件时,可用文字和数字简要说明,也可使用标准的热处理工艺代号。

6.11.2 热处理工序位置安排

合理安排热处理工序位置,对保证零件质量和改善切削加工性能有重要意义。热处理按目的和工序位置不同,分为预先热处理和最终热处理,其工序位置安排如下。

1. 预先热处理工序位置

预先热处理包括:退火、正火、调质等。一般均安排在毛坯生产之后,切削加工之前(或粗加工之后,半精加工之前)。

(1)退火、正火工序位置

退火、正火主要作用是消除毛坯件的某些缺陷(如残留应力、粗大晶粒、组织不均等),改善切削加工性能,或为最终热处理做好组织准备。

退火、正火件的加工路线为:毛坯生产→退火(或正火)→切削加工。

(2)调质工序位置

调质主要目的是提高零件综合力学性能,或为以后表面淬火做好组织准备。调质工序位置一般安排在粗加工后,半精或精加工前。若在粗加工前调质,则零件表面调质层的优良组织有可能在粗加工中大部分被切除掉,失去调质的作用,碳钢件可能性更大。调质件的加工路线一般为:下料→锻造→正火(或退火)→粗加工(留余量)→调质→半精加工(或精加工)。生产中,灰铸铁件、铸钢件和某些无特殊要求的锻钢件,经退火、正火或调质后,已能满足使用性能要求,不再进行最终热处理,此时上述热处理就是最终热处理。

2. 最终热处理

最终热处理包括淬火、回火、渗碳、渗氮等。零件经最终热处理后硬度较高,除磨削外不宜再进行其他切削加工,因此工序位置一般安排在半精加工后,磨削加工前。

(1)淬火工序位置

淬火分为整体淬火和表面淬火两种。

① 整体淬火件加工路线一般如下:

下料→锻造→退火(或正火)→粗加工、半精加工(留磨量)→淬火、回火(低、中温)→磨削。

② 表面淬火件加工路线一般如下:

下料→锻造→退火(或正火)→粗加工→调质→半精加工(留磨量)→表面淬火、低温回火→磨削。

为降低表面淬火件的淬火应力,保持高硬度和耐磨性,淬火后应进行低温回火。

(2)渗碳工序位置

渗碳分为整体渗碳和局部渗碳两种。对局部渗碳件,在不需渗碳部位采取增大原加工余量(增大的量称为防渗余量)或镀铜的方法。待渗碳后淬火前切去该部位的防渗余量。

渗碳件(整体与局部渗碳)的加工路线一般为:下料→锻造→正火→粗、半精加工(留防渗余量或镀铜)→渗碳淬火、低温回火→磨削→切除防渗余量。

(3)渗氮工序位置

渗氮温度低,变形小,渗氮层硬而薄,因此工序位置应尽量靠后,通常渗氮后不再磨削,对个别质量要求高的零件,应进行精磨或研磨或抛光。为保证渗氮件心部有良好的综合力学性能,在粗加工和半精加工之间进行调质。为防止因切削加工产生的残留应力使渗氮件变形,渗氮前应进行去应力退火。

渗氮件加工路线一般如下:

下料→锻造→退火→粗加工→调质→半精加工→去应力退火(俗称高温回火)→粗磨→渗氮→精磨或研磨或抛光。

6.11.3　热处理工艺应用举例

1. 压　板

压板(见图 6 - 48)用于在机床工作台或夹具上夹紧工件,故要求有较高的强度、硬度和一定弹性。

材料:45 钢。

热处理技术条件:淬火、回火,40～45HRC。

加工路线:下料→锻造→正火→机加工→淬火、回火。

2. 连杆螺栓

连杆螺栓(见图 6 - 49)用于连接紧固,要求具有较高的抗拉强度,良好的塑性、韧性和低的缺口敏感性,以及较高的抗弯强度,以免产生松弛现象。

材料:40Cr。

钢热处理技术条件:260～300HBS,组织为回火索氏体,不允许有块状铁素体。

加工路线:下料→锻造→退火(或正火)→粗加工→调质→精加工。

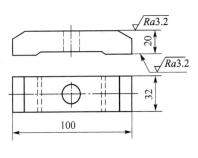

图 6 - 48　压　板

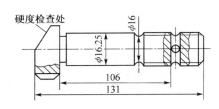

图 6 - 49　连杆螺栓

3. 蜗　杆

蜗杆(见图 6 - 50)主要用于传递运动和动力,要求齿部有较高的强度、耐磨性和精度保持性,其余各部位要求有足够的强度和韧性。

材料:45 钢。

热处理技术条件:齿部 45～50HRC,其余部位,调质 220～250HBS。

加工路线:下料→锻造→正火→粗加工→调质→半精加工→表面淬火→精加工。

4. 锥度塞规

锥度塞规(见图 6 - 51)是用于检查锥孔尺寸的量具,要求锥部有高的耐磨性、尺寸稳定性

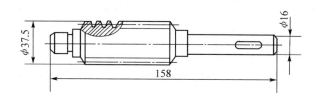

图 6-50   蜗   杆

和良好的切削加工性。

材料:T12A 钢。

热处理技术条件:锥部,淬火、回火 60~64HRC。

加工路线:下料→锻造→球化退火→粗、半精加工→锥部淬火、回火→稳定化处理→粗磨→稳定化处理→精磨。

稳定化处理是指稳定尺寸,消除残留应力,为使工件在长期工作的条件下形状和尺寸变化保持在规定范围内而进行的一种热处理工艺。

5．摩擦片

摩擦片(见图 6-52)用于传动或刹车,要求具有高的弹性和耐磨性。

材料:Q235-A 钢。

技术条件:渗碳层深度 0.4~0.5 mm,40~45HRC,平面度≤0.10 mm。

加工路线:下料→锻造→正火→机加工→渗碳→淬火、回火→机加工→去应力退火(380~420 ℃)。

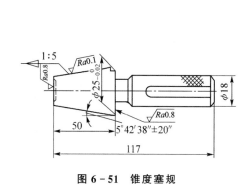

图 6-51   锥度塞规

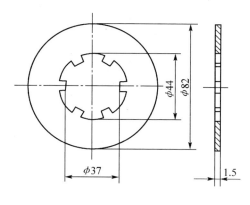

图 6-52   摩擦片

思考题与作业题

1．什么叫热处理?常用热处理方法有哪些?简述热处理在机械制造中的作用。

2．指出 A_{c1}、A_{c3}、A_{ccm}、A_{r1}、A_{r3}、A_{rcm} 各相变点的意义。

3．试以共析钢为例,说明过冷奥氏体等温转变图中各条线的含义,并指出影响等温转变曲线(C 曲线)的主要因素。

4. 试述共析钢过冷奥氏体在 $A_1 \sim M_s$ 温度范围内,不同温度等温转变的产物与性能。

5. 什么是淬火临界冷却速度? 它对钢的淬火有何重要意义?

6. 什么叫马氏体? 马氏体转变有何特点?

7. 将共析钢加热到 760 ℃,保温足够长时间,试问按图 6 - 53 所示①、②、③、④、⑤的冷却速度冷至室温,各获得什么组织? 并请估计各种组织的硬度。

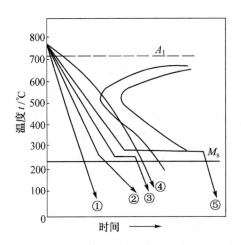

图 6 - 53 第 7 题图

8. 试述退火的种类、作用和应用范围。

9. 退火与正火的主要区别是什么? 生产中如何选用退火和正火?

10. 加热时,采用哪些方法可获得细小的奥氏体晶粒?

11. 将 45 钢和 T8 钢分别加热到 600 ℃、760 ℃、840 ℃,然后在水中快冷,试说明各获得什么组织? 两种钢的硬度随加热温度如何变化? 为什么?

12. 为什么工件经淬火后会产生变形,甚至开裂? 减少淬火变形和防止开裂有哪些措施?

13. 钢的淬透性、淬硬性和淬硬层深度有何区别? 影响淬透性和淬硬性的因素有哪些?

14. 用同一种钢制造尺寸不同的两个零件,试问:

(1) 它们的淬透性是否相同,为什么?

(2) 采用相同淬火工艺,两个零件的淬硬层深度是否相同? 为什么?

15. 淬火的目的是什么? 亚共析钢和过共析钢淬火加热温度应如何确定? 为什么?

16. 将 45 钢和 T12 钢分别加热到 700 ℃、770 ℃、840 ℃淬火,试问这些淬火温度是否正确? 为什么 45 钢在 770 ℃淬火后的硬度远低于 T12 钢在 770 ℃淬火后的硬度?

17. 为什么淬火钢回火后的性能主要取决于回火温度,而不是取决于冷却速度?

18. 为什么淬火后的钢一般都要进行回火? 按回火温度不同,回火分为哪几种? 指出各种温度回火后得到的组织、性能及应用范围。

19. 在一批 45 钢制的螺栓中(要求头部热处理后硬度为 43～48HRC)混入少量 20 钢和 T12 钢,若按 45 钢进行淬火、回火处理,试问能否达到要求? 请分别说明为什么?

20. 现有三个形状、尺寸、材质(低碳钢)完全相同的齿轮,分别进行普通整体淬火、渗碳淬火和高频感应淬火,试用最简单的办法将它们区分开来。

21. 现有低碳钢和中碳钢齿轮各一个,为使齿面有高硬度和耐磨性,试问各应进行何种热处理？它们经热处理后在组织和性能上有何不同？

22. 去应力退火和回火都可消除钢中的应力，试问两者在生产中能否通用？为什么？

23. 试分析以下几种说法是否正确？为什么？

（1）过冷奥氏体的冷却速度越快，钢冷却后的硬度越高；

（2）钢经淬火后处于硬脆状态；

（3）钢中合金元素含量越多，淬火后硬度越高；

（4）共析钢经奥氏体化后，冷却所形成的组织主要取决于钢的加热温度；

（5）同一种钢材在相同加热条件下，水淬比油淬的淬透性好，小件比大件的淬透性好；

（6）同一种钢淬火到室温，淬火冷却速度越快，淬火后残留奥氏体量越多。

24. 用 T10 钢制造刀具，要求淬硬到 60～64HRC。生产时误将 45 钢当成 T10 钢，按 T10 钢加热淬火，试问能否达到要求？为什么？

25. 确定下列钢件的退火工艺，并说明其退火目的和退火后的组织。

（1）经冷轧后的 15 钢板；

（2）ZG270 - 500 的铸钢齿轮；

（3）锻造过热的 60 钢坯；

（4）具有片状珠光体的 T12 钢坯。

26. 指出下列零件正火的主要目的和正火后的组织。

（1）20 钢齿轮；

（2）45 钢小轴；

（3）T12 钢锉刀。

27. 一批 45 钢试件（尺寸 15 mm×10 mm），因晶粒大小不均匀，需采用下列退火处理：

（1）缓慢加热到 700 ℃，保温足够时间，随炉冷至室温；

（2）缓慢加热到 840 ℃，保温足够时间，随炉冷至室温；

（3）缓慢加热到 1 100 ℃，保温足够时间，随炉冷至室温。

试问这三种工艺各得到何种组织？想要得到大小均匀的细小晶粒，采用哪种工艺较合适？为什么？

28. 甲、乙两厂同时生产一批 45 钢零件，硬度要求为 220～250HBS。甲厂采用调质，乙厂采用正火，均可达到硬度要求，试分析甲、乙两厂产品的组织和性能差异。

29. 45 钢经调质后硬度 240HBS，若再进行 200 ℃回火，试问是否可提高其硬度？为什么？45 钢经淬火、低温回火后硬度 57HRC，然后再进行 560 ℃回火，试问是否可降低其硬度？为什么？

30. 两个 45 钢制齿轮，一个在炉中加热（加热速度约为 0.3 ℃/s），另一个采用高频感应加热（加热速度为 400 ℃/s）。试问两者淬火温度有何不同？淬火后组织和性能有何区别？

31. 指出下列工件的淬火及回火温度，并说明回火后得到的组织和大致硬度。

（1）45 钢小轴（要求综合力学性能好）；

（2）60 钢弹簧；

（3）T12 钢锉刀。

32. 什么是表面淬火？为何能淬硬表面层，而心部性能不变？它和淬火时没有淬透有何不同？

33. 什么是化学热处理？化学热处理包括哪些基本过程？常用的化学热处理方法有哪几种？

34. 渗碳后的零件为什么必须淬火和回火？淬火、回火后，表层与心部性能如何？为什么？

35. 什么是渗氮？渗氮的主要目的是什么？为何渗氮后的零件不再淬火和进行切削量大的加工？

36. 常见的热处理缺陷有哪些？如何减少和防止？

37. 设计热处理零件结构形状时，应考虑哪些因素？

38. 某柴油机凸轮轴，要求表面有高硬度（>50HRC），心部有良好韧性（A_K>40 J）。原采用 45 钢经调质后，再在凸轮表面进行高频淬火、低温回火。现拟改用 20 钢代替 45 钢，试问：

(1) 原 45 钢各热处理工序的作用；

(2) 改用 20 钢后，其热处理工序是否应进行修改？应采用何种热处理工艺最合适？

39. 一直径为 6 mm 的 T12 钢圆棒，经 780 ℃淬火、180 ℃回火后，硬度为 63HRC，然后从一端加热，使圆棒上各点达到如图 6 - 54 所示的温度。试问：

(1) 加热至如图所示温度，各点部位组织；

(2) 圆棒由图示温度空冷至室温后，各点部位组织；

(3) 圆棒由图示温度水淬快冷至室温后，各点部位组织。

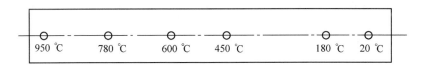

图 6 - 54　第 39 题图

40. 某厂用 20 钢制造齿轮，其加工路线为：下料→锻造→正火→粗加工、半精加工→渗碳→淬火、低温回火→磨削。试回答下列问题：

(1) 说明各热处理工序的作用；

(2) 制订最终热处理工艺规范（温度、冷却介质）；

(3) 最终热处理后的表面组织和性能。

41. 用 T10 钢制造形状简单的刀具，其加工路线为：锻造→热处理→切削加工→热处理→磨削。试回答下列问题：

(1) 各热处理工序的名称及其作用；

(2) 制订最终热处理工艺规范（温度、冷却介质）；

(3) 各热处理后的显微组织。

42. 下列零件均选用锻造毛坯，试为其选择热处理方法，并写出简明的加工路线。

(1) 机床变速箱齿轮，模数 $m=4$，要求齿面耐磨，心部的强度和韧性要求不高，选用 45 钢；

(2) 机床主轴，要求良好的综合力学性能，轴颈部分要求硬度 50~55HRC，选用 45 钢；

(3) 重载荷工作的镗床镗杆，精度要求很高，并在滑动轴承中运转，镗杆表面应有高硬度，心部应有较好的综合力学性能,选用 38CrMoAl 钢。

43. 根据表 6-4 中的归纳,比较共析钢过冷奥氏体冷却转变的几种产物特点。

表 6-4 第 43 题表

冷却转变产物	表示符号	形成条件	相组成物	显微组织	力学性能
珠光体					
索氏体					
托氏体					
上贝氏体					
下贝氏体					
马氏体					

第7章 低合金钢与合金钢

碳钢虽然具有良好的工艺性能,价格低廉,应用广泛,但淬透性低,强度较低,且不能满足某些特殊性能要求(如耐蚀、耐热、抗氧化、耐磨性等)。为改善碳钢的组织和性能,在碳钢的基础上有目的地加入一种或几种合金元素所形成的铁基合金,称为低合金钢或合金钢。常加入的合金元素有硅、锰、铬、镍、钼、钨、钒、钛、硼、铝、铌、锆等。通常低合金钢中加入合金元素的种类和数量比合金钢少。

7.1 合金元素在钢中的作用

7.1.1 合金元素与铁、碳的作用

1. 合金元素与铁的作用

几乎所有合金元素都能不同程度地溶入铁素体或奥氏体中形成合金铁素体或合金奥氏体,起到固溶强化作用。

由图 7-1 可见,硅、锰强化效果最显著,且当锰、硅含量不超过某一数值时($w_{Mn}<1.5\%$,$w_{Si}<0.6\%$),还可提高铁素体的韧性或使韧性不下降,但超过此数值后韧性显著下降;钨、钼无论含量多少,均使铁素体韧性下降;铬、镍含量适当时($w_{Cr}\leqslant2\%$,$w_{Ni}\leqslant5\%$),既能提高铁素体强度,又能提高其韧性。因此,在低合金钢与合金钢中对合金元素含量应有一定限制。

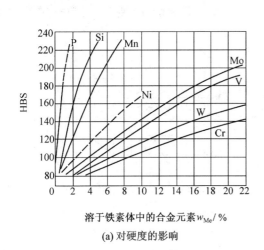

(a) 对硬度的影响

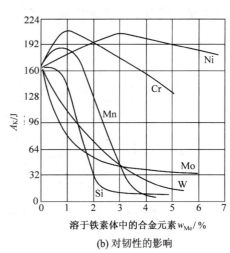

(b) 对韧性的影响

图 7-1 合金元素对铁素体力学性能的影响

由于合金奥氏体的强度较高,因此对此类钢进行压力加工时要用较高吨位的设备和较严格的工艺规范。

2. 合金元素与碳的作用

与碳形成碳化物的合金元素称为碳化物形成元素,如钛、钒、钨、钼、铬、锰、铁等;不与碳形成碳化物的合金元素称为非碳化物形成元素,如镍、硅、铝、氮等。

不同的碳化物形成元素,形成的碳化物性质不同。

强碳化物形成元素钒、钛、铌、锆等与碳形成极稳定的特殊碳化物,如 VC、TiC 等。这类碳化物有高的熔点、硬度和耐磨性,当在钢中弥散分布时,将显著提高钢的强度、硬度和耐磨性,且韧性不降低。

中强碳化物形成元素铬、钨、钼等,当其含量较高时,与碳形成稳定性较高的合金碳化物,如 Cr_7C_3、$Cr_{23}C_6$、Fe_3W_3C、Fe_3Mo_3C 等,当其含量较低时,这些合金元素只能置换渗碳体中的铁原子,形成稳定性较差的合金渗碳体,如 $(Fe,W)_3C$、$(Fe,Cr)_3C$ 等,硬度比渗碳体高。

弱碳化物形成元素锰、铁等,只能形成合金渗碳体和渗碳体,如 $(Fe,Mn)_3C$、Fe_3C 等。

一般,碳化物越稳定,其硬度越高;碳化物颗粒越细小,对钢的强化效果越显著。高速工具钢制作的刃具,因含有大量稳定性高的碳化物,所以硬度高,耐磨性好。

7.1.2 合金元素对 Fe-Fe₃C 相图的影响

1. 对奥氏体单相区的影响

合金元素镍、锰、钴等可使 GS 线向左下方移动,扩大了奥氏体单相区,如图 7-2(a)所示。当钢中含有大量能扩大奥氏体相区的元素时,有可能在室温形成单相奥氏体组织,这种钢称为奥氏体钢。

合金元素铬、钼、钨、钒、钛、硅等可使 GS 线向左上方移动,缩小了奥氏体单相区,如图 7-2(b)所示。当钢中含有大量能缩小奥氏体相区的元素时,有可能在室温形成单相铁素体组织,这种钢称为铁素体钢。

单相奥氏体和单相铁素体具有抗蚀、耐热等性能,是不锈钢、耐蚀钢、耐热钢中的常见组织。

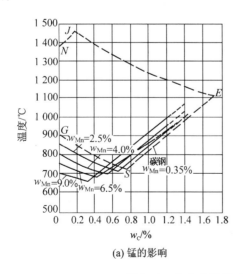

(a) 锰的影响

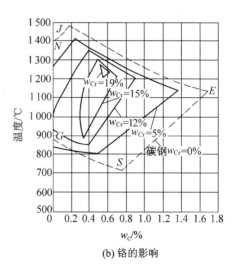

(b) 铬的影响

图 7-2　合金元素锰、铬对 Fe-Fe₃C 相图的影响

2. 对 S、E 点的影响

大多数合金元素均使 S、E 点左移。

S 点左移表明共析点含碳量降低,使含碳量相同的碳钢与合金钢具有不同的组织和性能。例如:钢中含有 12% 的铬时,可使 S 点左移至 $w_C = 0.4\%$ 左右,这样 $w_C = 0.4\%$ 的合金钢便具有共析成分。

E 点左移表明出现莱氏体的含碳量降低,有可能在钢中会出现莱氏体。例如:高速工具钢中的 $w_C < 2.11\%$,但在铸态组织中却出现了合金莱氏体。

由于合金元素使钢的 S、E 点发生变化,必然导致钢的相变点发生相应的变化。由图 7-3 可知,除锰、镍外,其他合金元素均不同程度地使共析温度升高,因此大多数低合金钢与合金钢的奥氏体化温度比相同含碳量的碳钢高。

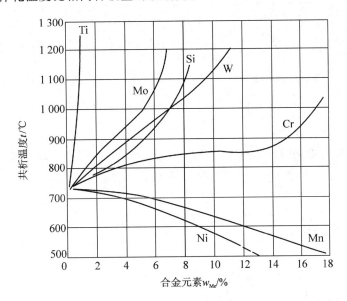

图 7-3　合金元素对共析温度的影响

7.1.3　合金元素对钢热处理的影响

1. 对钢在加热时奥氏体化的影响

低合金钢和合金钢的奥氏体化过程与碳钢相同,即包括奥氏体形核与长大、剩余碳化物溶解、奥氏体均匀化等过程。奥氏体化过程与碳的扩散能力有关,除钴、镍等元素外,大多数合金元素均使碳的扩散能力降低,尤其是强碳化物形成元素(如钒等)所形成的特殊碳化物,能阻碍碳的扩散。这种碳化物稳定性大,又难以分解,使奥氏体均匀化过程变得困难。因此,大多数低合金钢与合金钢为获得成分均匀的奥氏体,需提高加热温度并延长保温时间。

合金元素(除锰、磷外)均不同程度地阻碍奥氏体晶粒长大,尤其是强碳化物形成元素(如钛、钒、铌等)更为显著,它们形成的碳化物在高温下较稳定,且呈弥散质点分布在奥氏体晶界上,能阻碍奥氏体晶粒长大。因此,低合金钢与合金钢经热处理后的晶粒比相同含碳量的碳钢更细小,其性能较高。

2. 对过冷奥氏体转变的影响

由于固溶于奥氏体中的合金元素(除钴、铝以外)均不同程度地阻碍碳的扩散,使奥氏体稳定性增加,C曲线右移,提高了淬透性。硅、镍、锰等合金元素使C曲线右移,但形状不变,如图7-4(a)所示;铬、钼、钨等碳化物形成元素不但使C曲线右移,且使C曲线分离成两个"鼻尖",如图7-4(b)所示。

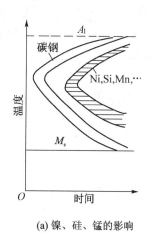

(a) 镍、硅、锰的影响

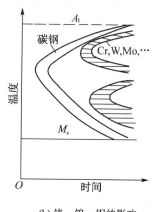

(b) 铬、钨、钼的影响

图7-4 合金元素对C曲线的影响

实践证明,只有合金元素完全溶于奥氏体中,才能提高淬透性;反之,将使钢的淬透性降低。另外,多种合金元素同时加入钢中,对提高淬透性的作用比单纯加入某一种合金元素(此元素含量与多种合金元素含量相等)更显著。因此,淬透性好的钢大多采用多元少量的合金化原则。

合金元素对M_s点和M_f点也有显著影响。大多数合金元素(除钴、铝以外)均使M_s点和M_f点降低,其中锰的作用最显著(见图7-5),从而增加了淬火后钢中残留奥氏体量(见图7-6)。

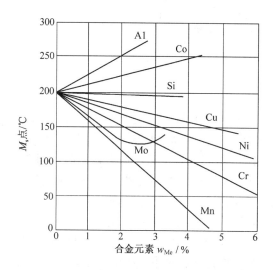

图7-5 合金元素对M_s点的影响

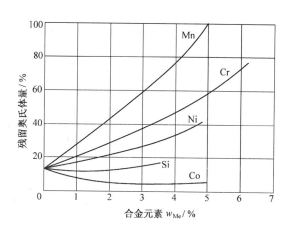

图7-6 合金元素对残留奥氏体量的影响

3．对回火转变的影响

（1）提高钢的耐回火性（回火稳定性）

耐回火性是指淬火钢在回火时抵抗软化的能力。大多数合金元素（尤其是强碳化物形成元素）对原子扩散起阻碍作用，延缓了马氏体分解。因此，在相同回火温度下，低合金钢与合金钢的硬度和强度比相同含碳量的碳钢高，即合金元素提高了钢的耐回火性。如图 7-7 所示，当 9SiCr 钢和 T10 钢要求硬度相同时，9SiCr 钢要在较高温度下回火。

（2）产生二次硬化

含有较多铬、钼、钨、钒等碳化物形成元素的合金钢在 $500\sim600\ ℃$ 回火时，将从马氏体中析出特殊碳化物，如 Cr_7C_3、Mo_2C、W_2C、VC 等。这类碳化物硬度高、颗粒细小、数量多、分散均匀，使钢回火后的硬度有所提高，称此现象为二次硬化，如图 7-8 所示。二次硬化实质上是一种弥散强化。另外，某些合金钢在 $500\sim600\ ℃$ 回火冷却过程中，部分残留奥氏体将转变为马氏体或贝氏体，提高了钢的硬度，这也是产生二次硬化的一个原因。

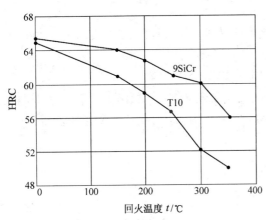

图 7-7　9SiCr 钢和 T10 钢硬度
与回火温度的关系

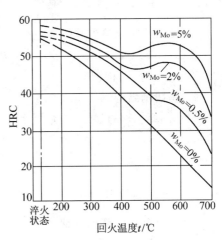

图 7-8　合金钢（$w_C=0.35\%$）中加入
钼后对回火硬度的影响

7.2　低合金钢

7.2.1　低合金钢的分类

1．按主要质量等级分类

（1）普通质量低合金钢（$w_S\geqslant0.045\%$，$w_P\geqslant0.045\%$）

普通质量低合金钢是指在生产过程中不规定需要特别控制质量要求的，供用作一般用途的低合金钢，主要包括一般用途低合金结构钢、低合金钢筋钢、铁道用一般低合金钢等。

（2）优质低合金钢（硫和磷含量均比普通质量低合金钢更低）

优质低合金钢是指除普通质量低合金钢和特殊质量低合金钢以外的低合金钢。这类钢在生产过程中需要特别控制质量(如降低硫、磷含量,控制晶粒度,改善表面质量等)。与普通质量低合金钢相比,这类钢有特殊的质量要求(例如良好的抗脆断性能和冷成型性能),但这类钢的生产控制和质量要求不如特殊质量低合金钢严格。主要包括:可焊接的低合金高强度结构钢、锅炉和压力容器用低合金钢、造船用低合金钢、汽车用低合金钢、易切削结构钢、桥梁用低合金钢、低合金高耐候性钢、铁道用低合金钢等。

(3) 特殊质量低合金钢($w_S \leqslant 0.020\%$,$w_P \leqslant 0.020\%$)

特殊质量低合金钢是指在生产过程中需要特别严格控制质量和性能(尤其是严格控制硫、磷等杂质含量和纯洁度)的低合金钢。主要包括:低温用低合金钢、铁道用特殊低合金钢、核能用低合金钢、舰船与兵器等专用特殊低合金钢等。

2. 按主要性能和使用特性分类

按主要性能和使用特性分,分为可焊接的低合金高强度结构钢、低合金耐候钢、低合金钢筋钢、铁道用低合金钢、矿用低合金钢、其他低合金钢等。

7.2.2 常用低合金钢的编号

1. 低合金高强度结构钢

低合金高强度结构钢牌号表示方法与碳素结构钢相同。例如:Q390 钢表示 $\sigma_s \geqslant 390$ MPa 的低合金高强度结构钢。

2. 易切削结构钢

易切削结构钢的牌号由"易"字汉语拼音首字母"Y"和数字组成。数字表示平均含碳量的万分数,若钢中含锰量较高时标出 Mn。例如:Y40Mn 表示平均 $w_C = 0.4\%$,含锰量较高($w_{Mn} < 1.5\%$时不标出数字)的易切削结构钢。

7.2.3 常用低合金钢

1. 低合金高强度结构钢

低合金高强度结构钢是在低碳钢的基础上加入少量合金元素而形成的钢。钢中 $w_C \leqslant 0.2\%$,常加入的合金元素有硅、锰、钛、铌、钒等,其总含量 $w_{Me} < 3\%$。

钢中含碳量较低,是为了获得良好的塑性、焊接性和冷变形能力。合金元素硅、锰主要溶于铁素体中,起固溶强化作用。钛、铌、钒等在钢中形成细小碳化物,起细化晶粒和弥散强化作用,从而提高钢的强韧性。此外,合金元素能降低钢的共析含碳量。与相同含碳量的碳钢相比,低合金高强度结构钢组织中珠光体较多,且晶粒细小,故也可提高钢的强度。

低合金高强度结构钢大多在热轧、正火状态下供应,使用时一般不再进行热处理。

低合金高强度结构钢的强度高,塑性和韧性好,焊接性和冷成型性良好,耐蚀性较好,韧脆转变温度低,成本低,适于冷成型和焊接。在某些情况下,用这类钢代替碳素结构钢,可大大减轻零件或构件的重量。例如:我国载重汽车的大梁采用 Q345(16Mn)钢后,使载重比由 1.05 提高到 1.25;又如,南京长江大桥采用 Q345 钢比采用碳钢可节约钢材 15%以上。

低合金高强度结构钢广泛用于桥梁、车辆、船舶、锅炉、高压容器、输油管,以及低温下工作的构件等。最常用的是 Q345 钢。

常用的低合金高强度结构钢见表 7-1 和表 7-2。其新旧牌号对照表见附表 V。

表 7-1　常用低合金高强度结构钢的牌号和成分(摘自 GB/T 1591—2008)

牌号	质量等级	化学成分 $w_{Me}/\%$										
		C≤	Mn	Si≤	P≤	S≤	V	Nb	Ti	Al≥	Cr≤	Ni≤
Q295	A	0.16	0.80~1.50	0.55	0.045	0.045	0.02~0.15	0.015~0.060	0.02~0.20	—		
	B	0.16	0.80~1.50	0.55	0.040	0.040	0.02~0.15	0.015~0.060	0.02~0.20	—		
Q345	A	0.20	1.00~1.60	0.55	0.045	0.045	0.02~0.15	0.015~0.060	0.02~0.20	—		
	B	0.20	1.00~1.60	0.55	0.040	0.040	0.02~0.15	0.015~0.060	0.02~0.20	—		
	C	0.20	1.00~1.60	0.55	0.035	0.035	0.02~0.15	0.015~0.060	0.02~0.20	0.015		
	D	0.18	1.00~1.60	0.55	0.030	0.030	0.02~0.15	0.015~0.060	0.02~0.20	0.015		
	E	0.18	1.00~1.60	0.55	0.025	0.025	0.02~0.15	0.015~0.060	0.02~0.20	0.015		
Q390	A	0.20	1.00~1.60	0.55	0.045	0.045	0.02~0.2	0.015~0.060	0.02~0.2	—	0.30	0.70
	B	0.20	1.00~1.60	0.55	0.040	0.040	0.02~0.2	0.015~0.060	0.02~0.2	—	0.30	0.70
	C	0.20	1.00~1.60	0.55	0.035	0.035	0.02~0.2	0.015~0.060	0.02~0.2	0.015	0.30	0.70
	D	0.20	1.00~1.60	0.55	0.030	0.030	0.02~0.2	0.015~0.060	0.02~0.2	0.015	0.30	0.70
	E	0.20	1.00~1.60	0.55	0.025	0.025	0.02~0.2	0.015~0.060	0.02~0.2	0.015	0.30	0.70
Q420	A	0.20	1.00~1.70	0.55	0.045	0.045	0.02~0.2	0.015~0.060	0.02~0.20	—	0.40	0.70
	B	0.20	1.00~1.70	0.55	0.040	0.040	0.02~0.2	0.015~0.060	0.02~0.20	—	0.40	0.70
	C	0.20	1.00~1.70	0.55	0.035	0.035	0.02~0.2	0.015~0.060	0.02~0.20	0.015	0.40	0.70
	D	0.20	1.00~1.70	0.55	0.030	0.030	0.02~0.2	0.015~0.060	0.02~0.20	0.015	0.40	0.70
	E	0.20	1.00~1.70	0.55	0.025	0.025	0.02~0.2	0.015~0.060	0.02~0.20	0.015	0.40	0.70
Q460	C	0.20	1.00~1.70	0.55	0.035	0.035	0.02~0.2	0.015~0.060	0.02~0.20	0.015	0.70	0.70
	D	0.20	1.00~1.70	0.55	0.030	0.030	0.02~0.2	0.015~0.060	0.02~0.20	0.015	0.70	0.70
	E	0.20	1.00~1.70	0.55	0.025	0.025	0.02~0.2	0.015~0.060	0.02~0.20	0.015	0.70	0.70

表 7-2　常用低合金高强度结构钢的力学性能和用途(摘自 GB/T 1591—2008)

牌号	质量等级	力学性能				用途举例
		σ_b/MPa	$\delta_5/\%$	σ_s/MPa	A_K/J	
Q295	A	390~570	23	295	—	低、中压化工容器,低压锅炉汽包,车辆冲压件,建筑金属构件,输油管,储油罐,有低温要求的金属构件
	B	390~570	23	295	34(20 ℃)	
Q345	A	470~630	21	345	—	各种大型船舶,铁路车辆,桥梁,管道,锅炉,压力容器,石油储罐,水轮机涡壳,起重及矿山机械,电站设备,厂房钢架等承受动载荷的各种焊接结构件,一般金属构件、零件
	B	470~630	21	345	34(20 ℃)	
	C	470~630	22	345	34(0 ℃)	
	D	470~630	22	345	34(−20 ℃)	
	E	470~630	22	345	27(−40 ℃)	

牌 号	质量等级	力学性能				用途举例
		σ_b/MPa	δ_5/%	σ_s/MPa	A_K/J	
Q390	A	490～650	19	390	—	中、高压锅炉汽包,中、高压石油化工容器,大型船舶,桥梁,车辆及其他承受较高载荷的大型焊接结构件,承受动载荷的焊接结构件,如水轮机涡壳
	B	490～650	19	390	34(20 ℃)	
	C	490～650	20	390	34(0 ℃)	
	D	490～650	20	390	34(－20 ℃)	
	E	490～650	20	390	27(－40 ℃)	
Q420	A	520～680	18	420	—	
	B	520～680	18	420	34(20 ℃)	
	C	520～680	19	420	34(0 ℃)	
	D	520～680	19	420	34(－20 ℃)	
	E	520～680	19	420	27(－40 ℃)	
Q460	C	550～720	17	460	34(0 ℃)	
	D	550～720	17	460	34(－20 ℃)	
	E	550～720	17	460	27(－40 ℃)	

2. 易切削结构钢

易切削结构钢是指含硫、锰、磷量较高或含微量铅、钙的低碳或中碳结构钢,简称易切钢。

硫在钢中以 MnS 夹杂物形式存在,它割裂了钢基体的连续性,使切屑易脆断,便于排屑,切削抗力小。MnS 的硬度低,摩擦系数小,有润滑作用,可减轻刀具磨损,并能降低零件加工表面粗糙度值。磷固溶于铁素体中,使铁素体强度提高,塑性降低,也可改善切削加工性。但硫、磷含量不能过高,以防产生"热脆"和"冷脆"。

铅在室温下不溶于铁素体,呈细小的铅颗粒分布在钢的基体上,既容易断屑,又起润滑作用。但铅含量不宜过多,以防产生密度偏析。钙在钢中以钙铝硅酸盐夹杂物形式存在,具有润滑作用,可减轻刀具磨损。

易切削结构钢可经渗碳、淬火或调质、表面淬火等热处理来提高其使用性能。所有易切削结构钢的锻造性能和焊接性能都不好,选用时应注意。

易切削结构钢主要用于成批、大量生产时,制作对力学性能要求不高的紧固件和小型零件。常用易切削结构钢见表 7 - 3。

表 7 - 3　常用易切削结构钢的牌号、化学成分、性能及用途(摘自 GB/T 8731—2008)

牌 号	化学成分 w/%						力学性能(热轧)				用途举例
	C	Si	Mn	S	P	其他	σ_b/MPa	δ_5/%	ψ/%	HBS	
								不小于		不大于	
Y12	0.08～0.16	0.15～0.35	0.70～1.00	0.10～0.20	0.08～0.15		390～540	22	36	170	双头螺柱、螺钉、螺母等一般标准紧固件
Y12Pb	0.08～0.16	≤0.15	0.70～1.10	0.15～0.25	0.05～0.10	Pb:0.15～0.35	390～540	22	36	170	同 Y12,但切削加工性提高

牌号	化学成分 $w/\%$						力学性能（热轧）				用途举例
	C	Si	Mn	S	P	其他	σ_b/MPa	$\delta_5/\%$	$\psi/\%$	HBS	
								不小于		不大于	
Y15	0.10~0.18	≤0.15	0.80~1.20	0.23~0.33	0.05~0.10		390~540	22	36	170	同 Y12，但切削加工性显著提高
Y30	0.27~0.35	0.15~0.35	0.70~1.00	0.08~0.15	≤0.06		510~655	15	25	187	强度较高的小件，结构复杂、不易加工的零件，如纺织机、计算机上的零件
Y40Mn	0.37~0.45	0.15~0.35	1.20~1.55	0.20~0.30	≤0.05		590~735	14	20	207	要求强度、硬度较高的零件，如机床丝杠和自行车、缝纫机上的零件
Y45Ca	0.42~0.50	0.20~0.40	0.60~0.90	0.04~0.08	≤0.04	Ca：0.002~0.006	600~745	12	26	241	同 Y40Mn，齿轮、轴

注：Y12 钢、Y15 钢、Y30 钢为非合金易切削结构钢。

3. 低合金高耐候性钢

低合金高耐候性钢即耐大气腐蚀钢，是近年来在我国开始推广应用的新钢种。在钢中加入少量合金元素（如铜、磷、铬、钼、钛、铌、钒等），使其在钢表面形成一层致密的保护膜，提高了钢材的耐候性能。这类钢与碳钢相比，具有良好的抗大气腐蚀能力。

低合金高耐候性钢常用牌号有 09CuPCrNi - A、09CuPCrNi - B 和 09CuP 等，主要用于铁道车辆、农业机械、起重运输机械、建筑和塔架等方面，可制作螺栓连接、铆接和焊接结构件。

7.3　合金钢

7.3.1　合金钢的分类

1. 按主要质量等级分类

（1）优质合金钢

优质合金钢是指在生产过程中需要特别控制质量和性能的合金钢，但生产控制和质量要求不如特殊质量合金钢严格。优质合金钢主要包括：一般工程结构用合金钢、合金钢筋钢、铁道用合金钢、硫和磷含量大于 0.035％的耐磨钢和硅锰弹簧钢等。

（2）特殊质量合金钢

特殊质量合金钢是指在生产过程中需要特别严格控制质量和性能的合金钢。除优质合金钢以外的合金钢均称为特殊质量合金钢。特殊质量合金钢主要包括：压力容器合金钢、合金结构钢、合金弹簧钢、轴承钢、合金工具钢、高速工具钢、不锈钢、耐热钢等。

2. 按主要性能和使用特性分类

按主要性能和使用特性分主要分为工程结构用合金钢，机械结构用合金钢，轴承钢，工具钢,不锈、耐蚀和耐热钢,特殊物理性能钢等。

7.3.2 合金钢的编号

1. 机械结构用合金钢与工程结构用合金钢

（1）机械结构用合金钢

常用的有表面硬化合金结构钢（如合金渗碳钢）、调质处理合金结构钢（合金调质钢）、合金弹簧钢等。这些钢的牌号均依次由两位数字、元素符号和数字组成。前两位数字表示钢中平均含碳量的万分数,元素符号表示钢中所含的合金元素,元素符号后的数字表示该合金元素平均含量的百分数（当平均含量 $<1.5\%$ 时,元素符号后不标出数字；当平均含量为 $1.5\%\sim 2.4\%$,$2.5\%\sim 3.4\%$,……时,在相应的合金元素符号后标注 2,3,……）。机械结构用合金钢按冶金质量（即钢中磷、硫多少）不同分为优质钢、高级优质钢（牌号后加 A）、特级优质钢（牌号后加 E）,见表 7-4。例如:20CrMnTi 钢,表示钢中平均 $w_C=0.2\%$,w_{Cr}、w_{Mn}、w_{Ti} 均 $<1.5\%$（不标出数字）,是优质钢；又如,25Cr2Ni4WA 钢,表示钢中平均 $w_C=0.25\%$,$w_{Cr}=2\%$,$w_{Ni}=4\%$,$w_W<1.5\%$,A 表示钢中磷、硫含量较少,质量好,是高级优质钢。

表 7-4　钢中磷、硫含量（摘自 GB/T 3077—2015）

钢　类	$w_P/\%$	$w_S/\%$
	$\leqslant$	
优质钢	0.035	0.035
高级优质钢	0.025	0.025
特级优质钢	0.025	0.015

（2）工程结构用合金钢

常用的有高锰耐磨钢,其牌号依次由"铸钢"汉语拼音首字母"ZG"、合金元素符号 Mn 和数字组成,其数字表示平均含锰量的百分数。例如:ZGMn13-1 表示平均 $w_{Mn}=13\%$,序号为 1 的高锰耐磨钢。

2. 轴承钢

轴承钢的牌号依次由"滚"字汉语拼音首字母"G"、合金元素符号 Cr 和数字组成。其数字表示平均含铬量的千分数。例如:GCr15 表示平均 $w_{Cr}=1.5\%$ 的轴承钢。若钢中含有其他合金元素,则应依次在数字后面写出元素符号,如 GCr15SiMn 表示平均 $w_{Cr}=1.5\%$ 且 w_{Si} 和 w_{Mn} 均 $<1.5\%$ 的轴承钢。无铬轴承钢的编号方法与结构钢相同。

3. 合金工具钢

合金工具钢包括量具刃具用钢、冷作模具钢、热作模具钢和塑料模具钢。这类钢的牌号表示方法与机械结构用合金钢相似。区别在于:若钢中平均 $w_C<1\%$ 时,则牌号以一位数字为首,表示平均含碳量的千分数；若钢中平均 $w_C\geqslant 1\%$ 时,则牌号前不写数字。例如:9Mn2V 表示平均 $w_C=0.9\%$、$w_{Mn}=2\%$、$w_V<1.5\%$ 的量具刃具用钢；又如,CrWMn 表示平均 $w_C\geqslant 1\%$（牌号前不写数字）,w_{Cr}、w_W、w_{Mn} 均 $<1.5\%$ 的冷作模具钢。

4. 高速工具钢

高速工具钢的牌号表示方法与合金工具基本相同。主要区别是有些牌号的钢,即使

$w_c<1\%$，其牌号前也不标出数字。例如：W18Cr4V 表示平均 $w_w=18\%$、$w_{Cr}=4\%$、$w_V<1.5\%$的高速工具钢，其 $w_c=0.7\%\sim0.8\%$。

5. 不锈、耐蚀钢和耐热钢

不锈、耐蚀钢和耐热钢的牌号表示方法与合金工具钢基本相同。例如：4Cr13 表示钢中平均 $w_c=0.4\%$、$w_{Cr}=13\%$的不锈、耐蚀钢。但若钢中 $w_c\leqslant0.03\%$或 $w_c\leqslant0.08\%$，则牌号分别以"00"或"0"为首。例如：00Cr17Ni14Mo2 钢、0Cr18Ni11Ti 钢等。

7.4　合金结构钢

7.4.1　常用机械结构用合金钢和工程结构用合金钢

1. 合金渗碳钢

许多机械零件（如汽车或拖拉机齿轮、内燃机凸轮、活塞销等）是在冲击力和表面受到强烈摩擦、磨损条件下工作的，因此要求零件表面有高的硬度和耐磨性，心部有足够高的强度和好的韧性。为满足上述性能要求，常选用合金渗碳钢。合金渗碳钢属于表面硬化合金结构钢。

（1）化学成分

合金渗碳钢的 $w_c=0.10\%\sim0.25\%$，以保证零件心部有足够的塑性和韧性。加入铬、锰、镍、硼等合金元素可提高淬透性，并保证钢经渗碳、淬火后，心部得到低碳马氏体组织，以提高强度和韧性。加入少量钛、钒、钨、钼等强、中强碳化物形成元素，可形成稳定的合金碳化物，以阻碍奥氏体晶粒长大，起细化晶粒作用。

（2）热处理特点

为改善渗碳钢毛坯的切削加工性能，应在锻造后进行正火。为保证零件表面有高的硬度和耐磨性，一般应在渗碳后进行淬火、低温回火（180～200 ℃）。渗碳后零件表层的 $w_c=0.85\%\sim1.0\%$，经淬火、回火后表层组织为回火马氏体、合金碳化物和少量残留奥氏体，硬度可达 60～62HRC。心部如淬透，则回火后组织为低碳回火马氏体，硬度为 40～48HRC；如未淬透，则为托氏体、少量低碳回火马氏体和铁素体的复相组织，硬度为 25～40HRC，韧性 $A_K\geqslant48$ J。

（3）常用合金渗碳钢

合金渗碳钢按淬透性高低分为以下三类：

① 低淬透性合金渗碳钢

这类钢合金元素含量较少，淬透性较差。主要用于受冲击力较小、截面尺寸不大的耐磨件。常用牌号有 20MnV 钢、20Cr 钢等。

② 中淬透性合金渗碳钢

这类钢淬透性较好，淬火后心部强度高（σ_b 可达 1 000～1 200 MPa）。常用于制造受冲击并要求有足够韧性和耐磨性的零件。常用牌号有 20CrMnTi 钢、20MnVB 钢等。

③ 高淬透性合金渗碳钢

这类钢含有较多的铬、镍等合金元素，淬透性好，甚至空冷也能得到马氏体组织。心部强度可达 1 175 MPa 以上。主要用于制作承受重载荷，要求高强韧性和耐磨性的大型零件。常用牌号有 20Cr2Ni4 钢、18Cr2Ni4WA 钢。常用合金渗碳钢见表 7-5。

表 7-5 常用合金渗碳钢的牌号、成分、热处理、力学性能及用途(摘自 GB/T 3077—2015)

类别	牌号	化学成分 w/%					热处理			力学性能					钢材退火或高温回火供应状态硬度 HBS	用途举例
		C	Si	Mn	Cr	其他	第一次淬火温度/℃	第二次淬火温度/℃	回火温度/℃	σ_b/MPa	σ_s/MPa	δ_5/%	ψ/%	A_K/J		
										≥						
低淬透性	15Cr	0.12~0.18	0.17~0.37	0.40~0.70	0.70~1.00		880(水、油)	780~820(水、油)	200(水、空)	735	490	11	45	55	≤179	截面不大、心部要求较高强度和韧性表面承受磨损的零件,如齿轮、凸轮、活塞环、联轴节轴等
	20Cr	0.18~0.24	0.17~0.37	0.50~0.80	0.70~1.00		880(水、油)	780~820(水、油)	200(水、空)	835	540	10	40	47	≤179	截面直径在30mm以下形状复杂、心部要求较高强度、工作表面承受磨损的零件,如机床变速箱齿轮凸轮、蜗杆、活塞销爪形离合器等
	20MnV	0.17~0.24	0.17~0.37	1.30~1.60		V:0.07~0.12	880(水、油)		200(水、空)	785	590	10	40	55	≤187	锅炉、高压容器大型高压管道等较大载荷的焊接结构件,使用温度上限450~475℃,亦可用于冷拉、冷冲压零件,如活塞销、齿轮等
	20Mn2	0.17~0.24	0.17~0.37	1.40~1.80			880(水、油)		440(水、空)	785	590	10	40	47	≤187	代替20Cr钢制作渗碳的小齿轮、小轴,低要求的活塞销、汽门顶杆、变速箱操纵杆等
中淬透性	20CrMnTi	0.17~0.23	0.17~0.37	0.80~1.10	1.00~1.30	Ti:0.04~0.10	880(油)	870(油)	200(水、空)	1080	850	10	45	55	≤217	在汽车、拖拉机工业中用于截面直径在30mm以下,承受高速、中载荷以及受冲击、摩擦的重要渗碳件,如齿轮、轴齿轮轴、爪形离合器、蜗杆等
	20MnVB	0.17~0.23	0.17~0.37	1.20~1.60		B:0.0005~0.0035	860(油)		200(水、空)	1080	885	10	45	55	≤207	模数较大、载荷较重的中小渗碳件,如重型机床上的齿轮轴,汽车后桥主动从动齿轮等
	20CrMnMo	0.17~0.23	0.17~0.37	0.90~1.20	1.10~1.40	Mo:0.20~0.30	850(油)		200(水、空)	1180	885	10	45	55	≤217	大截面渗碳件,如大型拖拉机齿轮、活塞销等
	20MnTiB	0.17~0.24	0.17~0.37	1.30~1.60		B:0.0005~0.0035 Ti:0.04~0.10	860(油)		200(水、空)	1130	930	10	45	55	≤187	20CrMnTi的代用钢,制造汽车、拖拉机上小截面、中等载荷的齿轮
高淬透性	20Cr2Ni4	0.17~0.23	0.17~0.37	0.30~0.60	1.25~1.65	Ni:3.25~3.65	880(油)	780(油)	200(水、空)	1180	1080	10	45	63	≤269	大截面、载荷较高,交变载荷下的重要渗碳件,如大型齿轮、轴等
	18Cr2Ni4WA	0.13~0.19	0.17~0.37	0.30~0.60	1.35~1.65	Ni:4.0~4.50 W:0.80~1.20	950(空)	850(空)	200(水、空)	1180	835	10	45	78	≤269	大截面、高强度、良好韧性以及缺口敏感性低的重要渗碳件,如大截面的齿轮、传动轴、曲轴、花键轴、活塞销、精密机床上控制进刀的蜗轮等

注:各牌号的合金渗碳钢试样毛坯尺寸均为 15 mm。

2. 合金调质钢

合金调质钢是指经调质后使用的钢。主要用于制作要求综合力学性能好的重要零件,如机床主轴、汽车半轴、连杆等。

(1)化学成分

合金调质钢的 $w_C=0.25\%\sim0.50\%$。若含碳量过低,则不易淬硬,回火后强度不够;若含碳量过高,则韧性差。由于合金元素代替了部分碳的强化作用,故含碳量可偏低。加入锰、硅、铬、镍、硼元素可提高淬透性,除硼以外,上述元素均能强化铁素体,当含量在一定范围时,还可提高铁素体的韧性。钨、钼、钒、钛等碳化物形成元素可细化晶粒,提高耐回火性,钼、钨还能防止产生第二类回火脆性。

(2)热处理特点

为改善合金调质钢锻造后的组织、切削加工性能和消除应力,切削加工前应进行退火或正火。最终热处理一般为淬火、高温回火,以获得良好的综合力学性能,其组织为回火索氏体。对于某些零件不仅要求有良好的综合力学性能,而且在某些部位还要求硬度高、耐磨性好。因此,对这些零件在调质后还要进行感应淬火或渗氮。$w_C\leq0.30\%$ 的合金调质钢也可在中、低温回火状态下使用,其组织分别为回火托氏体和回火马氏体。例如:锻锤锤杆采用中温回火,凿岩机活塞和混凝土振动器的振动头等,都采用低温回火。调质钢在退火或正火状态下使用时,其力学性能与相同含碳量的碳钢差别不大,只有通过调质,才能获得优于碳钢的性能,见表 7-6。

表 7-6 调质钢正火、调质后的力学性能

热处理方法	牌号	热处理工艺	试样尺寸	力学性能			
				σ_b/MPa	σ_s/MPa	δ_5%/	A_K/J
正火	40	870 ℃空冷	25	580	340	19	48
	40Cr	860 ℃空冷	60	740	450	21	72
调质	40	870 ℃水淬,600 ℃回火	25	620	450	20	72
	40Cr	850 ℃油淬,550 ℃回火	25	960	800	13	68

(3)常用合金调质钢

合金调质钢按淬透性高低分为以下三类。

① 低淬透性合金调质钢

这类钢含合金元素较少,淬透性较差,但经调质后强度比碳钢高,工艺性能较好。主要用于制作中等截面的零件。常用的牌号有 40Cr 钢、40MnB 钢、42SiMn 钢。

② 中淬透性合金调质钢

这类钢含合金元素较多,淬透性较高,调质后强度高。主要用于制作截面较大,承受较大载荷的零件。常用牌号有 40CrMn 钢、35CrMo 钢、38CrMoAl 钢、40CrNi 钢等。

③ 高淬透性合金调质钢

这类钢合金元素含量比前两类调质钢多,淬透性高,调质后强度和韧性好。主要用于制作大截面、承受重载荷的重要零件。常用牌号有 40CrMnMo 钢、25Cr2Ni4WA 钢等。

常用合金调质钢见表 7-7。

表 7 - 7　常用合金调质钢的牌号、成分、热处理、力学性能及用途(摘自 GB/T 3077—2015)

类别	牌号	化学成分 w/%					热处理		力学性能					钢材退火或高温回火供应状态硬度 HBS	用途举例
		C	Si	Mn	Cr	其他	淬火温度/℃	回火温度/℃	σ_b/MPa	σ_s/MPa	δ_5/%	ψ/%	A_{KU}/J		
									≥						
低淬透性	40Cr	0.37~0.44	0.17~0.37	0.50~0.80	0.80~1.10		850(油)	520(水、油)	980	785	9	45	47	≤207	制造承受中等载荷和中等速度工作下的零件,如汽车后半轴及机床上齿轮轴、花键轴、顶尖套等
	40Mn2	0.37~0.44	0.17~0.37	1.40~1.80			840(水、油)	540(水)	885	735	12	45	55	≤217	轴、半轴、活塞杆、连杆、螺栓
	42SiMn	0.39~0.45	1.10~1.40	1.10~1.40			880(水)	590(水)	885	735	15	40	47	≤229	在高频淬火及中温回火状态下制造中速、中等载荷的齿轮;调质后高频淬火及低温回火状态下制造表面要求高硬度、较高耐磨性、较大截面的零件,如主轴、齿轮等
	40MnB	0.37~0.44	0.17~0.37	1.10~1.40		B:0.0005~0.0035	850(油)	500(水、油)	980	785	10	45	47	≤207	代替40Cr钢制造中、小截面重要调质件,如汽车半轴、转向轴、蜗杆以及机床主轴、齿轮等
	40MnVB	0.37~0.44	0.17~0.37	1.10~1.40		V:0.05~0.10 B:0.0005~0.0035	850(油)	520(水、油)	980	785	10	45	47	≤207	代替40Cr钢制造汽车、拖拉机和机床上的重要调质件,如轴、齿轮等
中淬透性	35CrMo	0.32~0.40	0.17~0.37	0.40~0.70	0.80~1.10	Mo:0.15~0.25	850(油)	550(水、油)	980	835	12	45	63	≤229	通常用作调质件,也可在高、中频感应淬火或淬火后用于高载荷下工作的重要结构件,特别是受冲击、振动弯曲、扭转载荷的机件,如主轴、大电机轴、曲轴、锤杆等
	40CrMn	0.37~0.45	0.17~0.37	0.90~1.20	0.90~1.20		840(油)	550(水、油)	980	835	9	45	47	≤229	在高速、高载荷下工作的齿轮轴、齿轮、离合器等
	30CrMnSi	0.27~0.34	0.90~1.20	0.80~1.10	0.80~1.10		880(油)	520(水、油)	1 080	885	10	45	39	≤229	重要用途的调质件,如高速高载荷的砂轮轴、齿轮、轴、螺母、螺栓、轴套等
	40CrNi	0.37~0.44	0.17~0.37	0.50~0.80	0.45~0.75	Ni:1.00~1.40	820(油)	500(水、油)	980	785	10	45	55	≤241	制造截面较大、载荷较重的零件,如轴、连杆、齿轮轴等
	38CrMoAl	0.35~0.42	0.20~0.45	0.30~0.60	1.35~1.65	Mo:0.15~0.25 Al:0.70~1.10	940(水、油)	640(水、油)	980	835	14	50	71	≤229	高级氮化钢,常用于制造磨床主轴、自动车床主轴、精密丝杠、精密齿轮、高压阀门、压缩机活塞杆、橡胶及塑料挤压机上的各种耐磨件等

类别	牌号	化学成分 w/%					热处理		力学性能					钢材退火或高温回火状态应供硬度 HBS	用途举例
		C	Si	Mn	Cr	其他	淬火温度/℃	回火温度/℃	σ_b/MPa	σ_s/MPa	δ_5/%	ψ/%	A_{KU}/J		
									≥						
高淬透性	40Cr MnMo	0.37~0.45	0.17~0.37	0.90~1.20	0.90~1.20	Mo:0.20~0.30	850(油)	600(水、油)	980	785	10	45	63	≤217	截面较大、要求高强度和高韧性的调质件,如8 t 卡车的后桥半轴、齿轮箱半轴、偏心轴、齿轮、连杆等
	40Cr NiMoA	0.37~0.44	0.17~0.37	0.50~0.80	0.60~0.90	Mo:0.15~0.25 Ni:1.25~1.65	850(油)	600(水、油)	980	835	12	55	78	≤269	要求韧性好、强度高及大尺寸的重要调质件,如重型机械中高载荷的轴类,直径大于 250 mm 的汽轮机轴、叶片、曲轴等
	25Cr2 Ni4WA	0.21~0.28	0.17~0.37	0.30~0.60	1.35~1.65	W:0.80~1.20 Ni:4.00~4.50	850(油)	550(水、油)	1 080	930	11	45	71	≤269	200 mm 以下要求淬透的大截面重要零件

注:表中 38CrMoAl 钢试样毛坯尺寸为 30 mm,其余牌号合金调质钢试样毛坯尺寸均为 25 mm。

3. 合金弹簧钢

合金弹簧钢主要用于制造各种机械和仪表中的弹簧。弹簧利用弹性变形来储存能量,减缓振动和冲击,弹簧一般在交变载荷下工作,受到反复弯曲或拉、压应力,常产生疲劳破坏。因此,要求弹簧钢具有高的弹性极限、疲劳强度,足够的韧性,良好的淬透性、耐蚀性和不易脱碳等。一些特殊用途的弹簧钢还要求有高的屈强比(σ_s/σ_b)。

（1）化学成分

合金弹簧钢 w_C＝0.5%～0.7%,加入合金元素锰、硅、铬、钼、钒等主要是提高淬透性、耐回火性和强化铁素体,经热处理后有高的弹性和屈强比,但硅易使钢脱碳和产生石墨化倾向,使疲劳强度降低。加入少量铬、钼、钒可防止脱碳,并能细化晶粒,提高屈强比、弹性极限和高温强度降低。

（2）热处理特点

因弹簧成型工艺不同,故热处理特点也不同。

① 热成型弹簧的热处理

当弹簧直径或板簧厚度大于 10 mm 时,常采用热态下成型,即将弹簧加热至比正常淬火温度高 50～80 ℃进行热卷成型,然后利用余热立即淬火、中温回火,获得回火托氏体,硬度为40～48HRC,具有较高的弹性极限、疲劳强度和一定的塑性与韧性。

② 冷成型弹簧的热处理

当弹簧直径或板簧厚度小于 8～10 mm 时,常用冷拉弹簧钢丝或弹簧钢带冷卷成型。按制造工艺不同,冷拉弹簧钢丝有三种:

铅淬冷拉钢丝:将钢丝坯料奥氏体化后,在 500～550 ℃的铅浴中等温,获得索氏体,然后经多次冷拔至所需直径。这种钢丝强度很高,且有足够韧性。钢丝冷卷成弹簧后,只进行一次200～300 ℃低温回火,以消除应力,并使弹簧定型,不需要再经淬火、回火处理。

淬火回火钢丝:即将钢丝冷拔到规定尺寸后,进行油淬和中温回火。此钢丝性能比较均匀。冷卷成弹簧后在 $200\sim300$ ℃低温回火,以消除应力,此后不需再经淬火和回火处理。

退火钢丝:此钢丝是退火状态供应的。钢丝经冷卷成弹簧后,应进行淬火和中温回火,以满足所需性能。弹簧经热处理后,要进行喷丸处理,使表面产生残留压应力,以提高其疲劳强度。

（3）常用合金弹簧钢

应用最广泛的合金弹簧钢是 60Si2Mn 钢,其淬透性、弹性极限、屈服点和疲劳强度均较高,价格较低。主要用于制作截面尺寸较大的弹簧。50CrVA 钢的力学性能与 60Si2Mn 钢相近,但淬透性更高,且铬和钒能提高弹性极限、强度、韧性和耐回火性。常用于制作承受重载荷及工作温度较高、截面尺寸大的弹簧。

常用合金弹簧钢见表 7-8。

表 7-8　常用合金弹簧钢牌号、成分、热处理、性能及用途（摘自 GB/T 1222—2016）

牌号	化学成分 w /%									热处理		力学性能					用途举例
	C	Si	Mn	Cr	Ni	Cu	P	S	其他	淬火温度℃	回火温度℃	σ_s/MPa	σ_b/MPa	δ_5/%	δ_{10}/%	ψ/%	
					≤							≥					
55Si2Mn	0.52~0.60	1.50~2.00	0.60~0.90	≤0.35	0.35	0.25	0.035	0.035		870(油)	480	1 177	1 275		6	30	汽车、拖拉机、机车上的减振板簧和螺旋弹簧,汽缸安全阀簧,电力机车用升弓钩弹簧,止回阀簧,还可用作 250 ℃以下使用的耐热弹簧
55Si2MnB	0.52~0.60	1.50~2.00	0.60~0.90	≤0.35	0.35	0.25	0.035	0.035	B:0.000 5~0.004	870(油)	480	1 177	1 275		6	30	同 55Si2Mn 钢
60Si2Mn	0.56~0.64	1.50~2.00	0.60~0.90	≤0.35	0.35	0.25	0.035	0.035		870(油)	480	1 177	1 275		5	25	同 55Si2Mn 钢
55SiMnVB	0.52~0.60	0.70~1.00	1.00~1.30	≤0.35	0.35	0.25	0.035	0.035	V:0.08~0.16 B:0.000 5~0.003 5	860(油)	460	122 6	137 3		5	30	代替 60Si2Mn 钢制作重型、中型、小型汽车的板簧和其他中型截面的板簧和螺旋弹簧
60Si2CrA	0.56~0.64	1.40~1.80	0.40~0.70	0.70~1.00	0.35	0.25	0.030	0.030		870(油)	420	156 9	176 5	6		20	用作承受高应力及工作温度在 350 ℃以下的弹簧,如调速器弹簧汽轮机汽封弹簧、破碎机用簧等
55CrMnA	0.52~0.60	0.17~0.37	0.65~0.95	0.65~0.95	0.35	0.25	0.030	0.030		830~860(油)	460~510	$\sigma_{r0.2}$ 1 079	122 6	9		20	车辆、拖拉机工业上制作载荷较重、应力较大的板簧和直径较大的螺旋弹簧
50CrVA	0.46~0.54	0.17~0.37	0.50~0.80	0.80~1.10	0.35	0.25	0.030	0.030	V:0.10~0.20	850(油)	500	112 8	127 5	10		40	用作较大截面的高载荷重要弹簧及工作温度<350 ℃的阀门弹簧、活塞弹簧、安全阀弹簧等
30W 4Cr2VA	0.26~0.34	0.17~0.37	≤0.40	2.00~2.50	0.35	0.25	0.030	0.030	V:0.50~0.80 W:4.00~4.50	1050~110 0(油)	600	1 324	1 471	7		40	用作工作温度≤500 ℃的耐热弹簧,如锅炉安全阀弹簧、汽轮机汽封弹簧等

注:表中所列性能适用于截面单边尺寸≤80 mm 的钢材。

4. 高锰耐磨钢

高锰耐磨钢是指在巨大压力和强烈冲击力作用下才能发生硬化的钢。这类钢 $w_C =$ $0.9\% \sim 1.5\%$，$w_{Mn} = 11\% \sim 14\%$。由于高锰耐磨钢板易冷变形强化，很难进行切削加工，因此大多数高锰耐磨钢件采用铸造成型。高锰耐磨钢铸态组织中存在许多碳化物，因此钢硬而脆，为改善其组织以提高韧性，将铸件加热至 1 000～1 100 ℃，使碳化物全部溶入奥氏体中，然后水冷得到单相奥氏体组织，称此处理为水韧处理。铸件经水韧处理后，强度、硬度(180～230HBS)不高，塑性、韧性良好。工作时，若受到强烈冲击、巨大压力或摩擦，则因表面塑性变形而产生明显的冷变形强化，同时还发生奥氏体向马氏体的转变，使表面硬度(达 52～56HRC)和耐磨性大大提高，而心部仍保持奥氏体组织的良好韧性和塑性，有较高的抗冲击能力。高锰耐磨钢主要用于制作受强烈冲击、巨大压力并要求耐磨的零件，如坦克及拖拉机履带、破碎机颚板、铁路道岔、挖掘机铲齿、保险箱钢板、防弹板等。常用牌号有 ZGMn13 - 1 铸钢和 ZGMn13 - 4 铸钢。

常用高锰耐磨钢见表 7 - 9。

表 7 - 9　常用耐磨钢铸件牌号、化学成分、热处理、力学性能及用途(摘自 GB/T 5680—2010)

牌　号	化学成分 $w/\%$					热处理		力学性能				用途举例
	C	Si	Mn	S	P	淬火温度/℃	冷却介质	σ_b/MPa	δ_5/%	A_K/J	HBS	
								$\geqslant$			$\leqslant$	
ZGMn13 - 1	1.00 ~ 1.50	0.30 ~ 1.00	11.00 ~ 14.00	$\leqslant$ 0.050	$\leqslant$ 0.090	1 060 ~ 1 100	水	637	20		229	用于结构简单、要求以耐磨为主的低冲击铸件，如衬板、齿板、辊套、铲齿等
ZGMn13 - 2	1.00 ~ 1.40	0.30 ~ 1.00	11.00 ~ 14.00	$\leqslant$ 0.050	$\leqslant$ 0.090	1 060 ~ 1 100	水	637	20	118	229	
ZGMn13 - 3	0.90 ~ 1.30	0.30 ~ 0.80	11.00 ~ 14.00	$\leqslant$ 0.050	$\leqslant$ 0.080	1 060 ~ 1 100	水	686	25	118	229	用于结构复杂、要求以韧性为主的高冲击铸件，如履带板等
ZGMn13 - 4	0.90 ~ 1.20	0.30 ~ 0.80	11.00 ~ 14.00	$\leqslant$ 0.050	$\leqslant$ 0.070	1 060 ~ 1 100	水	735	35	118	229	

7.4.2　轴承钢

轴承钢主要用于制作滚动轴承的滚动体(滚珠、滚柱、滚针)和内、外套圈等，属于专用结构钢。滚动轴承工作时承受很大的局部交变载荷，滚动体与套圈间接触应力较大，易使轴承工作表面产生接触疲劳破坏和磨损。因此，要求轴承钢具有高的硬度、耐磨性、弹性极限和接触疲劳强度，以及足够的韧性和耐蚀性。

从化学成分来看,轴承钢属于工具钢,故也可用于制造耐磨件,如精密量具、冷冲模、机床丝杠等。

1. 化学成分

轴承钢 $w_C = 0.90\% \sim 1.10\%$,以保证具有高的硬度和耐磨性。$w_{Cr} = 0.40\% \sim 1.65\%$,以提高淬透性,并使钢热处理后形成细小弥散分布的合金渗碳体,提高钢的强度、硬度、接触疲劳强度、耐磨性和耐蚀性。铬含量不宜过高,否则会增加残留奥氏体量,降低钢的耐磨性和疲劳强度。对大型轴承可加入硅、锰等元素,以提高强度、弹性极限,并进一步改善淬透性。轴承钢对硫、磷含量要求严格($w_S < 0.025\%$,$w_P < 0.03\%$),以提高抗疲劳能力,延长轴承使用寿命。

2. 热处理特点

轴承钢的热处理是球化退火、淬火和低温回火。球化退火可降低锻造后钢的硬度(180~207HBS),以利于切削加工,并为最终热处理做好组织准备。球化退火后的组织是铁素体和均匀分布的细粒状碳化物。若钢原始组织中有粗大的片状珠光体和网状渗碳体,则应在球化退火前进行正火,以改善钢原始组织。淬火和低温回火后,组织为细回火马氏体、均匀分布细粒状碳化物和少量残留奥氏体,硬度为61~65HRC。对精密轴承,为保证尺寸稳定性,可在淬火后立即进行冷处理(−60~−80 ℃),以减少残留奥氏体量,然后进行低温回火消除应力,并在精磨后进行稳定化处理(120~130 ℃,保温 10~15 h),以进一步提高尺寸稳定性。

3. 常用轴承钢

轴承钢包括有高碳铬轴承钢、渗碳轴承钢、高碳铬不锈轴承钢、高温轴承钢、无磁轴承钢等。其中 GCr15 钢是应用最广的高碳铬轴承钢,主要用于制作中、小型轴承,还可用于制作冷冲模、精密量具、机床丝杠等。对大型、重载荷轴承常采用 GCr15SiMn 钢。根据我国资源条件,已研制出不含铬的轴承钢,如 GSiMnV 钢、GSiMnMoV 钢等代替 GCr15 钢。

常用滚动轴承钢见表 7-10。

表 7-10 常用高碳铬轴承钢的牌号、化学成分、热处理及用途

牌 号	化学成分 w/%								热处理			用途举例
	C	Cr	Mn	Si	Mo	V	RE	S、P	淬火温度/℃	回火温度/℃	回火后硬度HRC	
GCr9	1.00~1.10	0.90~1.20	0.20~0.40	0.15~0.35	—	—	—	≤0.025	810~830	150~170	62~66	10~20 mm 的滚珠
GCr15	0.95~1.05	1.30~1.65	0.20~0.40	0.15~0.35	—	—	—	≤0.025	825~845	150~170	62~66	壁厚 20 mm 的中、小型套圈,<50 mm 钢球
GCr15SiMn	0.95~1.05	1.30~1.65	0.90~1.20	0.40~0.65	—	—	—	≤0.025	820~840	150~170	≥62	壁厚>30 mm 的大型套圈,50~100 mm 钢球
GSiMnV	0.95~1.10	—	1.30~1.80	0.55~0.80	—	0.20~0.30	—	≤0.03	780~810	150~170	≥62	可代替 GCr15 钢

牌　号	化学成分 w/%								热处理			用途举例
	C	Cr	Mn	Si	Mo	V	RE	S,P	淬火温度/℃	回火温度/℃	回火后硬度HRC	
GSiMnVRE	0.95~1.10	—	1.10~1.30	0.55~0.80	—	0.20~0.30	0.1~0.15	≤0.03	780~810	150~170	≥62	可代替 GCr15 钢及 GCr15SiMn 钢
GSiMnMoV	0.95~1.10		0.75~1.05	0.40~0.65	0.20~0.40	0.20~0.30	—		770~810	165~175	≥62	可代替 GCr15SiMn 钢

注：表中后两种为新钢种，RE 为稀土元素。

7.5　合金工具钢与高速工具钢

7.5.1　合金工具钢

合金工具钢是指用于制造各种刃具、模具和量具用钢的总称。

1. 量具、刃具钢

（1）量具用钢

量具用钢是指用来制作各种测量工具（如卡尺、千分尺、块规、塞规等）的钢。量具工作时，主要受到摩擦、磨损，承受外力很小，因而要求量具用钢要有高的硬度（62~65HRC）、耐磨性和良好的尺寸稳定性。量具经淬火、低温回火后，组织为回火马氏体和少量残留奥氏体，在使用和放置过程中因组织发生变化，导致量具形状尺寸变化。为保证量具精度和提高尺寸稳定性，常在淬火后立即进行-80 ℃左右的冷处理，使残留奥氏体转变为马氏体，然后低温回火，再经磨削，最后进行稳定化处理，使淬火组织尽量转变为回火马氏体，并消除应力。

量具用钢没有专用钢。对于精度较低、尺寸较小、形状简单的量具（如样板、塞规等）：可采用 T10A 钢、T12A 钢制作，经淬火、低温回火；或用 50 钢、60 钢、65Mn 钢制作，经高频感应淬火；也可用 15 钢、20 钢经渗碳、淬火、低温回火后使用。对形状复杂、高精度的量具（如块规），常采用热处理变形小的 GCr15 钢、CrWMn 钢、CrMn 钢、9SiCr 钢等制作，经淬火、低温回火。由于 CrWMn 钢淬火变形小，故又称此钢为微变形钢。要求耐蚀的量具可用不锈钢 3Cr13 等制作。

（2）合金刃具钢

合金刃具钢主要制作切削刃具（如板牙、丝锥、铰刀等）。刃具工作时，刃部与切屑、毛坯间产生强烈摩擦，使刃部磨损并产生高温（可达 500~600 ℃）。另外，刃具还承受冲击和振动，因此要求刃具钢具有以下性能：

① 高的硬度和耐磨性：一般切削加工用刀具的硬度应大于 60HRC，耐磨性好坏直接影响刀具使用寿命，耐磨性不仅与硬度有关，而且还与钢中碳化物的性质、数量、大小、分布有关。通常硬度越高，耐磨性越好。当硬度基本相同时，若在马氏体基体上分布着一定数量的硬而细

小的碳化物,则比单一马氏体具有更高的耐磨性。

② 高的热硬性:热硬性是指钢在高温下保持高硬度的能力。为保证钢有高的热硬性,通常在钢中加入提高耐回火性的合金元素。

③足够的强度和韧性:以防在受冲击和震动时,刀具突然断裂或崩刃。

这类钢的 $w_C = 0.80\% \sim 1.50\%$,以保证高硬度和耐磨性。加入合金元素铬、锰、硅等可提高淬透性、耐回火性和改善热硬性。加入钨、钒等碳化物形成元素可形成 WC、VC 或 V_4C_3 等特殊碳化物,从而提高钢的热硬性和耐磨性。

这类钢锻造后进行球化退火,以改善切削加工性能。最终热处理为淬火和低温回火,其组织为细回火马氏体、合金碳化物和少量残留奥氏体,硬度为 $60 \sim 65$ HRC。

9SiCr 钢是常用的合金刃具钢,具有高的淬透性和耐回火性,热硬性可达 $300 \sim 350$ ℃。主要制造变形小的薄刃低速切削刀具(如丝锥、板牙、铰刀等)。CrWMn 钢具有高的淬透性,淬火变形小,适于制造较复杂的低速切削刀具(如拉刀等)。

常用合金刃具钢见表 7-11。

表 7-11 常用合金刃具钢牌号、成分、热处理、力学性能及用途(摘自 GB/T 1299—2014)

| 牌号 | 化学成分 w /% | | | | | 热处理 | | | | 用途举例 |
| | | | | | | 淬火 | | 回火 | | |
	C	Mn	Si	Cr	P、S	淬火温度/℃	HRC	回火温度/℃	HRC	
9SiCr	0.85~0.95	0.30~0.60	1.20~1.60	0.95~1.25	≤0.03	820~860(油)	≥62	180~200	60~62	板牙、丝锥、铰刀、搓丝板、冷冲模等
8MnSi	0.75~0.85	0.80~1.10	0.30~0.60		≤0.03	800~820(油)	≥60			木工錾子、锯条、切削工具等
Cr06	1.30~1.45	≤0.40	≤0.40	0.50~0.70	≤0.03	780~810(水)	≥64			外科手术刀、剃刀、刮刀、刻刀、锉刀等
Cr2	0.95~1.10	≤0.40	≤0.40	1.30~1.65	≤0.03	830~860(油)	≥62			车刀、插刀、铰刀、钻套、量具、样板等
9Cr2	0.80~0.95	≤0.40	≤0.40	1.30~1.70	≤0.03	820~850(油)	≥62			木工工具、冷冲模、钢印、冷轧辊等

2. 合金模具钢

合金模具钢按使用条件不同,分为冷作模具钢、热作模具钢和塑料模具钢等。

(1)冷作模具钢

冷作模具钢用于制造在冷态下变形或分离的模具,如冷冲模、冷镦模、冷挤压模等。这类模具工作时,要求有高的硬度和耐磨性,足够的强度和韧性。大型模具用钢还应具有好的淬透性和热处理变形小等性能。冷作模具钢 $w_C = 1.0\% \sim 2.0\%$,其目的是为了获得高硬度和耐磨性。加入合金元素铬、钼、钨、钒等,以提高耐磨性、淬透性和耐回火性。

冷作模具钢最终热处理一般为淬火和回火。回火后组织为回火马氏体、碳化物和残留奥氏体,硬度为 $60 \sim 62$ HRC。

目前应用很广的是 Cr12 型钢,如 Cr12MoV 钢、Cr12 钢等。Cr12MoV 钢具有很高的硬度

（约 1 820HV）和耐磨性，较高的强度和韧性，以及热处理变形小等特点。主要用于制作截面较大、形状复杂的冷作模具。

常用冷作模具钢见表 7-12。

表 7-12　常用冷作模具钢的牌号、化学成分、热处理及用途（摘自 GB/T 1299—2014）

牌号	化学成分 w /%									交货状态（正火）HBS	热处理		用途举例
	C	Si	Mn	Cr	W	Mo	V	P	S		淬火温度/℃	HRC≥	
								≤					
Cr12	2.00 ~ 2.30	≤0.40	≤0.40	11.50 ~ 13.00				0.03	0.03	217~ 269	950~ 1 000 （油）	60	用于制作耐磨性高、尺寸较大的模具，如冷冲模、冲头、钻套、量规、螺纹滚丝模、拉丝模、冷切剪刀等
Cr12 MoV	1.45 ~ 1.70	≤0.40	≤0.40	11.00 ~ 12.50		0.40~ 0.60	0.15~ 0.30	0.03	0.03	207~ 255	950~ 1 000（油）	58	用于制作截面较大、形状复杂、工作条件繁重的各种冷作模具及螺纹搓丝板、量具等
Cr4W2 MoV	1.12 ~ 1.25	0.40 ~ 0.7	≤0.40	3.50 ~ 4.00	1.90 ~ 2.60	0.80 ~ 1.20	0.80 ~ 1.10	0.03	0.03	退火 ≤269	960~ 980， 1 020~ 1 040 （油）	60	可代替 Cr12Mo 钢 Cr12 钢，用于制作冷冲模、冷挤压模、搓丝板等
CrWMn	0.90 ~ 1.05	≤0.40	0.80 ~ 1.20	0.90 ~ 1.60	1.20 ~ 1.60			0.03	0.03	207 ~ 255	800 ~ 830（油）	62	用于制作淬火要求变形很小、长而形状复杂的切削刀具，如拉刀、长丝锥及形状复杂、高精度的冷冲模
6W6 Mo5 Cr4V	0.55 ~ 0.65	≤0.40	≤0.60	3.70 ~ 4.30	6.00 ~ 7.00	4.50 ~ 5.50	0.70 ~ 1.10	0.03	0.03	退火≤ 269	1 180~ 1 200 （油）	60	用于制作冲头、冷作凹模等

（2）热作模具钢

热作模具钢用来制造使热态（指热态下固体或液体）下金属或合金在压力下成型的模具，如热锻模、热挤压模、压铸模等。模具工作时受到强烈摩擦，并承受较高温度和大的冲击力。另外，模膛受炽热金属和冷却介质的交替反复作用产生热应力，模膛易龟裂（即热疲劳）。因此，要求模具在高温下应有较高的强度、韧性，足够的硬度（40～50HRC）和耐磨性，以及良好的热导性和抗热疲劳性。对尺寸较大的模具，还要求有好的淬透性，以保证模具整体性能均匀，且热处理变形要小。

  热作模具钢 $w_C=0.3\%\sim0.6\%$，以保证有良好的强度、硬度和韧性。加入合金元素镍、铬、钼、锰、硅等，可提高淬透性；镍在强化基体的同时，还能提高其韧性，并与铬、钼一起提高钢的抗热疲劳性，镍与铬一起可提高钢的耐回火性；加入钼主要是为了提高耐回火性和防止第二类回火脆性。

  常用的热锻模在锻造后进行退火，以消除锻造应力，降低硬度，利于切削加工，最终热处理为淬火、高温（或中温）回火，组织为均匀的回火索氏体（或回火托氏体），具有较高的强韧性和一定的硬度与耐磨性。模尾处回火温度应高些，硬度为30～39HRC，工作部分（即模面）回火温度较低，硬度为34～48HRC。

  5CrMnMo 钢和 5CrNiMo 钢是常用的热作模具钢，它们有较高的强度、耐磨性和韧性，优良的淬透性和良好的抗热疲劳性能。主要用于制作大、中型热锻模。根据我国的资源情况，应尽可能采用 5CrMnMo 钢。对于在静压下使金属变形的热挤压模、压铸模，常选用高温下性能较好的 3Cr2W8V 钢或 4Cr5W2VSi 钢制作。

  常用合金热作模具钢见表 7-13。

表 7-13 常用热作模具钢的牌号、化学成分、热处理及用途（摘自 GB/T 1299—2014）

牌号	化学成分 w /%									交货状态（退火）HBS	热处理	用途举例
	C	Si	Mn	Cr	W	Mo	V	P	S		淬火温度/℃	
								≤				
5CrMnMo	0.50 ~ 0.60	0.25 ~ 0.60	1.20 ~ 1.60	0.60 ~ 0.90		0.15 ~ 0.30		0.03	0.03	197~241	820~850（油）	制作中型热锻模（边长≤400 mm）
5CrNiMo	0.50 ~ 0.60	≤0.40	0.50 ~ 0.80	0.50 ~ 0.80		0.15 ~ 0.30		0.03	0.03	197 ~ 241	830 ~ 860（油）	制作形状复杂、冲击载荷大的各种大、中型热锻模（边长>400 mm）
3Cr2W8V	0.30 ~ 0.40	≤0.40	≤0.40	2.20 ~ 2.70	7.50 ~ 9.00		0.20 ~ 0.50	0.03	0.03	207 ~ 255	1 075 ~ 1 125（油）	制作压铸模，平锻机上的凸模和凹模、镶块，铜合金挤压模等
4Cr5W2VSi	0.32 ~ 0.42	0.80 ~ 1.20	≤0.40	4.50 ~ 5.50	1.60 ~ 2.40		0.60 ~ 1.00	0.03	0.03	≤229	1 030 ~ 1 050（油或空冷）	可用于高速锤用模具与冲头，热挤压用模具及芯棒，有色金属压铸模等

牌 号	化学成分 w /%									交货状态(退火)HBS	热处理	用途举例
	C	Si	Mn	Cr	W	Mo	V	P	S		淬火温度/℃	
								≤				
4Cr5 MoSiV	0.33 ~ 0.43	0.80 ~ 1.20	0.20 ~ 0.50	4.75 ~ 5.50		1.10 ~ 1.60	0.30 ~ 0.60	0.03	0.03	≤235	790 ℃预热,1 000 ℃盐浴或 1 010 ℃(炉控气氛)加热,保温 5~15 min 空冷,550 ℃回火	使用性能和寿命高于 3Cr2W8V 钢,用于制作铝合金压铸模、热挤压模、锻模和耐500 ℃以下的飞机、火箭零件
5Cr4W5 Mo2V	0.40 ~ 0.50	≤0.40	≤0.40	3.40 ~ 4.40	4.50 ~ 5.30	1.50 ~ 2.10	0.70 ~ 1.10	0.03	0.03	≤269	1 100 ~ 1 150(油)	热挤压、精密锻造模具钢。常用于制造中小型精锻模,或代替 3Cr2W8V 钢作热挤压模具

（3）塑料模具钢

塑料模具钢是指制造塑料模具用的钢种。因塑料制品的强度、硬度和熔点比钢低,所以塑料模具失效的主要原因是模具表面质量下降,而不是模具的磨损和开裂。

由塑料模具的工作特点可知,塑料模具钢应具有以下性能:

① 良好的加工性:能在较高预硬硬度下(28~35HRC),进行切削加工或电火花加工,且加工质量良好,如遇特殊情况也可在 45HRC 硬度下进行精加工。塑料模具钢应易于蚀刻各种图案、文字和符号,且清晰、美观。

② 良好的抛光性:抛光时应容易使模具表面达到高镜面度(一般应达 $Ra0.1$~$0.01\ \mu m$,制造透明件成型表面的模具其表面 Ra 值应达到 $0.005\ \mu m$,并且在工作中镜面保持能力强。

③ 良好的热处理性能:热处理后表面硬度应达到 55HRC 以上,要求热处理变形很小、变形方向性很小。

④ 良好的焊接性能:应易于对模具进行焊补,保证焊补质量。焊补后应能顺利进行切削加工。

⑤ 良好的耐磨性,足够的强度和韧性。

此外,有些塑料在成型时会释放出腐蚀性气体,故要求塑料模具钢应有良好的耐蚀性。塑料模具钢还应具有良好的表面装饰处理性能,如镀铬或镍磷非晶态涂层处理。

一般的中、小型且形状不复杂的塑料模具,可用 T7A、T8A、12CrMo、CrWMn、20Cr、40Cr、Cr2 等钢制造。但这些钢难以全面具备上述要求,因此发展了塑料模具钢系列。目前我国生产的塑料模具钢有以下几种:

① 3Cr2Mo 钢:即按国外 AISI 标准生产的预硬钢。供货有退火态和调质态两种,规格有

中厚板、特厚板和大型模块。退火状态屈服点为 650 MPa,断后伸长率为 15％;调质至预硬硬度 22～32HRC 时,力学性能可提高 30％～50％。这种钢的工艺性能优良,切削加工性和电火花加工性良好,钢质纯净,镜面抛光性好,表面粗糙度 Ra 值可达 0.025 μm,可渗碳、渗硼、氮化和镀铬,耐蚀性和耐磨性好。3Cr2Mo 钢具备了塑料模具钢的综合性能,是目前国内外应用最广的塑料模具钢之一,主要用于制造形状复杂、精密、大型模具。

② 3Cr2NiMo 钢:3Cr2NiMo 钢是 3Cr2Mo 钢的改进型,镍可提高钢的淬透性、强度、韧性和耐蚀性。这种钢的镜面抛光性好,表面粗糙度 Ra 值可达 0.025～0.015 μm;镀铬性和焊补性良好;硬度为 32～36HRC 时,用一般刀具即可切削加工;加热至 800～825 ℃后空冷,硬度可达 58～62HRC;表面热处理后硬度可达 1 000HV,耐磨性显著提高。

③ Y55CrNiMnMoV(SM1)钢和 Y20CrNi3AlMnMo(SM2)钢:这两种钢属于易切削预硬钢(Y 表示预硬态类)。与 Y55CrNiMnMoV 钢相比,Y20CrNi3AlMnMo 钢含碳量较低,含镍量和含硫量较高,故这种钢具有更高的预硬硬度和更好的切削加工性,表面粗糙度 Ra 值可达 0.05 μm,可氮化处理。

④ 5NiSCa 钢:这种钢属于复合系易切削高韧性预硬钢,钙可改善切削加工性,还可适当降低钢中硬质点的硬度,减少对刀具的磨损。这种钢在硬度为 30～35HRC 时,切削加工性与 45 钢退火态相近,硬度为 45HRC 时仍可切削加工,表面粗糙度 Ra 值可达 0.10～0.05 μm,易于补焊,易于蚀刻图案,适于制造高精度、小粗糙度值的塑料模具。

⑤ PMS 钢:这种钢属于镜面预硬模具钢,当预硬硬度为 38～45HRC 时,切削加工性优于正火态中碳钢。PMS 钢镜面抛光性好、变形小,表面粗糙度 Ra 值可达 0.008 μm。PMS 钢是氮化钢,因钢中含有铝,故钢的时效温度与氮化温度相近,在氮化的同时也进行了时效处理,提高了表面硬度。PMS 钢用于制造玻璃纤维增强塑料用的模具和制造有镜面或图案蚀刻要求或透明度要求高的塑料模具。

⑥ 718 钢:718 钢是瑞典产镜面预硬钢,它是 3Cr2Mo 钢的改进型,表面粗糙度 Ra 值可达 0.006 μm。因钢中含有强碳化物形成元素,故火焰加热空冷后硬度可达 50～55HRC。718 钢具有特别优良的镜面抛光性,良好的淬硬性、耐蚀性,适于制造镜面度和耐磨性要求高或有细致蚀刻纹的塑料模具。

⑦ PCR 钢:PCR 是耐蚀钢,淬火组织为板条状马氏体,硬度为 32～35HRC,切削加工性好,时效硬化后力学性能好,镜面抛光后 $Ra=0.2$ μm,PVD 表面离子镀后,硬度大于 1 600HV。除上述塑料模具钢外,4Cr5MoSiV、Cr12MoV、18CrMnTi、12CrNi3A、2Cr13、3Cr13 等钢也可用于制造塑料模具。

7.5.2 高速工具钢

高速工具钢是含有较多合金元素的工具钢,它具有高的热硬性,当切削温度高达 600 ℃时,仍有良好的切削性能,故俗称锋钢。高速工具钢分为钨钼系、钨系和超硬系高速工具钢三类。

1. 化学成分

高速工具钢 $w_C=0.70\%～1.25\%$,以保证获得高碳马氏体和形成足够的合金碳化物,从而提高钢的硬度、耐磨性和热硬性。加入合金元素钨、钼、铬、钒等,钨一部分形成很稳定的合金碳化物,提高钢的硬度和耐磨性,另一部分溶于马氏体,提高耐回火性,在 560 ℃左右回火时析出弥散的特殊碳化物,产生二次硬化,提高热硬性。钼的作用与钨相似,可用 1% 的钼取代 2% 的钨。铬可提高淬透性,当 $w_{Cr}=4\%$ 时,空冷即可得到马氏体组织,故此钢又俗称风钢。钒与碳形成稳定的 VC,有极高的硬度(2 010HV),并呈细小颗粒、均匀分布,可提高钢的硬度、耐磨性和热硬性。但钒量不宜过多,否则将使钢韧性降低。

2. 高速工具钢的锻造与热处理特点

高速工具钢属于莱氏体钢,铸态组织中有粗大鱼骨状的合金碳化物,如图 7-9 所示。这种碳化物硬而脆,不能用热处理方法消除,必须用反复锻打的方法将其击碎,使碳化物细化并均匀分布在基体上。

高速工具钢锻造后硬度较高并存在应力,为改善切削加工性能,消除应力,并为淬火做好组织准备,应进行退火。退火后组织为索氏体和粒状碳化物(见图 7-10),硬度为 207～255HBS。为了缩短退火时间,生产中常采用等温退火,退火工艺如图 7-11(a)所示。高速工具钢只有通过正确的淬火和回火,才能获得优良性能。高速工具钢热导性差,为减小淬火加热时的热应力,防止变形和开裂,必须在 800～850 ℃预热,待工件整个截面上温度均匀后,再加热到淬火温度。对大截面、形状复杂的刀具,常采用二次预热(第一次温度为 500～600 ℃,第二次温度为 800～850 ℃)。为使钨、钼、钒尽可能多地溶入奥氏体,以提高热硬性,其淬火温度一般很高(如 W18Cr4V 钢为 1 270～1 280 ℃),常采用油冷单介质淬火或盐浴中分级淬火,其工艺曲线如图 7-11(b)所示。淬火后组织为马氏体、粒状碳化物和残留奥氏体(20%～30%),如图 7-12 所示。为减少淬火后组织中残留奥氏体量,必须进行多次回火(一般为三次),如图 7-11(c)所示,使残留奥氏体量从 20%～30% 减少到 1%～2%。在回火过程中,从马氏体中析出弥散的特殊碳化物(W_2C,VC)形成弥散硬化,提高了钢的硬度,同时从残留奥氏体中析出合金碳化物,降低残留奥氏体中合金浓度,使 M_s 点升高,在随后冷却过程中残留奥氏体转变为马氏体,也使钢硬度提高,由此造成钢产生二次硬化。

高速工具钢正常淬火、回火后的组织为回火马氏体、合金碳化物和少量残留奥氏体(见图 7-13),硬度为 63～65HRC。

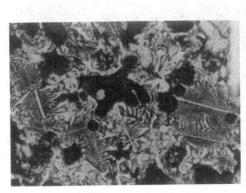

(a) 调整工具钢(W18Cr4V钢)金相组织

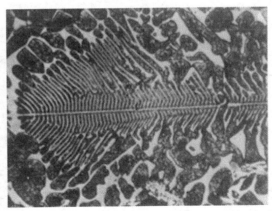

(b) 粗大鱼骨状的合金碳化物(放大图)

图 7-9 高速工具钢(W18Cr4V 钢)铸态组织

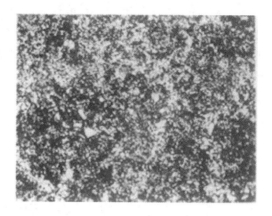

图 7-10 高速工具钢(W18Cr4V钢)退火组织

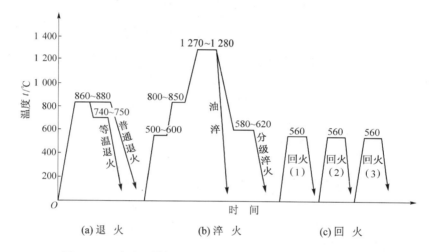

图 7-11 高速工具钢(W18Cr4V钢)退火、淬火、回火工艺曲线

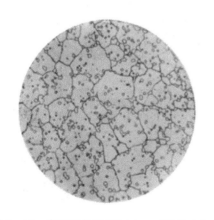

图 7-12 高速工具钢(W18Cr4V钢)淬火组织

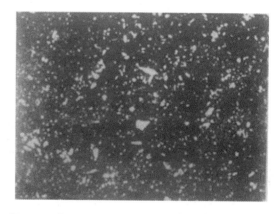

图 7-13 高速工具钢(W18Cr4V钢)淬火、回火后组织

3. 常用高速工具钢

W18Cr4V钢是发展最早、应用广泛的高速工具钢,其热硬性高,过热和脱碳倾向小,但碳

化物较粗大,韧性较差。主要用于制作中速切削刀具或结构复杂低速切削的刀具(如拉刀、齿轮刀具等)。W6Mo5Cr4V2 钢可作为 W18Cr4V 钢的代用品。与 W18Cr4V 钢相比,W6Mo5Cr4V2 钢由于钼的碳化物细小,故有较好的韧性。此外,因钢中碳、钒含量较高,可提高钢的耐磨性。但此钢易脱碳和过热,热硬性略差,主要用于制作耐磨性和韧性配合较好的刃具,尤其适于制作热加工成型的薄刃刀具(如麻花钻头等)。

含钴和铝的超硬高速工具钢(如 W18Cr4V2Co8 钢、W6Mo5Cr4V2Al 钢),其硬度、热硬性均比 W18Cr4V 钢和 W6Mo5Cr4V2 钢高,但可磨削性差。前者主要用于加工难切削的金属材料,后者适用于加工合金钢。

各种高速工具钢均有较高的热硬性(约 600 ℃)、耐磨性、淬透性和足够的强韧性,应用广泛,除制造刀具外,还可制造冷冲模、冷挤压模和要求耐磨性高的零件。

常用高速工具钢见表 7 - 14。

表 7 - 14　常用高速工具钢牌号、成分、热处理及用途(摘自 GB/T 9943—2008)

牌　号	化学成分 w /%							热处理				用途举例
								淬火		回火		
	C	Mn	Si	Cr	W	V	Mo	淬火温度/℃	HRC	回火温度/℃	HRC	
W18Cr4V	0.70～0.80	≤0.40	≤0.40	3.80～4.40	17.50～19.00	1.00～1.40		1 260～1 280(油)	≥63	550～570(三次)	63～66	制作中速切削用车刀、刨刀、钻头铣刀等
9W18Cr4V	0.90～1.00	≤0.40	≤0.40	3.80～4.40	17.50～19.00	1.00～1.40		1 260～1 280(油)	≥63	570～580(四次)	67.5	在切削不锈钢及其他硬或韧的材料时,可显著提高刀具寿命和降低被加工零件表面粗糙度值
W6Mo5Cr4V2	0.80～0.90	≤0.35	≤0.30	3.80～4.40	5.50～6.75	1.75～2.20	4.50～5.50	1 210～1 230(油)	≥63	540～560(三次)	63～66	制作要求耐磨性和韧性配合的中速切削刀具,如丝锥钻头等
W6Mo5Cr4V3	1.10～1.25	≤0.35	≤0.30	3.80～4.40	5.75～6.75	2.80～3.30	4.75～5.75	1 200～1 220(油)	≥63	540～560(三次)	>65	制作要求较高耐磨性和热硬性,且耐磨性和韧性较好配合的,形状稍微复杂的刀具,如拉刀、铣刀等

7.6 不锈耐蚀钢与耐热钢

7.6.1 不锈耐蚀钢

不锈、耐蚀钢是指抵抗大气或其他介质腐蚀的钢。按其组织不同分为以下三类。

1. 铁素体不锈耐蚀钢

这类钢 $w_C < 0.12\%$，$w_{Cr} = 16\% \sim 18\%$，加热时组织无明显变化，为单相铁素体组织，故不能用热处理强化，通常在退火状态下使用。

这类钢耐蚀性、高温抗氧化性、塑性和焊接性好，但强度低。主要用于制作化工设备的容器和管道等。常用牌号有 1Cr17 钢等。

2. 马氏体不锈耐蚀钢

这类钢 $w_C = 0.10\% \sim 0.40\%$，随含碳量增加，钢的强度、硬度和耐磨性提高，但耐蚀性下降。为提高耐蚀性，钢中加入铬，使 $w_{Cr} = 12\% \sim 18\%$。

这类钢在大气、水蒸气、海水、氧化性酸等氧化性介质中有较好的耐蚀性，主要用于制作要求力学性能较高，并有一定耐蚀性的零件，如汽轮机叶片、阀门、喷嘴、滚动轴承等，一般淬火、回火后使用。常用牌号有 1Cr13 钢、3Cr13 钢等。

3. 奥氏体不锈耐蚀钢

奥氏体不锈耐蚀钢 $w_{Cr} = 18\%$，$w_{Ni} = 8\% \sim 11\%$。含碳量很低，也称为 18 - 8 型不锈钢。镍可使钢在室温下呈单一奥氏体组织。铬、镍可使钢具有更好的耐蚀性和耐热性，较高的塑性和韧性。

为得到单一的奥氏体组织，提高耐蚀性，应采用固溶处理，即将钢加热到 1 050 ～ 1 150 ℃，使碳化物全部溶于奥氏体中，然后水淬快冷至室温，得到单相奥氏体组织。经固溶处理后的钢具有高的耐蚀性，好的塑性和韧性，但强度低。

对于含钛或铌的奥氏体不锈耐蚀钢，为彻底消除晶界腐蚀倾向，在固溶处理后再进行一次稳定化处理(加热到 850 ～ 880 ℃，保温 6 h)，使 $(Cr, Fe)_{23}C_6$ 完全溶解，钛或铌的碳化物部分溶解，在随后缓冷中，使钛或铌的碳化物充分析出。经此处理后，碳几乎全部稳定于碳化钛或碳化铌中，不会再析出 $(Cr, Fe)_{23}C_6$，从而提高了固溶体中的含铬量。为消除冷加工或焊接后产生的残留应力，防止应力腐蚀，应进行去应力退火。

这类钢主要用于制作在腐蚀性介质中工作的零件，如管道、容器、医疗器械等。常用的牌号有 1Cr18Ni9 钢和 1Cr18Ni9Ti 钢，其中 1Cr18Ni9Ti 钢可用于制作焊芯、抗磁仪表、医疗器械、耐酸容器及设备衬里、输送管道的零件。

常用不锈耐蚀钢见表 7 - 15。

表 7 - 15　常用不锈耐蚀钢的牌号、化学成分、特性和用途(摘自 GB/T 1220—2007)

类型	牌号	主要化学成分 w/%						特性及用途
		C	Si	Mn	Ni	Cr	其他	
奥氏体型	1Cr18Ni9	≤0.15	≤1.00	≤2.00	8.00~10.00	17.00~19.00	—	经冷加工有高的强度。用于建筑用装饰部件
	0Cr18Ni9	≤0.07	≤1.00	≤2.00	8.00~11.00	17.00~19.00	—	作为不锈耐热钢使用最广泛,主要用作食品用设备、一般化工设备、原子能工业用设备
	00Cr19Ni10	≤0.03	≤1.00	≤2.00	8.00~12.00	18.00~20.00	—	耐晶间腐蚀性能优越,一般焊接后不进行热处理
	0Cr17Ni12Mo2	≤0.08	≤1.00	≤2.00	10.00~14.00	16.00~18.50	Mo:2.00~3.00	在海水和其他多种介质中耐腐蚀性较好,主要用作耐点蚀材料
	00Cr17Ni14Mo2	≤0.03	≤1.00	≤2.00	12.00~15.00	16.00~18.00	Mo:2.00~3.00	为 0Cr17Ni12Mo2 的超低碳钢,比 0Cr17Ni12Mo2 钢耐晶间腐蚀性能好
	1Cr18Ni9Ti	≤0.12	≤1.00	≤2.00	8.00~11.00	17.00~19.00	Ti:5×(w_C−0.02)~0.80	作焊心、抗磁仪表、医疗器械及耐酸容器及设备衬里、输送管道等设备和零件
	0Cr18Ni10Ti	≤0.08	≤1.00	≤2.00	9.00~12.00	17.00~19.00	Ti≥5×w_C	添加 Ti 提高耐晶间腐蚀性,不推荐作装饰部件
	0Cr18Ni11Nb	≤0.08	≤1.00	≤2.00	9.00~13.00	17.00~19.00	Nb≥10×w_C	含 Nb,提高耐晶间腐蚀性
铁素体型	00Cr12	≤0.03	≤1.00	≤1.00	③	11.00~13.00	—	焊接部位弯曲性能、加工性能、耐高温氧化性能好。用作汽车排气处理装置、锅炉燃烧室、喷嘴等
	1Cr17	≤0.12	≤0.75	≤1.00	③	16.00~18.00	—	耐蚀性良好的通用钢种,宜作建筑内装饰用、重油燃烧器部件、家庭用具、家用电器部件
	1Cr17Mo	≤0.12	≤1.00	≤1.00	③	16.00~18.00	Mo:0.75~1.25	为 1Cr17 的改良钢种,比 1Cr17 抗盐溶液性强,作为汽车外装材料使用
马氏体型	1Cr13	≤0.15	≤1.00	≤1.00	③	11.50~13.00	—	具有良好的耐蚀性和机械加工性;一般用途,刀具类
	2Cr13	0.16~0.25	≤1.00	≤1.00	③	12.00~14.00	—	淬火状态下硬度高,耐蚀性良好,宜作汽轮机叶片
	3Cr13	0.26~0.35	≤1.00	≤1.00	③	12.00~14.00	—	比 2Cr13 淬火后的硬度高,适于制作刃具、喷嘴、阀座、阀门等
	3Cr13Mo	0.28~0.35	≤0.80	≤1.00	③	12.00~14.00	Mo:0.50~1.00	用作较高硬度及高耐磨性的热油泵轴、阀片、阀门轴承、医疗器械、弹簧等零件
	4Cr13	0.36~0.45	≤0.60	≤0.80	③	12.00~14.00	—	用作较高硬度及高耐磨性的热油泵轴、阀片、阀门轴承、医疗器械、弹簧等零件
	11Cr17	0.95~1.20	≤1.00	≤1.00	③	16.00~18.0	Mo≤0.75	在所有不锈钢、耐热钢中,硬度最高,宜作喷嘴、轴承
	9Cr18Mo	0.95~1.10	≤0.80	≤0.80	③	16.00~18.0	Mo:0.40~0.70	轴承套圈及滚动体用的高碳铬不锈钢
	9Cr18MoV	0.85~0.95	≤0.80	≤0.80	③	17.00~19.	V:0.07~0.12 Mo:1.00~1.30	用作不锈切片机械刃具及剪切工具、手术刀片、高耐磨设备零件等

注:表中③表示允许 w_{Ni}≤0.60 %。

7.6.2　耐热钢

耐热钢是指具有热化学稳定性和热强性的钢。热化学稳定性是指抗氧化性,即钢在高温下对氧化作用的稳定性。为提高钢的抗氧化能力,向钢中加入合金元素铬、硅、铝等,使其在钢的表面形成一层致密的氧化膜(如 Cr_3O_2、SiO_2、Al_2O_3),保护金属在高温下不再继续被氧化。热强性是指钢在高温下对外力的抵抗能力。高温(再结晶温度以上)下金属原子间结合力减弱,强度降低,此时金属在恒定应力作用下,随时间的延长会产生缓慢的塑性变形,称此现象为蠕变。为提高高温强度,防止蠕变,可向钢中加入铬、钼、钨、镍等元素,以提高钢的再结晶温度,或加入钛、铌、钒、钨、钼、铬等元素,形成稳定且均匀分布的碳化物,产生弥散强化,从而提高高温强度。

耐热钢按组织不同分为以下四类。

1. 珠光体型耐热钢

这类钢合金元素总含量<5%,是低合金耐热钢。常用牌号有 15CrMo 钢、12CrMoV 钢、25Cr2MoVA 钢、35CrMoV 钢等,主要用于制作锅炉炉管、耐热紧固件、汽轮机转子、叶轮等。此类钢使用温度<600 ℃。

2. 马氏体型耐热钢

这类钢通常是在 Cr13 型不锈钢的基础上加入一定量的钼、钨、钒等元素。钼、钨可提高再结晶温度,钒可提高高温强度。此类钢使用温度<650 ℃,在使用温度下为保持钢的组织和性能稳定,需进行淬火和回火处理。常用于制作承载较大的零件,如汽轮机叶片等。常用牌号有 1Cr13 钢和 1Cr11MoV 钢。

3. 奥氏体型耐热钢

这类钢含有较多的铬和镍。铬可提高钢的高温强度和抗氧化性,镍可促使形成稳定的奥氏体组织。此类钢工作温度为 650～700 ℃,常用于制造锅炉和汽轮机零件。常用牌号有 1Cr18Ni9Ti 钢和 4Cr14Ni14W2Mo 钢。当 1Cr18Ni9Ti 钢作耐热钢使用时,要进行固溶处理和时效处理,以进一步稳定组织。

4. 铁素体型耐热钢

这类钢主要含有铬,以提高钢的抗氧化性。钢经退火后可制作在 900 ℃以下工作的耐氧化零件,如散热器等。常用牌号有 1Cr17 钢等,且 1Cr17 可长期在 580～650 ℃使用。

常用耐热钢见表 7-16。

表 7-16　常用耐热钢的牌号、化学成分、特性和用途(摘自 GB/T 1221—2007)

类型	牌　号	主要化学成分 $w/\%$						特性及用途
		C	Si	Mn	Ni	Cr	其他	
奥氏体型	5Cr21Mn9Ni4N	0.48～0.58	≤0.35	8.00～10.00	3.25～4.50	20.00～22.00	N:0.35～0.50	以经受高温为主的汽油及柴油机用排气阀
	2Cr23Ni13	≤0.20	≤1.00	≤2.00	12.00～15.00	22.00～24.00	—	承受 980 ℃以下反复加热的抗氧化钢,加热炉部件、重油燃烧器
	0Cr18Ni9	≤0.07	≤1.00	≤2.00	8.00～11.00	17.00～19.00	—	通用耐氧化钢,可承受 980 ℃以下反复加热

类型	牌　号	主要化学成分 $w/\%$						特性及用途
		C	Si	Mn	Ni	Cr	其他	
奥氏体型	0Cr25Ni20	≤0.08	≤1.50	≤2.00	19.00~22.00	24.00~26.00	—	比 0Cr23Ni13 抗氧化性好,可承受 1 035 ℃加热,炉用材料、汽车净化装置用材料
	4Cr14Ni14W2Mo	0.40~0.50	≤0.80	≤0.70	13.00~15.00	13.00~15.00	Mo:0.25~0.40 W:2.00~2.75	有较高的热强度,用于内燃烧机重负荷排气阀
	1Cr18Ni9Ti	≤0.12	≤1.00	≤2.00	8.00~11.00	17.00~19.00	Ti:5×(w_C-0.02)~0.80	有良好的耐热性及抗腐蚀性。作加热炉管、燃烧室筒体、退火炉罩
	0Cr18Ni10Ti	≤0.08	≤1.00	≤2.00	9.00~12.00	17.00~19.00	Ti≥5×w_C	用作在 400~900 ℃腐蚀条件下使用的部件,高温用焊接结构部件
	0Cr18Ni11Nb	≤0.08	≤1.00	≤2.00	9.00~13.00	17.00~19.00	Nb≥10×w_C	用作在 400~900 ℃腐蚀条件下使用的部件,高温用焊接结构部件
	1Cr25Ni20Si2	≤0.20	1.50~2.50	≤1.50	18.00~21.00	24.00~27.00	—	具有较高的温度强度及抗氧化性,对含硫气氛较敏感,在 600~800 ℃有析出相的脆化倾向,适于制作承受应力的各种炉用构件
马氏体型	4Cr9Si2	0.35~0.50	2.00~3.00	≤0.70	≤0.60	8.00~10.00	—	有较高的热强性。用作内燃机进气阀、轻负荷发动机的排气阀
	4Cr10Si2Mo	0.35~0.45	1.90~2.60	≤0.70	≤0.60	9.00~10.50	Mo:0.70~0.90	有较高的热强性。用作内燃机进气阀、轻负荷发动机的排气阀
	1Cr11MoV	0.11~0.18	≤0.50	≤0.60	≤0.60	10.00~11.50	Mo:0.50~0.70 Cu:0.25~0.40	有较高的热强性、良好的减振性及组织稳定性。用作透平叶片及导向叶片
	1Cr12Mo	0.10~0.15	≤0.50	0.30~0.50	0.30~0.60	11.50~13.00	0.30~0.60 (允许 w_{Cu}≤0.30%)	用作汽轮机叶片
	1Cr12WMoV	0.12~0.18	≤0.50	0.50~0.90	0.40~0.80	11.00~13.00	Mo:0.50~0.70 Cu:0.18~0.30 W:0.70~1.10	有较高的热强性、良好的减振性及组织稳定性。用作透平叶片、紧固件、转子及轮盘
	1Cr13	≤0.15	≤1.00	≤1.00	(允许 w_{Ni}≤0.60%)	11.50~13.00	—	用作 800 ℃以下耐氧化部件
	2Cr13	0.16~0.25	≤1.00	≤1.00	(允许 w_{Ni}≤0.60%)	12.00~14.00	—	淬火状态下硬度高,耐蚀性良好。用作汽轮机叶片

续表 7－16

类型	牌号	主要化学成分 w/%						特性及用途
		C	Si	Mn	Ni	Cr	其他	
珠光体型	12CrMo	0.08～0.15	0.17～0.37	0.40～0.7	—	0.40～0.70	Mo:0.40～0.55	用于制造蒸汽参数为450℃的汽轮机零件,如隔板、耐热螺栓、法兰盘以及壁温达475℃的各种蛇形管,以及相应的锻件
	15CrMo	0.12～0.18	0.17～0.37	0.40～0.70	—	0.80～1.10	Mo:0.40～0.55	用于制造介质温度<550℃的蒸汽管路、法兰盘等锻件,并用于高压锅炉壁温≤550℃的水冷壁管和壁温≤550℃的联箱和蒸汽管等
	12CrMoV	0.08～0.15	0.17～0.37	0.40～0.70	—	0.40～0.60	Mo:0.25～0.35 V:0.15～0.30	用作蒸汽参数≤540℃主汽管、转向导热片、汽轮机隔板、隔板套以及壁温≤570℃的各种过热气管、导管和相应的锻件
	25Cr2MoVA	0.22～0.29	0.17～0.37	0.40～0.70	—	1.50～1.80	Mo:0.25～0.35 V:0.15～0.30	用于制造汽轮机套锻转子、套筒和阀等。蒸汽参数可达535℃;受热在550℃以下的螺母,以及其他长期工作在510℃以下的连接零件
铁素体型	00Cr12	≤0.03	≤1.00	≤1.00	允许 w_Ni≤0.60%	11.00～13.00	—	用作580～650℃腐蚀条件下使用的部件,高温用焊接结构部件
	1Cr17	≤0.12	≤0.75	≤1.00	允许 w_Ni≤0.60%	16.00～18.00	—	用作580～650℃腐蚀条件下使用的部件,高温用焊接结构部件

注：①必要时,可添加上表中所列之外的合金元素;

②珠光体型钢为 GB/T 3077—1999 牌号,GB 1221—1992 中没有珠光体型耐热钢。

思考题与作业题

1. 低合金钢、合金钢与碳钢相比,具有哪些特点?

2. 合金元素在钢中与铁、碳的主要作用是什么?

3. 为什么合金钢的淬透性比碳钢高?

4. 合金元素对淬火钢的回火组织转变有何影响?

5. 解释下列现象:

(1) 大多数合金钢的热处理加热温度比相同含碳量的碳钢高;

(2) 大多数合金钢比相同含碳量的碳钢有较高的耐回火性;

(3) 含 $w_C \geqslant 0.40\%$、$w_{Cr}=12\%$ 的铬钢属于过共析钢,含 $w_C=1.50\%$、$w_{Cr}=12\%$ 的铬钢属于莱氏体钢;

(4) 高速工具钢在热锻(或热轧)后,经空冷获得马氏体组织。

6. 为什么低合金高强度结构钢的强韧性比相同含碳量的碳钢高?

7. 试分析 20CrMnTi 钢和 20MnVB 钢中合金元素的作用。

8. 判断下列说法是否正确?

（1）40Cr 钢是合金渗碳钢；

（2）60Si2Mn 钢是合金调质钢；

（3）GCr15 钢的含铬量是 15%；

（4）1Cr13 钢的含碳量是 1%；

（5）W18Cr4V 钢的含碳量≥1%。

9. 用 20CrMnTi 钢制作的汽车变速齿轮，拟改用 40 钢或 40Cr 钢经高频淬火，是否可以？为什么？

10. 什么叫调质钢？为什么调质钢大多数是中碳钢或中碳的合金钢？合金元素在调质钢中的作用是什么？

11. 为什么铬轴承钢要有高的含碳量？铬在轴承钢中起什么作用？

12. 为什么弹簧钢大多是中、高碳钢？合金元素在弹簧钢中的主要作用是什么？

13. 用高速工具钢制造手工锯条、锉刀是否可以？为什么？

14. 合金刃具钢制造的刃具为什么比碳素工具钢制造的刃具使用寿命长？

15. 对冷作模具钢、热作模具钢、塑料模具钢的性能要求有何不同？冷作模具钢与热作模具钢各采用何种最终热处理工艺？为什么？

16. 对量具用钢有何要求？量具通常采用何种最终热处理工艺？游标卡尺、千分尺、塞规、卡规、块规各采用何种材料较为合适？

17. 常用不锈耐蚀钢有哪几种？为什么不锈耐蚀钢中含铬量都超过 12%？

18. 奥氏体不锈耐蚀钢和耐磨钢淬火目的与一般钢的淬火目的有何不同？

19. ZGMn13‐1 钢为什么具有优良的耐磨性和良好的韧性？

20. 为什么一般钳工用锯条烧红后置于空气中冷却即变软，并可进行加工，而机用锯条烧红后（约 900 ℃）空冷，仍有高的硬度？

21. 现有 35 mm×200 mm 两根轴：一根为 20 钢，经 920 ℃渗碳后直接水淬及 180 ℃回火，表面硬度为 58～62HRC；另一根为 20CrMnTi 钢，经 920 ℃渗碳后直接油淬，－80 ℃冷处理后 180 ℃回火，表面硬度 60～64HRC。试问这两根轴的表层和心部组织与性能有何区别？为什么？

22. 为什么高速工具钢淬火温度为 1 280 ℃，并要经 560 ℃三次回火？560 ℃回火是否是调质？为什么？

23. 下列牌号的组织用什么热处理工艺获得？

（1）40Cr 钢表面是回火马氏体，心部是回火索氏体；

（2）20Cr2Ni4 钢表面是回火马氏体和碳化物，心部是板条回火马氏体；

（3）T12A 钢获得索氏体和渗碳体；

（4）CrWMn 钢获得回火马氏体和碳化物；

（5）W18Cr4V 钢获得索氏体和碳化物。

24. 说明下列牌号分别属于哪种钢？并说明其数字和符号含义，每个牌号的用途各举 1～2 个实例。

Q345 钢，20CrMnTi 钢，40Cr 钢，GCr15 钢，60Si2Mn 钢，ZGMn13‐2 钢，W18Gr4V 钢，1Cr18Ni9 钢，1Cr13 钢，9SiCr 钢，Cr12 钢，5CrMnMo 钢，CrWMn 钢，38CrMoAl 钢，W6Mo5Cr4V2 钢，4Cr9Si2 钢，9Mn2V 钢，1Cr17 钢，3Cr2Mo 钢，40CrMnNiMo 钢。

25. 列表分析比较：低合金高强度结构钢、合金渗碳钢、合金调质钢、合金弹簧钢、轴承钢、合金刃具钢、高速工具钢、冷作模具钢、热作模具钢、塑料模具钢、合金量具用钢的主要成分，以及主要力学性能、热处理方法、热处理后组织、常用牌号及用途举例。

第8章 超高强度钢[※]

超高强度钢是在合金结构钢的基础上发展起来的一种高强度、高韧性合金钢。通常把抗拉强度在 1 500 MPa 以上，或者屈服强度在 1 380 MPa 以上，并具有足够的韧性和良好的工艺性能的合金钢称为超高强度钢。超高强度钢在航天工业中主要用作要求有高刚度、高比强度、高疲劳寿命，以及具有良好中温强度、耐腐蚀性的重要结构部件。

按照合金化程度及显微组织，超高强度钢可分为低合金、中合金和高合金超高强度钢三类：

① 低合金超高强度钢（合金元素含量＜5％），主要的有 30CrMnSiNi2A、40CrMnSiMoA、AISI4340、300M 钢等。

② 中合金超高强度钢（合金元素含量 5％～10％），典型的有 H－11mod、H－13（Cr－Mo－Si－V 系）等。

③ 高合金超高强度钢（合金元素含量＞10％），其中有二次硬化马氏体钢系列，包括 9Ni－4Co、9Ni－5Co、10Ni－8Co（HY180）、10Ni－14Co（AF14140、AerMet100）等；18Ni 马氏体时效钢系列（18Ni(250)、18Ni(300)、18Ni(350)）以及沉淀硬化不锈钢系列（如 PH13－8Mo）等。

强度和韧性是超高强度钢的两项主要力学性能。提高钢的强度是为了提高比强度，从而减轻结构件的自身质量。增加钢的韧性是为了提高结构件在使用过程中的安全可靠性。钢的强度和韧性是相互制约的。如果只追求提高强度而韧性不足，在使用过程中结构件则不是由于超载发生塑性破坏，而是当载荷应力远低于钢的屈服强度情况下，由于裂纹失稳扩展发生脆性断裂。当前，制约超高强度钢应用的最大难点就在于韧性，尤其是断裂韧性。

8.1 低合金超高强度钢

低合金超高强度钢是指在冶炼过程中增添一些合金元素，其总量不超过 5％的钢材。加入合金元素后，钢材强度可明显提高，使钢结构构件的强度、刚度、稳定三个主要控制指标都能充分发挥，尤其在大跨度或者重负荷结构中，其优点更为突出，一般可比碳素结构钢节约 20％左右的用钢量。

低合金超高强度钢含合金元素量少，经济性好，强度高，屈强比低，但其韧性相对较低。低合金超高强度钢是由调质结构钢发展起来的，含碳量一般在 0.3％～0.5％，合金元素总含量小于 5％，其作用是保证钢的淬透性，提高马氏体的抗回火稳定性和抑制奥氏体晶粒长大，细化钢的显微组织。常用元素有镍、铬、硅、锰、钼、钒等，典型的低合金超高强度钢是 AISI4340 和 D6AC。通常在淬火＋低温回火（或等温回火）状态下使用，显微组织为回火板条马氏体，具有较高的强度和韧性。如采用等温淬火工艺，可获得下贝氏体组织或下贝氏体与马氏体的混合组织，也可改善韧性。这类钢合金元素含量低，成本低，生产工艺简单，广泛用于制造飞机大梁、起落架构件、发动机轴、高强度螺栓和固体火箭发动机壳体等。

一些重要的低合金超高强度钢的名义成分和典型性能见表 8－1。

表 8-1　一些低合金超高强度钢的名义成分和典型性能

牌　号	化学成分 $w/\%$							$\sigma_b/$ MPa	$K_{IC}/$ (MPa·m$^{1/2}$)
	C	Si	Mn	Ni	Cr	Mo	V		
AISI4340	0.4	0.3	0.7	1.8	0.8	0.25	—	1 800~2 100	57
300M	0.4	1.6	0.8	0.8	0.8	0.4	0.08	1 900~2 100	74
35NCD16	0.35	—	0.15	4.0	1.8	0.5	—	1 860	91
D6AC	0.4	0.3	0.9	0.7	1.2	1.1	0.1	1 900~2 100	68
30CrMnSiNi2A	0.3	1.0	1.2	1.6	1.0	—	—	1 760	64
40CrMnSiMoA	0.4	1.4	1.0	—	1.4	0.5	0.1	1 800~2 000	71

30CrMnSiNi2A 钢曾在航天工业中广泛应用,如用于承重梁等,但其韧性相对较低。40CrMnSiMoA 钢是在 30CrMnSiNi2A 钢成分的基础上改进发展的,其强度和韧性均有所改进。

AISI4340 钢的研究成功是低合金超高强度钢发展史上的重要一步。AISI4340 钢不仅具有高强度和高延性,而且具有高的疲劳和蠕变抗力。它已被当作其他超高强度钢的比较标准,曾用于制造波音 707 民用客机和 F-104 飞机的起落架。但 AISI4340 钢在强度达到 1 800~2 100 MPa 时的断裂韧性仅为 57 MPa·m$^{1/2}$。在 AISI4340 钢的基础上加入 1.6%Si 和少量 V,并略微提高 C 和 Mo 的含量,发展了 300M 钢,其韧性比 AISI4340 钢有较大的提高。

D6AC 钢的屈强比很高,延性很好,具有很好的缺口韧性和冲击韧性,可焊接。它是由 AISI4340 钢改进而成的低合金超高强度钢,被广泛用于制造战术和战略导弹发动机壳体及飞机结构件。D6AC 逐渐取代了其他合金结构钢,成为一种制造固体火箭发动机壳体的专用钢种。美国新型地空导弹"爱国者",小型导弹"红眼睛",大中型导弹"民兵""潘兴""北极星""大力神"等,以及美国航天飞机的 ϕ3.7 m 助推器均采用 D6AC 钢制造。

总之,低合金超高强度钢的生产成本低廉,生产工艺比较简单,是航天装备中使用量较大的钢种。该类钢用作固体火箭发动机壳体,保证了极高的稳定性和可靠性;制作新型战术导弹的侵彻弹弹体,可以高达 700~900 m/s 的速度撞击混凝土目标,并穿入至一定深度后爆炸,从而达到破坏机场跑道、摧毁地下设施、遏制战斗力的效果。通过提高冶金质量、调整成分和改善热处理工艺,低合金超高强度钢可满足各种使用要求。

8.2　中合金超高强度钢

中合金超高强度钢(合金元素含量 5%~10%),因其断裂韧度(K_{IC})不高、抗应力腐蚀能力差,不能完全满足现代航天材料的要求,而应用较少。

中合金超高强度钢的特点是回火稳定性高,在 500 ℃ 左右的条件下使用,仍有较高的强度。典型的有 H-11mod、H-13 等,是二次硬化钢。它们是常用的含 5%Cr 的热作模具钢,也广泛用作结构材料。但是它们现在已经不那么广泛地应用于结构了。因为已经有一些价格与之相当,而在相同强度时断裂韧性更高的材料。然而 H-11mod 和 H-13 具有某些特点,它们在大截面时也可空冷强化。H-11mod 和 H-13 钢的名义成分见表 8-2。

表 8-2　H-11mod 和 H-13 钢的名义成分

牌　号	化学成分 w/%					
	C	Si	Mn	Cr	Mo	V
H-11mod	0.40	0.90	0.30	5.0	1.30	0.50
H-13	0.38	1.0	0.35	5.1	1.4	1.0

H-11mod 钢和 H-13 钢在 510 ℃ 左右回火获得最佳性能,但其断裂韧性不高。其典型性能见表 8-3。

表 8-3　H-11mod 和 H-13 钢的室温典型性能

牌　号	力学性能				
	σ_b/MPa	$\sigma_{0.2}$/MPa	δ_5/%	Ψ/%	A_{KV}/J
H-11mod（510 ℃回火）	2 120	1 710	5.9	29.5	13.6
H-13（527 ℃回火）	1 960	1 570	13	46.2	16

H-11mod 钢典型应用在一些承重部件、热作模具等中。H-13 不如 H-11mod 应用广泛。

8.3　高合金超高强度钢

高合金超高强度钢中有二次硬化马氏体钢系列,其中包括 9Ni-4Co、9Ni-5Co、10Ni-5Co(HY180)、10Ni-14Co(AF14140、AerMet100 等;18Ni 马氏体时效钢系列、18Ni(250)、18Ni(300)、18Ni(350)等;以及沉淀硬化不锈钢系列,如 PH13-8Mo 等。其中以二次硬化马氏体钢系列,其中包括 10Ni-8Co(HY180)、10Ni-14Co(AF1410)、AerMet100 等的综合性能最好。

在航天上应用较多的高合金超高强度钢的成分见表 8-4。Fe-C-Mo-Cr-Ni-Co 系合金是在 9Ni-4Co 钢的基础上发展起来的。10Ni-8Co 的 HY180 钢应用于火箭发动机壳体、飞机结构部件、船身与潜艇壳体、炮筒与装甲板等,但其强度还较低。进一步发展出来的 10Ni-14Co 的 AF1410 和 AerMet100 等具有极其优秀的综合性能。在 AerMet100 基础上发展的 AerMet310 具有更高的强度,其名义成分为 0.25C-2.4Cr-1.4Mo-11Ni-15Co。与 AerMet100 相比,AerMet310 的 C 和 Mo 含量提高,而 Cr 含量降低,其强度可达 2 170 MPa。

表 8-4　一些高合金二次硬化马氏体超高强度钢的名义成分

牌　号	化学成分 w/%				
	C	Ni	Cr	Mo	Co
HY180	0.11	10.0	2.0	1.0	8.0
AF1410	0.16	10.0	2.0	1.0	14.0
AerMet100	0.24	11.5	2.9	1.2	13.4

一些高合金二次硬化马氏体超高强度钢的性能见表 8-5。

表 8-5　一些高合金二次硬化马氏体超高强度钢的室温性能典型值

牌 号	机械性能				
	σ_b/MPa	$\sigma_{0.2}$/MPa	δ_5/%	Ψ/%	K_{IC}/(MPa·m$^{1/2}$)
HY180	1 413	1 345	16	75	—
AF1410	1 750	1 545	16	69	154
AerMet100	1 965	1 758	14	65	115

AF1410 的性能和试验温度的关系见图 8-1。

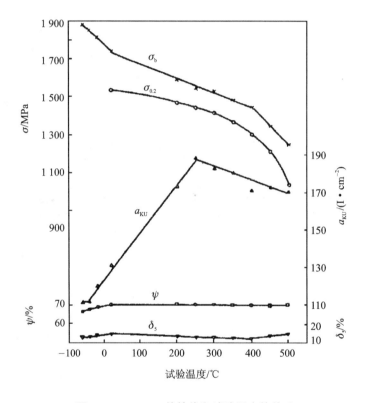

图 8-1　AF1410 的性能和试验温度的关系

AerMet100 的性能和试验温度的关系见图 8-2。

18Ni 马氏体时效钢系列（18Ni(250)、18Ni(300)、18Ni(350)等）也是一类重要的超高强度钢。它们具有很好的强韧性配合，但是它们的形变硬化率低，屈强比高，在高速碰撞时抗剪切失稳能力差。18Ni 马氏体时效钢具有超低碳、高纯度、高 Ni 含量等特征，保证了马氏体时效钢的良好韧性。美国、英国和日本先后在 20 世纪 60 年代用 18Ni 马氏体时效钢制造了不同直径的火箭发动机壳体和发动机轴等。标准的 18Ni 马氏体时效钢系列的名义成分见表 8-6。

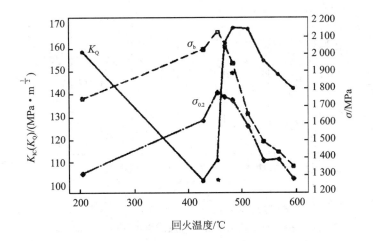

图 8 - 2　AerMet100 的性能和回火温度的关系

表 8 - 6　标准的 18Ni 马氏体时效钢系列的名义成分

牌　号	化学成分 w/%				
	Ni	Mo	Co	Ti	Al
18Ni(200)	18	3.3	8.5	0.2	0.1
18Ni(250)	18	5.0	8.5	0.4	0.1
18Ni(300)	18	5.0	9.0	0.7	0.1
18Ni(350)	18	4.2	12.5	1.6	0.1
18Ni(Cast)	17	4.6	10.0	0.3	0.1

标准的 18Ni 马氏体时效钢系列的典型性能见表 8 - 7。

表 8 - 7　标准的 18Ni 马氏体时时效钢系列的典型性能

合　金	热处理	力学性能				
		σ_b/ MPa	$\sigma_{0.2}$/ MPa	δ_5/ %	Ψ/ %	K_{IC}/ (MPa·m$^{1/2}$)
18Ni(200)	固溶 820 ℃/1 h,时效 480 ℃/3 h	1 500	1 400	10	60	155~240
18Ni(250)	固溶 820 ℃/1 h,时效 480 ℃/3 h	1 800	1 700	8	55	110
18Ni(300)	固溶 820 ℃/1 h,时效 480 ℃/3 h	2 050	2 000	7	40	73
18Ni(350)	固溶 820 ℃/1 h,时效 480 ℃/12 h	2 450	2 400	6	25	32~45
18Ni(Cast)	退火 1 150 ℃/1 h,固溶 820 ℃/1 h,时效 480 ℃/3 h	1 750	1 650	8	35	95

一些超高强度钢的屈服强度和断裂韧性比较见图 8 - 3。

由图 8 - 3 中的数据可以看出,在屈服强度相当的情况下,AF1410 和 AerMet100 的断裂韧性要比 4340 和 300M 高得多,更不用说比 H - 11 高了。

一些超高强度铜的 K_{ISCC} 值(应力腐蚀临界应力强度因子)比较见图 8 - 4。由图可知,超

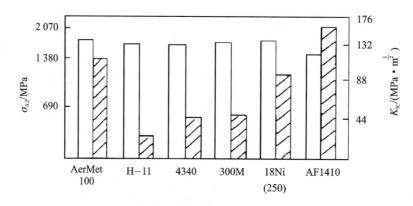

注:空白方框标示屈服强度,影线方框标示断裂韧性。

图 8-3 一些超高强度钢的屈服强度和断裂韧性比较

高强度铜的 K_{ISCC} 值也是以 AF1410 为最高,AerMet100 居其次。一些超高强度钢的疲劳性能比较见图 8-5。

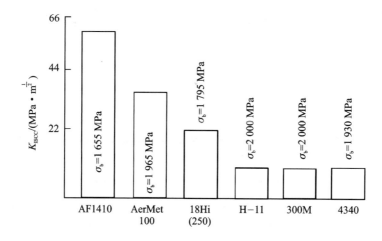

图 8-4 一些超高强度钢的 K_{ISCC} 值比较(3.5%NaCl,纵向)

就疲劳曲线的比较来看,AerMet100 远远超过其余几种合金。AF1410 居其次,但也超过其余几种合金。

目前已有的工业生产的超高强度钢中,AerMet100 具有最佳的综合性能,提供了航天工业所希望的强度、疲劳抗力和应力腐蚀开裂抗力等优良的综合性能。它可以代替现有任何一种超高强度钢制造航天受力件,使用它可以减小构件尺寸,减轻质量,提高可靠性和延长寿命。AerMet100 钢可以用于制造飞行器起落架、涡轮发动机轴和承力螺栓等,如用 AerMet100 钢替代 300M 钢作起落架,可克服 300M 钢的低断裂韧度和对应力腐蚀开裂敏感等缺点;用 Aer-Met100 钢替代马氏体时效钢作机轴,是因为它具有足够的刚度和强度,尤其是疲劳强度;用 AerMet100 钢替代 H-11 钢,是因为它的韧度和应力腐蚀开裂抗力比 H-11 好得多。目前研究人员对 AerMet100 钢已进行了广泛的研究,并且对其的探索正在不断深入,其在航天工业中将会获得越来越多的应用。

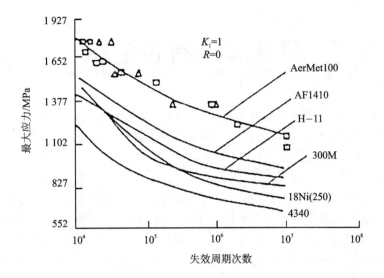

图 8 - 5　一些超高强度钢的疲劳性能比较

思考题与作业题

1. 什么叫超高强度钢?
2. 按照合金化程度及显微组织,超高强度钢的分类有哪些?

第9章　有色金属

除钢铁材料以外的其他金属统称为非铁合金(俗称有色金属)。与钢铁材料相比,非铁合金具有某些特殊的性能,因而成为现代工业不可缺少的材料。非铁合金种类繁多,应用较广的是铝、铜、钛、镁及其合金等。

铝合金密度小,塑性好,耐腐蚀,易加工,价格低,因此长期以来就是航天工业的主要结构材料,至今仍被大量用于制造飞行器机体和运载火箭箭体结构。钛合金比强度高、热强性好,它的发展一开始就和在航空航天工业中的应用联系在一起,目前越来越多地被用于制造飞机机体和发动机中温度较高的部位,也在航天工业中有一定的应用。镁合金比铝合金、钛合金的密度更低,曾在航空工业和火箭上有较多的应用,但由于其耐腐蚀性较差和其他一些问题,目前在航天工业中应用不多。近几年来,由于镁合金性能的改进,它在航天方面的应用有上升趋势。

9.1　铝及铝合金

9.1.1　工业纯铝

工业中使用的纯铝是银白色的轻金属,具有面心立方晶格,无同素异晶转变,其熔点为660 ℃,密度为2.7 g/cm³。纯铝的电导性、热导性好,仅次于银和铜。室温下,纯铝的电导率约为铜的64%。纯铝与氧的亲和力很大,在空气中其表面能生成一层致密的Al_2O_3薄膜,隔绝空气,故在大气中有良好的耐蚀性。纯铝的强度、硬度很低($\sigma_b = 80 \sim 100$ MPa,20HBS),但塑性很高($\delta = 50\%$,$\psi = 80\%$)。通过冷变形强化可提高纯铝的强度($\sigma_b = 150 \sim 250$ MPa),但塑性有所降低($\psi = 50\% \sim 60\%$)。

工业纯铝的纯度为$w_{Al} = 98.0\% \sim 99.0\%$,含有铁、硅等杂质,杂质含量越多,其导电性、导热性、耐蚀性及塑性越差。

工业纯铝的旧牌号有L1、L2、L3(对应的新牌号为1070、1060、1050)等,L是"铝"的汉语拼音首字母,其后数字表示序号,序号越大,纯度越低。工业纯铝主要用于制作电线、电缆、器皿及配制合金等。工业高度纯铝的旧牌号以LG1、LG2、LG5(对应的新牌号为1A85、1A90、1A99)表示,LG是"铝高"的汉语拼音首字母,LG后面数字越大,纯度越高。

9.1.2　铝合金

纯铝的强度低,不宜用来制作承受载荷的结构零件。向铝中加入适量的硅、铜、镁、锰等合金元素,可制成较高强度的铝合金,若再经冷变形强化或热处理,则可进一步提高强度。铝合金的比强度(强度与密度之比)高,耐蚀性和切削加工性好,在国民经济特别是在航天工业中得到广泛应用。

1. 铝合金的分类

二元铝合金一般按共晶相图结晶,如图 9-1 所示。由图可知,凡成分在 D' 点左边的合金,加热时能形成单相固溶体组织,合金塑性较高,适于压力加工,故称形变铝合金。形变铝合金又分为两类:成分在 F 点左边的合金,其 α 固溶体成分不随温度变化,故不能用热处理强化,称为不能热处理强化的铝合金;成分在 F 点与 D' 点之间的铝合金,其 α 固溶体成分随温度变化,故可用热处理来强化,称为能热处理强化的铝合金。成分在 D' 点右边的铝合金,具有共晶组织,熔点低,流动性好,适于铸造,故称铸造铝合金。

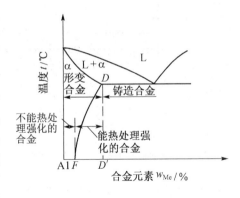

图 9-1　二元铝合金一般相图

2. 铝合金的热处理

如图 9-2 所示,将 $w_{Cu}=4\%$ 的铝铜合金加热到 α 单相区,经保温形成单相 α 固溶体,随后迅速水冷,使第二相 $\theta(CuAl_2)$ 来不及从 α 固溶体中析出,在室温下得到过饱和的 α 固溶体,这种处理方法称为固溶热处理。经处理后强度略有提高,但组织不稳定,有分解出强化相过渡到稳定状态的倾向。因此,在室温下放置一定时间后或低温加热时,强度和硬度会明显提高。这种固溶处理后的铝合金随时间延长而发生硬化的现象,称为时效(即时效硬化)。时效在室温下进行,称为自然时效;在加热条件下进行,称为人工时效。

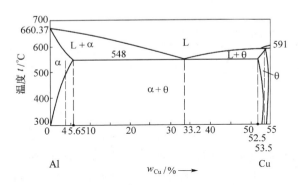

图 9-2　铝-铜合金相图

如图 9-3 所示,自然时效过程是逐渐进行的,固溶热处理后在时效初始阶段(2 h),强度、硬度变化不大,这段时间称为孕育期。铝合金在孕育期内有很好的塑性,可进行各种冷变形加工(如铆接、弯曲等)。超过孕育期后,强度、硬度迅速增高,在 5～15 h 内强化速度最快,经 4～5 昼夜后,强度达到最高值。例如:$w_{Cu}=4\%$ 的铝合金退火状态 $\sigma_b=200$ MPa,固溶热处理后 $\sigma_b=250$ MPa,若放置 4～5 天后,σ_b 可达 400 MPa。

为加速时效进行,可采用人工时效方式。人工时效温度越高,时效进行得越快,但其强度越低。温度过高或时间过长,合金反而变软,这种现象称为过时效。若固溶热处理后的铝合金在低于室温(如 -50 ℃)下长期放置,其力学性能基本无变化。由图 9-4 可知,在时效温度超过 150 ℃ 并保温一定时间后,合金即开始软化,温度越高,软化速度越快。

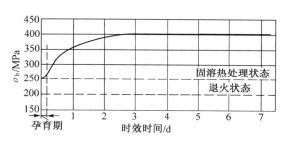

图 9-3　$w_{Cu}=4\%$ 的铝合金自然时效曲线

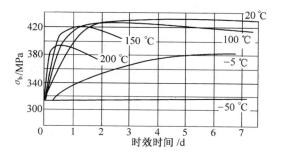

图 9-4　人工时效温度对强度的影响

用 X 射线分析法研究可发现产生时效硬化和过时效的机理：在自然时效过程中，铜原子（溶质原子）在 α 固溶体晶格的某些部位进行了一定程度的富集，固溶体内形成了许多微小区域的"富铜区"，通常称为 GP 区。在此区内，溶质铜原子的浓度比原来 α 固溶体中的平均浓度高得多，但晶格形式并未改变（仍为面心立方），只是由于铜原子富集在一起，并且又与 α 固溶体共格，故引起 GP 区附近晶格严重畸变，阻碍了位错运动，从而提高了合金的强度。

人工时效时，由于温度较高，原子活动能力增强，铜原子在 GP 区内的富集速度加快，并随着时间的延长，逐渐形成与 θ 相成分相同、晶格不同的过渡相（即 θ′ 相），θ′ 相与母相 α 固溶体晶格仅有局部共格联系，此时 α 固溶体的晶格畸变减轻，对位错的阻碍减小，于是合金趋向软化。若温度过高或时间再延长，则过渡相 θ′ 逐渐变为稳定的 θ 相，并与 α 固溶体的晶格完全脱离，此时晶格畸变消失，而且 θ 相的质点开始聚集长大，合金软化，即出现了过时效。还应指出，如果将自然时效后的合金在 200～250 ℃ 短时间（2～3 min）加热，然后快冷至室温，合金会重新变软，恢复到时效以前的状态，如再将其在室温中放置，仍能进行时效硬化，这种现象称为回归现象。回归现象的实际意义在于时效硬化的铝合金可以重新变软，以便于维修和中间加工。

3. 形变铝合金

（1）不能热处理强化的铝合金

这类合金主要指 Al-Mn 系、Al-Mg 系合金，其特点是有很好的耐蚀性，故常称为防锈铝合金。这类合金还有良好的塑性和焊接性能，但强度较低，切削加工性能较差，只有通过冷加工变形才能使其强化。防锈铝合金代号用 LF（"铝防"汉语拼音首字母）及顺序号表示，如 LF5、LF21 等。防锈铝合金主要用于制作需要弯曲或冷拉伸的高耐蚀性容器，以及受力小、耐蚀的制品与结构件。

不能热处理强化的铝合金，主要靠加工硬化、固溶强化、弥散强化或几种方式共同作用来强化合金性能。但是，这类合金的强度相对较低，在航天上应用不是太多。

（2）能热处理强化的铝合金

① 硬铝合金

这类铝合金是 Al-Cu-Mg 系合金，加入铜和镁的目的是使之形成强化相。合金通过固溶热处理、时效，可显著提高强度，σ_b 可达 420 MPa，故称硬铝。硬铝的耐蚀性差，尤其不耐海水腐蚀。为此，常采用包纯铝的方法提高板材的耐蚀性，但在热处理后强度较低。硬铝合金的代号用 LY（"铝硬"汉语拼音首字母）及顺序号表示，如 LY1、LY10、LY12 等。

LY1、LY10 称铆钉硬铝,有较高的剪切强度,塑性好,主要用于制作铆钉。

LY11 称标准硬铝,强度较高、塑性较好,退火后冲压性能好,应用较广,主要用于形状较复杂、载荷较轻的结构件。

LY12 是高强度硬铝,强度、硬度高,塑性、焊接性较差,主要用于高强度结构件,例如飞机翼肋、翼梁等。

② 超硬铝合金

这类铝合金是 Al-Cu-Mg-Zn 系合金。超硬铝合金时效硬化效果最好,强度、硬度高于硬铝,故称超硬铝;但耐蚀性较差,且温度高于 120 ℃时就会软化。超硬铝合金的代号用 LC ("铝超"汉语拼音首字母)及顺序号表示,如 LC4、LC6 等。超硬铝合金主要用作要求质量轻、受力较大的结构件,如飞机大梁、起落架、桁架等。

③ 锻铝合金

这类铝合金大多是 Al-Cu-Mg-Si 系合金。其力学性能与硬铝相近,但热塑性及耐蚀性较高,适于锻造,故称锻铝。锻铝合金代号用 LD ("铝锻"汉语拼音首字母)表示,如 LD6、LD10 等。锻铝合金主要用作航空及仪表工业中形状复杂、比强度较高的锻件,以及在 300 ℃以下工作的结构件。例如:叶轮、框架、支架、活塞、汽缸头等。

按 GB/T 16474—2008 规定,形变铝、铝合金分别采用四位数字体系牌号和四位字符体系牌号,两种牌号的区别仅在牌号的第二位。牌号第一位数字表示铝及铝合金的组别,用 1、2、3、4、5、6、7、8、9 分别代表纯铝及以铜、锰、硅、镁、镁和硅、锌,其他元素为主要合金元素的铝合金及备用合金组;第二位数字或字母表示纯铝或铝合金的改型情况,数字 0 或字母 A 表示原始纯铝和原始合金,1~9 或 B~Y 表示改型情况;牌号最后两位数字用以标识同一组中不同的铝合金,纯铝则表示最低铝百分含量中小数点后面的两位。常用形变铝合金的代号、牌号、成分、力学性能及用途见表 9-1。

表 9-1　常用形变铝合金的代号、牌号、化学成分、力学性能及用途

(摘自 GB/T 3190—2008、GB/T 10569—2012、GB/T 16474—2008)

类　别		代　号	牌　号	化学成分 w/%					材料状态	力学性能			用途举例
				Cu	Mg	Mn	Zn	其他		σ_b/MPa	δ/%	HBS	
不能热处理强化的铝合金	防锈铝合金	LF5	5A05	0.10	4.8~5.5	0.3~0.6	0.20		O	280	20	70	焊接油箱、油管焊条、铆钉以及中载零件及制品
		LF11	5A11	0.10	4.8~5.5	0.3~0.6	0.20	Ti 或 V;0.02~0.15	O	280	20	70	油箱、油管、焊条、铆钉以及中载零件及制品
		LF21	3A21	0.20	0.05	1.0~1.6	0.10	Ti;0.15	O	130	20	30	焊接油箱、油管焊条、铆钉以及轻载零件及制品
能热处理强化的铝合金	超硬铝合金	LY1	2A01	2.2~3.0	0.2~0.5	0.20	0.10	Ti;0.15	T4	300	24	70	工作温度不超过 100 ℃的结构用中等强度铆钉
		LY11	2A11	3.8~4.8	0.4~0.8	0.4~0.8	0.30	Ni;0.10;Ti;0.15	T4	420	15	100	中等强度的结构零件,如骨架、模锻的固定接头、支柱螺旋桨叶片、局部镦粗零件、螺栓和铆钉
		LY12	2A12	3.8~4.9	1.2~1.8	0.3~0.9	0.30	Ti;0.15	T4	470	12	105	高强度结构件及<150 ℃工作的零件,如骨架、铆钉
		LC4	7A04	1.4~2.0	1.8~2.8	0.2~0.6	5.0~7.0	Cr;0.1~0.25	T6	600	12	150	结构中主要受力件,如飞机大梁、桁架、加强框、蒙皮接头及起落架

类别	代号		牌号	化学成分 $w/\%$					材料状态	力学性能			用途举例
				Cu	Mg	Mn	Zn	其他		$\sigma_b/$MPa	$\delta/\%$	HBS	
能热处理强化的铝合金	锻铝合金	LD5	2A50	1.8～2.6	0.4～0.8	0.4～0.8	0.30	Si:0.70～1.2	T6	420	13	105	形状复杂、中等强度的锻件
		LD7	2A70	1.9～2.5	1.4～1.8	0.20	0.30	Ni:1.0～1.5；Ti:0.02～0.1；Fe:1.0～1.5	T6	440	12	120	内燃机活塞和在高温下工作的复杂锻件、板材,可作高温下工作的结构件
		LD10	2A14	3.9～4.8	0.4～0.8	0.4～1.0		Si:0.5～1.2	T6	480	10	135	承受重载荷的锻件

注:O 为退火;T4 为固溶热处理＋自然时效;T6 为固溶热处理＋人工时效。

4. 铸造铝合金

铸造铝合金有良好的铸造性能,可浇注成各种形状复杂的铸件。铸造铝合金的种类很多,主要有 Al－Si 系、Al－Cu 系、Al－Mg 系和 Al－Zn 系四类。

铸造铝合金的代号用 ZL("铸铝"汉语拼音首字母)及三位数字表示。第一位数字表示主要合金类别:1 表示铝-硅系,2 表示铝-铜系,3 表示铝-镁系,4 表示铝-锌系;第二、三位数字表示顺序号,如 ZL102、ZL401 等。铸造铝合金的牌号由 Z 和基体元素化学符号、主要元素化学符号以及表示合金元素平均含量的百分数组成。优质合金在牌号后面标注 A,压铸合金在牌号前面冠以字母 YZ。常用铸造铝合金的牌号、代号、成分、热处理、力学性能及用途见表 9－2。

表 9－2 常用铸造铝合金的代号、成分、机械性能及用途(摘自 GB/T1173—2013)

类别	牌号	代号	化学成分 $w/\%$						铸造方法及热处理		力学性能			用途举例
			Si	Cu	Mg	Mn	其他	Al	铸造方法	热处理	$\sigma_b/$MPa	$\delta/\%$	HBS	
铝硅合金	ZAlSi12	ZL102	10.0～13.0					余量	SB JB SB J	F F T2 T2	≥143 ≥153 ≥133 ≥143	≥4 ≥2 ≥4 ≥3	≥50 ≥50 ≥50 ≥50	形状复杂的零件,如飞机、仪器零件、抽水机壳体
	ZAlSi9Mg	ZL104	8.0～10.5		0.17～0.3	0.2～0.5		余量	J J	T1 T6	≥192 ≥231	≥1.5 ≥2	≥70 ≥70	形状复杂、工作温度为 220 ℃以下的零件,如电动机壳体、汽缸体
	ZAlSi5Cu1Mg	ZL105	4.5～5.5	1.0～1.5	0.40～0.60			余量	J J	T5 T7	≥231 ≥173	≥0.5 ≥1	≥70 ≥65	形状复杂、工作温度为 250 ℃以下的零件,如风冷发动机的汽缸头、机匣、油泵壳体
	ZAlSi7Cu4	ZL107	6.5～7.5	3.5～4.5				余量	SB J	T6 T6	≥241 ≥271	≥2.5 ≥3	≥90 ≥100	强度和硬度较高的零件
	ZAlSi2Cu1Mg1Ni1	ZL109	11.0～13.0	0.5～1.5	0.8～1.3		Ni:0.8～1.5	余量	J J	T1 T6	≥192 ≥241	≥0.5 —	≥90 ≥100	较高温度下工作的零件,如活塞
	ZAlSi9Cu2Mg	ZL111	8.0～10	1.3～1.8	0.4～0.6	0.10～0.35	Ti:0.10～0.35	余量	SB J	T6 T6	≥251 ≥310	≥1.5 ≥2	≥90 ≥100	活塞及高温下工作的其他零件

类别	牌号	代号	化学成分 w/%						铸造方法及热处理		力学性能			用途举例
			Si	Cu	Mg	Mn	其他	Al	铸造方法	热处理	σ_b/MPa	δ/%	HBS	
铝铜合金	ZAlCu5Mn	ZL201		4.5~5.3		0.6~1.0	Ti:0.15~0.35	余量	S S	T4 T5	≥290 ≥330	≥3 ≥4	≥70 ≥90	砂型铸造工作温度为175~300 ℃的零件，如内燃机汽缸头、活塞
	ZAlCu10	ZL202		9.0~11.0				余量	S J	T6 T6	≥163 ≥163	— —	≥100 ≥100	高温下工作不受冲击的零件
	ZAlCu4	ZL203		4.0~5.0				余量	J J	T4 T5	≥202 ≥222	≥6 ≥3	≥60 ≥70	中等载荷、形状比较简单的零件
铝镁铝锌合金	ZAlMg10	ZL301			9.5~11.5			余量	S	T4	≥280	≥9	≥20	大气或海水中工作的零件，承受冲击载荷，外形不太复杂的零件，如舰船配件、氨用泵体等
	ZAlMg5Si1	ZL303	0.8~1.3		4.5~5.5	0.1~0.4		余量	S,J	F	≥143	≥1	≥55	
	ZAlZn11Si7	ZL401	6.0~8.0		0.1~0.3		Zn:9.0~13.0；Zn:5.0~6.5	余量	J	T1	≥241	≥1.5	≥90	结构形状复杂的汽车、飞机、仪器零件，也可制造日用品

（1）铝硅合金

Al - Si 系铸造铝合金通常称为硅铝明。这类合金有优良的铸造性能（如流动性好，收缩及热裂倾向小）、一定的强度和良好的耐蚀性，应用广泛。

ZL102（$w_{Si}=10\%\sim13\%$）是一种典型的铝硅合金，属于共晶成分，通常称为简单硅铝明。经铸造后的组织是硅溶于铝中形成的 α 固溶体和硅晶体组成的共晶体（α＋Si），由于硅本身脆性大，又呈粗大针状分布在组织中（见图 9 - 5(a)，暗色针状为硅晶体，亮色为 α 固溶体），故使合金力学性能大为降低。为提高力学性能，常采用变质处理，即在浇注前向合金液中加入占合金液质量 2%～3% 的变质剂（常用 $\frac{2}{3}$NaF＋$\frac{1}{3}$NaCl 的混合盐），停留十多分钟后浇入铸型。因变质剂使共晶点移向右下方，故变质后为亚共晶合金，硅晶体变为细小粒状，均匀分布在铝基体上，并生成塑性好的初晶 α 固溶体（见图 9 - 5(b)，暗色基体为细粒状共晶体，亮色为初晶 α 固溶体）。变质后，合金力学性能显著提高，由原来的 $\sigma_b=140$ MPa，$\delta=3\%$，提高到 $\sigma_b=180$ MPa，$\delta=8\%$。但 ZL102 的致密性较差，且不能热处理强化。

为提高铝硅合金的强度，常加入能产生时效硬化（或时效强化）的铜、镁等合金元素，称此合金为特殊硅铝明。这种合金在变质处理后还可通过固溶热处理和时效进一步强化合金。

铝硅合金广泛用于制造质量轻、形状复杂、耐蚀，但强度要求不高的铸件，如内燃机活塞、汽缸体等。常用代号有 ZL102、ZL104、ZL105 等。

（2）铝铜合金

这类合金的 $w_{Cu}=4\%\sim14\%$。由于铜在铝中有较大的溶解度，且随温度发生变化，因此可进行时效硬化。铝铜合金耐热性好，但铸造性能和耐蚀性差。主要用于制造要求较高强度

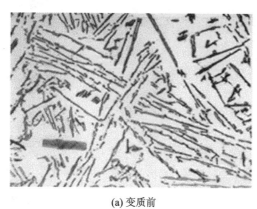 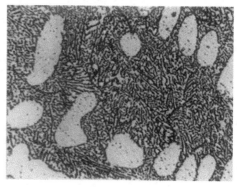

(a) 变质前   (b) 变质后

图 9 - 5   ZL102 的铸态组织

或高温下不受冲击的零件。常用代号有 ZL201、ZL202、ZL203 等。

（3）铝镁合金

这类合金密度小（<2.55 g/cm³）、耐蚀性好、强度高、铸造性能差、耐热性低,时效硬化效果甚微。主要用于制造在腐蚀性介质中工作的零件。常用代号有 ZL301、ZL302 等。

（4）铝锌合金

这类合金铸造性能好,经变质处理和时效处理后强度较高,价格低廉,但耐蚀性、耐热性差,主要用于制造结构形状复杂的汽车、仪表、飞机零件等。常用代号有 ZL401、ZL402 等。

9.1.3　铝合金在航天领域中的应用

近 100 年来,铝合金在航天器机体结构材料的应用一直长盛不衰。铝合金具有轻质、易加工、抗腐蚀的优点,其比强度高过很多合金钢,是一种理想的结构材料。人们对航天用的铝合金在成分及合成方法、轧制、挤压、锻造、热处理等工艺、零件加工、材料及结构服役性能表征等方面都开展了深入的系统研究,材料产品发展已形成系列化,在应用方面也取得了一系列显著成果。

航天工业中,应用变形铝合金的各种半成品加工成各种零部件,或用铸造铝合金直接生产零部件。用粉末冶金技术也可生产半成品和零部件,但成本较高。用各种方法生产的以铝为基体的复合材料,通过添加颗粒、晶须及纤维等来强化,近几年来发展很快,有关复合材料的内容将在第 11 章中介绍。

铝合金是火箭和航天器的关键性结构材料。从中国的"长征一号"火箭到"长征四号"火箭的结构多为金属板材和加强件组成的硬壳、半硬壳式结构,材料多为比强度和比刚度高的铝合金,也采用了一部分不锈钢、钛合金和非金属材料,但铝合金占结构材料总质量的 70% 以上。"长征三号"甲运载火箭箭体及整流罩所用结构材料见图 9 - 6。火箭的第一子级与第二子级的分离采用热分离方式,即第二子级发动机点火后才发出指令,使第一、二子级火箭连接结构解锁,在第二子级发动机高温燃气流的作用下,实现级间分离,第二、三子级火箭采用冷分离方式,即第二子级发动机关机后,先发指令,使第二、三子级间连接结构解锁,然后点燃装在第二子级上的固体反推火箭,将第二子级反向推开,实现可靠分离,这些技术问题解决都有相当的难度,在材料的选择上也有所优化。与运载火箭配套使用的整流罩是一个重要部件,它是将有效载荷(卫星或其他航天器)安全地送入预定轨道上的保护装置,对整流罩的一般要求是要有足够的强度,质量要轻,刚度要大。

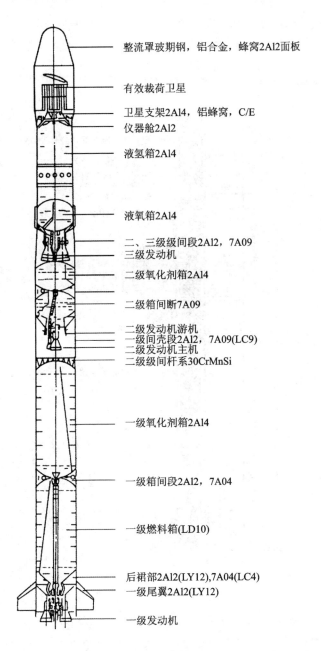

整流罩玻期钢,铝合金,蜂窝2Al2面板

有效载荷卫星

卫星支架2Al4,铝蜂窝,C/E

仪器舱2Al2

液氢箱2Al4

液氧箱2Al4

二、三级级间段2Al2,7A09

三级发动机

二级氧化剂箱2Al4

二级箱间断7A09

二级发动机游机

一级间壳段2Al2,7A09(LC9)

二级发动机主机

二级级间杆系30CrMnSi

一级氧化剂箱2Al4

一级箱间段2Al2,7A04

一级燃料箱(LD10)

后裙部2Al2(LY12),7A04(LC4)

一级尾翼2Al2(LY12)

一级发动机

图9-6 "长征三号甲"运载火箭箭体及整流罩所用结构材料示意图

图9-7所示为日本 H-1 型火箭的各部分构件的用材概况,用的都是 Al - Cu - Mn(2×××)系及 Al - Zn - Mg - Cu(7×××)系铝合金。一般来说,Al - Zn - Mg - Cu 合金的强度较

高,适合用于需要高强度的部位;Al-Cu-Mn 系合金的损伤容限性能较好,适合用于需要高损伤容限性能的部位。二者的性能特点比较见图 9-8 和图 9-9。铝材在火箭与航天器上主要用于制造燃料箱、助燃剂箱。在宇航开发初期,美国采用 2014 铝合金,后来由于自动焊接技术的开发与成熟,改用 2219 铝合金。从应力腐蚀开裂性能来看,2219 铝合金比 2014 铝合金更优越,后者短横向的应力腐蚀开裂应力为 53.9 N/mm²。美国"雷神"(Thor-Delta)及"土星-Ⅱ"(SaturnS-Ⅱ)号火箭的燃料箱等都是用 2219 铝合金制造的。除助燃剂箱外,火箭与航天飞机的其他结构同飞机一样,大多采用 2024 与 7075 铝合金,也可采用 2219 铝合金。美国航天飞机的宇航员舱也是用铝材制造的。

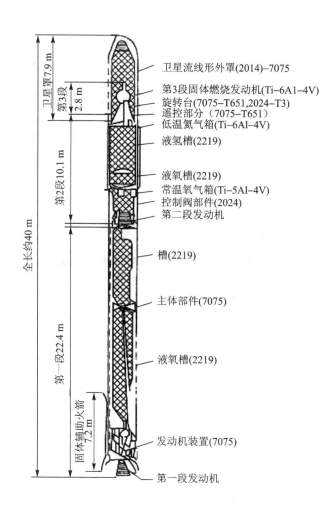

图 9-7 日本 H-1 型火箭用材部位

载人飞行器的骨架和操纵杆的大多数主要零部件都是用 7075-T73 高强度铝合金棒材切削制成的,又细又轻,且具有很高的强度。其他部分如托架、压板折叠装置、防护板、门和蒙皮板、两个推进器的氮气缸等是用成型性能良好的中等强度的 6061-T6 铝合金制造的,但用得较多的是 2×××系与 7×××系变形铝合金以及 ZL1××系与 ZL4××系铸造铝合金,它们的主要特性及用途分别见表 9-3 和表 9-4。

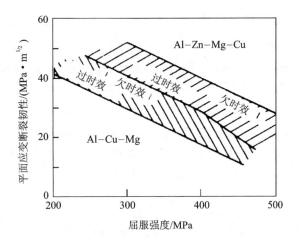

图 9 - 8　Al - Cu - Mn(2×××)系及 Al - Zn - Mg - Cu(7×××)系铝合金的断裂韧性比较

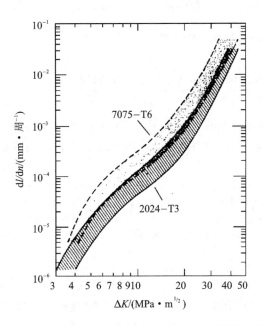

图 9 - 9　Al - Cu - Mn(2×××)系及 Al - Zn - Mg - Cu(7×××)系铝合金的疲劳裂纹扩展速率比较

表 9 - 3　航天变形铝合金的主要特性及用途

合　金	主要特性	用　途
1060、1050A、1200	导电性和导热性好,抗蚀性高,塑性高,强度低	铝箔用于制造蜂窝结构、电容器、导电体
1035、1100 8A06	抗蚀性较高,塑性、导电性、导热性良好,强度低,焊接性能好,可切削性不良,易成型加工	电线、电缆保护管、散热片等

合 金	主要特性	用 途
2A01	在热态下塑性高,冷态下塑性尚好,铆钉在固溶处理与时效处理后铆接,在铆接过程中不受热处理后的时间限制,铆钉需经阳极氧化处理和用重铬酸钾封孔	中等强度和工作温度不超过 100 ℃ 的结构铆钉
2A02	热塑性高,挤压半成品有形成粗晶环倾向,可热处理强化,抗蚀性能比 2A70 及 2A80 铝合金的高,有应力腐蚀破裂倾向,焊接性能略比 2A70 铝合金的好,可切削加工性好	工作温度为 200～300 ℃ 的涡轮喷气发动机轴向压气机叶片等
2A04	抗剪强度与耐热性较高,压力加工性能和可切削性能与 2A12 铝合金的相同,在退火和新淬火状态下塑性尚可,可热处理强化,普通腐蚀性能与 2A12 合金的相同,在 150～250 ℃ 形成晶间腐蚀的倾向比 2A12 合金的小,铆钉在新淬火状态下铆接:直径 1.6～5 mm 的淬火后 6 h 内铆完;直径 5.5～6 mm 的淬火后 2 h 铆完	用于铆接工作温度为 125～250 ℃ 的结构
2B11	抗剪强度中等,在退火、新淬火和热态下塑性好,可热处理强化,铆钉必须在淬火 2 h 后铆完	中等强度铆钉
2B12	在淬火状态下的铆接性能尚可,必须淬火后 20 min 内铆完	铆钉
2A10	热塑性与 2A11 铝合金的相同,冷塑性尚可,可在时效后的任何时间内铆接,铆钉需经阳极氧化处理与用重铬酸钾封孔,抗蚀性与 2A01、2A11 铝合金的相同	用于制造强度较高的铆钉,温度超过 100 ℃ 有晶间腐蚀倾向,可代替 2A11、2A12、2A01 铝合金铆钉
2A11	在退火、新淬火和热态下的塑性尚好,可热处理强化,焊接性能不好,焊缝气密性合格,未热处理焊缝的强度为基体的 60%～70%,焊缝塑性低,包铝板材有良好的抗蚀性,温度超过 100 ℃ 时有晶间腐蚀倾向,阳极氧化处理与涂漆可显著提高挤压材与锻件的抗蚀性	中等强度的结构件,如骨架零件、连接接锻件、支柱、螺旋桨叶片、螺栓、铆钉
2A12 (2024)	在退火和新淬火状态下塑性尚可,可热处理强化,焊接性能不好,未热处理焊缝的强度为基体的 60%～75%,焊缝塑性低,抗蚀性不高,有晶间腐蚀倾向,阳极氧化处理、涂漆与包铝可大大提高抗蚀能力	除模锻件外,可用作主受力部件,如:骨架零件、蒙皮、隔框、翼肋、翼梁、铆钉,是一种最主要的航天铝合金
2A06	压力加工性能和可切削性能与 2A12 铝合金的相同,在退火和新淬火状态下的塑性尚可,可热处理强化,抗蚀性不高。在 150～250 ℃ 有晶界腐蚀倾向,焊接性能不好	板材可用于 150～250 ℃ 下工作的结构,在 200 ℃ 工作的时间不宜长于 100 h

合　金	主要特性	用　途
2A16 (2219)	热塑性较高,无挤压效应,可热处理强化,焊接性能尚可,未热处理的焊缝强度为基体的 70%,抗蚀性不高,阳极氧化处理与涂漆可显著提高抗蚀性,可切削加工性尚好	用于制造在 250 ~ 350 ℃下工作的零件,如轴向压缩机叶轮圆盘。板材用于焊接室温和高温容器及气密座舱等
2B16 (2219)	Al - Cu - Mn 系硬铝型铆钉合金,其室温及高温抗剪强度比 2A10 铝合金的高。铆钉在热处理强化后有良好的可铆性能	可在 200 ℃ 或更高的温度下长期工作
2A50 (AK6)	热塑性高,可热处理强化,T6 状态材料的强度与硬铝的相近,工艺性能较好。有挤压效应,抗蚀性较好,但有晶间腐蚀倾向,可切削性能良好,接触焊、点焊性能良好,电弧焊与气焊性能不好	形状复杂的中等强度的锻件和模锻件
2B50 (AK6 - 1)	热塑性比 2A50 铝合金的还高,可热处理强化,焊接性能与 2A50 铝合金的相似,抗蚀性与 2A50 铝合金的相同,可切削性良好	复杂形状零件,如压气机轮和风扇叶轮等
2A70 (2618)	热塑性高,工艺性能比 2A80 铝合金的稍好,可热处理强化,高温强度高,无挤压效应,接触焊、点焊和滚焊性能良好,电弧焊与气焊性能差	内燃机活塞和在高温下工作的复杂锻件,高温结构板材
2A80	热塑性颇好,可热处理强化,高温强度高,无挤压效应,焊接性能与 2A70 铝合金的相同,抗蚀性尚好,但有应力腐蚀开裂倾向	压气机叶片、叶轮、圆盘、活塞及其他在高温下工作的发动机零件
2A14 (2014)	热塑性尚好,有较高强度,切削加工性良好,接触焊、点焊和滚焊性能好,电弧焊和气焊性能差,可热处理强化,有挤压效应,抗蚀性不高,在人工时效状态下有晶间腐蚀与应力腐蚀开裂倾向	承受高负荷的飞机自由锻件与模锻件
2017A (2017)	可热处理强化的 Al - Cu - Mg 系合金,固溶处理与自然时效后具有较高的强度和中等塑性。温度高于 100 ℃时会有腐蚀、应力腐蚀开裂和剥落腐蚀倾向	中等强度的受力工件,如在室温下工作的结构件和操纵系统拉杆等
2618A (2816)	可热处理强化的 Al - Cu - Mg - Fe - Ni 系合金,耐热性较高,工作温度 200~250 ℃,冷热加工性能尚可,可焊性能适中	工作温度不大于 150 ℃的零件和组合件,不大于 250 ℃的喷气发动机零件
3A21 (3003)	O 状态时塑性高,HX4 时塑性尚可,HX8 时塑性高,热处理不能强化,抗蚀性高,焊接性能良好,可切削性不佳	油箱、润滑油导管和用深拉法加工的低负荷零件、铆钉

合 金	主要特性	用 途
5052	O 状态时塑性高,HX4 时塑性尚可,HX8 时塑性低,热处理不能强化,抗蚀性与 3A21 合金的相近,疲劳强度较高。接触焊和氢原子焊焊接性良好,氩弧焊时易形成热裂纹。焊缝气性不高,焊缝强度为基体强度的 90%～95%,焊缝塑性高,抛光性能良好。O 状态时可切削性能不良,HX4 时可切削性能良好	焊接油箱,润滑油导管和其他中等载荷零件,铆钉线与焊丝
5A03 (5154)	O 状态时塑性高,HX4 时塑性尚可,热处理不能强化,焊接性能好,焊缝气密性尚好,焊缝强度为基体的 90%～95%,塑性良好,O 状态时可切削性能不良,HX4 时良好,抗蚀性高	中等强度的焊接结构件,冷冲压零件和框架等
5A05 (5056)	不可热处理强化的 Al－Mg 系合金,冷变形可提高其强度,但塑性下降,HX4 状态塑性中等,适于氢原子焊、点焊与气焊,抗蚀性高	用于制造要求具有高的工艺塑性和耐腐蚀的、承受中等载荷的焊接管道、液体容器等
5B05 (5056)	O 状态时塑性高,热处理不能强化,焊接性能尚好,焊缝塑性高,铆钉应阳极氧化处理	铆接铝合金与镁合金结构的铆钉
5A06	强度与抗蚀性较高,O 状态时塑性尚好,氩弧焊焊缝气密性尚好,焊缝塑性高,焊接头强度为基体的 90%～95%,可切削性能良好	焊接容器、受力零件、蒙皮、骨架零件等
6A02 (6151)	热塑性高,T4 时塑性尚好,O 状态时的塑性也高,抗蚀性与 3A21 及 5A02 铝合金的相当,但在人工时效状态下有晶间腐蚀倾向,$w_{Cu}<0.1\%$ 的合金在人工时效状态下有良好的抗蚀性,O 状态时的可切削性不高,淬火与时效后的可切削性尚好	要求有高塑性和高抗蚀性的零件,形状复杂的锻件与模锻件
7A03	在淬火与人工时效状态下塑性较高,可热处理强化,室温抗剪切强度较高,抗蚀性能颇高	受力结构铆钉,当工作温度低于 125 ℃时,可取代 2A10 铝合金铆钉,热处理后可随时铆接
7A04 (B95)	高强度铝合金,在退火与新淬火状态下塑性与 2A12 铝合金的相近,在 T6 状态下用于飞机结构,强度高,塑性低,对应力集中敏感,点焊性能与可切削性能良好,气焊性能差	主要受力结构件:大梁、桁条、加强框、蒙皮、翼肋、接头、起落架零件
7A05	强度较高,热塑性尚好,不易冷矫正,抗腐蚀性能与 7A04 铝合金的相同,可切削加工性良好	高强度形状复杂锻件
7A09 (7075)	强度高,在退火与新淬火状态下的强度稍次于同状态 2A12 铝合金的,稍优于 7A04 铝合金的,在 T6 状态下塑性显著下降。7A09 铝合金板的静疲劳、缺口敏感性、应力腐蚀开裂性能稍优于 7A04 铝合金,棒材的这些性能与 7A04 铝合金的相当	蒙皮结构件和主要受力零件

合　金	主要特性	用　途
7A33	可热处理强化的 Al - Zn - Mg 系耐腐蚀高强度结构铝合金,具有高的抗海水和海洋大气腐蚀的能力。没有晶间腐蚀、应力腐蚀和剥落腐蚀倾向。强度与 2A12 铝合金的相当,还有高的断裂韧性、工艺塑性和低的缺口敏感性。可以点焊与滚焊	可用于蒙皮构件,可替代 2A12 铝合金
7075 (B95)	可以生产各种半成品的 Al - Zn - Mg - Cu 系的超硬铝合金,是目前航空航天工业应用最广的变形铝合金之一,可以 T6、T73 和 T76 状态下应用。T6 材料强度最高,断裂韧性较低,对应力腐蚀敏感,且因其韧性随温度降低而下降,不适宜在低温下应用;T73 材料强度最低,但断裂韧性高和抗应力腐蚀开裂和剥落腐蚀的能力高;T76 状态材料的强度比 T73 状态的高、而抗应力腐蚀开裂的能力又比 T6 状态的高。7075 合金的静态强度比 2024、2124 铝合金的高,疲劳性能与其相当,在 O 状态与 W 状态有良好的室温成型性能。可以电阻焊,不宜熔焊	长期使用温度不宜超过 150 ℃。构件的主要材料,用于制造蒙皮、翼梁、隔框、长桁、起落架及液压系统零部件等
7475	7075 铝合金的改型。由于提高了原材料的纯度,严格限制了 Fe、Si 等杂质含量,调整了合金成分,使第二相总量减少,从而在相等强度条件下,提高了合金的断裂韧性,使其具有优秀的综合性能。在强度与断裂韧性匹配方面比任一航空航天铝合金的都好。7475 铝合金是室温高强度铝合金,但其强度随着温度升高而下降,长期工作温度不宜大于 125 ℃。有良好的工艺塑性与超塑性,在 O 状态与 W 状态有良好的成型性能	用于制造高强度、中等疲劳强度和高断裂韧性结构件,如蒙皮、隔框等,材料形式为薄板与厚板
8090	可热处理强化的 Al - Li - Cu - Mg 系合金,强度与 2A14 铝合金的相当,密度降低 10%,弹性模量提高 10%	航天器蒙皮,桁条,加强筋等类零件

注:铝合金的热处理状态见附表Ⅵ。

表 9 - 4　航天铸造铝合金的主要特性及用途

合　金	主要特性	用　途
ZL101	可热处理强化 Al - Si - Mg 系合金,流动性高,气密性好,热裂倾向性小,良好的抗蚀性和可焊性,是一种应用广泛的铸造铝合金	要求气密性的承受中等载荷的结构零件、仪器仪表附件、发动机零件、燃油泵壳体等
ZL101A	是 ZL101 铝合金的改进型,各项杂质含量低,添加微量元素,调整了镁含量,力学性能比 ZL101 铝合金的高,其他性能与 ZL101 铝合大体相当	用于铸造形状复杂与要求气密性好的各种优质零件
ZL102	Al - Si 系共晶型合金,流动性好,无热裂与疏松倾向,气密性较高,力学性能低,可切削性差	用压力铸造和金属型铸造形状复杂的薄壁非受力零部件
ZL104	Al - Si - Mg 系合金,可热处理强化,铸造性能优良,强度比 ZL101、ZL102 铝合金的高,但形成针孔的倾向性大,熔炼工艺较复杂	适于砂型、金属型铸造,也可以压铸,可用于铸造中等载荷、工作温度不超过 180 ℃的零件和发动机零部件
ZL105	Al - Si - Cu - Mg 系合金,可热处理强化,铸造性能良好,气密性较高,中等热强合金。高温力学性能和可切削性能均高于 ZL101、ZL104 等铝合金的,但由于含铜,其塑性与抗蚀性下降	用于铸造形状较复杂和承受中等载荷、工作温度至 250 ℃的各种发动机零件和附件

合　金	主要特性	用　途
ZL114A	是在 ZL101A 合金基础上发展起来的 Al - Si - Mg 系高强度合金,既有良好的铸造性能,又有比 ZL101A 铝合金高的力学性能	铸造航天结构一些重要的大型薄壁结构件代替变形铝合金钣金结构组合件
ZL116	含有钛和铍的 ZL101 型铝合金,综合性能比 ZL101 铝合金的高,铸造性能与可焊性良好,中等的室温力学性能,抗热裂倾向强,抗蚀性高,气密性好	受力零件和有气密性要求的零件,可在 200 ℃以下长期工作
ZL201	Al - Cu - Mn 系合金,室温力学性能较高,可焊性与可切削性均好,有疏松及热裂倾向	工作温度可至 300 ℃,中等复杂的受力件
ZL201A	ZL201 铝合金的改进型合金。由于采用高纯原材料、降低杂质含量、调整合金成分和铸造工艺,使其力学性能达到某些变形铝合金的水平,其他性能与 ZL201 铝合金的相当	工作温度 300 ℃以下的中等复杂程度的高强优质铸件
ZL204A	高强与热处理可强化 Al - Cu - Mn - Cd 系合金,其铸造、焊接、可切削性、抗蚀性等与 ZL201A 铝合金的大体相当	适于砂型铸造的较大载荷的中等复杂程度以下的航天零件
ZL205A	抗拉强度最高的铸造铝合金之一,其力学性能与某些变形铝合金的相当,有较大的热裂与显微疏松倾向,T5 状态铸件综合性能良好,T6 状态铸件抗拉强度最高,T7 状态既有高的强度又有相当强的抗应力腐蚀性能	铸造大载荷零件如挂梁、框、肋、臂及导弹连接框,火箭发动机前裙、后裙等关键零件
ZL206	可热处理强化的高强度耐热 Al - Cu - RE 合金,成分比 ZL208 铝合金的简单而又有良好的工艺性能,其他性能与 Al - Cu 系合金相当	砂型等铸造的在 250~350 ℃工作的发动机零部件和附件
ZL207	Al - RE - Cu 系合金,有很高的耐热性,可在 300~400 ℃工作,铸造工艺性能良好,但集中疏松倾向性大,不可热处理强化,室温力学性能较低	金属型、砂型、熔模铸造耐热的和承受气压、液压的零件
ZL208	可热处理强化的 Al - Cu—Ni - Co - Zr 系合金,综合性能良好,可在 250~300 ℃长期工作,瞬时工作温度可达 350 ℃,铸造性能较好,可切削性好	在 250~350 ℃工作的发动机零件等
ZL303	不可热处理强化的 Al - Mg 系合金,抗蚀性与可切削性均优,可焊性与耐热性高于 Al - Si 系合金的,室温力学性能较低	砂型与金属型铸造耐腐蚀零件
ZL112Y	Al - Si - Cu 系压铸合金,铸造性能良好,力学性能较高,气密性与抗热裂性高	压铸复杂薄壁力学性能高的飞行器附件和仪表壳等
ZL401	有较强的自然时效性能的 Al - Zn 系合金,铸造性能、可焊性、室温力学性能均好,热强性、抗蚀性差,密度大,也可以进行人工时效	复杂薄壁飞行器附件和仪表零件等

除了以上提到的 2×××系及 7×××系铝合金,Al - Li 合金通过改变合金的化学成分和提高合金纯度,采用先进的加工技术,以及新的热处理规范等工艺发展成为一种高强、高韧、低密度和超塑性的新型铝合金。Al - Li 合金用来取代常规的高强度铝合金,能使构件质量减

轻 10%～20%,刚度提高 15%～20%,被认为是 21 世纪航空航天飞行器的主要结构材料。目前 Al－Li 合金主要有两大类:第一种为中强低密度可焊 Ai－Li 合金,如俄罗斯的 1420、1421等,其密度为 2.47～2.49 g/cm³;第二种为高强 Al－Li 合金,如美国的 2090、8090、8091、Weldalite－049,俄罗斯的 1450、1460 等。对于航天飞行器结构,质量的减轻可增加有效载荷,而有效载荷每增加 1 kg 可带来 4 400～110 000 美元的效益。因此,由于 Al－Li 合金具有密度低、性能好的特点,在很多航天飞行器中都采用 Al－Li 合金结构。

美国洛克希德导弹和空间公司(LMSC)制造的飞行器使用低密度、中等强度和高刚度的材料,因此大量采用 Al－Li 合金产品。从 20 世纪 80 年代中期开始,大量选用 8090 及普通加工方法生产各种锻件、厚板、薄板与挤压件。LMSC 在大力神有效载荷转接器上使用 8090 板材,减轻质量 180 kg。该公司使用 AA2195 合金生产的新的航天飞机超轻型油箱,长达 47 m,直径达 8.4 m,用于盛装低温燃料和液态氢。AA2195 合金的使用使油箱减轻 5%(减重近3 400 kg),强度提高 30%,有效地增加了有效载荷,节约成本约 7 500 万美元。麦道空间系统公司采用 2090－T81 板材制成直径 2.44 m,长 3.05 m 的低温箱,用于三角翼火箭盛放燃料和液氧的容器,质量减轻 15%。美国通用动力空间公司在阿特拉斯和半人马运载火箭上的三个部件采用 2090 合金,总质量达 70 kg,较 2024 减轻 8%。1997 年 12 月的美国"奋进号"航天飞机外贮箱采用 2195 代替 2219,运载能力提高了 3.4 t。

Al－Li 合金在俄罗斯的航天业中也有很多的应用。俄罗斯在 1450 合金基础上添加0.20% 的 Sc 元素研制出 1460 合金,有更优良的性能,将其应用于大型运载火箭"能源号"的结构件上。此外,还用在其他火箭、"暴风雪"号航天飞机和空间站的结构件上。

总之,与其他材料相比,铝合金具有比模量/比强度高、耐腐蚀性能好、加工性能好、成本低廉等突出优点,因此,尽管面临来自钛合金、复合材料等新型材料强有力的竞争,但仍然被认为是航天领域综合性能最佳的结构材料。基于其良好的综合性能,迄今为止铝合金仍然是航空航天工业中用量最大的金属结构材料。

9.2　铜及铜合金

9.2.1　工业纯铜

工业纯铜又称紫铜,密度为 8.9 g/cm³,熔点为 1 083 ℃,具有面心立方晶格,无同素异晶转变。纯铜电导性、热导性优良,耐蚀性和塑性很好(δ＝40%～50%),但强度较低(σ_b＝230～250 MPa),硬度很低(30～40HBS),不能热处理强化,只能通过冷变形强化,但塑性降低。例如:当变形度为 50% 时,强度 σ_b＝400～430 MPa,硬度为 100～200HBS,塑性下降至 δ＝1%～2%。

工业纯铜的纯度为 w_{Cu}＝99.5%～99.95%,主要杂质有铅、铋、氧、硫、磷等,杂质含量越多,其电导性越差,并易产生热脆和冷脆。

工业纯铜的代号用 T("铜"的汉语拼音首字母)及顺序号(数字)表示,共有三个代号:T1、T2、T3,其后数字越大,纯度越低。

纯铜广泛用于制造电线、电缆、电刷、铜管及配制合金,不宜制造受力的结构件。

9.2.2 铜合金

铜合金是以铜为主要元素,加入少量其他元素形成的合金。铜合金比工业纯铜的强度高,且具有许多优良的物理化学性能,常用作工程结构材料。

铜合金按化学成分不同分为黄铜、青铜和白铜;按生产方法不同分为压力加工铜合金和铸造铜合金。常用的铜合金是黄铜和青铜。

1. 黄 铜

黄铜是以锌为主要添加元素的铜合金,按其化学成分不同分为普通黄铜和特殊黄铜;按生产方法不同分为压力加工黄铜和铸造黄铜。

(1)普通黄铜

普通黄铜是铜和锌组成的二元合金。加入锌可提高合金的强度、硬度和塑性,还可改善铸造性能。黄铜的组织和力学性能与含锌量的关系如图9-10所示。

在平衡状态下:当 $w_{Zn} < 32\%$ 时,锌全部溶于铜中,室温下形成单相 α 固溶体,随着含锌量增加,其强度增加,塑性有所改善,适于冷变形加工;当 $w_{Zn} = 32\% \sim 45\%$ 时,其室温组织为 α 固溶体与少量硬而脆的 β' 相(以CuZn为基的固溶体),少量 β' 相对强度无影响,随含锌量增加强度继续增加,塑性开始下降,不宜冷变形加工,但高温下塑性好,可进行热变形加工;当 $w_{Zn} > 45\%$ 时,其组织全部

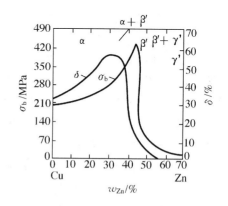

图9-10 黄铜的组织和力学
性能与含锌量的关系

为 β' 相,甚至出现极脆的 γ' 相(以 Cu_5Zn_8 为基的固溶体),强度、塑性急剧下降,脆性很大,无实用意义。

当黄铜 $w_{Zn} < 7\%$ 时,耐海水和大气腐蚀性好,但当 $w_{Zn} > 7\%$ 时,经冷变形加工后有残留应力存在,在海水或潮湿的大气中,尤其是在含有氨的环境中,易产生应力腐蚀开裂(亦称季裂)。为消除应力,应在冷变形加工后进行去应力退火。

压力加工普通黄铜的牌号用 H("黄"的汉语拼音首字母)及数字表示,其数字表示铜平均含量的百分数。例如:H68 表示平均 $w_{Cu} = 68\%$,其余为锌含量的普通黄铜。常用单相黄铜H70、H68,其组织为 α 固溶体,强度较高,冷、热变形能力好,适于用冲压法制造形状复杂、要求耐蚀的零件,如弹壳、冷凝器等;H62、H59 为双相黄铜($\alpha + \beta'$),强度较高,有一定的耐蚀性,不适宜冷变形加工,可进行热变形加工,广泛用于制造热轧、热压零件。

铸造黄铜的牌号依次由 Z("铸"字汉语拼音首字母)、铜、合金元素符号及该元素平均含量的百分数组成。例如:ZCuZn38 为 $w_{Zn} = 38\%$,其余为铜含量的铸造黄铜。铸造黄铜的熔点低于纯铜,铸造性能好,且组织致密。主要用于制作一般结构件和耐蚀件。

常用普通黄铜的牌号、成分、性能及用途见表9-5。

表 9 - 5　普通黄铜的牌号、成分、力学性能及用途(摘自 GB/T 5232—2001、GB/T 1176—2013、GB/T 2041—1989)

类　别	牌　号	主要成分 w/%			加工状态或铸造方法	力学性能			用途举例
		Cu	其他	Zn		σ_b/MPa	δ/%	HBS	
						不小于			
压力加工普通黄铜	H70	68.5~71.5		余量	软	320	53		弹壳、热变换器、造纸用管，机器和电器用零件
					硬	660	3	150	
	H68	67.0~70.0		余量	软	320	55		复杂的冷冲件和深冲件，散热器外壳，导管及波纹管
					硬	660	3	150	
	H62	60.5~63.5		余量	软	330	49	56	销钉、铆钉、螺母、垫圈、导管、夹线板、环形件、散热器等
					硬	600	3	164	
	H59	57.0~60.0		余量	软	390	44		机械、电器用零件，焊接件及热冲压件
					硬	500	10	163	
铸造黄铜	ZCuZn38	60~63		余量	S	295	30	590	一般结构件和耐蚀零件，如端盖、阀座、支架、手柄和螺母等
					J	295	30	685	

注:软为 600 ℃退火;硬为变形度 50%;S 为砂型铸造;J 为金属型铸造。

(2) 特殊黄铜

在普通黄铜中加入硅、锡、铝、铅、锰、铁等合金元素所形成的合金称为特殊黄铜,相应地称这些特殊黄铜为硅黄铜、锡黄铜、铝黄铜等。加入的合金元素均可提高黄铜的强度,锡、铝、锰、硅还可提高耐蚀性和减少应力腐蚀破裂的倾向;铅可改善黄铜的切削加工性能和提高耐磨性;硅可改善铸造性能;铁可细化晶粒。

特殊黄铜分为压力加工和铸造用两种。前者加入的合金元素较少;后者不要求有很高的塑性,为提高强度和铸造性能,可加入较多的合金元素。

压力加工特殊黄铜的牌号依次由 H("黄"字汉语拼音首字母)、主加合金元素符号、铜平均含量的百分数、合金元素平均含量的百分数组成。例如:HSn62 - 1 表示平均 $w_{Sn}=1\%$,$w_{Cu}=62\%$,其余为锌含量的锡黄铜。铸造特殊黄铜的牌号依次由 Z("铸"字汉语拼音首字母)、铜和合金元素符号、合金元素平均含量的百分数组成。例如:ZCuZn31Al2 为平均 $w_{Zn}=31\%$,$w_{Al}=2\%$,其余为铜含量的铸造铝黄铜。

部分特殊黄铜的牌号、成分、性能及用途见表 9 - 6。

2. 青　铜

除黄铜和白铜(铜-镍合金)以外的其他铜合金称为青铜,其中含锡元素的称为锡青铜,不含锡元素的称为无锡青铜(也称特殊青铜)。常用青铜有锡青铜、铝青铜、铍青铜、铅青铜等。按生产方式,可分为压力加工青铜和铸造青铜两类。青铜的牌号依次由 Q("青"的汉语拼音字首)、主加元素符号及其平均含量的百分数、其他元素平均含量百分数组成。例如:QSn4 - 3表示平均 $w_{Sn}=4\%$,$w_{Zn}=3\%$,其余为铜含量的锡青铜。若是铸造用青铜,其牌号依次由 Z("铸"字汉语拼音首字母)、铜及合金元素符号、合金元素平均含量百分数组成。例如:ZCuSn10Zn2 表示平均 $w_{Sn}=10\%$,$w_{Zn}=2\%$,其余为铜含量的铸造锡青铜。

表 9-6 部分特殊黄铜的牌号、成分、力学性能及用途

(摘自 GB/T 5232—2001、GB/T 1176—2013、GB/T 2041—1989)

类 别	牌 号	主要成分 $w/\%$			加工状态或铸造方法	力学性能			用途举例
		Cu	其他	Zn		σ_b/MPa	$\delta/\%$	HBS	
						≥			
压力加工特殊黄铜	HSn62-1	61.0~63.0	Sn:0.7~1.1	余量	硬	700	4	HRB95	汽车、拖拉机弹性套管,船舶零件
	HPb59-1	57~60	Pb:0.8~1.9	余量	硬	650	16	HRB140	销子、螺钉等冲压或加工件
	HAl59-3-2	57~60	Al:2.5~3.5;Ni:2.0~3.0	余量	硬	650	15	155	强度要求高的耐蚀零件
	HMn58-2	57~60	Mn:1.0~2.0	余量	硬	700	10	175	船舶零件及轴承等耐磨零件
铸造黄铜	ZCuZn16Si4	79~81	Si:2.5~4.5	余量	S	345	15	88.5	接触海水工作的配件以及水泵、叶轮和在空气、淡水、油、燃料以及工作压力在 4.5 MPa 和 250 ℃ 以下蒸汽中工作的零件
					J	390	20	98.0	
	ZCuZn40Pb2	58~63	Pb:0.5~2.5;Al:0.2~0.8	余量	S	220	15	78.5	一般用途的耐磨、耐蚀零件,如轴套、齿轮等
					J	280	20	88.5	
	ZCuZn40Mn3Fe1	53~58	Mn:3.0~4.0;Fe:0.5~1.5	余量	S	440	18	98.0	耐海水腐蚀的零件,以及 300 ℃ 以下工作的管配件,制造船舶螺旋桨等大型铸件
					J	490	15	108.0	
	ZCuZn40Mn2	57~60	Mn:1.0~2.0	余量	S	345	20	78.5	在空气、淡水、海水、蒸汽(小于 300 ℃)和各种液体、燃料中工作的零件和阀体、阀杆、泵、管接头以及需要浇注巴氏合金和镀锡零件等
					J	390	25	88.5	

注:软为 600 ℃ 退火;硬为变形度 50%;S 为砂型铸造;J 为金属型铸造。

(1) 锡青铜

以锡为主要添加元素的铜基合金称为锡青铜。锡在铜中可形成固溶体,也可形成金属化合物。因此,根据锡的含量不同,锡青铜的组织和性能也不同。由图 9-11 可知:当 $w_{Sn}<7\%$ 时,锡溶于铜中形成 α 固溶体,有良好的塑性。随含锡量的增加,强度、塑性增加,适宜压力加工;当 $w_{Sn}>7\%$ 时,组织中出现硬而脆的 δ 相(以 $Cu_{31}Sn_8$ 为基的固溶体),强度继续升高,塑性急剧下降,故适宜铸造;当 $w_{Sn}>20\%$ 时,由于 δ 相过多,合金变脆,强度显著降低,无实用价

值。因此,工业用锡青铜一般为 $w_{Sn}=3\%\sim14\%$。

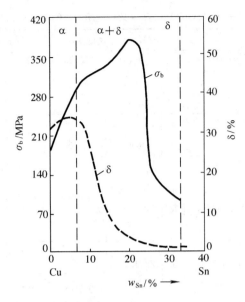

图 9 - 11　锡青铜的组织和力学性能与含锡量关系

锡青铜的耐磨性好,对大气、淡水、海水等的抗蚀性比纯铜和黄铜高,无磁性、无冷脆现象,但对酸类和氨水的抗蚀性差。

压力加工锡青铜适于制造仪表上要求耐磨、耐蚀的零件,以及弹性零件、抗磁零件等。铸造锡青铜流动性差,易产生成分偏析、分散缩孔,使铸件致密性不高,但收缩小,故适宜制造形状复杂,外形尺寸要求严格,致密性要求不高的耐磨、耐蚀件,如轴瓦、轴套、齿轮、蜗轮、蒸汽管等。

（2）特殊青铜（无锡青铜）

① 铝青铜

以铝为主要添加元素的铜合金称为铝青铜,一般 $w_{Al}=8.5\%\sim11\%$。它具有高的耐蚀性,较高的耐热性、硬度、耐磨性、韧性和强度。铸造铝青铜由于结晶温度范围窄,流动性好,偏析和分散缩孔小,故能获得致密的铸件,但收缩率大。当 $w_{Al}=5\%\sim7\%$ 时,塑性好,适于冷变形加工；当 w_{Al} 为 10% 左右时,强度最高,一般为铸造铝青铜。

压力加工铝青铜用于制造仪器中要求耐蚀的零件和弹性元件；铸造铝青铜常用于制造要求有较高强度和耐磨性的摩擦零件。若加入合金元素锰、铁,则可进一步提高铝青铜的强度和耐磨性。

② 铍青铜

以铍为主要添加元素的铜合金称为铍青铜,一般 $w_{Be}=1.7\%\sim2.5\%$。铍青铜经固溶热处理和时效后具有高的强度、硬度和弹性极限。另外,还具有良好的耐蚀性、电导性、热导性和工艺性,无磁性、耐寒,受冲击不产生火花等优点,可进行冷、热加工和铸造成型。主要用于制造仪器、仪表中的重要弹性元件和耐蚀、耐磨零件,如钟表齿轮、航海罗盘、电焊机电极、防爆工具等。但铍青铜成本高,应用受限。

常用青铜的牌号、成分、性能及用途见表 9 - 7。

表 9 - 7 常用青铜的代号(牌号)、化学成分、力学性能及用途

(摘自 GB/T 5233—2001、GB/T 1176—2013、GB/T 2048—1989、GB/T 2043—1989)

类　型	代号(或牌号)	主要成分 w/%			制品种类或铸造方法	力学性能		用途举例
		标志性元素	Cu	其他		σ_b/MPa	δ_5/%	
压力加工锡青铜	QSn4 - 3	Sn:3.5~4.5	余量	Zn:2.7~3.3	板、带棒、线	350	40	弹簧、管配件和化工机械中的耐磨及抗磁零件
	QSn6.5 - 0.4	Sn:6.0~7.0	余量	P:0.26~0.40	板、带棒、线	750	9	耐磨及弹性零件
	QSn4 - 4 - 2.5	Sn:3.0~5.0	余量	Zn:3.0~5.0;Pb:1.5~3.5	板、带	650	3	轴承和轴套的衬垫等
铸造锡青铜	ZCuSn10Zn2	Sn:9.0~11.0	余量	Zn:1.0~3.0	砂型	240	12	在中等及较高载荷下工作的重要管配件,阀、泵体、齿轮等
					金属型	245	6	
	ZCuSn10Pb1	Sn:9.0~11.5	余量	Pb:0.5~1.0	砂型	220	3	重要的轴瓦、齿轮、连杆和轴套等
					金属型	310	2	
特殊青铜(无锡青铜)	ZCuAl10Fe3Mn2	Al:L9.0~11.0	余量	Fe:2.0~4.0;Mn:1.0~2.0	砂型	490	13	重要用途的耐磨、耐蚀的重型铸件,如轴套、螺母、蜗轮
					金属型	540	15	
	QAl7	Al:6.0~8.0	余量	—	板、带棒、线	637	5	重要的弹簧和弹性元件
	QBe2	Be:1.8~2.1	余量	Ni:0.2~0.5	板、带棒、线	500	30	重要仪表的弹簧、齿轮等
	ZCuPb30	Pb:27.0~33.0	余量		金属型			高速双金属轴瓦、减磨零件等

9.2.3　铜合金在航天领域中的应用

航天技术、火箭、卫星和航天飞机中,除了微电子控制系统和仪器、仪表设备以外,许多关键性的部件要用到铜和铜合金。例如:火箭发动机的燃烧室和推力室的内衬,可以利用铜的优良导热性来进行冷却,以保持温度在允许的范围内。"亚里安那 5 号"火箭的燃烧室内衬,用的是 Cu - Ag 合金,在这个内衬内加工出 360 个冷却通道,火箭发射时通入液态氢进行冷却。此外,铜合金也是卫星结构中承载构件用的标准材料。卫星上的太阳翼板通常是由铜与其他几种元素的合金制成的。

随着航天、微电子等高技术产业的迅猛发展,已有牌号铜合金已不能全面满足高技术的各项要求,主要是其导电、导热性与其高强、高温性能难以兼顾。现在,依靠先进冶金工艺技术开发出了许多先进铜合金,用其制作的零部件可具备多种功能。例如,电子工业大规模集成电路

的引线框架曾采用过 FeNi42 合金,其强度($\sigma_b \geqslant 600$ MPa)和抗高温软化温度(900 K)均较高,但导电率低,仅为 3%IACS。根据微电子技术的发展要求,需要材料的性能为 $\sigma_b \geqslant 600$ MPa,抗高温软化温度$\geqslant 800$ K,导电率$\geqslant 80$%IACS。这样高的导电率只有铜合金才能实现。

对于铜合金,在具有高导电性的同时要设法提高其强度,为此美国开发了氧化铝弥散强化铜合金,达到了上述指标。这种新合金的制备工艺是借助高压惰性气体,将含有微量铝(质量分数 0.1%~0.6%)的铜合金熔液雾化为超细合金颗粒,再经原位择优氧化,使其中绝大部分的铝形成 Al_2O_3 颗粒,对这样的粉末经压结、烧结制得板坯,再经多道次冷轧与退火工序,最终加工成精密带材。像这种兼有高强度和高导电性的铜合金除做引线框架外,还可以制作需要兼有高强度、高导电性和耐高温工作环境的元器件,如微波管、继电器开关簧片及各类电极材料。

现以钨铜合金为例,简单介绍铜合金在航天工业中的应用。

钨铜合金综合了金属钨和铜的优点:钨熔点高(钨熔点为 3 410 ℃,铜熔点 1 083 ℃),密度大(钨的密度为 19.34 g/cm³,铜的密度为 8.96 g/cm³);铜导电导热性能优越,钨铜合金微观组织均匀、耐高温、强度高、耐电弧烧蚀、密度大;导电、导热性能适中,广泛应用于耐高温材料、高压开关用电工合金、电加工电极、微电子材料或作为零部件和元器件广泛应用于航天工业。

1. 耐高温材料

钨铜合金在航天中用作导弹、火箭发动机的喷管、燃气舵、空气舵、鼻锥,主要是要求耐高温(3 000 ~5 000 K)、耐高温气流冲刷能力,主要利用铜在高温下挥发形成的发汗制冷作用(铜熔点 1 083 ℃),降低钨铜表面温度,保证在高温极端条件下使用。

常用耐高温钨铜合金及性能见表 9-8。

表 9-8　耐高温钨铜合金及性能

牌　号	铜含量	钨骨架相对密度	材料密度/(g·cm⁻³)	相对密度	抗拉强度/MPa 室温	抗拉强度/MPa 800 ℃	断裂韧性/$\left(MN \cdot m^{-\frac{3}{2}}\right)$
WCu10	8%~12%	77%~82%	16.5~17.5	≥97	≥300	≥150	15~18
WCu7	6%~9%	82%~86%	17~18	≥97	≥300	≥150	13~15

2. 高压开关用电工合金

钨铜合金在高压开关 128 kV SF6 断路器 WCu/CuCr 中,以及高压真空负荷开关(12 kV,40.5 kV,1 000 A)中得到广泛应用,高压真空开关体积小,易于维护,使用范围广,能在易燃易爆以及腐蚀的环境中使用。主要性能要求是耐电弧烧蚀、抗熔焊、截止电流小、含气量少、热电子发射能力低等。除常规宏观性能要求外,还要求气孔率、微观组织性能,故要采取特殊工艺,需真空脱气、真空熔渗等复杂工艺。

3. 微电子材料

钨铜电子封装和热沉材料,既具有钨的低膨胀特性,又具有铜的高导热特性,其热膨胀系数和导热导电性能可以通过调整钨铜的成分而加以改变,因而给钨铜提供了更广的应用范围。由于钨铜材料具有很高的耐热性和良好的导热导电性,同时又与硅片、砷化镓及陶瓷材料相匹配的热膨胀系数,故在航天半导体材料中得到广泛的应用,适用于与大功率器件封装材料、热沉材料、散热元件、陶瓷以及砷化镓基座等。

常用封装热沉的钨铜材料及性能见表 9-9。

表 9-9 用于封装热沉的钨铜材料的主要性能

牌　号	热导率 /W·(m·k)$^{-1}$	热膨胀系数 10^{-6}/K	密度 /(g·cm^{-3})	比热导率 /W·(m·k)$^{-1}$
WCu	140~210	5.6~8.3	15~17	9~13
WCu10	140~170	5.6~6.5	17.0	
WCu15	160~190	6.3~7.3	16.4	
WCu20	180~210	7.6~9.1	15.6	

9.3　镁及镁合金

9.3.1　工业纯镁

纯镁密度为 1.74 g/cm^2,熔点为 651 ℃,具有密排六方结构。纯镁强度不高,室温塑性较低,耐蚀性较差,易氧化。工业纯镁代号用 M+顺序号表示。纯镁主要用于配制镁合金和其他合金,还可用作化工与冶金的还原剂。

9.3.2　镁合金

镁合金主要采用固溶强化。在纯镁中加入 Al、Zn、Mn、Zr 及稀土等元素,制成镁合金。目前应用的镁合金主要有 Mg-Mn 系、Mg-A1-Zn 系、Mg-Zn-Zr 系和 Mg-Re-Zr 系等合金系。它们分为变形镁合金和铸造镁合金两大类。

1. 变形镁合金

变形镁合金的代号用 MB+顺序号表示。MB1 和 MB8 为 Mg-Mn 系合金,该类合金具有良好的耐蚀性和焊接性,一般在退火态使用,用于制作蒙皮、壁板等焊接件及外形复杂的耐蚀件。MB2、MB3、MB5、MB6、MB7 为 Mg-Al-Zn 系合金,较常用的为 MB2 和 MB3,具有较高的耐蚀性和热塑性。MB15 为 Mg-Zn-Zr 系合金,具有较高的强度,焊接性能较差,使用温度不超过 150 ℃。MB22 为 Mg-Y-Zn-Zr 合金,焊接性能很好,使用温度较高。MB15 和 MB22 都可热处理强化,主要用于飞机及宇航结构件。

2. 铸造镁合金

铸造镁合金的代号用 ZM+顺序号表示。Mg-Al-Zn 系的 ZM5 和 Mg-Zn-Zr 系的 ZM1、ZM2、ZM7、ZM8 具有较高的强度、良好的塑性和铸造工艺性能,但耐热性较差,主要用于制造 150 ℃以下工作的飞机、导弹、发动机中承受较高载荷的结构件或壳体。Mg-RE-Zr 的 ZM3、ZM4 和 ZM6 具有良好的铸造性能,常温强度和塑性较低,但耐热性较高,主要用于制造 250 ℃以下工作的高气密零件。

9.3.3　镁合金在航天领域中的应用

镁合金在航空航天领域的应用具有重要意义。载荷质量每减轻 1 kg,整个运载火箭的起飞质量就可减轻 50 kg,地面设备的结构质量就可减轻 100 kg。镁合金是目前实际应用的最轻的金属结构材料,约为铝合金的 2/3、锌合金的 1/3、钢铁的 1/4、钛合金的 2/5,与多数工程塑料相当。镁合金的应用能带来巨大的减重效益和飞行器战技性能的显著提升。在航天领域,镁合金被广泛应用于制造导弹、飞船、卫星上的重要构件,以减轻零件质量,提高飞行器的机动性能,降低航天器的发射成本。

镁合金具有高的比强度和比刚度、高阻尼、电磁屏蔽、良好的尺寸稳定性、导热导电性,以及优异的铸造、切削加工性能和易回收利用等优点,被誉为"21 世纪绿色工程材料"。然而,镁合金存在以下缺点:耐蚀性差,燃点低;材料强度偏低,尤其是高温强度和抗蠕变性差;镁合金铸件容易形成缩松和热裂纹,成品率低,镁合金变形件塑性加工条件控制困难,导致组织与力学性能不稳定。这些缺点限制了其在航空航天领域的应用。

1. 变形镁合金

变形镁合金的强度和延伸率一般优于铸造镁合金,这是由于镁合金经热变形后,组织得到细化,成分更均匀,内部更致密。因此航空航天器特别是导弹、卫星以及航天飞机大量应用变形镁合金。该类合金成分同样包括 Mg-Li 系、Mg-Al 系、Mg-Zn 系和 Mg-RE 系等。

Mg-Li 系合金是密度最小的合金材料,密度一般为 $1.35 \sim 1.65$(当锂的含量为 6.9% 时,镁锂合金密度为 $1.57 \ \mathrm{g/cm^3}$;当锂的含量为 13.0% 时,镁锂合金的密度为 $1.42 \ \mathrm{g/cm^3}$;当锂含量大于 31% 后,镁锂合金的密度将小于 $1 \ \mathrm{g/cm^3}$,此时镁锂合金能够浮于水面上),比普通镁合金轻 $1/4 \sim 1/3$,比铝合金轻 $1/3 \sim 1/2$,被称为超轻合金。Mg-Li 合金相图见图 9-12。由图可以看到 Li 在 Mg 中的固溶度很大,更为重要的是,Mg 中约含 11% 的 Li 就形成新相——β相。这种相是体心立方结构,具有较高的形变能力。

镁锂合金具有高的比强度比刚度(从材料的刚性来看,若普通钢的刚性为 1,则钛的刚性为 2.9,铝的刚性为 8.19,镁的刚性为 18.9,镁锂合金的刚性为 22.68)和优良的抗震性能以及抗高能粒子穿透能力,而且其密度远远小于新型航天用材铝锂合金的密度,是航空、航天、兵器工业、核工业等领域最理想并有着巨大发展潜力的结构材料之一。

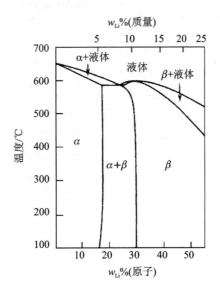

图 9-12　Mg-Li 相图

美国海军卫星上已将镁合金复合材料用于支架、轴套、横梁等结构件,其综合性能优于铝基复合材料。"德热来奈"飞船的起动火箭"大力神"曾使用了 600 kg 的变形镁合金;"季斯卡维列尔"卫星中使用了 675 kg 的变形镁合金;直径约 1 m 的"维热尔"火箭壳体是用镁合金挤压管材制造的。英国 BloodhoundMK - 2(弹体直径 546 mm,最高速度 2.7Ma)地空导弹舱体采用新型耐热镁合金铸件和锻件制成。日本利用镁合金低密度的特征,开发了旨在提高具有镁合金机翼的超声速飞行器特性的结构最优化设计方法,并以镁合金成功地制作出了质量仅为 1 kg 的超小型人造卫星。

2. 铸造镁合金

铸造镁合金具有优良的铸造性能和切削加工性能,常用于发动机、传动系统等的壳体类零部件,能够很好地满足零件对材料的性能要求。这类合金主要是通过不同的液态成型方法铸造而成。

最早应用的是 Mg - Al 系合金。目前,与铝合金化的镁约占镁合金应用总量的 43%。当前应用比较多的是基于 AZ91 的镁合金,通过添加 Ca、Y、Sc、Mn 等,开发出的新型高强镁合金。Mg - Zn 系中,Zn 主要起固溶强化作用,热处理后可提高合金屈服极限。此外,Zn 还可以消除镁合金中铁、镍等杂质元素对腐蚀性能的不利影响。其中应用最广的是 ZA54 和 ZA56、ZA72 和 ZA74 合金(金属型),均具有较为优异的力学性能。稀土元素对镁合金具有固溶和沉淀强化作用。在镁合金中添加稀土元素能够提高合金的室温和高温强度,提高高温蠕变抗力,改善铸造性能,同时有利于提高耐蚀性,从而使 Mg - RE 系合金具有较高的高温强度、优良的抗蠕变性能、良好的耐热和耐蚀性能。

航天工业中常用高强铸造镁合金和变形镁合金及其主要性能见表 9 - 10。

表 9 - 10　航天工业中常用高强铸造镁合金和变形镁合金及其主要性能

合金成分	成型工艺	拉伸性能		
		抗拉强度/MPa	屈服强度/MPa	延伸率/%
Mg - 9Al - 2Sn - 0.1Mn	金属模铸造	292	154	5
Mg - 7Zn - 4Al	压铸	338	—	12.1
Mg - 8.0Zn - 1.0Al - 0.5Cu - 0.5Mn	金属模铸造	372	228	16
Mg - 3Nd - 0.2Zn - Zr	金属模铸造	300	140	11
	挤压	325	314	19.3
Mg - 6Gd - 2Sm - Zr	金属模铸造	360	204	8.1
	挤压	347	237	3.2
Mg - 10Gd - 3Y - Zr	金属模铸造	370	241	4.1
	挤压	491	436	3～6
Mg - 12Gd - 3Y - Zr	金属模铸造	328	248	1.1
Mg - 5Al - 0.3Mn - 1.5Ce	金属模铸造	203	88	20
	热轧	318	225	9
Mg - 11Al - 3Zn - 0.4Mn	挤压	353	—	9.5
Mg - 9Zn - 0.6Zr - 0.6Er	挤压	372	342	18

合金成分	成型工艺	拉伸性能		
		抗拉强度/MPa	屈服强度/MPa	延伸率/%
Mg - 14.4Zn - 3.3Y	挤压	380	365	8
Mg - 10Er - 2Cu	挤压	380	320	15
Mg - 10Er - 2Cu - V	挤压	430	370	11
Mg - 2.7Nd - 0.2Zn - 0.4Zr	挤压	417	394	2.
Mg - 8.2Gd - 3.8Y - 1.0Zn - 0.4Zr	挤压 + 热轧	473	372	10.2
Mg - 3Y - 1.5Zn	等通道转角挤压	473	445	6.2

　　德国金牛座系统公司和瑞典博福斯公司合作开发的动能侵彻和毁伤导弹 KEPD - 350 于 2010 年交付使用。全弹长 5 m,射程 350 km,飞行马赫数达 0.9~0.95。该导弹结构中,加强框、壁板、舵面、隔板等 30 余种零件分别使用了约 100 kg 的 GW83 和 ZK61 等高性能镁合金。全弹总质量控制在 1 400 kg 以内,保障了战斗部毁伤效能的发挥,能够侵彻 4 层钢加固混凝土层后爆炸。2007 年美国雷声公司(Raytheon Company)为美国海军研发的 AGM - 154C 配备英国 BAE 系统公司的布罗奇侵彻战斗部(227 kg),弹长 406 cm,低空投掷的滑行距离达到 22 km,高空投掷的滑行距离达到 120 km,命中精度达到 3 km 以内,能有效攻击工业设施、后勤系统等牢固的战术目标。其中,装药战斗部可穿透 125 mm 厚的装甲板,破片每枚重约 30 g,可毁伤 15 m 内的轻型车辆 75 m 内的飞机。为保障战斗部的有效毁伤能力,除大量应用铝合金外,还应用了一定数量的高强韧铸造镁合金,如连接舱舱体、尾舱舱体、翼片骨架、设备箱箱体等就采用了改性后的 AZ91E 和 AZ91D,力学性能和耐蚀能力均能够满足侵彻炸弹的整体要求。全弹质量控制在 483 kg 以下。

　　除了以上镁合金以外,人们还根据变形铝合金和铸造铝合金高开发出了特种铝合金——阻尼镁合金和高温铝合金。

　　阻尼镁合金的开发和应用是防振减噪的有效措施之一。纯镁及其合金的阻尼机制属于缺陷阻尼的位错阻尼,其内耗可以分为阻尼共振型和静滞后型两类。工程上应用的高阻尼主要是利用与振幅有关,与频率无关的静滞后型。目前主要通过合金化、变形工艺改性、对现有高强镁合金进行改性等方法开发高强度阻尼镁合金。在镁合金中添加 Zr、Ni、Mn、Cu、Si、Ca、La、Nd 等元素可形成不同阻尼镁合金,其中较为典型的有 Mg - Zr 系、Mg - Ni 系和 Mg - Cu - Mn 系镁合金。

　　高温铸造镁合金主要发展了 Mg - Al - Zn - Ca、Mg - Al - Si、Mg - AL - RE、Mg - Zn - Cu 系合金及稀土镁合金。这些合金性能稳定,在高温时蠕变性能好,其中含 Nd、Y 的 WE54、WE43 稀土镁合金具有优异的综合力学性能,使用温度高达 250 ℃,在航天工业中被大量使用。

　　我军研制生产的"红旗 - 9B"导弹,其弹体就是采用高强度镁合金材料制造的,由此把弹体总质量控制到了 1 200 kg,体积也大为缩小,最高速度提升到 $6Ma$。北京卫星制造厂突破了大型镁合金表面的防腐处理、机械加工、焊接技术,实现了大型镁合金结构件在多个航天器上的应用,开展了镁合金表面涂覆、微弧氧化、高发射率表面阳极化处理等技术研究,突破了镁合金表面防腐、导电性和高发射率热控要求的综合表面处理技术,实现了镁合金在航天器电子产品机箱中的应用,达到了产品轻量化的目标。中科院金属所研发的 G04 镁合金成功应用在神舟飞船(SZ-6)的电控箱上,为其减重约 13 kg。该零件具体使用于地球表面到近地轨道飞船运行轨道的空间环境。随后该合金又成功制造出"天宫一号"等其他多个型号的航天器零部件。上海交通大学将先进镁合金材料与成型新工艺相结合,成功制备了某型号轻型导弹舱体(见图 9-13)、发动机机匣(见图 9-14)及某型号轻型导弹弹翼,直径 145 mm 的无缝管用于制备某型号轻型导弹壳体(见图 9-15)及某型导弹壳体($\phi600$ mm×400 mm,见图 9-16)。

随着科学技术的发展和航天活动的日益频繁,轻量化趋势势必在航天制造业成为主流,具有明显轻量化作用的新型镁合金材料在航天领域的应用也会越来越广泛。

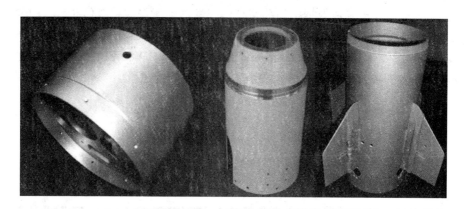

图 9-13　某轻型导弹舱体

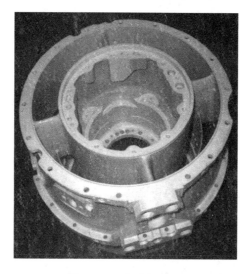

图 9-14　发动机机匣

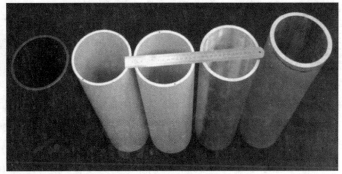

图 9 - 15 镁合金制备的导弹尾翼和轻型导弹管材

图 9 - 16 某型导弹壳体

9.4 钛及钛合金

9.4.1 纯 钛

钛是化学活泼性极高的金属,密度小(4.5 g/cm^3),熔点高($1\ 668\ ℃$),热膨胀系数小,热导性差,塑性很好($\delta=40\%$,$\psi=60\%$),强度、硬度低($\sigma_b=290$ MPa、100 HBS)。钛与氧、氮形成致密的保护膜,因此在大气、高温气体及许多腐蚀性介质中有良好的耐蚀性。钛的成型性、焊接性和切削加工性良好,可制成细丝和薄片。

钛具有同素异晶转变,在 $882.5\ ℃$ 以下为密排六方晶格的 α - Ti,$882.5\ ℃$ 以上为体心立方晶格的 β - Ti。

工业纯钛中含有氧、氮、铁、氢、碳等杂质,少量杂质可使强度、硬度增加,而塑性、韧性下降。工业纯钛的牌号用 TA(T 为"钛"的汉语拼音首字母)及数字表示,数字越大,纯度越低。其牌号有 TA1、TA2、TA3 三种。工业纯钛只做去应力退火和再结晶退火处理,常用作 $350\ ℃$ 以下且强度要求不高的零件和冲压件。

9.4.2　钛合金

钛合金是 20 世纪 50 年代发展起来的一种重要的新型结构材料,因具有强度高、耐蚀性好、耐热性强等特点而被广泛用于各个领域。按加入的合金元素不同,钛合金可分为 α 钛合金、β 钛合金、(α+β)钛合金三类,其牌号分别以 TA、TB、TC 加数字(序号)表示。钛合金的抗蚀性可与不锈钢相媲美,它对人体生物组织液稳定,与人体细胞相容性好,故可作为生物医学材料,制成钛接骨板、接骨螺钉、人造关节及医疗器械等。

1. α 钛合金

加入铝可使钛合金的同素异晶转变温度提高,在室温和工作温度下获得单相 α 组织,故称为 α 钛合金。α 钛合金有良好的热稳定性、热强性和焊接性,但室温强度比其他钛合金低,塑性变形能力也较差,且不能热处理强化,主要是固溶强化,通常在退火状态下使用。其牌号有 TA4、TA5、TA6、TA7、TA8 等。TA7 是典型牌号,可制作在 500 ℃ 以下工作的零件,如导弹燃料罐、超声速飞机的涡轮机匣、发动机压气机盘与叶片等。

2. β 钛合金

在钛中加入钼、铌、钒等稳定 β 相的合金元素,可获得稳定的 β 相组织,故称为 β 钛合金。β 钛合金淬火后具有良好塑性,可进行冷变形加工。经淬火时效后,使合金强度提高,焊接性好,但热稳定性差。其牌号有 TB1、TB2,适于制作在 350 ℃ 以下使用的重载荷回转件(如压气机叶片、轮盘等)以及飞机构件等。

3. (α+β)钛合金

钛中主要加入铁、锰、钼、铬、钒等稳定 β 相的合金元素以及少量稳定 α 相的合金元素铝,在室温下获得(α+β)的两相组织,故称为(α+β)钛合金。这种合金塑性好,易于锻压,经淬火时效强化后,强度可提高 50%～100%,但热稳定性差,焊接性不如 α 钛合金。其牌号有 TC1、TC2、TC10。TC4 是典型牌号,经淬火和时效处理后,强度高,塑性好,在 400 ℃ 时组织稳定,蠕变强度较高,低温时韧性好,并有良好的抗海水应力腐蚀及抗热盐应力腐蚀的能力,适于制造长期在 400 ℃ 以下工作的零件,要求有一定高温强度的发动机零件,以及在低温下使用的火箭、导弹的液氢燃料箱部件等。

除上述常用的钛合金外,还有钛镍合金(称作形状记忆金属),预先将钛镍合金加工成一定形状,以后无论如何改变其形状,只要在 300～1 000 ℃ 温度中进行几分钟至半小时的加热,它仍然会恢复到加工时的形状。利用这些特性可制作温度控制装置、集成电路导线、汽车零件及卫星天线等。

9.4.3　钛合金在航天领域中的应用

钛的密度为 4.5 g/cm³,仅为钢的 56%,满足航天产品对材料质轻的需求;钛合金的强度为 500～1 400 MPa,比 Al、Mg 合金高得多;并且钛合金的高温及低温性能优越,能在 550 ℃ 高温和零下 250 ℃ 低温下长期工作而保持性能不变,正因为钛合金将航天产品所需的特质集于一身而被誉为"宇宙金属""空间金属"。在航天工业中,钛合金主要用于制造运载火箭的各种压力容器、火箭发动机壳体、喷管、部分卫星结构零部件以及战术导弹弹体中要求强度高及热强性好的部位,如空气舵舵体等构件。在航天飞机上,有重 3 t 的钛合金制作的传力结构件,用来制造承力构件、框架、各种气瓶、压力容器、涡轮泵壳体等零部件。

钛合金在航天工业中的主要应用见表 9-11。

表 9-11　钛合金在航天工业中的主要应用

应用领域	主要部位	主要钛合金
发动机	压气机涡轮叶片	Ti-2Cu, Ti-8Al-1Mo-1V, Ti-6Al-4Zr-2Mo-2Sn, Ti-6Al-5Zr-0.25Si
	压气机导向叶片	Ti-2Cu, Ti-5Al-2.5Sn
	压气机圆盘	Ti-8Al-1Mo-1V, Ti-6Al-4V, Ti-7Al-4Mo, Ti-6Al-4Zr-2Mo-2Sn, Ti-6Al-5Zr-0.5Mo-0.25Si
	启动装置	Ti-2Cu, Ti-5Al-2.5Sn
	各种衬板(护板)	Ti-2Cu, Ti-5Al-2.5Sn, Ti-8Al-1Mo-1V, Ti-6Al-4V, Ti-6Al-4Zr-2Mo-2Sn, Ti-6Al-5Zr-0.5Mo-0.25Si
	螺栓	Ti-6Al-4V
	后燃烧器衬里	Ti-5Al-2.5Sn
	燃烧舱壁	Ti-5Al-2.5Sn
火箭结构	喷嘴及喷嘴闸门	Ti-5Al-2.5Sn, Ti-7Al-4Mo
	燃烧室壳体	Ti-6Al-4V
	动力燃料储压器	Ti-5Al-2.5Sn, Ti-8Al-1Mo-1V, Ti-6Al-4V
	衬板(护板)	Ti-6Al-4V, Ti-6Al-6V-2Sn, Ti-7Al-4Mo
	结构件	Ti-5Al-2.5Sn, Ti-6Al-4V, Ti-6Al-6V-2Sn
宇航装置	结构件	Ti-6Al-4V, Ti-6Al-6V-2Sn
	移动支架	Ti-5Al-2.5Sn, Ti-6Al-4V
	圆环	Ti-5Al-2.5Sn
	储压器	Ti-5Al-2.5Sn, Ti-6Al-4V

　　我国利用低间隙元素含量钛合金 TA7ELI 在低温下具有更高的强度、更好的塑性和韧性的特点,研制出在液氢环境下使用的 20 L 低温 TA7ELI 钛合金气瓶(见图 9-17),现已将该气瓶用于了长征系列运载火箭。中国航天材料及工艺研究所通过对金属防热结构的需求分析,开展了 TC4 钛合金蜂窝(见图 9-18)以及波纹板(见图 9-19)的超塑性成型/扩散连接 (SPF/DB)技术研究,目前已制备出了 TC4 钛合金防热瓦等热结构部件。

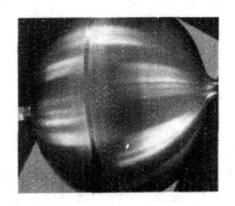

图 9-17　长征系列用低温 TA7ELI 钛合金气瓶

 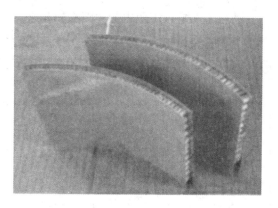

图 9 - 18　TC4 钛合金曲面蜂窝夹层板　　　　图 9 - 19　TC4 钛合双向正弦波纹板

在各类钛合金中,Ti - 6Al - 4V 合金的用量达各种钛合金总用量的一半以上。图 9 - 20 所示为航天飞机上用 Ti - 6Al - 4V 合金制燃料罐的分布示意图。但未来航天飞行器及其推力系统要求发展比 Ti - 6Al - 4V 合金的强度、工作温度、弹性模量更高,密度更小和价格更低的各种类型钛合金,其中 β 型高强钛合金和钛铝化合物为基的高温钛合金是很有发展前途的。下面分别对这 3 种钛合金进行简单介绍。

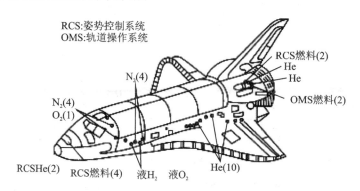

图 9 - 20　航天飞机用钛合金制压力容器(括号内数字为燃料罐个数)

1. Ti - 6Al - 4V 钛合金

Ti - 6Al - 4V(TC4)是 20 世纪 60 年代初期研制的一种中等强度(α+β)型钛合金,具用优良的综合性能,誉称万能合金,是最早最广泛用于航空、航天结构的通用钛合金,包括板材、棒材和锻铸件等。该合金有较好的焊接和机械加工性能,细晶粒合金具有超塑性,采用超塑性成型/扩散连接(SPF/DB)组合工艺可以制造复杂构件。它可以用来制造工作温度不超过 400 ℃的各种结构件和发动机零部件。

这种钛合金是(α+β)型钛合金,其合金成分为质量分数 5% ~ 6% 的 Al、4% 的 V。图 9 - 21 所示为 Ti - 6Al 与 V 的伪二元相图的示意图。V 是使 β 相稳定的元素,所以 4%V 的加入可以使部分 β 相保持到室温,但由于 V 的原子半径与 Ti 接近,所以对 β 相的强化作用不大。Al 是 α 相稳定元素,Al 的加入使 α 相得到强化。

该金属易于焊接、锻造和切削加工,通过热处理可使抗拉强度高达 1 173 MPa,并在 482 ℃还有很好的热稳定性,在飞机上主要用作发动机壳体、压缩机叶片、结构锻件和紧固件等。

Ti-6Al-4V 合金通过热处理,可以得到具有不同组织、不同性能的材料。一般是把合金加热到 954 ℃,比 β 相转变温度低 40 ℃,但高于马氏体开始转变温度 M_s,这样退火下来得到的组织为等轴状的 α 相晶粒和小岛状的 β 相晶粒(见图 9-22)。在加热温度下还保留有少量 α 相,可以阻止 β 晶粒的长大。这种组织性能均匀,具有很高的塑性和强度。

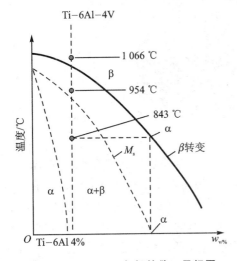

图 9-21　Ti-6Al 与钒的伪二元相图

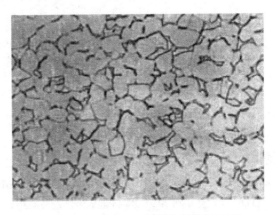

图 9-22　Ti-6Al-4V 退火组织(500×)

Ti-6Al-4V 合金还可以进行强化热处理,即从(α+β)二相区加热后,淬火和时效。淬火时 β 相会发生无扩散的马氏体转变,生成过饱和的 α′ 固溶体。在 500 ℃ 左右时效的过程中,α′ 相分解成弥散的 α 相和 β 相,这样强度可以提高 20%～25%,但塑性要低,经这样处理的组织见图 9-23。这是一张 TEM 照片,从中可以很清楚地看到等轴的初生 α 相以及含有针状 α 相的 β 相转变基体,这种组织状态很少使用。特别要指出的是钛合金中的马氏体与钢中的大不一样,它的强度并不高,这是由于钛中的马氏体是置换式的过饱和固溶体。

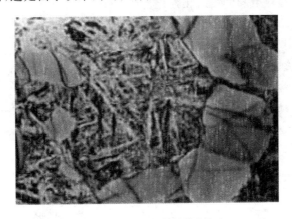

图 9-23　Ti-6Al-4V 淬火时效组织(5 000×)

图 9-24 所示为一张经 750～850 ℃,保温 1～2 h 后空冷的组织照片,为等轴的(α+β)组织,其综合性能最好。

2. β 型钛合金

高强度结构钛合金一般指抗拉强度在 1 000 MPa 以上的合金,目前代表国际先进水平。

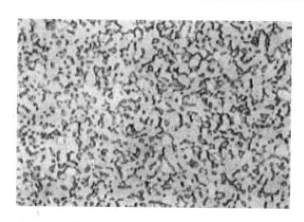

图 9 – 24　Ti – 6Al – 4V 空冷组织

目前代表国际先进水平,获得实际应用的高强度钛合金主要有亚稳定 β 型合金 Ti – 15 – 3、β21S,近 β 型合金 Ti – 1023 和 α+β 型两相钛合金 BT22。用高强度结构钛合金代替目前飞机结构中常用的 30CrMnSiA 高强度结构钢可减重 20% 以上。β 型钛合金是发展高强度($\sigma_b \geqslant$ 1 400～1 500 MPa)钛合金潜力最大的合金。由于加入了大量的 β 稳定元素,故空冷或水冷在室温能得到全 β 相的组织,再通过时效处理析出 α 相弥散质点可大幅度提高强度。

β – 21S 合金是美国 20 世纪 90 年代新开发出的一种 β 钛合金,其成分为 Ti – 15Mo – 2.7Nb – 3Al – 0.2Si。合金元素中 Mo、Nb 都是 β 稳定元素。可以看出,β 稳定元素的含量远大于(α+β)型合金。另外,在 β 钛合金中也加入 α 稳定元素 Al,目的还是为了强化 α 相,因为时效后有 α 相存在。图 9 – 25 所示为 β – 21S 合金不同时效时间的组织照片,可以看到前单相(β 相)等轴组织在时效 20 min 后已有 α 相析出,α 相细小、弥散均匀分布,随时效时间的延长 α 相增多。图 9 – 26 所示为 560 ℃时效不同时间的硬度变化曲线,可以发现,随时效时间的延长,α 相析出数量的增多,硬度明显增加。时效强化的机制一方面是由于 α 相本身有固溶强化,再就是大量的 α 相存在引起的第二相强化。

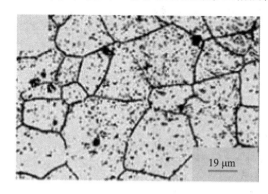

(a) 845 ℃/30 min+560 ℃/20 min

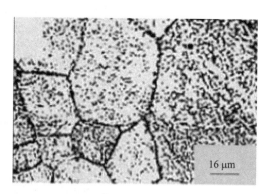

(b) 845 ℃/30 min+560 ℃/2 h

图 9 – 25　β – 21S 钛合金组织结构

这种 β 钛合金除具有高强度、深淬透性和冷成型加工性能外,突出的优点在于高抗蚀性及良好的耐热性,可用于制作有温度要求的飞行器结构件或发动机结构件、蜂窝、紧固件和液压管件,还可用作金属基复合材料的基体、铸件等。

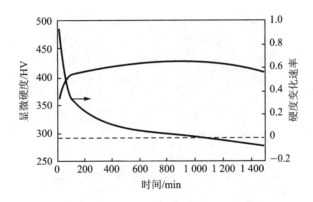

图 9 - 26 β - 21S 合金 560 ℃ 时效不同时间的硬度变化曲线

3. 钛铝化合物为基的钛合金

超声速巡航弹、高超声速巡航弹、可重复使用运载器以及亚轨道重复使用跨大气层飞行器的研究和发展,要求钛合金必须能在高温(甚至是 650 ℃)下使用,这就要求钛合金必须具有优异的耐温性能。不断提高钛合金的工作温度,以便代替飞行器发动机所用的较重的镍基高温合金,增大发动机的推重比,始终是新型钛合金研究的目的之一。这需要解决两个问题,一是材料的抗氧化能力要强,二是高温力学性能要符合要求。20 世纪 80 年代对钛铝化合物为基的高温合金的研究取得了重大突破。

表 9 - 12 所列是以钛铝化合物为基的高温钛合金与普通钛合金及镍基高温合金的性能比较,可以看出钛铝化合物为基的钛合金高温性能明显优于普通钛合金,已与镍基高温合金相近。

表 9 - 12 钛铝化合物为基的高温钛合金与普通高温合金的性能比较

性　能	普通钛基	Ti3Al 基	TiAl 基	镍基合金
密度/$(g \cdot cm^{-3})$	4.5	4.1～4.7	3.7～3.9	8.3
室温拉伸强度/MPa	480～1 200	800～1 140	450～700	
室温屈服强度/MPa	380～1 150	700～990	400～630	
室温弹性模量/GPa	96～115	120～145	160～176	206
室温延伸率/%	10～20	2～7	1～3	3～5
高温延伸率/%	高	10～20	10～20	10～20
蠕变极限温度/℃	600	750	1 000	1 090
抗氧化温度/℃	600	650	900～1 000	1 090
最高工作温度/℃	600	815	1 040	1 095

美国已有两种以 Ti3Al 为基的高温合金开始批量生产,它们的成分是 Ti - 21Nb - 14Al 和 Ti - 21Nb - 14Al - 3.5V - 2Mo。一般金属间化合物塑性很差,但 Ti - 21Nb - 14Al 可以加工成蒙皮用板材,还能制成厚度大于 6 μm 的箔材,我国也已有试制品(见图 9 - 27)。

相比之下,TiAl 为基的高温钛合金具有更好的高温性能,但这种材料在室温和中温的塑性较低,影响它的实际应用。北京科技大学研制出了一种含有少量稀土元素 Y 的 TiAl 基合金 D68,其高温强度极好,在 1 100 ℃,压缩屈服强度可达 350 MPa,同时其室温压缩塑性也很

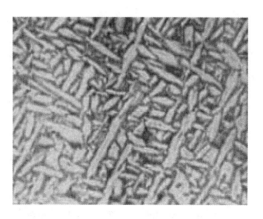

图 9 - 27   Ti - 24Al - 11Nb 合金的退火组织

好,可达 25%。

思考题与作业题

1. 根据二元铝合金一般相图,请说明铝合金是如何分类的?

2. 什么是铝合金热处理强化方法? 简述其强化机理。

3. 形变铝合金分为哪几类? 主要性能特点是什么?

4. 何谓铸造铝硅合金的变质处理? 试述经变质处理后合金力学性能得到提高的原因。

5. 下列零件采用何种铝合金来制造?

(1) 建筑用铝合金门窗;

(2) 飞机用铆钉;

(3) 飞机大梁及起落架;

(4) 发动机缸体及活塞;

(5) 小电机壳体;

(6) 铝制饭盒。

6. 用 LY11 合金冲压成要求强度高的复杂零件,加工时合金应处于什么状态? 为什么?

7. 铜合金主要分为哪几类? 试述锡青铜的主要性能特点和应用。

8. 为什么黄铜 H62 的强度高而塑性低,而黄铜 H68 的塑性却比 H62 好?

9. 与普通黄铜相比,铝黄铜、硅黄铜、铅黄铜的性能特点如何?

10. 钛合金分为哪几类? 试述 α 钛合金和$(\alpha+\beta)$钛合金的性能特点和应用。

11. 指出下列牌号(或代号)的具体名称,说明数字和字母的意义,并各举一例说明其用途。

L2,LF21,LY11,LC4,ZL102,ZL301,T2,H68,HPb59 - 1,ZCuZn16Si4,QSn6. 5 - 4,QBe2,TA7,TC4

第 10 章　高温金属结构材料※

10.1　基本概念

　　航天材料服役的环境大大区别于一般机械或地面及水面的运载工具。地面车辆零部件损坏,可以停下来修理或更换。航行中的船舶出了故障,可以就地采取补救的办法。而飞行器或航天器在飞行中既不能停下来修理,也难以更换零部件。历史经验表明,材料在服役中出现的毛病往往引起结构零件的损坏,导致严重的飞行事故,甚至机毁人亡。因此在航天飞行中,任何一个零部件的可靠性都提高到了非常重要的地位,从而必然要求构成零部件的材料必须具有近乎绝对的可靠性。

　　高温合金是指以铁、镍、钴为基,能在 600 ℃以上的高温及一定应力作用下长期工作的一类金属材料;并具有较高的高温强度,良好的抗氧化和抗腐蚀性能,良好的疲劳性能、断裂韧性等综合性能。高温合金为单一奥氏体组织,在各种温度下具有良好的组织稳定性和使用可靠性。

　　基于上述性能特点,且高温合金的合金化程度较高,又被称为超合金,是广泛应用于航空、航天、石油、化工、舰船的一种重要材料。按基体元素来分,高温合金又分为铁基、镍基、钴基等高温合金。铁基高温合金使用温度一般只能达到 750～780 ℃,对于在更高温度下使用的耐热部件则应采用镍基和难熔金属为基的合金。镍基高温合金在整个高温合金领域占有特殊重要的地位,它被广泛地用来制造航空喷气发动机、各种工业燃气轮机最热端部件。

　　空间飞行器与一般机械差异的另一个重要特点是要千方百计减轻质量。航天工业中最为独特的一句口号是"为减轻每一克质量而奋斗"。可见,对航天结构材料不但要求强度高,刚度好,而且要求质量轻,从而产生了所谓比强度和比刚度的概念,即要求材料不但强度、刚度高,而且密度小,这是由飞行条件所决定的。

　　航天飞行器的工作条件十分复杂。大部分构件在高复合应力、高温及环境侵蚀下服役,所以对航天材料的主要要求是耐高温、高比强度、高比刚度、抗疲劳、耐腐蚀、长寿命和低成本。空天飞机"东方快车号"蒙皮温度高达 1 649 ℃,而新式超声速燃烧冲压式喷气发动机的燃气温度达 1 927 ℃。液体火箭发动机的涡轮泵在高温燃气推动下作高速旋转,每分钟可达几万转,这就要求涡轮盘、叶片在高温下有足够的强度、抗高温介质腐蚀、抗侵蚀、高的热导率、低膨胀系数、良好的工艺性能等。它们一般是由镍基、铁基高温合金制成的。

　　航空、航天飞行器虽然都是在空间运行,它们之间有许多相同或相似的地方,但由于工作条件和环境的差异,对材料的要求也有许多不同之处。例如:歼击机的寿命一般都在几百到几千小时,民用飞机寿命在几万小时;火箭、导弹的工作时间只有几十分钟,航天飞机的寿命很长,而俄罗斯的"和平号"空间站运行十五年之久,因此在设计、选用材料时应兼顾航空航天服役环境的不同。

10.2 航天高温结构部件的工作特点及对材料的要求

执行空间研究首先应对机械和热的高载荷进行分析。选择最轻的质量,除新的设计及加工概念外,还需要最优选择耐高温材料。空间运输系统创造性的设计目标是发展高效的、安全的结构。如长距离的超声速航行,航天飞机本体在再入和下降阶段大部分温度可达 700 ℃,局部短时间可高至 1 100 ℃,空气热力学作用可产生 1 600 ℃ 或更高的高温。图 10 - 1 给出了航天飞机穿越大气层时各部位的温度分布。

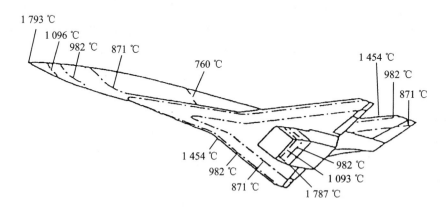

图 10 - 1 航天飞机穿越大气层时各部位的温度分布

俄、美为了提高整个武器系统的综合作战能力,提出进一步解决下一代固体洲际导弹小型化、轻质化、高性能和全天候作战的能力等问题。为此,对今后新材料的研究,提出了多方面的需求,比如:

① 实现弹头结构小型化、轻质化,将弹头结构质量进一步减轻,弹头单位侧表面积结构质量进一步减轻;

② 实现弹体结构轻质化,减轻弹体结构质量;

③ 实现弹上设备小型化,减轻结构质量 40%～50%。

这些要求不仅应体现在对弹体、弹头材料的选择上,而且是整体各部件材料选择中应予以充分考虑的,如用于固体火药燃气高压综合能源装置的超高速涡轮转子,是固体远程战略导弹伺服机构的关键部件之一。涡轮转子在 850～950 ℃ 火药燃气流中,以 100～200 kr/min 的速度运转,要求转子材料在 950 ℃、应力为 580 MPa 的条件下,断裂时间大于 40 min。高温火药燃气导管是连接火药燃气发生器和涡轮的高温高压燃气通道,燃气温度为 1 200 ℃,压力为 10～12 MPa,流速为 100 m/s,为满足这种技术要求必须研制更新一代,性能优于现用的 Rene41、Udirnet500 和 HS - 21 等的镍基和钴基合金。

飞船为一次性使用的用于天地往返运输系统的航天器。为了降低发射成本,人们研制了可部分重复使用的天地往返运输系统——航天飞机。航天飞机轨道器再入大气时所经受的最大热流为 79.55 kJ/m^2,表面最低温度为 300 ℃,高温区为 1 300 ℃ 以上,鼻锥和前缘超过 1 260 ℃。它还要经受起飞阶段助推火箭的脉冲力、气动力、声激和再入返回地面时的颤动、抖振和起落架的摆动等许多不定因素,这样防热系统要经受住上述条件的考验,保证防热层的物理外形和轨道器内部乘员、仪器的特定环境的要求。

第二代航天飞机及空天飞机的总体设计,将防热系统的主体结构和防热材料向一体化方向发展,即一种特殊的结构材料,它既是结构材料又是防热材料,既承载又防热。NASA 将这种材料称为热结构材料(TSM),如钛合金蜂窝、钛合金夹层板、碳/碳化硅夹层板、碳/碳材料渗硅及先进碳/碳材料(ACC)等都属于这类材料。热结构材料能减轻质量,可以多次重复使用,提高可靠性和降低造价。美国航天飞机热防护系统使用的防热材料虽然也使用钛合金和镍基合金,但主要是抗氧化的碳/碳复合材料、刚性陶瓷防热瓦、柔性陶瓷隔热毡和硅橡胶基低密度烧蚀材料。

研制航天飞机的本意是为了降低成本,使其相比一次性使用的运载火箭和载人飞船更具竞争力。但结果并非如此。因此,许多国家目前致力于研制可完全重复使用的第二代航天飞机或空天飞机。它能像一般飞机那样,可水平起飞和着陆,可实现完全重复使用。这样它再入的热环境又比第一代航天飞机复杂和苛刻得多,对材料的要求也就更高。

在运载火箭及航天飞机上,高温金属结构材料的使用是有限的,从承受高温能力及比强度来看,远次于 C/C 及陶瓷材料,如图 10-2 所示。

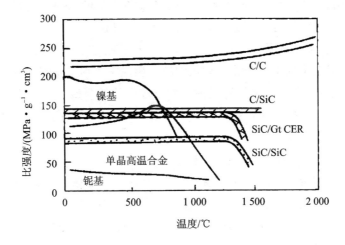

图 10-2　不同材料相对比强度

随着航天技术的迅速发展,火箭推进技术面临更加艰巨的任务。以液体火箭发动机为例,其发展的趋势(诸如采用高新、高密度推进剂,发展闭式动力循环系统,提高燃烧效率和稳定性,发展超高转速涡轮泵及提高可靠性和寿命等)对材料,尤其是对在高温下工作的材料提出了更苛刻的要求。

推力室是液体火箭发动机的心脏,推力室除要经受发动机其他高温部件所经受的工作环境,同时还要经受高温、高压和高速燃气流的冲刷。推力室喉部的燃气温度可达 3 000~3 600 ℃,平均壁温为 1 040 ℃。所使用的燃料和氧化剂都可能具有腐蚀性,高温高压及高速燃气对材料的侵蚀也极为严重。火箭涡轮与航空发动机涡轮及其他涡轮主要不同之点是:火箭涡轮从零载到满载的时间很短,一般只需 0.2~0.5 s,这就要求充分考虑材料的热冲击和热膨胀等问题。由于常规火箭涡轮系一次性使用,故一般对材料的持久强度和热疲劳强度要求较低。

与上面的叙述相对应,早期的近程火箭发动机涡轮工作温度较低,涡轮的轮盘和工作叶片采用有一定中温热强性的 1Cr18Ni9Ti 不锈钢,远程、洲际导弹发动机由于工作温度的提高逐步过渡为采用热强性、成型性及焊接性均较高的铁、镍基高温合金,如 A286 及 Astroloy。以后由于发动机推重比的增大,转而采用 Inconel718 合金。这是一种属于固溶及时效强化型的高温合金,在 −269~700 ℃较大温度范围内具有良好的综合性能。除 Inconel718 外,美国在早期的运载火箭发动机中还广泛采用 HastelloyX 作为燃烧室材料,采用 ln713C 和 Udimet500 作为发动机涡轮叶片材料。

一般发动机推力室采用内、外壁钎焊连接而成的夹壁式结构。内壁材料为 1Cr18Ni9Ti 不锈钢,外壁材料采用了一种专门研制的双相不锈钢,它既具有双相钢的良好的钎焊性能,同时又具有奥氏体不锈钢在超低温条件下的良好韧性。发动机还采用新型多孔发散冷却材料作为燃烧室喷注器面板,该面板一侧是 −150 ℃的低温氢,另一侧是 3 000 ℃以上的高温燃气。这种高温和两侧温差很大的工作条件,是一般高温材料难以承受的,国外大多采用多孔发散冷却材料来制作面板,或用镍基高温合金丝编制的席型网为材料,将 17~18 层丝网重叠在一起轧制,并经真空烧结而成。用于导弹或运载火箭姿态控制的小型液体火箭发动机的材料,一般用高温性能很好的铌基难熔合金制造,并在表面喷涂抗氧化涂层。这种带抗氧化涂层的推力室或喷管延伸段,使用温度范围为 1 100~1 600 ℃或更高。

近期美国研制成功了双组元姿控发动机的铼铱燃烧室。用金属铼作为制造燃烧室的基本材料,金属铱作为抗氧化涂层。选用铼是因为它有较好的低温塑性和高的熔点(3 180 ℃),用铱作涂层是因为它有好的抗氧化性能和较高的熔点(2 454 ℃),并且铱的热膨胀系数与铼接近。据资料介绍,美国已相继研制成功推力为 22 N、66 N 和 445 N 的铼铱姿控发动机燃烧室,投入使用后,使卫星和飞船的有效载荷增加了 20~100 kg。

固体发动机不能像液体发动机那样用液体冷却,因而它必须选用高性能、高效率、功能强的先进材料,以承受高温、高压、高速和化学气氛下各种复杂载荷的作用。固体发动机的壳体既是推进剂贮箱又是燃烧室,同时还是火箭或导弹的箭体或导弹的主要组成部分,壳体常用的材料主要是超高强度合金钢、钛合金及树脂基结构复合材料。美国"民兵Ⅱ"导弹第二级和数十种"星"发动机都采用 Ti - 6Al - 4V 壳体。

固体火箭发动机的喷管是非冷却喷管,工作环境极其恶劣,尤其是喉部要承受高温、高压、高速的二相流燃气的机械冲刷、化学侵蚀和热冲击,因此材料的选择也是发展现代固体火箭推进的重大技术关键。20 世纪 50 年代,采用耐热钢喷管;20 世纪 50 年代后期和 60 年代,复合推进剂的能量不断提高,燃气温度上升到 3 500 K,当时的各种新材料,如难熔金属(钨、钼等)、碳素材料(多晶石墨、热解石墨)、烧蚀材料(高硅氧玻纤/酚醛、粘胶丝碳纤维/酚醛)和特种陶瓷(烧结氧化物、碳化物)等单独使用都无法满足要求,因此只能在喷管设计上做文章。根据工作环境、烧蚀因素和材料特点,实行合理设计,使得各种材料能在不同部位扬长避短,各尽其能。这就是复合结构的设计概念。根据这种概念,选用金属或高强度增强塑料作承力的结构材料,用高熔点金属或优质石墨作耐热(亦称热障)-热沉(吸热)材料,而用烧蚀型增强塑料作为绝热材科。美国"民兵"导弹第三级发动机喷管就是用锻造钨作热障材料,用石墨作热沉材料组合的喉衬镶嵌件,耐烧蚀热固性增强塑料作为收敛和扩散段的刚性绝热层,4130 钢作为外壳,装配而成的复合喷管。

为了降低运载火箭的发射成本,美国正在发展可重复使用的单级入轨火箭,对火箭的质量比、发动机的推重比都提出了更高要求,同时正在研究一种耐氢的高强合金 NASA - 23,用来代替广泛使用的 Inconel718。在抗氧化合金方面,正在研究一种能耐氧化又不需要涂层的镍基合金,以及用纳米相铝合金代替钛合金,可使质量减轻。

我们认为,先进发动机材料的选择、研究、开发及使用应当建立在充分认识发动机材料服役的基本环境与要求的基础上。它们的基本特点是:高温、高载荷、高氧化腐蚀、高性能/质量比、高可靠性、长寿命。针对服役的特点,以下基本性能应是选择材料的出发点:

➢ 可承受的最高温度;

➢ 高温比强度与比寿命;

➢ 高温抗氧化能力;

➢ 韧性;

➢ 导热性;

➢ 加工性。

总之,航天飞机主发动机各种部件有其特殊工作条件要求,迄今在主发动机的结构中就使用了数十种优质材料。液体火箭发动机主要由涡轮、推进剂输送系统和推力室组成。涡轮材料主要是镍基、钴基合金。泵壳体采用高强度、高致密性的铝合金铸件或钢铸件。燃烧室的工作环境最为严酷,室内燃烧温度高达 3 000 ℃以上。某些大型液氧-液氢发动机燃烧室内壁用铜-银-锆合金制造,以增加冷却效果,外壁用金属镍电铸成型。辐射冷却燃烧室用钼、铌等难熔金属制造,延伸喷管则用铌、钴、钛合金制造。航天飞机主发动机燃烧室内壁材料为铜银锆合金 Narlloy - Z,外壁电铸镍加 Inconel718 钢套。喷管由 A286 管子组成。高压涡轮泵和涡轮采用 Waspaloy 镍基高温合金。燃气集合器、喷管外套、主喷注器壳体、活门壳体等采用 Inconel718 合金。

10.3　高温钛合金

10.3.1　高温钛合金及主要化学成分

钛合金有密度小、强度高、耐高温、抗腐蚀等优点。20 世纪 50 年代初美国将双相钛合金 (Ti - 6Al - 4V)用于制造喷气发动机转子盘和叶片。在美国的航天飞机上也采用了 Ti - 6Al - 4V 合金制造质量为 3 000 kg 的传力结构件。

通常 Ti 合金按其主要合金化元素可分为 α、近 α、α+β、亚稳 β 和 β 合金。钛合金中 Al 是最重要的元素,它不仅在 Ti 中有高的溶解度和高的强化作用,而且其密度只有 Ti 的一半,可以起到提高材料强度、减轻质量的作用。然而必须注意,Al 加入量不宜超过 9%,否则将容易形成有序化合物 Ti_3Al,导致增大合金脆性。20 世纪 80 年代以来,为满足发动机用材的需要,600 ℃高温钛合金相继问世,典型代表是英国的 IMI834、美国的 Ti - 1100 和俄罗斯的 BT36 合金,目前这三种合金均在相应的发动机上得到了应用。表 10 - 1 列出了美国、英国和俄罗斯的主要高温钛合金及其使用温度和化学成分。

表 10-1 高温钛合金的使用温度及化学成分

研制国家	合金牌号	最高使用温度/℃	化学成分/w%						
			Al	Sn	Zr	Mo	Nb	Si	其他
美国	Ti-64	300	6				4V		
	Ti-6246	450	6	2	4	6			
	Ti-6242	450	6	2	4	6			
	Ti-6242S	520	6	2	4	2		0.1	
	Ti-1100	600	6	2.7	4	0.4		0.45	
英国	IMI550	425	6	2		4		0.5	
	IMI679	450	2	11	5	1		0.2	
	IMI685	520	6		5	0.5		0.25	
	IMI829	580	5.5	3.5	3	0.3	1	0.3	
	IMI834	590	5.5	4	4	0.3	1	0.5	0.06C
俄罗斯	BT3-1	400~450	6.5			2.5	0.5Fe	0.3	1.5Cr
	BT8*	500	6.5			3.5		0.2	
	BT9*	500~550	6.5	2		3.5		0.3	
	BT18*	550~600	8.0		8	0.6	1	0.22	0.15Fe
	BT18Y*	550~600	6.5	2.5	4	0.7	1	0.25	
	BT25	500~550	6.8	2	1.7	2		0.2	0.7W
	BT25Y		6.5	2	4	4		0.2	1.0W
	BT36	600	6.2	2	3.6	0.7		0.15	5.0W

注 * 指合金标准成分的中限。

10.3.2 高温钛合金应用概况

α钛合金仅含有稳定 α 相和强化合金的元素。由于强度水平较低,且存在易受腐蚀的问题,故少有应用。现有钛合金中工作温度最高的是近 α 钛合金,一般含有 5%～6% 的 Al,并以 Zr、Sn 稳定组织和强化,并加入少量 β 相稳定元素。此类合金是目前在中温下获得广泛应用的材料,具有好的抗蠕变及抗氧化性能。合金中普遍加入少量 Si,它以细小的硅化物沉淀形式析出,阻碍位错攀移,提高抗蠕变性能。如美国的 Ti-1100 和英国的 IMI834 合金,它们的最高工作温度都是 600 ℃,后者在 Trent700 发动机上用作压气机转子,结果比镍基高温合金减轻了 50 kg。日本在 IMI834 的基础上根据电子理论分析,以 Ta 代替 Nb 使其蠕变强度、低周疲劳强度均明显改进。英国罗·罗公司开发出的钛合金及其成型技术已可以在 RB211-535 和 Trent700 发动机上制成全钛的压气机。

不断地提高钛合金的工作温度和强度,以代替较重的镍基高温合金,提高发动机的推重比,是新型钛合金研究的重点。在先进航空发动机上,钛合金的发展目标是除高温涡轮部分的零部件外,用在所有中、高温及高负载的构件上,代替高强合金钢及高温合金。因此,对钛合金成分组织结构与服役性能间的关系的研究,成型工艺与缺陷形成和分布的研究,高温、高应力下组织稳定性与性能变化的研究必须给予高度的重视。

在高温钛合金中,除 α 钛合金外,所加入的合金元素比较多,以保证获得相应的组织结构。α+β 合金代表钛合金系中具有最高综合性能的一类材料,Ti - 6Al - 4V 与 Ti - 6Al - 2Sn - 4Zr - 2Mo(Ti6242)高温钛合金仍属于应用最广泛的钛合金,Ti - 6Al - 4V 用于制造工作温度不超过 400 ℃的各种飞行器结构和发动机零部件,Ti6424 合金用于制造工作温度在 500 ℃以下的高压压气机零部件。Ti - 6Al - 4V 合金具有最好的综合性能,至今仍占钛合金总量约 50%。近 β 合金亦称亚稳 β 合金,它含有相当数量的 β 相稳定元素,在适当冷却条件下,在室温亦可得到 β 组织。由于它是立方晶体结构,近 β 合金可在比近 α 和 α+β 合金低得多的温度下加工成型,甚至可在室温下成型。近 β 合金可硬化至 Ti 合金中最高的强度水平而同时保留相当高的韧性。它的主要缺点是由于含有较高量的 Mo、Ta、V、Nb 等而使密度加大,在高强水平时塑性较低且焊接性能受偏析而制约。由合金组织形态分类来看,α 及近 α 型 Ti 合金具有抗蠕变的高温性能,而 β 及近 β 型 Ti 合金具有室温高、强韧化的特点。

对压气机材料而言,先进发动机要求材料具有在高温和恶劣环境下承受高静动载荷的能力,同时应考虑减轻质量。在第一级压气机中力图发展具有较高比强度的钛合金,要从使用质量较大的特种钢和高温合金转向抗高温氧化的钛合金,制成全钛压气机。

用先进的 Ti 和 Ni 基合金代替传统的耐热钢和铝合金是过去几十年的发展趋势,Ti 和 Ni 合金长时间在发动机材料中占据统治地位。近年来,金属基复合材料(MMC)作为新一代压气机盘和叶片的材料正在引起人们的注意。

10.3.3　新型高温钛合金的发展思路

材料的热强性很大程度上取决于其熔点,纯钛的熔点为 1 682 ℃,比镍的熔点1 455 ℃高出 227 ℃,镍基耐热合金的使用温度高达 900～1 000 ℃,而高温钛合金的使用温度最高只有 600 ℃左右。因此,仅就熔点而言,钛合金的耐热温度还有可提高的潜力。

发展高温钛合金的主要问题是如何解决热强性和热稳定性之间的矛盾,而在 600～650 ℃以上温度,双优几乎难以兼顾,尤其是热稳定性不够理想导致组织和性能的不稳定。其原因在于:首先,追求强度而采取的高合金化,促使生成非平衡亚稳组织,合金长时间工作后脆性相析出,导致不稳定;高温下氧的渗入,在合金表面形成一个富氧层,导致了合金表面的不稳定。这两种不稳定因素是高温钛合金发展的严重障碍。因此,提高基体蠕变抗力、稳定性和表面抗氧化能力是高温钛合金向更高使用温度发展的基本原则。

从各国高温钛合金的发展历程中可以看出,合金化的多元复合与合金化优化是新型高温钛合金的发展趋势。近 α 合金由于具有较好的高温强度和接近于 α+β 合金的塑性,对于高温用途最为合适,因而在高温钛合金中一直占主导地位。而在近 α 高温钛合金中,Ti - Al - Sn - Zr - Mo - Si 系合金又占有主导地位。该合金系最具代表性的合金是美国的 Ti - 6242S、Ti - 1100,英国的 IMI829、IMI834 合金以及俄罗斯的 BT18Y、BT36 合金,它们都是 Ti - Al - Sn - Zr - Mo - Si 系合金的延伸。值得注意的是,这些合金几乎都达到了目前钛合金的最高耐热温度。研究表明:Ti - 6%Al 中 Mo、Sn、Si 元素的含量优化配比约为 0.5%、3.0%、0.45%时,Ti - 1100 合金的综合性能最佳。这里还应着重指出,Si 在高温钛合金中的特殊作用。加少量

Si(0.1%～0.5%)可大大提高合金的高温抗蠕变性能,并能提高任何温度下的强度。弥散分布的硅化物颗粒对位错的运动有阻隔作用,这一位错滑移受阻机制的认识使一系列新型高温钛合金的设计获得成功,这些合金中通常都含有0.1%～0.5%的Si。另外,加少量的高熔点、易加工的Nb元素(如IMI829、IMI834、BT18Y)和W元素(如BT25、BT25Y、BT36),是高温钛合金发展的新趋势。

由于RE(稀土)在α钛中有一定的固溶度,REO₂又是稳定的高熔点化合物,所以RE加入纯钛后,主要起内部氧化作用。REO₂在钛的晶界上呈弥散分布,这些弥散质点与基体的热胀系数不同,冷却时在弥散质点附近形成位错环,可进一步强化基体。所以,RE的加入能大大提高基体的高温瞬时强度和持久强度。中国科学院金属研究所在研究Ti-55合金时发现,稀土元素Nd在强化合金基体的同时,还可有效地细化合金表面氧化膜晶粒,使氧化膜在冷热循环产生应力情况下不易破裂。另外,稀土元素Nd可促进ZrO₂、SiO₂、SnO₂在氧化膜中的选择性析出,使氧化膜基体的结合力得以改善。同时也发现,稀土元素与合金中的氧结合形成氧化物粒子,在细化晶粒、提高疲劳性能、改善热稳定性等方面都发挥了有益的作用,如对IMI829合金加入不同含量Gd的实验表明,在加入0.2%Gd时,合金具有强度、塑性和蠕变性能的最佳配合。在Ti-1100合金中加入0.1%Y,也发现明显改善了热稳定性和抗蠕变性能。Y的氧化物使原始β晶粒尺寸明显细化,抑制α相的析出长大并阻碍基体中的位错运动,从而减小了蠕变变形。

为了使高温钛合金的使用温度突破600～650 ℃的极限,人们一直在探索新的添加元素以进一步提高钛合金的耐热性。新的合金元素必须具备这样的条件:在α-Ti中应该具有较大的溶解度,并有较好的强化作用,但形成Ti₃X相的倾向要比Al、Sn小得多,且应尽可能避免带来组织的不稳定。目前,探索到的新合金元素有Ga、In、Pb、Sb等,其中对Ga的研究最多。Ga和Al属同族元素,对合金强度和蠕变强度的贡献约为Al的80%,而对热不稳定性的影响仅为50%。也就是,Ga对合金的"强化系数"大于"热不稳定系数",这是Ga得到应用的基础。在Ti-Al-Sn-Zr-Mo-Si系基础上加Ga得到的CI合金(Ti-4.5Al-2Sn-3Zr-3Ga-1Mo-0.45Si)的确具有较高的室温强度、高温瞬时强度及蠕变强度。

提高钛合金的蠕变强度,除加入α稳定元素外,还可加入某些具有强化作用的β稳定元素,Bi即属于这类元素。实践证明,在Ti-Al合金中加入0.35%Bi(Ti-6Al-2Sn-1.5Zr-1Mo-0.1Si-0.35Bi)能有效提高合金的蠕变强度,且不损失合金的热稳定性。

更高温度下钛合金的使用必须注意合金抗氧化涂层的研究和发展,因钛及其合金活性大,在高温下极易氧化,所以高温钛合金抗氧化性能与高温防护涂层的研究成为合金应用的技术关键之一。俄罗斯专家认为,如果不用高温抗氧化涂层,钛合金的长期工作温度要突破600～650 ℃是不大可能的。因此,除冶金因素外,高温涂层的研究也刻不容缓,按照涂层的作用机理,已有的研究成果有:渗Al涂层,在高温下形成致密Al₂O₃氧化膜,形成氧的扩散障碍,阻止氧进一步向基体内的扩散;Pt、Au涂层,金属本身抗氧化能力强,且具有较好的塑性,应力作用下能与基体金属很好地结合,不易开裂;Al₂O₃、ZrO陶瓷涂层,不但提高基体抗氧化性,而且形成热障,使合金表面温度降低,目前正在对陶瓷涂层的结构设计和涂覆工艺进行研究。

10.4　镍基高温合金

10.4.1　镍基高温合金及其合金化

现代燃气涡轮发动机有 50% 以上的重量采用高温合金,正如前述,高温合金在中、高温度(700 ℃以上)具有综合优异性能,适合长时间工作,能够抗腐蚀和磨蚀。由于其优异的高温力学特性,故名超合金。依合金基体分类,有铁基、钴基、镍基之分,其中镍基高温合金是迄今性能最为优越、用途最广泛的。该合金使用温度的上限已接近于合金的熔点,但仍是目前先进发动机中承受温度最高,应力载荷最大的关键部件的首选材料。

目前,虽然镍基高温合金的潜力已得到相当充分的发挥,而且所要求承受的工作温度已接近其初熔温度,但由于该合金难以比拟的综合性能的均衡优势,人们仍在进行大量的研究工作以挖掘可能的潜在能力。比如更系统地研究其合金设计的规律,利用 d-电子概念,借助分子轨道计算和原子间键序(Bond Order)进行合金成分及宏微期组织结构的设计以获得高的综合性能,提高初熔温度、抗氧化性能,降低成本以及采用先进成型工艺,严格控制加工过程,最大限度地避免或减小缺陷等。

决定镍基高温合金优异性能的是其显微组织特征,关键的强化作用来自有序面心立方金属间化合物相 γ' Ni$_3$(Al、Ti)。γ' 相为高温合金中的主要强化相,是 Cu$_3$Au 型面心立方有序结构,铝原子位于角上,镍原子位于中心。它的有效强化作用主要在于:

> 它们在基体中的固溶度随温度的改变有显著变化,经恰当的热处理后,可以大量析出。以均匀的高度弥散状态析出,且与基体共格。

> 以均匀的高度弥散状态析出,且与基体共格。

> 以前认为作为金属间化合物的 γ' 也是脆性相。近年的研究表明,它与碳化物及其他金属间化合物相比并不是硬而脆的相,而是具有一定的塑性。尤其可贵的是,该相在高温下硬度降低很少。γ' 相在高温下仍能保持其强化效果。

> 具有较高的高温稳定性,在高温长时作用下,粗化和凝聚现象较小。

镍基高温合金随温度升高至 600~800 ℃,常会出现强度的巅峰,这是由于 γ' 的有序特性,迫使位错以成对方式移动导致额外反相界的硬化。镍基合金的 γ 基体通常多以高熔点金属 W、Ta、Mo 固溶强化,并存在有各类的碳化物的强化作用,同时以 B、Zr 等元素进行晶界强化。

镍基铸造高温合金通常加入少量 Hf 提高合金的中温塑性。一般还采用热等静压来减少铸造组织中的疏松并增高抗蠕变和疲劳强度。但 Cr 的减低有损于热腐蚀抗力,因而需要开发防护涂层以满足高温工作的需要。

高温服役的失效通常发生在晶界,故而力促形成碳化物以强化晶界,然而长期使用会形成脆的沿晶析出相,损害持久性能,所以研究者提出可采用两种途径:一是,在 20 世纪 50 年代后期将大气熔炼改变为真空熔炼,降低损害合金性能的化学偏析、脆性金属间化合物或低熔点共晶的数量,采用新的真空熔炼技术,如电子束冷床精炼或者离子束电弧熔炼正在不断发展以进一步提高高温合金的洁净度;二是,发展定向凝固技术以形成柱晶的高温合金而消除弱的横向晶界。随后进一步发展了叶片材料的单晶技术,并于 20 世纪 80 年代成形。该技术不仅可进一步提高蠕变强度、消除不需要的晶界强化元素,如 C、Hf、B、Zr,而且显著提高了合金的初熔点,从而提高了强化相的溶解温度,同时相应提高了合金使用的温度范围。目前已能使大部分先进单晶合金用在 1 100 ℃,而最新的第三代单晶甚至超过 1 200 ℃。

10.4.2 变形及粉末冶金高温合金

过去制作涡轮盘件的高温合金一直采用铸锭加锻造的方法。较早的合金考虑成型的工艺性,Al、Ti 含量限制较严,γ′相一般不超过 15%～20%。20 世纪 70 年代后,为适应发动机高温高推重比的要求,大大提高了涡轮盘的工作温度和应力,导致开发出某些高强合金,如 MERL76 和 Rene95,它们含有较多的 γ′相数量。这些先进合金的高合金化及高 γ′体积分数虽然大大提高了力学性能,却造成材料锻造变形的困难和产生严重的偏析,往往导致锻造困难,容易产生裂纹。

用粉末冶金方法生产高温合金,是 20 世纪 70 年代已成熟的一项技术。现代高推重比发动机的发展,对高温合金材料性能的要求越来越高。传统的铸-锻高温合金,由于合金化程度的提高,铸锭偏析严重,压力加工成形困难,已难以满足要求。与钛合金相反,粉末冶金(PM)加工技术是作为通用技术生产高温合金零部件。与常规铸锭冶金技术相比,PM 技术具有一系列优点,除可获得近终形零部件外,还容许提高合金元素的含量,以获得较高的合金强度。该技术可使合金具有均匀的显微组织和化学成分,可以避免宏观偏析及随之而来的坯锭开裂的危险。但是,必须注意生产的粉末的洁净度,这是因为,缺陷和夹杂均是潜在裂纹的形核源,降低疲劳断裂强度。此外,还需注意控制粒度分布范围以及采用新的成型技术,诸如喷射沉积成型(Spray Deposition)。

用粉末冶金制取的高温合金由于粉末细小,冷速极快($\approx 10^5$ K/s),合金成分均匀,无宏观偏析,因而制件性能稳定,热加工变形性能较好,合金化程度可以提高,尤其是合金的屈服强度和疲劳性能有较大提高,被认为是取代变形合金制作高性能涡轮盘和压气机盘的良好材料。20 世纪 60 年代初美国就以高合金化、γ′相量达 70% 的 In-100 铸造合金制作粉末冶金涡轮盘并取得成功,开辟了一条途径。粉末冶金现在已有多种合金材料及多种制粉方法出现,极大地推动了高温合金粉末冶金成型技术的发展。表 10-2 所列为迄今常用的粉末高温合金。高温合金粉末冶金技术的发展开辟了铸造高温合金的合金化与变形合金发展的桥梁,使铸造合金高合金化的某些理论可以更直接地嫁接于粉末冶金高温合金。像 APK-6 粉末高温合金即是由抗腐蚀铸造合金 In-792 改型的,铸造 In-738 高温合金也正被用作粉末冶金涡轮盘材料。快凝粉末经热挤压及超塑性轧制成薄片再采用定向再结晶及扩散连接可制成叠层叶片。用快凝粉末高温合金制成的导向叶片,证明其工作温度可提高 200 ℃。

表 10-2 应用较广的几种粉末高温合金的化学成分

合金牌号	C	Cr	Co	W	Mo	Al	Ti	Nb	V	Hf	Zr	B	Ni	备 注
IN100	<0.1	10	14	—	3.5	5.5	4.5	—	1.0	—	0.05	0.01	余	
Astroloy	0.023	15.1	17	—	5.2	4	3.5	—	—	—	<0.01	0.024	余	
APK-6	0.03	12.5	9	3.9	2	3.4	4.6	—	—	—	0.1	0.01	余	Ta3

合金牌号	C	Cr	Co	W	Mo	Al	Ti	Nb	V	Hf	Zr	B	Ni	备　注
Rene95	<0.1	14	8	3.5	3.5	3.5	2.5	5.5	—	—	0.05	0.01	余	
MERL76	0.025	12.5	18.5	—	3.0	5.0	4.3	1.4	—	0.4	0.06	0.02	余	
AF115	0.05	10.7	15	5.9	2.8	3.8	3.9	1.7	—	0.75	0.05	0.02	余	
Rene88DT	0.03	16	13	4	4	2.1	3.7	0.7	—	—	0.03	0.015	余	

　　粉末冶金作为减低偏析的工艺方法,起始是采用热等静压工艺(HIP),可获得近终形制品。然而,PM＋HIP 工艺所制涡轮盘虽具有高强度和长蠕变寿命,低周疲劳却低于预期水平。原因在于制粉过程的有机和无机物污染。此类陶瓷夹杂通过 PM＋HIP 途径难以去除或消除其有害作用,于是粉末加热挤压和等温锻又成为较为有效的、广泛使用的工艺途径,降低了粉末污染的影响。

　　西方国家一般采用氩气雾化制粉,热等静压或热挤压预制坯,最后利用等温锻造成型盘件的工艺。一般说来,变形加工是目前重要盘件必不可少的工艺,不加变形的直接热等静压盘件仅限于负荷比较小的情况。而 20 世纪 70 年代苏联采用等离子旋转电极制粉并直接热等静压成型的工艺。粉末盘的应用使发动机取得了显著的减重、降油耗的效果。普惠公司的 F100 发动机 1～4 级涡轮盘采用粉末盘后,比普通盘各减重 30% 左右,共减重 58.5 kg。

　　粉末冶金制造高温合金的基本工艺流程如下:

　　制粉→粉末筛分→混料→去除陶瓷夹杂→脱气、装套、焊封→热等静压→热加工。

　　制粉工艺多种多样,其中较有代表性且应用广泛的是氩气雾化法及旋转电极法。粉末冶金高温合金对粉末质量要求十分严格。气体含量要低,其中氧含量<100×10^{-6},氮含量<50×10^{-6},氢含量<10×10^{-6}。要求粉末粒度在 50～150 μm 范围内,夹杂物含量<20 粒/kg 粉。因此,制出的粉末必须经过系列处理才能使用。

10.4.3　弥散强化高温合金

　　弥散强化(ODS)是一种将超细、稳定的第二相质点,十分均匀地引入合金中使其强化的方法。弥散强化高温合金系指在高温合金中引入超细氧化物质点使其在更高的温度下仍维持较高的强度,使用温度可提高 150 ℃ 的超强高温材料。在各种强化方法中,氧化物弥散强化(ODS)属第二相强化的一种,但至今并未严格地划分 ODS 和其他第二相强化的界限。实际上 ODS 的强化相在相量、性质及作用方面与一般的沉淀硬化有很多差异。普通高温合金常用从基体中析出 $Ni_3(Al,Ti)$ 来强化,这种金属间化合物的热稳定性在高温下仍是不够的,1 050 ℃ 以上容易长大甚至溶入基体,因而强度陡落。相反,作为强化相的氧化物具有很好的热力学和化学稳定性,极小的尺寸和恒定的相量。这种经过精制的氧化物质点几乎在接近基体熔点时也不溶入基体,因而在更高的温度下仍不失其强化作用。此外,弥散强化还有不降低基体熔点和细化晶粒等间接强化的优点。

　　一种新构思的实现有赖于制备技术的进步。ODS 合金的诞生正是如此。其之所以有更好的高温性能,完全取决于引入超细稳定的氧化物质点,然而欲将少量超细的、密度相对小的氧化物十分均匀地添加到金属基体中,用熔炼法几乎是不可能的。20 世纪 50 年代以探索为目的的弥散强化镍（TD‐Ni），是在 Ni 中加 2％（体积）的 ThO_2，广泛地探索了包括机械、物理和化学在内的各种制备方法（如传统的机械混合法、内氧化法），直至获得实用的共同沉淀法和最先进的机械合金化（MA）工艺。实践表明，机械混合法和内氧化法均不能达到所要求的目标。

1970 年，美国人发明了机械合金化（MA）方法，成功地研制了多元 ODS 高温合金，成分范围扩大到现有高温合金的所有元素。机械合金化工艺的发明使 ODS 高温合金首次实现固溶、时效和弥散强化的一体化，为其进入实用提供先决条件，被誉为弥散强化的工艺突破。

机械合金化是将两种以上的金属粉末或金属粉末与中间合金粉置入高能球磨机中球磨一定时间后制成合金粉末的方法。这种合金化的方法不同于一般的熔炼、粉末烧结，其原理基于冷焊，即两种极平的纯净金属表面在冷态压力下可焊接在一起，冷焊时两种金属原子间不仅有互相作用而且伴随有原子扩散，因而能形成永久联结，这意味着联结点或局部表面的合金化。机械合金化的过程正是依靠球磨对金属粉末的碾压，塑性粉末发生形变并以十分纯净的表面彼此接近到原子作用力的距离，于是在球表面产生冷焊层，脆性粉末被破碎并同氧化物质点一起被挤进冷焊层。一定厚度的冷焊层由于不断地加工硬化而被磨落、破碎，接着又被冷焊，如此反复并伴随扩散过程，最终达到均匀合金化。面扩散激活能非常高的氧化物不能与金属互相扩散，只能机械地镶嵌在基体中。因为球磨时间较长以及磨球在机内的循环运动，所以氧化物分布十分均匀，弥散质点间距在 1 μm 以下。如机械合金化高温合金是用小于 100 nm 的 Y_2O_3 粉末，通过机械合金化和锻轧方法可制成板材、锻件、型材、棒材。美国发展和商品化的典型合金有 MA956、754 和 6000E，主要用于制造燃烧室、导向叶片、涡轮叶片，其特点是在 850～1 200 ℃下较传统镍基合金的持久强度高得多。MA956 和 MA754 合金，在 1 149 ℃、100 h 持久强度（纵向）分别可达到 39 MPa 和 90 MPa。MA6000 合金在 1 093 ℃、138 MPa 持久寿命（纵向）可达到 420 h，其在 850～1 100 ℃、1 000 h 的持久强度远高于 MAR‐M200＋Hf 和 PWA1480 合金。MA956 可用于制作 1 300 ℃使用的多孔层板燃烧室。MA6000 和 MA754 可用于制作由多层薄片组成的维夫叶片。

经过多年深入细致的研究，我国在纳米 Y_2O_3 粉制造技术和 MA 设备、工艺方面已达到较高的水平。同时对热挤压、加工成形工艺也配套进行了相应的研究，目前已找到制造 ODS 高温合金的完整工艺：MA 制粉→装套除气→热挤压固实化→变形加工→再结晶处理。1985 年完成 MGH956 合金的研究，综合性能达到美国同类合金水平。

10.4.4　定向及单晶高温合金

涡轮叶片是直接利用高温、高速燃气做功的关键零件，温度高、负荷大、应力复杂、工作环境非常恶劣，要求材料具有足够的热强性、冲击性、抗疲劳性、耐腐性及损伤容限特性。涡轮叶片早期是用变形高温合金采用锻造方法制造的，如 Inconel718、Nimonicl15、Inco901、Rene125等。由于发动机设计与精铸技术的发展，发动机涡轮叶片从变形合金发展为铸造合金，从实心发展为空心，从多晶发展为单晶，从而大大提高了叶片的耐温性能，使发动机涡轮前温度由 20世纪 60 年代的 1 000 ℃左右提高到目前的 1 650 ℃。

精密铸造定向凝固及单晶高温合金零件是国外航空航天工业 20 世纪 60 年代发展的先进技术。美国普惠公司首先研制成功可提高燃气涡轮叶片约 50 ℃的高温合金定向凝固工艺标志着叶片合金的发展进入了一个新的阶段。大量研究与实验结果表明，定向凝固能大幅度提高材料或零件的综合性能,延长使用寿命。现在几乎所有先进的军用、民用飞行器发动机的涡轮叶片均已采用单晶合金,大幅度提高了发动机的进口温度及承受载荷。

涡轮叶片采用定向柱晶组织的基本设想是尽可能地消除横向晶界。高温合金涡轮叶片在高温下工作时,由于晶界与晶体在应力作用下的不同特性,晶界,特别是垂直于主应力轴的横向晶界是薄弱环节,故在温度和应力作用下,裂纹首先在垂直于应力轴的横向晶界上萌生,然后发展直至断裂。定向凝固基本上消除了垂直于主应力轴的横向晶界,且柱状晶在凝固过程中以[001]方向择优顺序生成,这就大大提高了高温合金的纵向力学性能。表 10-3 所列为三种铸造形态的蠕变和持久性能的比较。由表中可以看出,单晶和定向凝固有较长的持久寿命、显著提高的持久塑性及较低的最小蠕变速率。显然,三种铸造形态的不同在于晶界及晶体择优取向的影响和热工艺过程的不同。发动机材料需要具有优良的疲劳性能。三种铸造形态的 M-M200 合金的疲劳寿命比较表明,在三个温度下定向柱晶和单晶材料显示出近似的疲劳寿命,而多晶 M-M200 的疲劳寿命比定向凝固材料低 1~2 个数量级。高温裂纹开始产生于晶界并沿晶界发展。在同样的试验条件下,晶界裂纹产生和扩展的速度比穿晶裂纹要快得多,故在高温下单晶材料比多晶材料有更长的高应变疲劳寿命。M-M200 合金采用普通铸造与定向凝固工艺制造的涡轮叶片经长期试验后的比较。结果表明,试验进行了 70 h 以后,定向凝固叶片没有损坏,普通铸造叶片有 50% 以上出现裂纹,这就确定了在这样的试验条件下该材料的实际寿命,而定向凝固材料仍可有效地继续进行发动机试验。

表 10-3　普通铸造、定向及单晶 M-M200 的蠕变和持久性能

铸造类型	760 ℃,689.5 MPa			871 ℃,345 MPa			982 ℃,209 MPa		
	持久寿命/h	$\delta/\%$	最小蠕变速率 /(mm·mm^{-1}·h^{-1})	持久寿命/h	$\delta/\%$	最小蠕变速率 /(mm·mm^{-1}·h^{-1})	持久寿命/h	$\delta/\%$	最小蠕变速率 /(mm·mm^{-1}·h^{-1})
普通铸造	4.9	0.45	70.0×10^{-5}	245.9	2.2	3.4×10	35.6	2.6	23.8×10
定向凝固	366.0	12.5	14.5×10^{-5}	280.0	35.8	7.7×10	67.0	23.6	25.6×10
单晶	1914.0	14.5	2.2×10^{-5}	848.0	18.1	1.4×10	107.0	23.3	16.1×10

综上所述,用定向凝固技术生产的定向柱晶及单晶涡轮零件,显示了巨大的优越性,主要有:优越的高温蠕变强度和抗热疲劳性能,较长的疲劳寿命,较长的蠕变寿命,优异的中温塑性和薄壁性能。

单晶高温合金是迄今在先进发动机中用作涡轮叶片的最重要材料,承受着最苛刻的工作条件,从 F100-PW-220 发动机用 PWA1480 第一代单晶合金到 EJ200 和 F119 采用的 RR3000 和 CMSX-10(或 ReneN6)的第三代单晶,使涡轮进口温度提高了近 80 ℃,接近材料的初熔温度。单晶叶片发展的历史表明,满足发动机涡轮进口温度不断提高的要求,不仅要从提高材料本身的性能考虑,还要改善叶片的冷却条件。近年来,美国 Allison 公司发展的 cast-cool 和发散冷却技术可使叶片承受的温度降低至 1 100 ℃。

单晶高温合金是在定向高温合金的基础上发展而来的。其特征之一是无晶界,因而不需要加入晶界强化元素 B、C、Zr、Hf 等;特征之二是 Mo、Ta、W、Cr、Co 等难熔元素含量增加,因而高温性能提高,与成分相近的定向合金相比,工作温度提高 30 ℃以上,高温持久寿命和疲劳寿命提高 2 倍以上,抗高温氧化和腐蚀性能明显改善。

单晶合金的研究从 1975 年 Jackson 研究 M-M200 合金起步,在研究过程中,发现蠕变强度受细小 γ′ 体积百分数支配,而最大限度提高 γ′ 体积百分数的关键是提高合金的初熔温度和固溶热处理温度,因而确定 γ′ 合金化的基本思路是提高合金初熔温度和增加合金中 γ′ 相体积百分数,从而使单晶高温合金得到迅速发展。

第一代单晶合金以 PWA1480 为代表,其化学成分的重要特点是:与定向合金相比,去除了晶界强化元素,另外添加了大量的高熔点元素 Ta 等,因而提高了合金的初熔温度和蠕变强度。继 PW1480 之后,美国 Canon 等公司及英国罗·罗公司又相继研究出 CMSX-2、ReneN4、SR99 等具有较好综合性能的合金。使用温度在 1 040 ℃左右,在 20 世纪 70 年代末就开始用于高涵道比涡扇发动机,如 JT9D7R4 系列、PW2000 等系列发动机。

第二代单晶合金以 PWA1484 为代表,其化学成分重要特点是在第一代合金中加入了 3% 左右的铼元素,进行 γ 基体固溶强化,阻止 γ′ 相粗化。第二代单晶合金的使用温度在 1 070 ℃ 左右,合金牌号除 PWA1484 外,还有 PWA1487、CMSX-4、ReneN5 等。其中 PWA1484 和 ReneN5 的另一特点是加入了钇元素,从而使合金的抗氧化性能得到大幅度提高,用于 PW4000 系列,FJ2000、RB211 等发动机。

第三代单晶合金以 ReneN6 和 CMSX-10 为代表,美国专利于 1992 年 12 月和 1994 年 11 月分别以 USP5270123 和 USP5366695 予以公布。这两种合金的性能分别比相应系列的第二代单晶合金 RencN5 和 CMSX-4 高出 30 ℃,工作温度达到 1 100 ℃。第三代单晶合金化学成分的重要特点之一是铼含量提高到 6%,大大抑制了 γ′ 强化相的粗化,并起到了强化 γ′ 相的作用;另一特点是难熔合金元素(Ta、W、Mo)总量高达 20% 以上,比第一、二代合金要高很多,并且调整了相互配比,从而使合金具有更高的高温蠕变强度。国外自 20 世纪 80 年代初以来已经大量生产单晶合金叶片,用于军用、民用发动机。

在国外单晶合金的研究和应用处于蓬勃发展的十多年间,国内有关单位也对单晶合金和工艺进行了广泛的研究,研制成功一系列单晶合金,并初步获得应用。DZ4 是我国第一个用于现役发动机投入航线使用的定向凝固高温合金。DD3 合金是我国第一个用于航空发动机的单晶合金。它是在 20 世纪 80 年代初,根据 M. Gen 等人提出并实行的新单晶合金发展设想(去除 C、B、Hf、Zr 等晶界强化元素、提高固溶温度、增加细小 γ′ 相的量),采用先进的合金设计法发展起来的。该合金成分较简单,密度较低,不含贵金属,因此价格较低,其强度水平与美国 PWA1480 合金相当。IC-6 是我国第一个进入工程化应用阶段的金属间化合物(Ni₃Al)基定向凝固高温合金,属"863"计划的高科技成果,可用于制造航空发动机涡轮导向叶片。该合金的初熔点高达 1 315 ℃,抗蠕变性能高,密度较低(7.90 g/cm³),不含贵金属,故价格较低。其 1 100 ℃/100 h 的持久强度比美国的 EX-7 和俄罗斯的 BKMA-2Y 合金分别高 20~25 MPa,可用于温度为 1 000~1 100 ℃的导向叶片。DZ38G 和 DD8 也是我国研制的定向合金和单晶合金,特点是抗腐蚀性能好,适合用作船用或舰载发动机的涡轮叶片。

与国外情况相比,我国定向合金与单晶合金技术的理论研究比较落后,合金成分设计与凝固控制理论在工程化的单晶材料研究上,尚未得到很好的运用;配套的工艺和材料技术(如型芯、型壳、热处理、焊接等)研究较少;单晶合金的性能水平还比较低,需要有大的突破和发展。

在镍基高温合金的发展中定向共晶自生技术及合金的超纯化一直是人们关注的焦点。定向共晶高温合金是定向凝固条件下合金与纤维或层片状强化相从合金熔体中同时生长并在凝固后保持规则排列的合金。由于强化相与基体相在凝固过程中同时形成,故又称原生复合材料。定向共晶高温合金的基体相是镍基或钴基合金 $\gamma + \gamma'$ 固溶体,强化相有 TaC、NbC、Cr_3C_2 等碳化物纤维,$\alpha - Mo$ 纤维及 Ni_3Nb 层片。定向共晶高温合金的使用温度高出高温合金 40~110 ℃。其中 NbC 或 TaC 纤维强化的定向共晶高温合金的综合性能最佳。采用在高温下具有高强度、高模量的纤维作为增强剂,高温镍基或铁基高温合金为基体,可制成在更高温度下具有更高强度和模量的新材料,是发展燃气涡轮叶片、燃烧室等高温部件材料的重要方向。

合金提纯方面,主要是采用先进熔炼工艺。对于高温合金主要采用真空感应/电渣/电弧重熔的 3 次熔炼工艺,钛合金主要采用电子束和等离子束冷膛熔炼,然后采用真空电弧重熔。高温合金也在研究采用冷膛熔炼技术。目前,电子束熔炼的钛锭纯度可达到 5 个 9,比真空熔炼的高得多。IN718 合金通过电子束熔炼纯度显著提高,低循环疲劳寿命提高近 1 倍。

10.4.5　镍基高温合金在航天工业中的应用

自 1956 年开始,为航天工业系统研制、生产的主要高温合金有制造发动机涡轮盘用的 GH1040、GH2038A、GH4141、GH4169 合金;制造发动机轴用的 GH2038A、GH4169 合金;制造燃烧室隔板、涡轮进气导管的 GH1131 合金;制造喷管用的 GH600 合金。随着发动机推力的逐步提高和新型号发动机研制的要求,航天产品中使用高温合金的品种、规格越来越多,对合金性能的要求也越来越高。

20 世纪 60 年代研制的 GH1131 合金已成为当前国内各型号火箭发动机的必用材料;经过 20 余年的努力,我国生产的 GH4169 合金达到了优质合金技术条件的要求,已成为盘、饼、板、带、超薄壁管等生产品种最多、应用最广的高温合金。GH4141 合金塑性低的难点攻克后,成功地完成了三次远程运载火箭的飞行试验,继续为达到 $100\ 000\ r \cdot min^{-1}$ 的超高速整体涡轮转子的成功应用而努力。与此同时,为满足航天工业继续发展的需要,从国家“八五”规划起开展了高性能饼材、锥形管、燃气导管等新型高温合金的研制。

GH4169 合金是 Fe - Ni - Cr 基材料,不含我国稀缺的钴成分,在 -253~700 ℃ 范围内广泛适用。合金中 Nb 的含量居高温合金首位,通过 γ'' 和 γ' 的弥散分布来强化基体。650 ℃ 温度下的 $\sigma_{0.2}$ 居高温合金榜首,并有良好的热加工性和焊接性能,是宇航领域的适用材料。由于远程火箭发动机设计指标的提高,GH40 涡轮转子在试车时出现较大变形,不能满足使用要求。推荐选用 GH4169 合金作为远程火箭发动机涡轮泵的一、二级涡轮转子材料。远程火箭工程用该合金涡轮转子经受了多种长程运载火箭全程试验。制成的涡轮转子通过了发射通信卫星的使用考验。此外,现已试制出优质、精化、高筋条的 GH4169 合金涡轮模锻件,成功地应用于长征运载火箭。其最大特点是 Nb 偏析,Nb 偏析的程度是材质优劣的重要判据,也是零件使用可靠性和安全性的关键因素,还有待充分认识。要获得优质合金,必须经过均匀化工艺使 Nb 原子充分扩散来消除偏析。研究发现 GH4169 合金铸锭中曾出现 Laves 相的初熔现象,阻碍了 Nb 原子的扩散,导致形成无法消除的 Nb 偏析条带;采用 1 160 ℃ 和 1 180~1 200 ℃ 的二阶段均匀化制度,可使材质均匀性发生明显的改善。美国自 1959 年发明 Inconel718 合金以来,对均匀化工艺参数始终保密,直到 1989 年才在国际会议上首次公布。其热处理参数与我国的研究结果完全物合。

10.5 金属间化合物

所谓金属间化合物,是指金属和金属之间,类金属和金属原子之间以共价键的形式结合生成的化合物,其原子的排列遵循某种高度有序化的规律。当金属间化合物以微小颗粒的形式存在于金属合金的组织中时,将会使金属合金的整体强度得到提高,特别是在一定的温度范围内,合金的强度随温度升高而增强,这就使金属间化合物材料在高温结构应用方面具有极大的潜在优势。然而,伴随着金属间化合物的高温强度而来的,是它本质上难以克服的室温脆性。它们的室温延性大多数为零,也就是说,一拉就断。

美国 IHPTET 指出,推重比 20 发动机涡轮进口温度将达到 2 000～2 200 ℃。为此,提出采用 TiAl 复合材料制造鼓筒式无盘结构压气机转子,减重 70%;采用陶瓷基复合材料代替高温合金,制造出口温度均匀、变流量结构火焰筒;用钛基复合材料制造燃烧室机匣;采用陶瓷基复合材料或 C/C 复合材料制造叶片盘整体结构的涡轮,减重 30%;加力燃烧室筒由 C/C 复合材料制造;尾喷管采用加涂层的 C/C 复合材料,在 2 200 ℃下无须冷却使用。

表 10 - 4 所列为 IHPTET 提出的推重比为 15～20 的发动机主要部件的用材设想。可以看出,涡轮部件承受的最高温度已达 2 270～2 470 K,并要求大幅度减重,这给新型发动机用材提出了巨大的挑战。

表 10 - 4 推重比为 15～20 的发动机主要部件用材料

部 件	主要特性	材 料
风 扇	后掠空心风扇叶片,3 级变 1 级,减重 50%	钛合金+聚合物基复合材料
压气机	鼓筒式叶环转子,减重 70%	704～982 ℃钛基复合材料
燃烧室	变几何结构,减小出口温度分布系数	陶瓷基复合材料
涡 轮	整体叶盘结构,减重 30%,2 270～2 470 K	陶瓷基复合材料,减量 80%
	超冷涡轮叶片 F119 温度为 1 997 K	1 922 K 涡轮无需冷却
加力燃烧室	单位推力比 F100 高 70%～80%	1 204 ℃陶瓷火焰稳定器/喷嘴环 1 538 ℃陶瓷加力燃烧室/喷嘴
尾喷管	全方位矢量喷管	982 ℃TiAl 复合材料 >1 538 ℃陶瓷,C/C 复合材料
飞机特点	$H = 21\,000$ m,$Ma = 3～4$,作战半径 1 850 km,隐身	

TiAl、NiAl 及难熔金属硅化物等金属间化合物,由于晶体中金属键与共价键共存,使其有可能同时兼有金属的韧性和陶瓷的高温性能,但金属间化合物比陶瓷具有更多的优势,其中两个重要特点是金属间化合物具有较好的热传导性,因而作为高温结构材料使用,其冷却效率较高而热应力较小;其次,某些金属间化合物(如 TiAl、NiAl)可以采用常规的冶金方法进行生产,这是与其他新型材料进行成本竞争的一个重要条件。所有这些,特别是近十几年来在韧化方面的巨大进展,预示着金属间化合物作为高温结构材料使用具有广阔的前景。

10.5.1　Ti－Al 系金属间化合物

为了发展比镍基高温合金更轻并具有相同力学性能和抗氧化能力的新型钛基合金,在 20 世纪 80 年代对以钛铝化合物为基的高温钛合金的研究取得了重大突破。它们的主要特点是高温性能好,抗氧化能力强,耐腐蚀和质量轻,是制造高压压气机和低压涡轮零件的理想材料。

Ti－Al 系金属间化合物特别是 Ti_3Al 为基的 α_2 型合金和以 TiAl 为基的 γ 型合金,由于它们的密度小,高温强度高,抗氧化性强,刚性好,成为当前国内外广泛重视和迅速发展的一类新型材料,在未来的航空航天产品中占有十分重要的地位。

1. Ti_3Al 系

一般认为,Ti_3Al 为基的高温钛合金的蠕变强度可以与 Inconel713 合金相当,最高工作温度可达 815 ℃。目前已经有 2 个以 Ti_3Al 为基的高温钛合金在美国开始批量生产,它们的成分是 Ti－2iNb－14Al 和 Ti－21Nb－14Al－3.5V－2Mo。

美国航空航天企业非常重视 Ti_3Al 的发展,一些厂家可提供由 Ti_3Al 基合金铸锭加工而成的各种商业性产品(包括薄板)。美国钛金属公司的 Timet 分公司在 1987 年春就生产了一个 3.2 t 重的铸锭。由 Ti_3Al 基合金制成的新型航空发动机的高压涡轮支承环、加力燃烧室的一些零件以及高压压气机机匣已在美国成功地经受了试车考验。用 Ti_3Al 制成的发动机尾喷燃烧器具有高刚性和高温性能,与镍基合金相比可减重 40%。

目前发展的 α_2 合金是双相 $\alpha_2+\beta$ 合金,具有工程意义的合金成分有 Ti－24Al－11Nb、Ti－23.5Al－24Nb、Ti－25Al－17Nb－1Mo 和 Ti－25Al－10Nb－3V－1Mo 等,其室温力学性能和高温蠕变破断寿命见表 10－5。

表 10－5　α_2 合金典型室温力学性能和高温蠕变破断寿命

合　金	屈服强度/MPa	拉伸强度/MPa	延伸率/%	断裂韧性 K_{IC}/(MPa·m$^{1/2}$)	650 ℃,380 MPa 的持久寿命/h
Ti－25Al	538	538	0.3		
Ti－24Al－11Nb	787	824	0.7		44.7
	761	967	4.8		
Ti－24Al－14Nb	831	977	2.1		59.5
Ti－24Al－14Nb－3V－0.5Mo	738	893	26.0		
Ti－25Al－10Nb－3V－1Mo	825	1 042	2.2	13.5	360
Ti－24.5Al－17Nb	952	1 010	5.8	28.3	62
	705	940	10.0		
Ti－25Al－17Nb－1Mo	989	1 133	3.4	20.9	476
Ti－15Al－22.5Nb	860	963	6.7	42.3	0.9
Ti－23.5Al－24Nb	960				

尽管目前已在 Ti－Al 系金属间化合物的综合机械性能(尤其是室温塑性方面)有了新的进展,但室温塑性指标仍未达到实用化的要求。因而,为了使其能获得良好的综合机械性能,

达到商业推广的目的,人们从不同角度对 Ti-Al 系化合物进行了深入的工艺及理论研究。纵观这 10 多年的研究成果,主要是采取添加合金元素,控制组织,采用特殊加工工艺等措施。除了前面提到的在 α_2 基合金中加入 Nb、Mo、Ta、Cr、V、Zr、Y 和 B 等,以提高该系合金的高温性能,改善室温塑性,消除合金中有害元素的影响,改善合金的加工性能之外,还可以通过高温变形以及随后的热处理对合金的组织进行控制,从而改善 Ti-Al 系金属间化合物的综合机械性能。在 α_2 基合金的研究中,采用 $\alpha+\beta$ 相区锻造→$\alpha+\beta$ 相区固溶处理→α_2 相区时效的工艺,最终得到的组织为等轴的 α_2 颗粒均匀分布于 β 基体上,该类合金具有很好的室温拉伸性能,例如:经该工艺处理的 Ti-24Al-14Nb-3V-0.5Mo 合金,其 $\delta=9.8\%$,$\sigma_{0.2}=797$ MPa,$\sigma_b=1\,034$ MPa。高超声速航空航天飞机等先进飞行器的发展,使蒙皮及发动机叶片(包括风扇叶片)等零件的工作温度急剧上升。

由于 Ti-Al 化合物为基的合金具有镍基超高温合金的高温强度和抗磨损性,而质量甚至轻于钛,于是用 Ti_3Al 化合物为基体的复合材料得到了迅速发展。以 SiC 纤维增强的合金 Ti-14Al-21Nb 基合金在 1\,100 ℃ 以下的比强度明显高于镍基超合金(包括单晶)。Ti-14Al-21Nb 合金具有独特的冷轧性能,Texaxf 仪器公司已为高超声速航空航天飞机轧制出 0.09 mm 厚的 Ti-14Al-21Nb 箔材,制造以它为基的复合材料用于蒙皮及喷气发动机风扇、压气机叶片。该箔材的强度为 810 MPa,延伸率为 2.8%。Chem-Tronic 公司也能制造出这种 Ti_3Al 化合物箔材,其规格和公差已达相当高的水平。目前,用 Ti_3Al 基合金为基体的复合材料制成涡轮导向叶片和工作叶片已进行了台架试车。

2. TiAl 系

在众多的金属间化合物中,TiAl(特别是 γ-TiAl 基合金)不仅具有良好的耐高温性能、抗氧化性能和低密度,而且弹性模量、抗蠕变性能均比钛合金好得多,甚至优于 Ti_3Al 基合金而与 Ni 基高温合金相当,但其密度还不到 Ni 基合金的一半,在飞行器发动机上的使用将显著地减轻发动机的质量并改善其性能。TiAl 的使用温度可望达到 900 ℃,甚至更高,室温弹性模量可达 176 GPa,且随温度升高面缓慢下降。这些特征使它们在航空航天用的材料中展现出令人瞩目的发展前景,极有可能取代现役的 Ni 基高温合金而成为未来航空航天领域重要的高温结构材料。

按照 IHPTET 和高速民航机计划(HSCT)及未来可重复使用的航天飞机要求,γ-TiAl 可使燃烧室及高温蒙皮结构使用的工作温度大增而无须用镍基高温合金,它还可使喷气发动机推重比提高 50% 以上。军用涡轮发动机热端的屏蔽件及喷管段也已采用大型 γ-TiAl 刚性结构。一项高超声速技术计划已证明,γ-TiAl 壁板结构能承受高的热机械载荷。GE90 发动机的连接管梁用 γ-TiAl 已成功进行了试车,是民用发动机上第一个用 γ-TiAl 代替高温合金的零件。

经不同的热处理后,γ-TiAl 基合金的室温显微结构有 4 类,即全层片(FL)、近全层片(NL)、近等轴晶 γ(NG)和等轴晶/层片结构的混合组织(DP)(见图 10-3)。可见,NG 具有细小的等轴晶粒,粒径为 5~20 μm,FL 和 NL 的平均粒径为 560 μm,而 DP 亦属于等轴细晶结构,平均粒径为 100 μm。值得指出的是,NL 的结构十分特别:在较大的层片状晶粒内镶嵌着弥散分布的等轴 γ 晶粒,其粒径为 20 μm 左右,在层片状晶粒内占 15%~20%(体积)。

TiAl 合金系按其发展特点分为三代。

第一代是 Ti-48Al-1V-(0.1)C 变形合金,其性能较低,未得到工程应用。

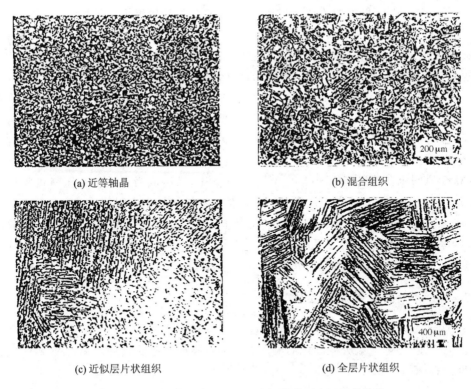

(a) 近等轴晶 　　　　　　　　　　　(b) 混合组织

(c) 近似层片状组织 　　　　　　　　(d) 全层片状组织

图 10-3　Ti-48Al-2Mn-2Nb 合金的典型室温显微结构

　　20 世纪 80 年代初开发出的第二代合金,如 Ti-48Al-2Nb-2Cr 及其系列。以铸造及热等静压成型,用在燃气轮机上,可达 750 ℃,也可用变形或粉末冶金方式制备。显微组织基本上是全片层的粗大组织,变形成型更是如此,具有较差的抗拉性能。加入少量硼或钨可有效地改变或控制变形合金的全片层显微组织。加入适量的 B、Si 和 N 可有效地细化其组织,加入 Si 和 C 可增强抗蠕变性能,但加入 Si 有降低其断裂韧性的趋势。

　　第三代合金发展的目标是改善性能,并在层片组织基础上通过合金设计获得优化显微组织,提高高温综合性能。早期的指标是使此类合金呈细化的全片层组织,具有相应的晶粒尺寸及片层间距以改善性能,合金以固溶强化及加入合金元素形成弥散硬化,可提高强度而不影响塑性和韧性。铸态 Ti-Al-Nb-Zr-Ta-Hf-Cr-B 合金的室温塑性可达 2%,屈服、拉伸、室温疲劳分别达 600~700 MPa,700~800 MPa 和 550 MPa,其高温性能也相应得到改善。它的发展主要集中在优化层片状组织上。FL 组织的综合性能比 DP、NG 和 NL 好,尽管其室温塑性要差一些。这是由层片状的 α_2/γ 和 γ/γ 层片交替重叠形成的特有组织结构决定的。当承受外力时,α_2 和 γ 两相及相界面均出现位错和孪生等变形模式,而 α_2/γ 和 γ/γ 相界面则会阻碍位错和孪生的发展,阻碍共面滑移导致的解理裂纹的形成,这是等轴晶的 DP、NG 结构所不具备的。当承受交变载荷时,FL 结构显示出明显的塑性变形能力,能够比 DP、NG 结构吸收更多的能量。

　　TiAl 合金的制备可采用铸造、铸锭冶金、粉末冶金及其他新方法。熔炼工艺包括感应凝壳熔炼、真空电弧及离子束熔炼等。制造航空航天部件可采用近终形成型,诸如压气机、涡轮叶片、涡轮增压器等,已广泛采用精铸和压铸方法,与热等静压结合可消除疏松,改善材料性能。定向凝固现已引起更大的关注,由于它可形成柱状的结构组织,利用片层结构各向异性的特性,强度和塑性均有明显增高。在锭冶(IM)加工中一般首先将铸锭热等静压,然后进行热成型,如等温锻、挤压或热模锻。在某些情况下,高温挤压可产生热机械加工形成的片层显微组织,是一类有重要工程应用潜力的工艺。近终形塑性变形成型对压气机叶片等部件常采用热模锻方法和高速形变温热挤压技术。粉冶成型加工的显微组织,远比铸冶均匀和细密。由于细密的组织,粉末冶金的 γ 合金的损伤容限较低,即韧性及裂纹扩展抗力较差,同时也缺乏足够的高温蠕变抗力。另外,由于在熔炼及制粉中难以控制间隙元素的浓度,应用曾受到限制。近年发展了清洁制粉方法及改善了固实化技术,粉末 γ 合金获得发展及应用。

TiAl 金属间化合物以其优异的高温强度-重量比,已经成为发动机和压气机常规材料的更高层次的代换材料。它们在较低温度下的低塑性和低韧性正在得到改善。目前 Ti₃Al 已经商业化,TiAl 还在深入的研究和开发中,其研究工作部分地综合了超级 α_2 - TiAl 金属间化合物(TMT)的高温性能的最新结果,并与钛合金进行比较,表明几乎在所有试验的温度范围,TMT 超级 α_2 的强度指标都 2 倍于 IMI834 和 Ti - 1100。

10.5.2 Ni - Al 系金属间化合物

Ni - Al 金属间化合物由于其特殊的成键特性和原子长程有序排列状态,以及与高温合金相比较低的密度,在航空航天发动机的应用上作为置换材料备受瞩目。Ni - Al 系中现在集中研究开发的有 NiAl 和 Ni₃Al 类合金。

1. Ni₃Al 系

人们从高温合金中首先了解到 Ni₃Al(γ'相)作为高温结构材料使用最有前途。实际上 In - 100 高温合金中 γ' 相的体积百分数已占整个高温合金的 70%,它是构成 In - 100 合金承受高温负载的主要强化相。由于其很高的脆性,限制了它的实际应用。20 世纪 70 年代有两方面的突破推动了 Ni₃Al 的发展:一方面是 1979 年,日本 Izomi 首先发现添加微量硼能显著提高 Ni₃Al 的高温塑性;另一方面是发现单晶 Ni₃Al 的本征高塑性。

在金属间化合物中 Ni₃Al 是最受人注目的材料之一。虽然 Ni₃Al 单晶具有很高的塑性,但 Ni₃Al 多晶材料却很脆,在室温下表现出强烈的沿晶断裂倾向。硼能有效地改善 Al 含量低于标准化学计量 25%(原子)Ni₃Al 的室温塑性和有效地抑制沿晶断裂。例如:含硼 0.02%～0.12%(质量)的 Ni - 24%(原子)Al 合金具有很高塑性。除 B 微合金化改善 Ni₃Al 塑性外,加 Mn 和 Fe 也能改善 Ni₃Al 的室温塑性,加 9%Mn 或 15%Fe 效果最佳,但提高塑性的同时具有损害 Ni₃Al 强度与温度的反常关系特性。Ni₃Al 添加 Cr 则大大改善合金的中温塑性。美国研制的接近工程应用的 5 种 Ni₃Al 基材料的化学成分见表 10 - 6。

表 10 - 6　美国研制的 Ni₃Al 基合金

牌　号	化学成分
IC - 50	Ni - 23Al - 0.5Zr - 0.1B
IC - 218	Ni - 16.7Al - 8Cr - 0.5Zr - 0.1B
IC - 328	Ni - 17Al - 8Cr - 0.2Zr - 0.3Ti - 0.1B
IC - 396	Ni - 16.1Al - 8Cr - 0.25Zr - 1.7Mo - 0.1B
IC - 405	Ni - 18Al - 8Cr - 0.2Zr - 12Fe - 0.1B - 0.05C

铸造 Ni_3Al 基合金是 Ni_3Al 基高温结构材料发展的一个重要方向。我国新近研究成功的定向凝固 Ni_3Al 基合金,具有密度小、强度高、塑性好,有优异高温抗蠕变性能等特点,是一个具有广泛应用前景的高温结构材科。该合金适合于在 950～1 100 ℃温度范围内使用,可用作航空发动机的涡轮导向叶片材料。其工作温度比 K3 铸造高温合金提高 50～100 ℃,在 1 100 ℃的持久强度超过美国 EX－7 合金,在 1 100 ℃、100 h 的持久断裂强度达到 90 MPa,室温拉伸强度为 1 200 MPa,屈服强度为 800 MPa,室温延伸率达到 14%。现已用该合金生产发动机 2级涡轮导向叶片。该合金可用于下一代高性能、高推重比发动机 1 级导向叶片材料。

Ni_3Al 在高温下具有良好的超塑成型性能,但需控制合金成分和晶粒组织。经冷轧＋中间退火的晶粒组织在 950 ℃具有延伸率达 660% 的超塑拉伸性能。采用超塑成型工艺制造成微型涡轮盘毛坯,通过冷旋压制作成(ϕ100～200 mm)×1 mm 厚的管材,通过线材水平连铸工艺拉制成 ϕ5 mm Ni_3Al 基丝材,制成 Ni_3Al 焊条。该工艺为 Ni_3Al 的推广应用创造了良好条件。Ni_3Al 基合金具有铝化物的优异抗高温氧化性、耐高温腐蚀的优点。一般说来它在1 000 ℃以上温度环境中的抗氧化性能优于含铬的高温合金,又因合金有序带来了耐疲劳、高温耐磨、加工硬化率高等优点,其应用前景越来越宽。

就强化而言,以含硼 Ni_3Al 为基础加入适量的合金元素,通过固溶强化效应可以进一步提高其常温和高温强度。目前已经发现,常温固溶强化效果依赖于合金元素的行为、原子尺寸错配度和合金的偏离化学计量的程度等。通常,只有那些置换 Al 原子的合金元素才产生有效的固溶强化,添加过渡金属元素 Ti、Mo、W、Nb、Ta、Zr 等及半金属元素 Si 等都可提高 Ni_3Al的常温和高温强度,其中 Hf、Ta 和 Nb 的强化效果最显著,B 和 C 是最有效的常温固溶强化元素。图 10－4 所示为以 B 和 Hf 强化 Ni_3Al 高温性能的效果及与某些典型合金的比较,由图可明显看出,加适量 B 和 Hf 可大大提高 σ_b,并将其 σ_b 的最大值引向更高。

在 Ni_3Al 的合金化方面,我国科技工作者也着重研究了在 Ni_3Al 中添加微量硼合金化的微观机理,发现硼对 Ni_3Al 的韧化首先是由于硼在晶界处的偏聚增加了晶界的结合强度,并使位错易穿过晶界,这种双重作用的结果韧化了晶界;此外,也系统地研究了 Zr、Ti、Cr、Hf、Si、Nb、Fe、Mn 和 V 等元素对 Ni_3Al 强度和塑性的影响。经研究首次发现微量 Zr 可显著提高Ni_3Al 的室温塑性,可替代 B 的作用;加 Zr 韧化还有另外的作用,即不降低合金的初熔温度,有利于提高高温强度,当 Zr 的加入量为 1%(原子)时,铸造 Ni_3Al 室温拉伸塑性可达 10%,并可冷轧成薄板,这为 Ni_3Al 的塑性成型提供了一条新途径。

为了进一步提高 Ni_3Al 基合金的硬度、屈服强度和高温耐磨性能,研究人员研制成功了TiC 分布弥散颗粒强化的 Ni_3Al 基合金(MX－246)。经过反复变形和退火,晶粒细化及 TiC呈弥散分布,稳定性好,提高了室温强度、硬度及 850 ℃高温强度。

2. NiAl 系

NiAl 系中另一个重要金属间化合物 NiAl 具有高熔点和高抗氧化能力,并且其密度、热导率、氧化抗力优于高温合金。与 Ni 基高温合金相比,NiAl 具有更高的熔点(1 638 ℃)、较低的密度、极高的结构稳定性、良好的热传导性、出色的抗氧化性等优点。与高温合金相比,NiAl由于合金元素加入量一般小于 5%(原子),对密度的影响不大;而与陶瓷材料比较起来,NiAl还具有能够使用传统冶炼加工工艺的特点。此外,NiAl 的塑性向脆性的转变温度在所有金属间化合物中是最低的,约为 400 ℃。NiAl 的蠕变抗力与高温合金相差不多,但可使发动机质

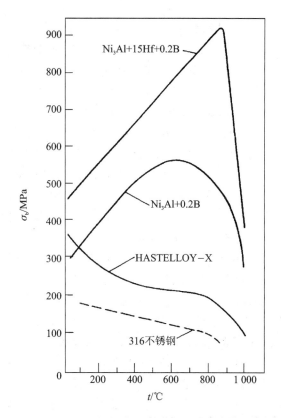

图 10-4 Ni₃Al 含 Hf 合金的屈服强度与试验温度的关系

量减轻。多晶 NiAl 在低温变形时,只提供 3 个独立的滑移系,难以满足进行塑性形变的条件,因此 NiAl 的室温塑性很低。NiAl 高于 500 ℃时强度很低,然而 NiAl 有很宽的比成分范围,可以通过合金化以改善和提高其力学性能。另外通过细化晶粒和改善显微组织可以提高塑性,但存在一个临界晶粒尺寸;只有晶粒度小于这一临界尺寸时,其塑性才可以得到明显的改善。在室温时,其临界直径仅为 3 μm,虽然通过快速凝固或引进弥散强化技术可以得到低于临界直径的晶粒度,但这种细晶材料蠕变抗力明显降低。NiAl 化合物获得塑性的另一途径是制造单晶,添加少量 Mo、Ga 或 Fe 可在[110]方向获得 6%的拉伸塑性。目前美国正在进行单晶 NiAl 叶片的试验研究。

作为高温结构材料,热膨胀系数及导热系数是非常重要的。NiAl 合金的热膨胀系数非常接近于单晶高温合金。而它的导热系数又远高于单晶高温合金。在 1 000 ℃,NiAl 二元合金的导热性是单晶高温合金的 5 倍,虽然合金化会降低二元 NiAl 出的导热性,但在 1 000 ℃会超过单晶合金 3 倍以上。单晶 NiAl 有高度各向异性,其沿<111>晶向的模量为<100>的 3 倍。取向为<100>的单晶叶片,若如采用 NiAl 合金,则由温度不均引起的热应力和变形可能是最小的。

同 NiAl 多晶一样,随温度升高,NiAl 单晶的屈服应力表现出减小的趋势。软取向单晶的屈服强度与温度的关系曲线与低屈服强度的多晶 NiAl 相似。其屈服强度在低温就小于硬取向单晶,且随温度升高而持续降低。对于软取向单晶,其韧脆转变温度(DBTT)约为 200 ℃,而硬取向则为 400 ℃。在 400 ℃以上的温度二元 NiAl 单晶显示出较好的塑性,延伸率可达

20%。然而,合金化的 NiAl 单晶却只有远低于二元 NiAl 单晶的塑性,其 DBTT 温度也较高,即使加入少量合金元素,其 DBTT 温度也会增高。如前所述,像多数金属间化合物一样,二元 NiAl 的断裂韧性很低。

NiAl 单晶的断裂韧性近似或稍大于 NiAl 多晶的值,但具有各向异性。当缺口垂直于[001]单晶取向时,断裂韧性值在 7～10 MPa·m$^{1/2}$ 之间,当缺口垂直于[110]单晶取向时,其值在 4～6 MPa·m$^{1/2}$ 之间。单晶的断裂行为比较特殊,即裂纹的扩展最先沿着高指数晶面如[115]或[117]晶面进行,随后转移到[110]晶面上进行,裂纹扩展面的转变原因目前还不清楚。研究表明,Fe、Ga 和 Mo 使得 NiAl 单晶具有更高室温塑性的同时也增加了 NiAl 单晶的断裂韧性。如加入 Fe 和 Ga 可提高[110]单晶的室温塑性,同时可将室温断裂韧性提高 20%。然而,对于高度强化的 NiAl 合金,其断裂韧性迄今仍是很低的,为 3.3～5.5 MPa·m$^{1/2}$,所以高强化的 NiAl 单晶合金的高韧脆转变温度和低断裂韧性始终是 NiAl 合金发展中必须予以重点解决的难题。通过热处理来消除应变时效能够把[110]单晶的断裂韧性从 4 MPa·m$^{1/2}$提高到 16.7 MPa·m$^{1/2}$。

合金元素的加入对 NiAl 单晶的拉伸性能也有影响。以 Fe、Ga 或 Mo 进行微合金化的[110]NiAl 单晶,室温下的拉伸塑性为 1%～6%,塑性应变的峰值处于非常低的合金元素含量水平,一旦添加量超过 0.5%(原子),则对塑性的有益作用就消失了。提高拉伸塑性的作用与某种捕获机制或某种类型的均匀滑移过程相关,但是真正的原因目前还不清楚。

NiAl 合金的高温强度也是借助于固溶强化、沉淀强化、弥散强化和消除晶界而取得的。NiAl 在 40%～60%Ni 的范围内为均匀单相,此特点有别于许多具有很窄相区的其他金属间化合物。NiAl 的有序度很高,使得位错的移动甚为困难。合金元素如 Co、Fe 和 Ti 在 NiAl 中有较大的溶解度,可以提供显著的固溶强化,即使加入量较低也有明显作用,特别是加入 IVB 和 VB 族元素,如 Ti、Hf、Zr、V 和 Ta。例如,加 0.2%Hf 于 NiAl 中可使[110]取向的试样的室温强度由 210 MPa 增至 600 MPa。另一类如 Cr、Mo 和 Re,它们在 NiAl 中固溶度很低(<1%),当加入量超过其固溶度时,这些元素将以无序的 bcc 相沉淀析出,而强化 NiAl。如果 IVB 和 VB 元素的加入量超过 NiAl 的固溶极限,将会出现某些三元金属间化合物。这些相对强化 NiAl 合金也有明显作用。将上述几种强化机制综合应用,可以显著改善单晶 NiAl 合金的高温强度,达到与单晶高温合金 N4 的水平。图 10-5 所示为单晶 NiAl 合金的比持久强度与 Larson-Miller 的关系。可以看出,合金化的单晶 NiAl 合金的强度指标相当于第一代单晶高温合金 N4。如果以比强度为纵坐标进行比较,则其持久性能已与第三代单晶高温合金相当。

NiAl 合金由于断裂韧性低,其缺陷容量也很低,内部缺陷,如夹杂和疏松,可能在制备中产生,而机加工可能导致疤痕、磨痕和裂纹。基于 NiAl 材料典型的强度和断裂韧性,缺陷尺寸需控制在不超过 25 μm 范围内。设计应选用建立在部件断裂韧性和典型缺陷及其尺寸基础上的允许应力。发展铸造 NiAl 基合金,尤其是单晶或定向凝固 NiAl 基合金是发展 NiAl 合金的一个重要方向。目前的主要障碍是合金化途径和凝固工艺所需的高温壳型问题。

改善 NiAl 高温强度的另一有效途径是研制用 TiC 或 TiB$_2$ 颗粒弥散强化的 NiAl 基复合材料。NiAl-20%(体积)TiB$_2$ 和 NiAl-20%(体积)TiC 的室温断裂韧性和高温拉伸屈服强度都比单相 NiAl 有大幅度提高,特别是 1 000 ℃的拉伸屈服强度提高两倍,是有希望的高温结构材料。另一重要方向是在液氮中利用高能碾磨自生技术制成 AlN 强化的 NiAl 复合材

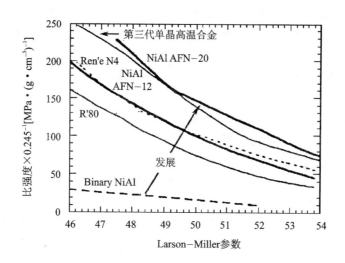

图 10-5　NiAl 合金的比持久强度相当于最新单晶超合金 Rene N6

料,称作 Cryomilling。AlN 颗粒为纳米尺度,不仅强化作用明显,而且有韧化效果,并有相当低的韧脆转变温度。该复合材料的断裂韧性甚至优于单晶 NiAl 合金。

对下一代航空航天发动机压气机与涡轮而言,金属间化合物和金属基复合材料是最有希望取代超合金的代用材料。虽然涉及长时间使用的许多问题有待解决,但继续扩展它们的应用以积累经验和数据,可不断提高组织结构对使用环境的适用性和它们性能的稳定,则是必然的趋势。比如当前美国空军的研究发展计划正试图不仅以 NiAl 金属间化合物来置换 Ni 基、Co 基合金,而且准备以金属与陶瓷组合制成涡轮导向叶片装置。

10.5.3　铝硅系金属间的化合物

从近期发展来看,Ni$_3$Al、Al、NiAl 及 MoSi$_2$ 是发展 1 200～1 300 ℃涡轮叶片和导向叶片的前景的材料。特别引人注意的高温金属化合物是 MoSi$_2$,它有最好的环境抗力,特别是在 1 400 ℃的强度和抗氧化能力。近年,由于将材料中的 SiO$_2$ 含量降低,其韧性和强度都有所改善。

硅系金属间化合物与镍和钛基合金的对比表明,其熔点平均比镍基单晶合金高约 40%,密度低约 30%,而它们的热膨胀系数比镍基合金小约 23%,这就决定了在材料固有性能方面,MoSi$_2$ 可能具有小于或相当于镍基高温合金的热机械疲劳性能(TMF)。而从导热性方面来讲,MoSi$_2$ 也优于高温合金。

虽然硅金属化合物系脆性材料,但在高温下仍呈现一定塑性。强度对显微组织和成型加工极敏感。近年已证实单晶硅化物确有变形的余地并具有滑移系。图 10-6 所示为 MoSi$_2$ 单晶与 PWA1480 高温合金屈服强度与温度关系的对比。可以看出,像单晶高温合金一样,单晶 MoSi$_2$ 也存在各向异性。1 300 ℃,[001]取向的单晶 MoSi$_2$ 的强度约为 500 MPa,大体上相当于单晶高温合金 1 000 ℃的强度。

试验证明,如果以 Re 对 MoSi$_2$ 合金化,可以看出,它的最小蠕变速率对应温度还可以提高到 1 400 ℃,是镍基单晶合金不能比拟的。至于抗高温氧化性 MoSi$_2$ 比高温合金具有更大的优势,特别是在温度 1 400 ℃以内其强度和抗氧化性均佳。

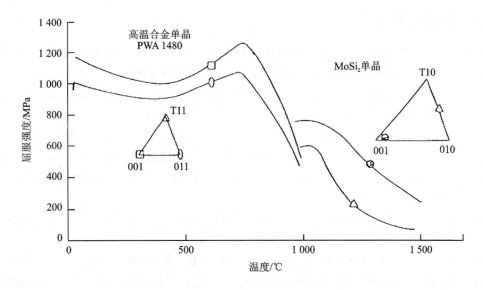

图 10 - 6　高温合金与 $MoSi_2$ 单晶屈服强度与温度关系的对比

10.6　难熔金属及其合金

　　高熔点金属及其合金主要有钼、钨、钽、铌、锆及其合金,具有高的高温强度和良好的耐热性及电导性能,在航天领域有着重要的应用。20 世纪 60 年代中期,由于电子技术、原子能及航天技术的发展,加之新的冶金技术(如真空自耗冶炼、电子束熔炼)的出现,在主要发达国家国防部有关计划的支持下,难熔金属有了很大的发展,研制出能在 1 100～2 400 ℃或更高温度下应用的耐高温材料。

　　航天发动机中的特殊工作环境要求其使用材料必须受高温、高压、高的温度梯度变化、高动态载荷的考验,因此对材料的综合性能和加工性能提出了很高的要求。高温合金材料已经占据了航天发动机相当大的比重,在发动机中的应用比例接近总重量的一半。高温合金材料技术的发展将直接影响航天发动机的研制水平。

　　航天发动机用高温合金原则上都可以采用航空发动机用高温合金,但航天发动机材料除了承受高温冲击外,还有低温(−100 ℃以下)环境要求。由于高温合金精密铸造工艺的限制,过去形状极其复杂的结构件在航天发动机上一直没有真正加以应用。随着工艺的进步,航天发动机上的许多关键热部件都采用了无余量整体精密铸造,简化了发动机结构,降低了发动机重量,减少了焊接部分,缩短了研制和生产周期,降低了研制和生产成本,提高了发动机可靠性。随着航天发动机技术的进步,航天发动机用高温合金逐渐呈现出复杂化、薄壁化、复合化、多位一体、无余量的趋势,典型的有涡轮转子、导向器、泵壳体等。

　　我国的"长征"系列火箭以及"神舟"系列飞船,发动机的核心部分都采用了高温合金材料。目前,航天领域使用的液氧煤油和液氧液氢航天运载发动机、小型涡喷涡扇发动机已经定型,并开始批量生产。国内对航天用高温合金和精铸件的需求也在不断增长,进入了一个新的增长期。

10.6.1 钼及其合金

钼及其合金有良好的导热、导电性和低的膨胀系数,在 1 100~1 650 ℃的高温下有高的比强度。与钨相比,易加工且塑性好,因而在航天工业中得到应用。

钼合金的主要强化途径可通过加工硬化,固溶强化(添加 W、Re)和沉淀强化(Hf、Zr、Ti)。工业生产的钼合金可分为 Mo - Ti - Zr 系(Mo - 0.5Ti、Mo - 0.5Ti - 0.1Zr - 0.02C、Mo - 1Ti - 0.34Zr - 0.05C)、Mo - W 系(Mo - 30W)和 Mo - Re 系(Mo - 5Re、Mo - 41Re)。其中 TZM(Mo - 0.5Ti - 0.1Zr - 0.02C)合金具有优异综合性能,是应用最广的钼合金。Mo - Re 系合金具有好的塑性。大量 Re 元素加入合金,不仅改善了塑性,而且其高温强度也很高,如 1 650 ℃时其抗拉强度可达 420 MPa。

20 世纪 70 年代后研制出两种钼合金,并得到应用,其一为高温钼,又称掺杂钼,即在钼粉中加适量硅、铝和钾的氧化物。高温钼最大的优点就是将纯钼的再结晶温度由 1 000 ℃左右提高到 1 700 ℃以上,因而可保持高温时的强度和塑性。在 1 650 ℃时,其高温强度可保持210 MPa,而纯钼此时强度约为 40 MPa。由于高的再结晶温度,因而可保持加工硬化的能力,不会因过早出现再结晶而使塑性变差,特别适宜制作耐高温部件。由于 Re 可改善 Mo 的脆性,提高热加工性能,已开始研制 Mo - Re 合金中添加 Si、Al、K 元素制成的高温钼合金。

Mo - 1.1Hf - 0.06C(又称 HCM 合金)是用 HfC 沉淀质点强化的一种合金。由于 HfC 具有高温稳定性,因而高温强化性能更好。如综合性能优异的 TZM 合金在 1 315 ℃下抗拉强度为 315 MPa,而 HCM 合金在 1 315 ℃下抗拉强度为 455 MPa,远远高于 TZM 合金,而低温塑性相似。因而该合金可以代 TZM 合金,可在更高温度下使用。

10.6.2 钽合金

在难熔金属中,钽具有最低韧脆性转变温度,在 -196 ℃温度下依然保持塑性。钽系合金具有较高的高温强度,易变形加工和良好的焊接性,在航天工业中作为高温结构材料得到应用。纯钽塑性好,屈服强度为 150 MPa。实际应用要求材料具有更高的强度,而提高钽的强度必须考虑保持其优异的低温塑性,有的还要考虑耐蚀性。在周期表中,钽与毗邻元素固溶度很大,有利于钽的固溶强化,少数合金采用固溶和沉淀强化相结合的方式。

工业应用的典型钽合金主要有 Ta - W 系(如 Ta - 2.5W - 0.15Nb,Ta - 7.5W 和 Ta - 10W)。还有些是在 Ta - W 系合金中添加其他组元(Ta - 8W - 2Hf、Ta - 8W - 1Re - 1Hf - 0.02C)的合金。其中 Ta - 10W 合金具有良好的高温强度和较好的综合性能在航天工业中获得应用。

钽及其合金铸锭制备方法主要采用真空自耗电弧和电子束熔炼工艺制取。电子束熔炼主要用于提纯,而真空电弧炉则用于得到成分均匀、晶粒粗、截面尺寸大的铸锭。由于钽及其合金塑性好,变形抗力小,加工硬化系数小,故各种型材和异型零件都可采用塑性变形加工获得。

10.6.3 铌基合金

在钨、钼、钽和铌中,铌的密度(8.6 g/cm³)最小,熔点(2 467 ℃)最低,在 1 100~1 250 ℃温度下,铌具有最高的比强度及较低的韧性-脆性转变温度,较好的焊接性能和耐蚀性能,高温下与氧反应,故作高温结构材料使用需加防护层。

早期发展具有优异抗氧化性能和具有高强度的铌合金,主要目的是用于制作航空发动机叶片。由于抗氧化的可靠性难以解决,加之高强铌合金加工困难,后期开发应用主要在塑性加工和焊接性能好的低强和某些中强铌合金方面。低强铌合金有:Nb-1Zr、Nb-10Hf-0.7Zr-1Ti;中强铌合金有:Nb-10W-1Ta、Nb-10W-2.5Zr;高强合金有:Nb-30W-1Zr、Nb-17W-4Hf-0.1C。低强和中强铌合金多采用固溶强化,高强合金除采用更多的置换元素固溶强化外,还采用沉淀强化提高合金强度。元素 W 和 Ta 是铌的固溶强化最有效的元素,而沉淀强化元素主要为 Ti、Zr、Hf 的碳化物。

铌合金(Nb-10Hf-0.7Zr-1Ti)由于具有良好的加工性和焊接性等综合性能,已用于先进军用喷气发动机加力燃烧室风门、航天器辐射冷却姿控发动机推力室及延伸喷管等零部件。近年来发现,铌合金依然是宇宙飞船推进系统用高温结构材料的有力竞争者。在 1 100～1 250 ℃温度下使用,它比单晶或氧化物弥散强化的镍基合金好得多。近期目标是开发能经受住高性能涡轮发动机热冲击环境和热循环状态的涂层。

采用复合技术可以进一步提高铌合金强度和改善其性能。研究结果表明,钨纤维增强复合材料比 PWC-11 合金(Nb-0.1Zr-0.1C)强度高 3～5 倍,表明复合材料能大大减轻结构重量。

目前主要采用电子束和真空自耗电弧熔炼双联工艺制取纯度高、成分均匀的铌合金坯料。采用挤压、轧制、锻造等常规加工方法可获得各种铌合金型材、板材、锻件。高强铌合金用常规熔炼加工工艺较为困难,一般采用粉末冶金工艺制备较高强度的 WC-309(Nb-30Hf-9W)铌合金,能保证材料的高温蠕变和抗拉强度,有更好的经济性。

10.6.4　钨合金

20 世纪 60 年代中期,由于固体火箭的发展,燃气的理论温度和压强分别达到 3 593 ℃和 7.03 MPa,喷口材料开始用 W-Ag 合金代替纯 W。20 世纪 80 年代研制出 W-Cu 合金,具有良好的抗烧蚀性和抗热震性,被用于喷管喉衬和导弹的燃气舵等。主要牌号有 W-10Ag、W-7Cu、W-10Cu 和 W-15Cu。由于 W 熔点与 Ag、Cu 的熔点分别为 3 410 ℃、960.8 ℃、1 083 ℃,不发生合金化作用,只能用粉末冶金法制造。可采用元素粉末混合烧结法和熔渗法,后者制得产品密度高、性能好,适于工业生产应用。熔渗法程序为:钨粉→压制→烧结(预烧)骨架→熔渗 Cu 或 Ag。

思考题与作业题

1. 什么是高温合金?高温合金分为哪几类?
2. 先进航天发动机材料具有哪些基本特点?其应具备哪些基本性能?
3. 涡轮叶片采用定向柱晶组织有哪些优势?
4. 什么叫金属间化合物?它具有哪些优点和缺点?
5. 航天领域,常用高熔点金属(及其合金)主要有哪些?

第11章 非金属材料与复合材料

非金属材料是指除金属材料和复合材料以外的其他材料。由于非金属材料的原料来源广泛,成型工艺简单,并具有金属材料所不及的某些特殊性能,故其应用日益广泛。目前已成为机械工程材料中不可缺少的、独立的组成部分。机械中常用的非金属材料有高分子材料、陶瓷材料等。

复合材料是一种新型、独特的工程材料,具有广阔的发展前景。

11.1 高分子材料的基本知识

11.1.1 高分子化合物、单体、链节与聚合度

1. 高分子化合物

高分子材料是以高分子化合物为主要组分的材料。高分子化合物是指分子量很大的化合物,其分子量一般均在 5 000 以上,而低分子化合物的分子量一般小于 1 000。通常高分子化合物具有较高的强度、塑性、弹性等力学性能,而低分子化合物不具备这些性能。

高分子化合物包括有机高分子化合物和无机高分子化合物两大类。有机高分子化合物又分为天然的和合成的,由人工合成方法制成的有机高分子化合物称为合成有机高分子化合物。机械工程上用的高分子材料(如塑料、合成橡胶、合成纤维、涂料和胶粘剂等)均是合成有机高分子化合物。

2. 单体、链节与聚合度

高分子化合物都是由一种或几种较简单的低分子化合物一个个连接而成,这类能组成高分子化合物的低分子化合物称为单体。例如:高分子化合物聚乙烯是由低分子化合物乙烯(即单体)聚合而成的,即

$$nCH_2=CH_2 \xrightarrow{\text{催化剂}} \left[CH_2 - CH_2 \right]_n$$

因此,单体是高分子化合物的合成原料。

高分子化合物的分子很大,主要呈长链形,因此常称为大分子链(或分子链)。大分子链极长,是由许多结构相同的基本单元重复连接组成的。组成大分子链的这种特定结构单元称为链节。例如:聚乙烯大分子链是由重复结构单元 CH_2-CH_2 组成的,这个结构单元即为聚乙烯的链节。

高分子化合物的大分子链由大量链节连成,链节的重复次数称为聚合度(n)。高分子化合物的分子量(M)就是链节分子量(m)与聚合度(n)的乘积,即 $M=nm$。聚合度反映了大分子链的长短和分子量的大小。

11.1.2 高分子化合物的合成

高分子化合物的合成就是将低分子化合物(单体)聚合起来形成高分子化合物的过程。其

反应为聚合反应。所以,高分子化合物也称为高聚物或聚合物,意思是分子量很大的聚合物。聚合反应方式有加聚反应和缩聚反应两种。

1. 加聚反应

加聚反应是指由一种或几种单体聚合而成高聚物的反应。这种高聚物链节的化学结构与单体的化学结构相同,反应中不产生其他副产品。目前,产量较大的高聚物(如聚乙烯、聚丙烯、聚氯乙烯等)都是加聚反应的产品。可以说,加聚反应是当前高分子合成工业的基础。

根据单体种类不同,加聚分为均加聚和共加聚两种。

加聚反应的单体是一种时,其反应称为均加聚反应,所得高聚物为均聚物。例如:聚乙烯是乙烯的均聚物。

当加聚反应的单体是两种或两种以上时,其反应称为共加聚反应,所得高聚物为共聚物。例如:丁苯橡胶是由丁二烯单体和苯乙烯单体共聚而成的。

2. 缩聚反应

缩聚反应是指由一种或几种单体相互聚合而形成高聚物的反应。在生成高聚物的同时还产生水、氨、醇等副产品。生成的高聚物称为缩聚物。这种高聚物链节的化学结构与单体的化学结构不同。例如:氨基己酸经缩聚反应生成尼龙 6 和副产物水。

按单体不同,缩聚反应分为均缩聚和共缩聚两种。

均缩聚是由含两种或两种以上相同或不同的反应基团的同一种单体所进行的缩聚,称为均缩聚,其产物为均缩聚物。

共缩聚是由含有不同反应基团的两种或两种以上的单体所进行的缩聚,称为共缩聚,其产物为共缩聚物。

在近代技术发展中,对性能要求严格以及特殊的新型耐热高聚物,如聚酰亚胺等都是通过缩聚反应合成的。

11.1.3　高分子化合物的结构

高分子化合物的结构主要包括大分子链的结构和高分子的聚集态结构(即高分子化合物的分子间结构形式)。

按大分子链的几何形状,其结构可分为线型和体型两种。线型结构是由许多链节连成一个长链(见图 11 – 1(a)),其中有的带有一些小的支链(见图 11 – 1(b))。这类结构的分子直径与长度之比可达 1 : 1 000 左右,这种细而长的结构如无外力拉直,是不可能成为直线的。因此,通常蜷曲成不规则的线团状。这种蜷曲状的大分子链,时而收缩,时而伸长,很柔顺,有良好的弹性和塑性。在适当的溶剂中可溶胀或溶解,加热可软化或熔化。因此,线型高分子化合物易于加工成型,可重复使用。属于这种结构的高分子化合物有聚乙烯、聚氯乙烯等热塑性塑料。

体型结构是指分子链间有许多短链节相互交连起来,形成立体结构,像不规则的网,故又称网状结构(见图 11 – 1(c))。这种结构稳定性高,不溶于任何溶剂(有的会有些溶胀),加热不熔融,有良好的耐热性和强度,但脆性大,弹性与塑性低,只能在形成网状结构前进行一次性成型,不能重复成型。属于这种结构的高分子化合物有酚醛树脂等热固性塑料。

高分子化合物与低分子化合物相比具有许多特殊性能,这与高分子的聚集状态有密切关系。高分子化合物按其分子排列形态分为结晶型和无定型两类。结晶型高分子化合物的分子排列规整有序,而无定型高分子化合物的分子排列杂乱无规则。

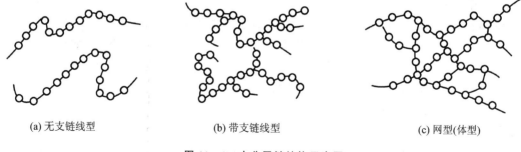

(a) 无支链线型　　　　　(b) 带支链线型　　　　　(c) 网型(体型)

图 11-1　大分子链结构示意图

11.1.4　高分子化合物的力学状态

高分子化合物在不同温度下,其性能不同。线型无定型高分子化合物在不同温度下呈现出三种力学状态,如图 11-2 所示。

1. 玻璃态

玻璃态是指物质表现为非晶相的固体,像玻璃一样。当温度为 T_g(T_g 为玻璃化温度)时,高分子化合物处于玻璃态。在玻璃态时,由于温度低,大分子链不能移动,且长链中具有独立运动能力的链段也不能运动,只有紊乱无序的分子在自身平衡位置上作轻微振动。所以,处于玻璃态的高分子化合物变形量很小($\delta<1\%$),有一定强度,可切削加工,能用作结构件。玻璃态是高分子化合物作为塑料时的使用状态。

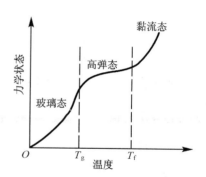

图 11-2　线型无定型高分子
化合物的形变-温度曲线

2. 高弹态

随着温度升高,原子动能逐渐增大,当温度$>T_g$ 时,高分子化合物变得柔软而有弹性,即处于高弹态。对其施加外力,会产生缓慢变形,外力去除后,又会缓慢地恢复到原状。高弹态是橡胶的使用状态,橡胶的 T_g 都低于室温($T_g=-40\sim-120$ ℃),室温下的橡胶弹性高,不易加工。若要加工高精度的橡胶密封圈,则必须将橡胶冷冻至-70 ℃以下,使其硬化呈玻璃态后进行加工,然后在室温下使用。

3. 黏流态

当温度升高到黏流化温度 T_f 时,大分子链可以自由运动,高分子化合物变为流动的黏液,称此状态为黏流态。在此状态下施加外力,可使高分子化合物发生变形,外力去除后,变形不能恢复。因此,黏流态是高分子化合物成型加工的工艺状态。

一般将高分子化合物加热至黏流态后,通过喷丝、吹塑、挤出、浇铸等方法制成零件、型材或纤维等。T_f 的高低,决定了加工成型的难易程度。呈黏流态的为流动树脂,例如有机高分子黏结剂、涂料等。

11.2　高分子材料

11.2.1　塑　料

1. 塑料的组成

塑料是以树脂为主要成分,加入一些用来改善使用性能和工艺性能的添加剂而制成的。

树脂的种类、性能、数量决定了塑料的性能。因此,塑料基本上是以树脂的名称命名的,如聚氯乙烯塑料就是以树脂聚氯乙烯命名的。工业中用的树脂主要是合成树脂。

添加剂的种类较多,常用的有以下三种。

(1) 填　料

填料可使塑料具有所要求的性能,并能降低成本。用木屑、纸屑、石棉纤维、玻璃纤维等有机材料作填料,可增加塑料强度;用高岭土、滑石粉、氧化铝、二氧化硅、石墨、煤粉等无机物作填料,可使塑料有较高的耐热性、耐蚀性、耐磨性、热导性等。

(2) 增塑剂

增塑剂用以增加树脂的可塑性、柔软性,降低脆性,改善加工性能。常用的增塑剂有磷酸酯类化合物、甲酸酯类化合物、氯化石蜡等。

(3) 稳定剂(防老剂)

稳定剂可增强塑料对光、热、氧等老化作用的抵抗力,延长塑料寿命。常用的稳定剂有硬脂酸盐、铅的化合物、环氧化合物等。

除上述添加剂外,还有润滑剂、着色剂、固化剂、发泡剂、抗静电剂、稀释剂、阻燃剂等。并非每种塑料都要加入上述全部的添加剂,而是根据塑料品种和使用要求加入所需要的某些添加剂。

2. 塑料的分类

① 按树脂在加热和冷却时所表现出的性能,将塑料分为热塑性和热固性塑料两种。

热塑性塑料的分子结构主要是链状的线型结构,其特点是加热时软化,可塑造成型,冷却后则变硬,此过程可反复进行,其基本性能不变。这类塑料有较高的力学性能,且成型工艺简单,生产率高,可直接注射、挤出、吹塑成型。但耐热性、刚性较差,使用温度<120 ℃。

热固性塑料的分子结构为体型,其特点是初加热时软化,可塑制成型,冷凝固化后成为坚硬的制品,若再加热,则不软化,不溶于溶剂中,不能再成型。这类塑料具有抗蠕变性强,受压不易变形,耐热性较高等优点,但强度低,成型工艺复杂,生产率低。

② 按塑料应用范围分为通用塑料和工程塑料两种。

通用塑料是指产量大(占总产量的 75% 以上)、用途广、通用性强、价格低的一类塑料。主要用于制作生活用品、包装材料和一般小型零件。

工程塑料是指具有优异的力学性能(强度、刚性、韧性)、绝缘性、化学性能、耐热性和尺寸稳定性的一类塑料。与通用塑料相比,工程塑料的产量较小,价格较高。主要用于制作机械零件和工程结构件。

3. 塑料的特性

（1）密度小、比强度高

塑料密度为 $0.9 \sim 2.2 \ g/cm^3$，只有钢铁的 $1/8 \sim 1/4$，铝的 $1/2$。

泡沫塑料的密度约为 $0.01 \ g/cm^3$，这对减轻产品自重有重要意义。

虽然塑料的强度比金属低，但由于密度小，故比强度高。

（2）化学稳定性好

塑料能耐大气、水、酸、碱、有机溶液等的腐蚀。聚四氟乙烯能耐"王水"腐蚀。

（3）优异的电绝缘性

多数塑料有很好的电绝缘性，可与陶瓷、橡胶等绝缘材料相媲美。

（4）减摩、耐磨性好

塑料的硬度比金属低，但多数塑料的摩擦系数小。另外，有些塑料（如聚四氟乙烯、尼龙等）本身有自润滑能力。

（5）消声吸振性好

塑料的消声吸振性好

（6）成型加工性好

大多数塑料都可直接采用注射或挤出工艺成型，方法简单，生产率高。

（7）耐热性低

多数塑料只能在 100 ℃左右使用，少数塑料可在 200 ℃左右使用；塑料在室温下受载荷后容易产生蠕变现象，载荷过大时甚至会发生蠕变断裂；易燃烧，易老化（因光、热、载荷、水、酸、碱、氧等长期作用，使塑料变硬、变脆、开裂等现象，称为老化）；导热性差，约为金属的 $1/500 \sim 1/600$；热膨胀系数大，约为金属的 $3 \sim 10$ 倍。

4. 常用工程塑料

常用热塑性塑料见表 11-1。

表 11-1 常用热塑性塑料的名称、性能和用途

名称（代号）	主要性能	用途举例
聚乙烯（PE）	按合成方法不同，分低压、中压、高压三种。低压聚乙烯质地坚硬，有良好的耐磨性、耐蚀性和电绝缘性；高压聚乙烯化学稳定性高，良好的绝缘性、柔软性、耐冲击性和透明性，且无毒；中压聚乙烯的性能居二者之间	低压聚乙烯用于制造塑料管、塑料板、塑料绳承载不高的齿轮、轴承等；中压聚乙烯广泛应用于制造薄膜、中空制品、纤维和日用杂品等；高压聚乙烯用于制作塑料薄膜、塑料瓶、茶杯、食品袋以及电线、电缆包皮等
聚氯乙烯（PVC）	分为硬质和软质两种。硬质聚氯乙烯强度较高，绝缘性、耐蚀性好，耐热性差，在 $-15 \sim 60$ ℃使用；软质聚氯乙烯强度低于硬质，但伸长率大，绝缘性较好，耐蚀性差，可在 $-15 \sim 60$ ℃使用	硬质聚氯乙烯用于化工耐蚀的结构材料，如输油管、容器、离心泵、阀门管件等；软质聚氯乙烯用于制作电线、电缆的绝缘包皮，农用薄膜、工业包装。但因有毒，不能包装食品
聚丙烯（PP）	密度小（$0.9 \sim 0.92 \ g/cm^3$），强度、硬度、刚性、耐热性均优于低压聚乙烯，电绝缘性好，且不受湿度影响，耐蚀性好，无毒、无味，但低温脆性大，不耐磨，易老化，可在 $100 \sim 120$ ℃使用	制作一般机械零件，如齿轮、接头；耐蚀件，如泵叶轮、化工管道、容器；绝缘件，如电视机、收音机电扇等壳体；生活用具、医疗器械、食品和药品包装等

名称（代号）	主要性能	用途举例
聚苯乙烯（PS）	耐蚀性、绝缘性、透明性好，吸水性小，强度较高，耐热性、耐磨性差，易燃，易脆裂，使用温度<80 ℃	制作绝缘件，仪表外壳，灯罩，玩具，日用器皿，装饰品，食品盒等
聚酰胺（通称尼龙）（PA）	强度、韧性、耐磨性、耐蚀性、吸振性、自润滑性良好，成型性好，摩擦系数小，无毒、无味。但蠕变值较大，导热性较差（约为金属的 161/00），吸水性高，成型收缩率大，可在<100 ℃使用	常用的有尼龙 6、尼龙 66、尼龙 610、尼龙 1010 等。用于制作耐磨、耐蚀的某些承载和传动零件，如轴承、机床导轨、齿轮、螺母；高压耐油密封圈或喷涂在金属表面作防腐、耐磨涂层
聚甲基丙烯酸甲酯（俗称有机玻璃）（PMMA）	绝缘性、着色性及透光性好，耐蚀性、强度、耐紫外线、抗大气老化性较好。但脆性大，易溶于有机溶剂中，表面硬度不高，易擦伤，可在－60～100 ℃使用	制作航空、仪器、仪表、汽车和无线电工业中的透明件和装饰件，如飞机座窗、灯罩、电视和雷达的屏幕，油标、油杯，设备标牌等
丙烯腈（A）-丁二烯（B）-苯乙烯（S）共聚物（ABS）	韧性和尺寸稳定性高，强度、耐磨性、耐油性、耐水性、绝缘性好，但长期使用易起层	制作电话机、扩音机、电视机、电机、仪表等的外壳，齿轮，泵叶轮，轴承，把手，管道，贮槽内衬，仪表盘，轿车车身，汽车挡泥板，扶手等
聚甲醛（POM）	耐磨性、尺寸稳定性、减摩性、绝缘性、抗老化性、疲劳强度好，摩擦系数小。但热稳定性较差，成型收缩率较大，可在－40～100 ℃长期使用	制作减摩、耐磨及传动件，如轴承、齿轮、滚轮，绝缘件，化工容器，仪表外壳，表盘等。可代替尼龙和有色金属
聚四氟乙烯（亦称塑料王）（F-4）	耐蚀性优良（可抗王水腐蚀，优于陶瓷、不锈钢、金、铂），绝缘性、自润滑性、耐老化性好，不吸水，摩擦系数小，耐热性和耐寒性好，可在－195～250 ℃长期使用。加工成型性不好，抗蠕变性差，强度低，价格较高	制作耐蚀件、减摩件、耐磨件，密封件，绝缘件，如高频电缆、电容线圈架，化工反应器，管道，热交换器等
聚碳酸酯（PC）	强度高，尺寸稳定性、抗蠕变、透明性好，吸水性小。耐磨性和耐疲劳性不如尼龙和聚甲醛，可在－60～120 ℃长期使用	制作齿轮，凸轮，涡轮，电气仪表零件，大型灯罩，防护玻璃，飞机挡风罩，高级绝缘材料等

常用热固性塑料见表 11-2。

表 11-2　常用热固性塑料的名称、性能和用途

名称（代号）	主要性能	用途举例
酚醛塑料（俗称电木）（PF）	强度、硬度、绝缘性、耐蚀性（除强碱外）、尺寸稳定性好，在水润滑条件下摩擦系数小，价格低。但脆性大，耐光性差，加工性差，工作温度>100 ℃，只能模压成型	制作仪表外壳，灯头、灯座，插座，电器绝缘板，耐酸泵，刹车片，电器开关，水润滑轴承，皮带轮无声齿轮等
环氧塑料（俗称万能胶）（EP）	强度高，韧性、化学稳定性、绝缘性、耐热性、耐寒性好，能防水、防潮，黏结力强，成型工艺简便，成型后收缩小，可在－80～155 ℃长期使用	制作塑料模具，量具，仪表、电器零件，灌封电器、电子仪表装置及线圈，涂覆、包封和修复机件是很好的胶粘剂
氨基塑料（俗称电玉）	颜色鲜艳，半透明如玉，绝缘性好。但耐水性差，可在<80 ℃长期使用	制作装饰件和绝缘件，如开关、插头、旋钮、把手、灯座、钟表、电话机外壳

11.2.2 橡 胶

1. 橡胶的组成和性能

橡胶是以生胶为主要原料,加入适量配合剂而制成的高分子材料。生胶是指未加配合剂的天然胶或合成胶,它也是将配合剂和骨架材料粘成一体的黏结剂。橡胶制品的性能主要取决于生胶的性能。

配合剂是指为改善和提高橡胶制品性能而加入的物质,如硫化剂、活性剂、软化剂、填充剂、防老剂、着色剂等。

通常用硫磺作为硫化剂,橡胶制品经硫化处理后,可提高其弹性、强度、耐磨性、耐蚀性和抗老化能力。

活性剂能加速发挥硫化促进剂的作用。常用的活性剂为氧化锌。

软化剂可增强橡胶塑性,改善附着力,降低硬度,提高耐寒性。

填充剂可提高橡胶强度,减少生胶用量,降低成本和改善工艺性。

防老剂可在橡胶表面形成稳定的氧化膜,以抵抗氧化作用,防止和延缓橡胶发黏、变脆和性能变坏等老化现象。

骨架材料可提高橡胶承载能力、减少制品变形。常用的骨架材料有金属丝、纤维织物等。

橡胶弹性大,最大伸长率可达800%～1 000%,外力去除后能迅速恢复原状;吸振能力强;耐磨性、隔声性、绝缘性好;可积储能量;有一定的耐蚀性和足够的强度。

2. 常用橡胶

按原料来源不同,橡胶分为天然橡胶和合成橡胶;按应用范围不同,橡胶分为通用橡胶和特种橡胶。

天然橡胶是指橡胶树上流出的胶乳,经加工制成的固态生胶,属于通用橡胶。

合成橡胶是指用石油、天然气、煤和农副产品为原料制成的高分子化合物。

常用橡胶的种类、性能和用途见表11-3。

表11-3 常用橡胶的种类、性能和用途

种 类	名称(代号)	σ_b/MPa	δ/%	使用温度 t/℃	回弹性	耐磨性	耐碱性	耐酸性	耐油性	耐老化	用途举例
通用橡胶	天然橡胶(NR)	17～35	650～900	−70～110	好	中	好	差	差		轮胎、胶带、胶管
	丁苯橡胶(SBR)	15～20	500～600	−50～140	中	好	中	差	差	好	轮胎、胶板、胶布、胶带、胶管
	顺丁橡胶(BR)	18～25	450～800	−70～120	好	好	好	差	差	好	轮胎、V带、耐寒运输带、绝缘件
	氯丁橡胶(CR)	25～27	800～1 000	−35～130	中	中	好	中	好	好	电线(缆)包皮,耐燃胶带、胶管,汽车门窗嵌条,油罐衬里
	丁腈橡胶(NBR)	15～30	300～800	−35～175	中	中	中	中	好	中	耐油密封圈、输油管、油槽衬里

种类	名称（代号）	σ_b/MPa	δ/%	使用温度 t/℃	回弹性	耐磨性	耐碱性	耐酸性	耐油性	耐老化	用途举例
特种橡胶	聚氨酯橡胶（UR）	20～35	300～800	−30～80	中	好	差	差	好		耐磨件、实心轮胎、胶辊
	氟橡胶（FPM）	20～22	100～500	−50～300	中	中	好	好	好	好	高级密封件,高耐蚀件,高真空橡胶件
	硅橡胶	4～10	50～500	−100～300	差	差	好	中	差	好	耐高、低温制品和绝缘件

11.2.3　胶粘剂

　　胶粘剂是以黏性物质环氧树脂、酚醛树脂、聚脂树脂、氯丁橡胶、丁腈橡胶等为基础,加入需要的添加剂（填料、固化剂、增塑剂、稀释剂等）组成的,俗称为胶。

　　胶粘剂按黏性物质化学成分不同,分为有机胶粘剂和无机胶粘剂（如水玻璃等）。有机胶粘剂又分为天然胶粘剂（如骨胶、松香等）和合成胶粘剂。

　　工程上应用最广的是合成胶粘剂。工程中用胶粘剂连接两个相同或不同材料制品的工艺方法称为胶接。胶接可代替铆接、焊接、螺纹连接,具有质量轻,粘接面应力分布均匀,强度高,密封性好,操作工艺简便,成本低等优点,但胶接接头耐热性差,易老化。

　　选择胶粘剂时,主要应考虑胶接材料的种类、受力条件、工作温度和工艺可行性等因素。常用材料适用的胶粘剂见表 11 - 4。

表 11 - 4　常用材料适用的胶粘剂

胶粘剂 ＼ 被胶粘材料	钢、铁、铝	热固性塑料	硬聚氯乙烯	软聚氯乙烯	乙烯、聚丙烯	聚酰胺	聚碳酸酯	聚甲醛	ABS	橡胶	玻璃、陶瓷	混凝土	木料	皮革
α-氰基丙烯酸酯	良	良	可以	可以	可以	可以	良	—	良	良	良	—	—	—
聚氨酯	良	良	良	可以	可以	可以	良	良	良	良	可以	—	优	优
环氧:胺类固化	优	优	—	—	可以	—	良	良	可以	—	优	良	良	可以
聚丙烯酸酯	良	良	可以	—	—	良	—	可以	—	—	良	—	—	良
氯丁橡胶	可以	可以	良	可以	—	—	—	可以	—	优	可以	—	良	优
环氧-丁腈	优	良	—	—	—	—	—	可以	—	良	良	—	—	—
酚醛-氯丁	可以	可以	—	—	—	—	—	—	—	优	—	可以	可以	—
酚醛-缩醛	优	优	—	—	—	—	—	—	—	可以	良	—	—	—
无机胶	可以	—	—	—	—	—	—	—	—	—	优	—	—	—
聚氯乙烯-醋酸乙烯	可以	—	良	优	—	—	—	—	—	—	—	良	—	可以

11.3 陶　瓷

陶瓷是用粉末冶金法生产的无机非金属材料,应用广泛。

11.3.1　陶瓷的分类与性能

1. 陶瓷的分类

陶瓷按原料不同,陶瓷分为普通陶瓷(传统陶瓷)和特种陶瓷(近代陶瓷);按用途不同,陶瓷分为工业陶瓷和日用陶瓷。

普通陶瓷是以天然的硅酸盐矿物(如黏土、长石、石英等)为原料。这类陶瓷又称硅酸盐陶瓷,例如日用陶瓷、绝缘陶瓷、建筑陶瓷、化工陶瓷等均属于这类陶瓷。

特殊陶瓷的原料是人工提炼的,即纯度较高的金属氧化物、碳化物、氮化物等化合物。这类陶瓷具有一些独特的性能,可满足工程结构的特殊需要。属于这类陶瓷的有压电陶瓷、高温陶瓷、高强度陶瓷等。

2. 陶瓷的性能

陶瓷的硬度高于其他材料,一般硬度>1 500HV,而淬火钢的硬度只有 500~800HV,高分子材料硬度<20HV;陶瓷室温下几乎无塑性,韧性极低,脆性大;陶瓷内部存在许多气孔,故抗拉强度低,抗弯性能差,抗压性能高;陶瓷有一定的弹性,一般高于金属。

陶瓷的熔点一般高于金属,热硬性高,抗高温蠕变能力强,高温下抗氧化性好,抗酸、碱、盐腐蚀能力强,具有不可燃烧性和不老化性。

大多数陶瓷的绝缘性好。

11.3.2　常用工业陶瓷

常用工业陶瓷的名称、性能和用途见表 11-5。

表 11-5　常用工业陶瓷的名称、性能和用途

名　称	主要性能	用途举例
普通陶瓷	质地坚硬,不氧化,不导电,耐腐蚀,加工成型性好,成本低。但强度低,耐高温性能低于其他陶瓷,使用温度为 1 200 ℃	广泛用于电气、化工、建筑、纺织等行业。例如,受力不大、工作温度低于 200 ℃,且在酸、碱中工作的容器、反应塔、管道等;绝缘件;要求光洁、耐磨、低速、受力小的导纱零件
氧化铝陶瓷	主要成分是 Al_2O_3,强度比普通陶瓷高 2~6 倍;硬度高(仅次于金刚石);含 Al_2O_3 高的陶瓷可在 1 600 ℃长期使用,在空气中使用温度最高可达 1 980 ℃,高温蠕变小;耐酸、碱和化学药品的腐蚀;高温下不氧化;绝缘性好。但脆性大,不能承受冲击	制作高温容器(如坩埚),内燃机火花塞;切削高硬度、大工件、精密件的刀具;耐磨件(如拉丝模);化工、石油用泵的密封环;高温轴承;纺织机用高速导纱零件

名　称	主要性能	用途举例
氮化硅陶瓷	化学稳定性好,除氢氟酸外,可耐无机酸(盐酸、硫酸、硝酸、磷酸、王水)和碱液腐蚀;硬度高,耐磨性和电绝缘性好;摩擦系数小,有自润滑性;高温抗蠕变性比其他陶瓷好;最高使用温度低于氧化铝陶瓷	制作高温轴承,热电偶套管,转子发动机的刮片,泵和阀门的密封件,切削高硬度材料的刀具例如,农用泵因泥沙多,要求密封件耐磨,现用氮化硅陶瓷代替原铸造锡青铜作密封件,使用8 400 h,磨损仍很小
碳化硅陶瓷	高温强度大,抗弯强度在 1 400 ℃ 以下仍保持500~600 MPa;热传导能力强,热稳定性、耐磨性、耐蚀性和抗蠕变性好	制作热电偶套管,炉管,火箭尾喷管的喷嘴,浇注金属的浇口,汽轮机叶片,高温轴承,泵的密封圈
氮化硼陶瓷	绝缘性好(2 000 ℃时仍绝缘);化学稳定性优良,能抗大多数熔融金属的侵蚀;耐热性、热稳定性良好,有自润滑性。但硬度低,可进行切削加工	制作热电偶套管,半导体散热绝缘件,坩埚,高温容器,管道,轴承,玻璃制品的成型模具

11.4　复 合 材 料

由两种或两种以上性质不同的物质,经人工制成的多相固体材料称为复合材料。它具有各组成材料的优点,能获得单一材料无法具备的优良综合性能。例如:混凝土脆性、抗压强度高,钢筋韧性、抗拉强度高,为使二者性能取长补短,而制成了钢筋混凝土。

11.4.1　复合材料的分类

复合材料的全部相分为基体相和增强相。基体相起黏结剂的作用,增强相起提高强度(或韧性)作用。复合材料有以下几种分类方法:

① 按基体不同,分为非金属基体和金属基体两类。目前使用较多的是以高分子材料为基体的复合材料。

② 按增强相种类和形状不同,分为颗粒、层叠、纤维增强等复合材料。

③ 按性能不同,分为结构复合材料和功能复合材料两类。结构复合材料是指利用其力学性能,用以制作结构和零件的复合材料。功能复合材料是指具有某种物理功能和效应的复合材料,如磁性复合材料等。

11.4.2　复合材料的性能

1. 比强度和比模量高

一般来说,复合材料的比强度和比模量(弹性模量/密度)比其他材料高很多。例如:碳纤维和环氧树脂组成的复合材料,其比强度是钢的 8 倍,比模量比钢大 3 倍(见表 11 - 6)。这对构件在保证使用性能的条件下,减轻自重有重要意义。

表 11 - 6　各类材料强度的比较

材料名称	密度 ρ/ $(g \cdot cm^{-3})$	抗拉强度 σ_b/MPa	弹性模量 E /MPa	比强度 σ_b/ρ	比模量 E/ρ
钢	7.8	1 010	206×10^3	129	26×10^3
铝	2.8	461	74×10^3	165	26×10^3
钛	4.5	942	112×10^3	209	25×10^3
玻璃钢	2.0	1 040	39×10^3	520	20×10^3
碳纤维Ⅱ/环氧树脂	1.45	1 472	137×10^3	1 015	95×10^3
碳纤维Ⅰ/环氧树脂	1.6	1 050	235×10^3	656	147×10^3
有机纤维 PRD/环氧树脂	1.4	1 373	78×10^3	981	56×10^3
硼纤维/环氧树脂	2.1	1 344	206×10^3	640	98×10^3
硼纤维/铝	2.65	981	196×10^3	370	74×10^3

2. 抗疲劳性能好

因为复合材料中基体与增强纤维间的界面可有效地阻止疲劳裂纹的扩展,以及基体中密布着大量纤维,疲劳断裂时,裂纹的扩展要经历很曲折、复杂的路径,所以疲劳强度高。例如:碳纤维-聚酯树脂复合材料的疲劳强度是其抗拉强度的 70%～80%,而大多数金属的疲劳强度只有其抗拉强度的 30%～50%。图 11-3 所示为三种材料的疲劳强度比较。

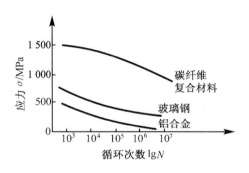

图 11 - 3　三种材料疲劳强度的比较

3. 减振性能强

结构件的自振频率与结构本身的质量、形状有关,还与材料比模量的平方根成正比。因为纤维增强复合材料的比模量大,其自振频率也高,故可避免在工作状态下产生共振。此外,纤维与基体的界面有吸振能力,故其阻尼特性好,即使产生了共振也会很快衰减。例如:用同样尺寸和形状的梁进行试验,金属材料制成的梁 9 s 才停止振动,而碳纤维复合材料则只需 2.5 s 就可停止振动。

4. 高温性能好

一般铝合金在 400～500 ℃时其弹性模量将大幅度下降,并接近于零,强度也显著下降。若用碳或硼纤维增强的铝复合材料,在上述温度时,其弹性模量和强度基本不变。用钨纤维增强钴、镍或它们的合金时,可把这些金属的使用温度提高到 1 000 ℃以上。此外,因复合材料高温强度好,耐疲劳性能好,以及纤维与基体的相容性好,所以热稳定性也好。

5. 断裂安全性高

纤维增强复合材料每平方厘米截面上有上万根隔离的细纤维,过载时会使其部分纤维断裂。但随即会迅速进行应力的重新分配,而由未断纤维承担全部载荷,不致造成构件在瞬间完全丧失承载能力而断裂,所以工作安全性高。

　　除上述几种特性外,复合材料的减摩性、耐蚀性和工艺性也都较好,经过适当的"复合"也可改善其力学性能和物理性能。

　　纤维增强的复合材料目前存在的主要缺点是:各向异性,横向抗拉强度和层间剪切强度不高,伸长率较低,韧性较差,成本太高等。所以,复合材料目前应用尚不广泛。但是,复合材料是一种新型的、独特的工程材料,因此具有广阔的发展前景。

11.4.3　常用复合材料

1. 纤维增强复合材料

常用纤维增强复合材料的性能和用途见表 11-7。

表 11-7　纤维增强复合材料的名称、性能和用途

名　称	性能特点	用途举例
玻璃纤维复合材料俗称玻璃钢	热塑性玻璃钢是以玻璃纤维为增强剂,以热塑性树脂为黏结剂制成的复合材料。与热塑性塑料相比,当基体材料相同时,强度和疲劳性能可提高 2~3 倍,韧性提高 2~4 倍,蠕变抗力提高 2~5 倍,达到或超过某些金属的强度	制作轴承、轴承架、齿轮等精密零件;汽车的仪表盘、前后灯;空气调节器叶片、照相机和收音机壳体;转矩变换器、干燥器壳体等
	热固性玻璃钢是以玻璃纤维为增强剂,以热固性树脂为黏结剂制成的复合材料。密度小、比强度高、耐蚀性好、绝缘性好、成型性好。其比强度比铜合金和铝合金高,甚至比合金钢还高。但刚度较差(为钢的 1/10~1/5),耐热性不高(低于 200 ℃),易老化和蠕变	用途广,制作要求自重轻的受力构件,例如汽车车身,直升机的旋翼、氧气瓶;耐海水腐蚀的结构件和轻型船体;石油化工管道、阀门;电机、电器上的绝缘抗磁仪表和器件
碳纤维复合材料	碳纤维树脂复合材料多以环氧树脂、酚醛树脂和聚四氟乙烯为基体。这类材料的密度小,强度比钢高,弹性模量比铝合金和钢大,疲劳强度和韧性高,耐水,耐湿气,化学稳定性高,摩擦系数小,热导性好,受 X 射线辐射时强度和模量不变化。性能比玻璃钢优越	制作齿轮、轴承、活塞、密封环、化工零件和容器;宇宙飞行器的外形材料,天线构架,卫星和火箭的机架、壳体、天线构件
	碳纤维碳复合材料以碳或石墨为基体。除了具有石墨的各种优点外,强度和韧性比石墨高 5~10 倍。刚度和耐磨性高,化学稳定性和尺寸稳定性好	用于高温技术领域(如防热)和化工装置中。可制作导弹鼻锥、飞船的前缘、超声速飞机的制动装置等
	碳纤维金属复合材料在碳纤维表面镀金属铝,制成了碳纤维铝基复合材料。这种材料在接近金属熔点时仍有很好的强度和弹性模量;用碳纤维和铝锡合金制成的复合材料,其减摩性比铝锡合金更优越	制作高级轴承、旋转发动机壳体等
	碳纤维陶瓷复合材料是用石墨纤维与陶瓷组成的复合材料,具有很高的高温强度和弹性模量。例如碳纤维增强的氮化硅陶瓷可在 1 400 ℃下长期工作。又如碳纤维增强石英陶瓷复合材料,韧性比纯烧结石英陶瓷大40 倍,抗弯强度大 5~12 倍,比强度、比模量可成倍提高,能承受 1 200~1 500 ℃高温气流的冲击	制作喷气飞机的涡轮叶片等

名　称	性能特点	用途举例
硼纤维复合材料	硼纤维树脂复合材料这种材料的压缩强度和剪切强度高,蠕变小,硬度和弹性模量高,疲劳强度高,耐辐射,对水、有机溶剂、燃料和润滑剂都很稳定,导热性和导电性好	用于航空和宇航工业,制造翼面、仪表盘、转子压气机叶片、直升机螺旋桨叶和传动轴等
	硼纤维金属复合材料用高模量连续硼纤维增强的铝基复合材料的强度、弹性模量和疲劳强度,一直到 500 ℃都比高强度铝合金和高耐热铝合金高。它在 400 ℃时的持久强度为烧结铝的 5 倍,比强度比钢和钛合金还高	用于航空和火箭技术中的材料

2. 层叠复合材料

层叠复合材料是由两层或两层以上不同材料复合而成。用层叠法增强的复合材料可使强度、刚度、耐磨、耐蚀、绝热、隔声、减轻自重等性能分别得到改善。

常见的层叠复合材料有以下三种。

（1）双层金属复合材料

双层金属复合材料是将性能不同的两种金属,用胶合或熔合（铸造、热压、焊接、喷涂）等方法复合在一起,以满足某种性能要求的材料。最简单的双层金属复合材料是将两块具有不同热膨胀系数的金属板胶合在一起,用它组成悬臂梁,当温度发生变化后,由于热膨胀系数不同而产生预定的翘曲变形,从而可作为测量和控制温度的简易恒温器。

此外,我国已生产的不锈钢-碳素钢复合钢板、合金钢-碳素钢复合钢板等,就是典型的层叠复合材料。

（2）塑料-金属多层复合材料

例如 SF 型三层复合材料就是以钢为基体,烧结铜网或铜球为中间层,塑料为表面层的一种自润滑复合材料,其结构如图 11-4 所示。这种材料的物理、力学性能主要取决于基体,而摩擦、磨损性能主要取于塑料。中间层系多孔性青铜,它使三层之间获得可靠的结合力,优于一般喷涂层和粘贴层。一旦塑料磨损,露出青铜也不致严重磨伤轴。表面层常用的塑料为聚四氟乙烯或聚甲醛。这种复合材料比单一的塑料提高承载能力 20 倍,导热系数提高 50 倍,热膨胀系数降低 75%,从而改善了尺寸稳定性。可用作高应力（140 MPa）、高温（270 ℃）、低温（－195 ℃）和无油润滑条件下的各种轴承。目前已用于汽车、矿山机械、化工机械等部门。

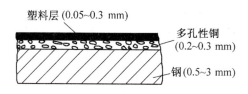

塑料层 (0.05~0.3 mm)
多孔性铜 (0.2~0.3 mm)
钢 (0.5~3 mm)

图 11-4　SF 型三层复合材料

（3）夹层结构复合材料

夹层结构复合材料是由两层薄而强的面板（或称蒙皮）中间夹着一层轻而弱的芯子组成。面板是由抗拉、抗压强度高,弹性模量大的材料组成,如金属、玻璃钢、增强塑料等。芯子有实心的或蜂窝格子的两类。芯子材料根据要求的性能而定,常用泡沫、塑料、木屑、石棉、金属箔、玻璃钢等。面板与芯子可用胶粘剂胶接,金属材料还可用焊接。

夹层结构的特点是:密度小,减轻了构件自重;结构和工字钢相似,有较高的刚度和抗压稳定性;可按需要选择面板、芯子的材料,以得到绝热、隔声、绝缘等所需的性能。夹层结构复合材料的性能与面板的厚度、夹芯的高度、蜂窝格子的大小或泡沫塑料的性能等有关。一般,对于结构尺寸大、要求强度高、刚度好、耐热性好的受力构件应采用蜂窝夹层结构;而对受力不太大,但要求结构刚度好,尺寸较小的受力构件可采用泡沫塑料夹层结构。

夹层结构复合材料已用于飞机上的天线罩隔板、机翼以及火车车厢、运输容器等方面。

3. 颗粒复合材料

颗粒复合材料是由一种或多种材料的颗粒均匀分散在基体材料内所组成的材料。例如:经弥散强化后的金属材料就是一种颗粒复合材料,只不过是它的增强粒子有的是人为加入的,有的是热处理过程中析出第二相形成的。

颗粒复合材料的增强原理是利用大小适宜的增强粒子呈高度弥散分布在基体中,以阻止基体塑性变形的位错运动(金属材料)或分子链的运动(高分子材料)。增强粒子直径的大小直接影响增强效果。增强粒子直径太小则形成固溶体,增强粒子直径太大易引起应力集中,二者都会降低增强效果。金属增强粒子直径在 $0.01\sim0.1\ \mu m$ 范围内增强效果最好。

金属陶瓷是一种颗粒复合材料。一般,金属及其合金的热稳定性和塑性好,但在高温下易氧化和蠕变;陶瓷脆性大,热稳定性差,但耐高温、耐腐蚀。为取长补短,将陶瓷微粒分散于金属基体中,使两者复合为一体,即是金属陶瓷。

金属陶瓷具有硬度和强度高、耐磨损、耐腐蚀、耐高温和热膨胀系数小等优点,是一种优良的工具材料。例如:WC 硬质合金刀具就是一种金属陶瓷。

石墨-铝合金颗粒复合材料是在铝液中加入颗粒状石墨并悬浮于铝合金中浇成的铸件,它具有优良的减摩、消振性和较小的密度,是一种新型的轴承材料。

思考题与作业题

1. 解释名词:单体,链节,聚合度,加聚反应,缩聚反应,高分子化合物,非金属材料,工程塑料,胶粘剂。

2. 什么是热固性塑料和热塑性塑料?试举例说明其用途。

3. 塑料是由哪些组成物组成的?其特性如何?

4. 按抗热能力、强度和韧性的增加,排列出聚乙烯、聚氯乙烯、尼龙 66 和聚四氟乙烯的顺序。

5. 试举出五种常见工程塑料及其在工业中的应用实例。

6. 什么是橡胶?其性能如何?举出三种常用橡胶在工业中的应用实例。

7. 什么是陶瓷?其性能如何?举出三种陶瓷在工业中的应用实例。

8. 什么是复合材料?其性能如何?举出三种常用复合材料在工业中的应用实例。

9. 非金属材料今后能否完全取代金属材料?为什么?复合材料的应用前景如何?

第12章　材料的选用

在机械制造中,为生产出质量高、成本低的机械或零件,必须从结构设计、材料选择、毛坯制造及切削加工等方面进行全面考虑,才能达到预期的效果。合理选材是其中的一个重要因素。

要做到合理选用材料,就必须全面分析零件的工作条件、受力性质和大小,以及失效形式,然后综合各种因素,提出能满足零件工作条件的性能要求,再选择合适的材料并进行相应的热处理以满足性能要求。因此,零件材料的选用是一个复杂而重要的工作,须全面综合考虑。

12.1　零件的失效

12.1.1　失效及其形式

零件的失效是指零件严重损伤,完全破坏,丧失使用价值,或继续工作不安全,或虽能安全地工作,但不能保证工作精度或达不到预期工效。例如:齿轮在工作过程中磨损而不能正常啮合及传递动力;主轴在工作过程中变形而失去精度;弹簧因疲劳或受力过大而失去弹性等,均属失效。

零件的失效,尤其是无明显预兆的失效,往往会带来巨大的危害,甚至造成严重事故。因此,对零件失效进行分析,查出失效原因,提出预防措施是十分重要的。通过失效分析,能对改进零件结构设计、修正加工工艺、更换材料等提出可靠依据。一般零件或工模具的失效形式主要有以下三种基本形式。

(1)断裂失效

断裂失效是指零件完全断裂而无法工作的失效。例如,钢丝绳在吊运中的断裂。断裂方式有塑性断裂、疲劳断裂、蠕变断裂、低应力脆性断裂等。

(2)过量变形失效

过量变形失效是指零件变形量超过允许范围而造成的失效。过量变形失效主要有过量弹性变形失效和过量塑性变形失效。例如:高温下工作的螺栓发生松弛,就是过量弹性变形转化为塑性变形而造成的失效。

(3)表面损伤失效

表面损伤失效是指零件在工作中,因机械和化学作用,使其表面损伤而造成的失效。表面损伤失效主要有表面磨损失效、表面腐蚀失效、表面疲劳失效。例如:齿轮经长期工作轮齿表面被磨损,而使精度降低的现象,即属表面损伤失效。

同一零件可能有几种失效形式,但往往不可能几种形式同时起作用,其中必然有一种起决定性作用。例如:齿轮失效形式可能是轮齿折断、齿面磨损、齿面点蚀、硬化层剥落或齿面过量塑性变形等。在上述失效形式中,究竟以哪一种为主,则应具体分析。

12.1.2　失效原因

零件失效的原因很多,主要应从方案设计、材料选择、加工工艺、安装使用等方面来考虑。

（1）设计不合理

零件结构形状、尺寸等设计不合理,对零件工作条件（如受力性质和大小、温度及环境等）估计不足或判断有误,安全系数过小等,均使零件的性能满足不了工作性能要求而失效。

（2）选材不合理

选用的材料性能不能满足零件工作条件要求,所选材料质量差,如含有过量的夹杂物、杂质元素及成分不合格等,这些都容易使零件造成失效。

（3）加工工艺不当

零件或毛坯在加工和成型过程中,由于工艺方法、工艺参数不正确等,常会出现某些缺陷,导致失效。

（4）安装使用不正确

机器在装配和安装过程中,不符合技术要求;使用中不按工艺规程操作和维修,保养不善或过载使用等,均会造成失效。

分析零件失效原因是一项复杂、细致的工作,其合理的工作程序是:仔细收集失效零件的残体;详细整理失效零件的设计资料、加工工艺文件及使用、维修记录;对失效零件进行断口分析或必要的金相剖面分析,找出失效起源部位和确定失效形式,测定失效件的必要性能判据、材料成分和组织,检查内部是否有缺陷,有时还要进行模拟试验。最后,对上述分析资料进行综合,确定失效原因,提出改进措施,写出分析报告。

12.2　选材的原则、方法与步骤

12.2.1　选材的原则

首先是要满足使用性能要求,然后再考虑工艺性和经济性原则。

1. 使用性原则

使用性原则是指所选用的材料制成零件后,能否保证其使用性能要求。不同零件所要求的使用性能是不同的。因此,选材时首要任务是准确判断出零件所要求的主要使用性能。

（1）分析零件工作条件,提出使用性能要求

在分析零件工作条件和失效的基础上,提出对所用材料的性能要求。工作条件是指零件功用;受力性质和大小（如拉、压、弯、扭或其组合,静载、动载和交变载荷等）;运动形式和速度;温度、介质等环境状况;电、热、磁作用等特殊状况。当材料性能不能满足零件工作条件时,零件就不能正常工作或早期失效。一般来说,零件的使用性能主要是指材料的力学性能,其性能参数与零件尺寸参数、形状相配合,即构成零件的承载能力。零件工作条件不同、失效形式不同,其力学性能判据要求也不同。

对高分子材料,还应考虑在使用时,温度、光、氧、水、油等周围环境对其性能的影响。

（2）常用力学性能判据在选材中的意义

① 强度判据 $\sigma_s(\sigma_{r0.2})$、σ_b 和疲劳强度 σ_{-1}

σ_s($\sigma_{r0.2}$)、σ_b 和疲劳强度 σ_{-1} 比较直观,可直接用于定量设计计算。σ_s 可直接用于承受拉、压或剪切零件的计算。对于承受弯、扭的零件,其心部的 σ_s 不应要求过高,但要求有一定的有效淬硬层深度。对表面强化件,其心部 σ_s 值应视失效形式而定。易发生脆断的零件,应适当降低 σ_s 值,以利于提高塑性;易在过渡层或热影响区产生裂纹的零件,应适当提高 σ_s 值。

σ_b 可用于脆性材料或对承载简单的一般零件的计算,也可用来估算材料的 σ_{-1}。例如:对 $\sigma_b \leq 1\,400$ MPa 的淬火钢,其 $\sigma_{-1} \approx 0.5\sigma_b$。

σ_s/σ_b 屈强比越高,材料强度的利用率越高,但变形强化量小,过载断裂危险性大。对碳素结构钢,$\sigma_s/\sigma_b = 0.5 \sim 0.6$,对合金结构钢 $\sigma_s/\sigma_b = 0.65 \sim 0.85$。

② 塑性和韧性判据

塑性和韧性判据一般不直接用于设计计算。较高的 δ 和 ψ 值能削减零件应力集中处的应力峰值,从而提高零件的承载能力和抗脆断能力,但由于是在单向拉伸状态下测得的判据,故其应用尚有局限性。A_K 值的实质是表征在冲击力和复杂应力状态下材料的塑性。A_K 值对材料的组织和缺陷,以及使用温度非常敏感,比 δ 和 ψ 值更接近零件实际工作状态,所以是判断材料脆断抗力的重要判据。

③ 硬度判据

硬度与强度之间存在一定关系,而强度又与其他力学性能存在一定关系,因而可通过硬度来定性判断零件的 σ_b、δ、A_K、δ_{-1}。而且,测定硬度的方法简单,又不损坏零件,但要直接测定零件的其他力学性能数值就很困难,所以在零件图样上一般只标出所要求的硬度值,来综合体现零件所要求的全部力学性能。例如:钢的 σ_b 与 HBS 的比值约为 0.35;耐磨性与硬度成正比;在一定范围内,提高硬度可提高接触疲劳强度;构成摩擦副的两零件间保持一定的硬度差,可提高耐磨性。

确定硬度值时,可根据零件工作条件、结构特点、失效形式,先确定材料应有的强度(考虑 δ 和 A_K),再将其折算成硬度值。对承载均匀、结构无应力集中处,可取较高硬度值;有应力集中的零件,塑性要高,硬度值应适当;对精密件,为提高耐磨性,保持高精度,硬度值要大些。

(3) 选用材料性能判据数值时应注意的问题

各种材料的力学性能判据数值,一般可从手册中查到,但具体选用时应注意以下几点:

➢ 同种材料,若采用不同工艺,则其性能判据数值不同。例如:同种材料采用锻压成型比用铸造成型强度高;采用调质比用正火的力学性能沿截面分布更均匀。

➢ 由手册查到的性能判据数值都是小尺寸的光滑试样或标准试样,在规定载荷下测定的。实践证明,这些数据不能直接代表材料制成零件后的性能。因为实际使用的零件尺寸往往较大,尺寸增大后零件上存在缺陷的可能性增加(如孔洞、夹杂物、表面损伤等)。此外,零件在使用中所承受的载荷一般是复杂的,零件形状、加工面粗糙度值也与标准试样有较大差异,故实际使用的数据一般随零件尺寸增大而减小。

➢ 因各种原因,实际零件材料的化学成分与试样的化学成分会有一定的偏差,热处理工艺参数也会有差异。这些均可能导致零件性能判据的波动。

➢ 因测试条件不同,测定的性能判据数值会产生一定的变化。综合上述具体情况,应对手册数据进行修正。在可能的条件下,尤其是对大量生产的重要零件,可用零件实物进行强度和寿命的模拟试验,为选材提供可靠数据。

2. 工艺性原则

工艺性原则是指所选用的材料能否保证顺利地加工制造成零件。例如:某些材料仅从零件的使用要求来考虑是合适的,但无法加工制造,或加工困难,制造成本高,这些均属于工艺性不好。因此,工艺性好坏对零件加工难易程度、生产率、生产成本等影响很大。

材料的工艺性能按加工方法不同,有以下几种:

(1) 铸造性能

常用流动性、收缩等来综合评定。不同材料的铸造性能不同。铸造铝合金、铸造铜合金的铸造性能优于铸铁和铸钢,铸铁优于铸钢。铸铁中,灰铸铁的铸造性能最好。同种材料中成分靠近共晶点的合金铸造性能最好。

(2) 锻压性能

常用塑性和变形抗力来综合评定。塑性好,则易成型,加工面质量好,不易产生裂纹;变形抗力小,变形功小,金属易于充满模腔,不易产生缺陷。一般,碳钢比合金钢锻压性能好,低碳钢的锻压性能优于高碳钢。

(3) 焊接性能

常用碳当量 w_{CE} 来评定。$w_{CE} < 0.4\%$ 的材料,不易产生裂纹、气孔等缺陷,且焊接工艺简便,焊缝质量好。低碳钢和低合金高强度结构钢焊接性能良好,碳与合金元素含量越高,焊接性能越差。

(4) 切削加工性能

常用允许的最高切削速度、切削力大小、加工面 Ra 值大小、断屑难易程度和刀具磨损来综合评定切削加工性能。一般,材料硬度值在 $170 \sim 230$ HBS 范围内,切削加工性好。

(5) 热处理工艺性能

常用淬透性、淬硬性、变形开裂倾向、耐回火性和氧化脱碳倾向评定。一般,碳钢的淬透性差,强度较低,加热时易过热,淬火时易变形开裂,而合金钢的淬透性优于碳钢。

高分子材料成型工艺简便,切削加工性能较好,但导热性差,不耐高温,易老化。

3. 经济性原则

经济性原则是指所选用的材料加工成零件后能否做到成本低廉。在满足前面两条原则的前提下,应尽量降低零件的总成本,以提高经济效益。零件总成本包括材料本身价格、加工费、管理费等,有时还包括运输费和安装费。

碳钢、铸铁价格较低,加工方便,在满足使用性能的前提下,应尽量选用。低合金高强度结构钢价格低于合金钢。有色金属、铬镍不锈钢、高速工具钢价格高,应尽量少用。应尽量通过使用简单设备、减少加工工序数量、采用少切削无切削加工等措施,以降低加工费用。

对于某些重要、精密、加工过程复杂的零件和使用周期长的工模具,选材时不能单纯考虑材料本身价格,而应注意制件质量和使用寿命。此时,采用价格较高的合金钢或硬质合金代替碳钢,从长远观点看,因其使用寿命长、维修保养费用少,总成本反而降低。

此外,所选材料应立足于国内和货源较近的地区,并应尽量减少所用材料的品种规格,以便简化采购、运输、保管与生产管理等工作;所选材料应满足环境保护方面的要求,尽量减少污染。还要考虑到产品报废后,所用材料能否重新回收利用等问题。

12.2.2　选材的方法与步骤

1. 选材的方法

大多数零件是在多种应力作用下工作的,而每个零件的受力情况,又因其工作条件的不同而不同。因此,应根据零件的工作条件,找出其最主要的性能要求,然后以此作为选材的主要依据。

（1）以综合力学性能为主时的选材

承受冲击力和循环载荷的零件,如连杆、锤杆、锻模等,其主要失效形式是过量变形与疲劳断裂。对这类零件的性能要求主要是综合力学性能要好（σ_b、σ_{-1}、δ、A_K 较高）,根据零件的受力和尺寸大小,常选用中碳钢或中碳的合金钢,并进行调质或正火。

（2）以疲劳强度为主时的选材

疲劳破坏是零件在交变应力作用下最常见的破坏形式,如发动机曲轴、齿轮、弹簧及滚动轴承等零件的失效,大多数是由疲劳破坏引起的。这类零件的选材,应主要考虑疲劳强度。

应力集中是导致疲劳破坏的重要原因。实践证明,材料强度越高,疲劳强度也越高;在强度相同时,调质后的组织比退火、正火后的组织具有更好的塑性和韧性,且对应力集中敏感性小,具有较高的疲劳强度。因此,对受力较大的零件应选用淬透性较高的材料,以便进行调质处理;对材料表面进行强化处理,且强化层深度应足够大,也可有效地提高疲劳强度。

（3）以磨损为主时的选材

根据零件工作条件不同,可分为两种情况:

对于磨损较大,受力较小的零件和各种量具,如钻套、顶尖等,可选用高碳钢或高碳的合金钢,并进行淬火和低温回火,获得高硬度回火马氏体和碳化物组织,能满足要求。

对于同时受磨损和交变应力作用的零件,为使其耐磨并具有较高的疲劳强度,应选用能进行表面淬火或渗碳或渗氮等的钢材,经热处理后使零件"外硬内韧",既耐磨又能承受冲击。例如:机床中重要的齿轮和主轴,应选用中碳钢或中碳的合金钢,经正火或调质后再进行表面淬火,以获得较好的综合力学性能;对于承受大冲击力和要求耐磨性高的汽车、拖拉机变速齿轮,应选用低碳钢经渗碳后淬火、低温回火,使表面获得高硬度的高碳马氏体和碳化物组织,耐磨性高。心部是低碳马氏体,强度高,塑性和韧性好,能承受冲击。

对于要求硬度、耐磨性更高以及热处理变形小的精密零件,如高精度磨床主轴及镗床主轴等,常选用氮化用钢进行渗氮处理。

2. 选材的步骤

① 分析零件的工作条件及失效形式,确定零件的性能要求（使用性能和工艺性能）。一般,主要考虑力学性能,特殊情况还应考虑物理、化学性能。

② 对同类零件的用材情况进行调查研究,可从其使用性能、原材料供应和加工等方面分析选材是否合理,以此作为选材的参考。

③ 从确定的零件性能要求中,找出最关键的性能要求。然后通过力学计算或试验等方法,确定零件应具有的力学性能判据或理化性能指标。

④ 合理选择材料。所选材料除应满足零件的使用性能和工艺性能要求外,还要能适应高效加工和组织现代化生产。

⑤ 确定热处理方法或其他强化方法。

⑥ 审核所选材料的经济性（包括材料费、加工费、使用寿命等）。

⑦ 关键零件投产前应对所选材料进行试验,以验证所选材料与热处理方法能否达到各项性能判据的要求,冷热加工有无困难。试验结果基本满意后,可小批投产。

对于不重要零件或某些单件、小批生产的非标准设备,以及维修中所用的材料,若对材料选用和热处理都有成熟资料和经验时,可不进行试验和试制。

12.3 典型零件与工具材料的选用

12.3.1 齿轮类零件的选材

1. 齿轮的工作条件及失效形式

齿轮主要用于传递转矩、换挡或改变运动方向,有的齿轮仅用来传递运动或起分度定位作用。齿轮种类多、用途广、工作条件复杂,但大多数重要齿轮仍有共同的特点。

(1) 工作条件

通过齿面接触传递动力,在齿面啮合处既有滚动,又有滑动。接触处要承受较大的接触压应力与强烈的摩擦和磨损;齿根承受较大的交变弯曲应力;由于换挡、启动或啮合不良,齿轮会受到冲击力;因加工、安装不当或齿、轴变形等引起的齿面接触不良,以及外来灰尘、金属屑末等硬质微粒的侵入,都会产生附加载荷和使工作条件恶化。因此,齿轮的工作条件和受力情况是较复杂的。

(2) 失效形式

齿轮的失效形式是多种多样的,主要有轮齿折断(疲劳断裂、冲击过载断裂)、齿面损伤(齿面磨损、齿面疲劳剥落)和过量塑性变形等。

2. 常用齿轮材料

(1) 对齿轮材料性能的要求

根据齿轮工作条件和失效形式,要求齿轮材料具备下列性能:良好的切削加工性能,以保证所要求的精度和表面粗糙度值;热处理后具有高的接触疲劳强度、弯曲疲劳强度、表面硬度和耐磨性,适当的心部强度和足够的韧性,以及最小的淬火变形;材质纯净,断面经侵蚀后不得有肉眼可见的孔隙、气泡、裂纹、非金属夹杂物和白点等缺陷,其缩松和夹杂物等级应符合有关材料规定的要求;价格适宜,材料来源广。

(2) 常用材料及热处理

常用齿轮材料主要有以下几种:

① 锻 钢

锻钢应用最广泛,通常重要用途的齿轮大多采用锻钢制作。对于低、中速和受力不大的中、小型传动齿轮,常采用 Q275 钢、40 钢、40Cr 钢、45 钢、40MnB 钢等。这些钢制成的齿轮,经调质或正火后再进行精加工,然后表面淬火、低温回火。因其表面硬度不很高,心部韧性又不高,故不能承受大的冲击力;对于高速、耐强烈冲击的重载齿轮,常采用 20 钢、20Cr 钢、20CrMnTi 钢、20MnVB 钢、18Cr2Ni4WA 钢等。这些钢制成的齿轮,经渗碳并淬火、低温回火后,使齿面具有很高的硬度和耐磨性,心部有足够的韧性和强度。保证齿面接触疲劳强度高,齿根抗弯强度和心部抗冲击能力均比表面淬火的齿轮高。

② 铸 钢

对于一些直径较大(>400~600 mm),形状复杂的齿轮毛坯,当用锻造方法难以成型时,可采用铸钢制作。常用的铸钢有 ZG270-500、ZG310-570 等。铸钢齿轮在机械加工前应进行正火,以消除铸造应力和硬度不均,改善切削加工性能;机械加工后,一般进行表面淬火。而对于性能要求不高、转速较低的铸钢齿轮,通常不需淬火。

③ 铸 铁

对于一些轻载、低速、不受冲击、精度和结构紧凑要求不高的不重要齿轮,常采用灰铸铁

HT200、HT250、HT300 等。铸铁齿轮一般在铸造后进行去应力退火、正火或机械加工后表面淬火。灰铸铁齿轮多用于开式传动。近年来在闭式传动中,采用球墨铸铁 QT600 - 3、QT500 - 7 代替铸钢制造齿轮的趋势越来越大。

④ 有色金属

在仪器、仪表中,以及在某些接触腐蚀介质中工作的轻载齿轮,常采用耐蚀、耐磨的有色金属,如黄铜、铝青铜、锡青铜和硅青铜等制造。

⑤ 非金属材料

受力不大,以及在无润滑条件下工作的小型齿轮(如仪器、仪表齿轮),可用尼龙、ABS、聚甲醛等非金属材料制造。

此外,选材时还应注意:对某些高速、重载或齿面相对滑动速度较大的齿轮,为防止齿面咬合,并且使相啮合的两齿轮磨损均匀,使用寿命相近,大、小齿轮应选用不同的材料。小齿轮材料应比大齿轮好些,硬度比大齿轮高些。

表 12 - 1 所列为推荐使用的一般齿轮材料和热处理方法,供选用时参考。

表 12 - 1 常用的一般齿轮材料和热处理方法

传动方式	工作条件		小齿轮			大齿轮		
	速度	载荷	材料	热处理	硬度	材料	热处理	硬度
开式传动	低速	轻载、无冲击、不重要的传动	Q255	正火	150~180HBS	HT200		170~230HBS
						HT250		170~240HBS
		轻载、冲击小	45	正火	170~200HBS	QT500 - 5	正火	170~207HBS
						QT600 - 3		197~269HBS
闭式传动	低速	中载	45	正火	170~200HBS	35	正火	150~180HBS
			ZG310 - 570	调质	200~250HBS	ZG270 - 500	调质	190~230HBS
		重载	45	整体淬火	38~48HRC	35,ZG270 - 500	整体淬火	35~40HRC
	中速	中载	45	调质	220~250HBS	35,ZG270 - 500	调质	190~230HBS
			45	整体淬火	38~48HRC	35	整体淬火	35~40HRC
			40Cr 40MnB 40MnVB	调质	230~280HBS	45,50	调质	220~250HBS
						ZG270 - 500	正火	180~230HBS
						35,40	调质	190~230HBS
		重载	45	整体淬火	38~48HRC	35	整体淬火	35~40HRC
				表面淬火	45~50HRC	45	调质	220~250HBS
			40Cr 40MnB 40MnVB	整体淬火	35~42HRC	35,40	整体淬火	35~40HRC
				表面淬火	52~56HRC	45,50	表面淬火	45~50HRC
	高速	中载、无猛烈冲击	40Cr 40MnB 40MnVB	整体淬火	35~42HRC	35,40	整体淬火	35~40HRC
				表面淬火	52~56HRC	45,50	表面淬火	45~50HRC
		中载、有冲击	20Cr 20Mn2B 20MnVB 20CrMnTi	渗碳、淬火	56~62HRC	ZG310 - 570	正火	160~210HBS
						35	调质	190~230HBS
						20Cr20MnVB	渗碳、淬火	56~62HRC

注:开式传动时齿轮完全裸露;闭式传动时齿轮封闭在刚性的箱壳中,安装准确。

3. 齿轮选材示例

（1）机床齿轮

机床中的齿轮主要用来传递动力和改变速度。一般，受力不大、运动平稳，工作条件较好，对轮齿的耐磨性及抗冲击性要求不高。常选用中碳钢制造，为提高淬透性，也可选用中碳的合金钢，经高频淬火，虽然耐磨性和抗冲击性比渗碳钢齿轮差，但能满足要求，且高频感应淬火变形小，生产率高。

① 金属齿轮

图 12-1 所示为卧式车床主轴箱中三联滑动齿轮，该齿轮主要用来传递动力并改变转速。通过拨动主轴箱外手柄使齿轮在轴上滑移，利用与不同齿数的齿轮啮合，可得到不同转速。该齿轮受力不大，在变速滑移过程中，同与其相啮合的齿轮有碰撞，但冲击力不大，转动过程平稳，故可选用中碳钢制造。但考虑到齿轮较厚，为提高淬透性，选用合金调质钢 40Cr 更好，其加工工艺过程如下：下料→锻造→正火→粗加工→调质→精加工→轮齿高频感应淬火及回火→精磨。

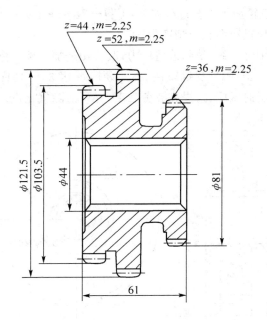

图 12-1　卧式车床主轴箱中滑动齿轮简图（m 为模数，z 为齿数，其他参数从略）

正火是锻造齿轮毛坯必要的热处理，它可消除锻造应力，均匀组织，使同批坯料硬度相同，利于切削加工，改善轮齿表面加工质量。一般，齿轮正火可作为高频感应淬火前的预备热处理。调质可使齿轮具有较高的综合力学性能，改善齿轮心部强度和韧性，使齿轮能承受较大的弯曲应力和冲击力，并可减小淬火变形。高频感应淬火及低温回火是决定齿轮表面性能的关键工序。高频感应淬火可提高轮齿表面的硬度和耐磨性，并使轮齿表面具有残留压应力，从而提高抗疲劳的能力。低温回火是为了消除淬火应力，防止产生磨削裂纹和提高抗冲击能力。

② 塑料齿轮

某卧式车床进给机构的传动齿轮（模数 2、齿数 55、压力角 20°、齿宽 15 mm），原采用 45 钢制造，现改为聚甲醛或单体浇铸尼龙，工作时传动平稳，噪声小，长期使用无损坏，且磨损很小。某万能磨床油泵中圆柱齿轮（模数 3、齿数 14、压力角 20°、齿宽 24 mm），受力较大，转速高

(1 440 r/min)。原先采用 40Cr 钢制造,在油中运转,连续工作时的油压大约为 1.5 MPa(15 kgf/cm²)。现改用单体浇铸尼龙或氯化聚醚,注射成全塑料结构的圆柱齿轮,经长期使用无损坏现象,且噪声小,油泵压力稳定。

(2) 汽车、拖拉机齿轮

汽车、拖拉机齿轮主要安装在变速箱和差速器中。在变速箱中齿轮用于传递转矩和改变传动速比。在差速器中齿轮用来增加转矩并调节左右两车轮的转速,将动力传到驱动轮,推动汽车、拖拉机运行,这类齿轮受力较大,受冲击频繁,工作条件比机床齿轮复杂。因此,对耐磨性、疲劳强度、心部强度和韧性等要求比机床齿轮高。实践证明,选用低碳钢或低碳的合金钢经渗碳、淬火和低温回火后使用最为适宜。

图 12-2 所示为载重汽车(承载质量 8 t)变速箱中齿轮。该齿轮工作中承受重载和大的冲击力,故要求齿面硬度和耐磨性高,为防止在冲击力作用下轮齿折断,故要求齿的心部强度和韧性高。为满足上述性能要求,可选用低碳钢经渗碳、淬火和低温回火处理。但从工艺性能考虑,为提高淬透性,并在渗碳过程中不使晶粒粗大,以便于渗碳后直接淬火,应选用合金渗碳钢(20CrMnTi 钢)。该齿轮加工工艺过程如下:下料→锻造→正火→粗、半精加工→渗碳→淬火及低温回火→喷丸→校正花键孔→精磨齿。

正火是为了均匀和细化组织,消除锻造应力,改善切削加工性。渗碳后淬火及低温回火是使齿面具有高硬度(58～62HRC)及耐磨性,心部硬度可达 30～45HRC,并有足够强度和韧性。喷丸可增大渗碳表层的压应力,提高疲劳强度,并可清除氧化皮。

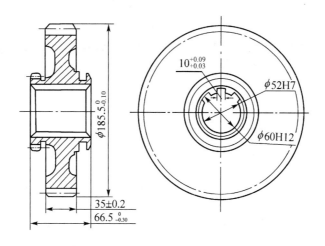

图 12-2 载重汽车变速齿轮简图(其他参数从略)

12.3.2 轴类零件的选材

1. 轴类零件工作条件及失效形式

轴是机械中的重要零件之一,主要用于支承传动零件(如齿轮、凸轮等)、传递运动和动力。轴类零件工作时主要承受弯曲应力、扭转应力或拉压应力,有相对运动的表面的摩擦和磨损较大,多数轴类零件还承受一定的冲击力,若刚度不够则会产生弯曲变形和扭曲变形。由此可见,轴类零件的受力情况相当复杂。

轴类零件的失效形式有:疲劳断裂、过量变形和过度磨损等。

2. 常用轴类零件材料

（1）对轴类零件材料性能要求

根据工作条件和失效形式,轴类零件材料应具备以下性能:足够的强度、刚度、塑性和一定的韧性;高的硬度和耐磨性;高的疲劳强度,对应力集中敏感性小;足够的淬透性,淬火变形小;良好的切削加工性;价格低廉。对在特殊环境下工作的轴,还应具有特殊性能,如高温下工作的轴,抗蠕变性能要好;在腐蚀性介质中工作的轴,要求耐蚀性好等。

（2）常用轴类材料及热处理

常用轴类材料主要是经锻造或轧制的低、中碳钢或中碳的合金钢。

常用牌号是 35 钢、40 钢、45 钢、50 钢等,其中 45 钢应用最广。为改善力学性能,这类钢一般均应进行正火、调质或表面淬火。对于受力小或不重要的轴,可采用 Q235 钢、Q275 钢等。

当受力较大并要求限制轴的外形、尺寸和重量,或要求提高轴颈的耐磨性时,可采用 20Cr 钢、40Cr 钢、40CrNi 钢、20CrMnTi 钢、40MnB 钢等,并辅以相应的热处理才能充分发挥其作用。

近年来,越来越多地采用球墨铸铁和高强度灰铸铁作为轴的材料,尤其是作为曲轴材料。

轴类零件选材原则主要是根据承载性质与大小、转速高低、精度要求、粗糙度要求、以及有无冲击、轴承种类等综合考虑。例如:主要承受弯曲、扭转的轴(如机床主轴、曲轴、变速箱传动轴等),因整个截面受力不均,表面应力大,心部应力小,故不需要选用淬透性很高的材料,常选用 45 钢、40Cr 钢、40MnB 钢等;同时承受弯曲、扭转及拉、压应力的轴(如锤杆、船用推进器轴等),因轴整个截面应力分布均匀,心部受力也大,应选用淬透性较高的材料;主要要求刚性好的轴,可选用碳钢或球墨铸铁等材料;要求轴颈处耐磨的轴,常选用中碳钢经表面淬火,将硬度提高到 52HRC 以上。

3. 轴类零件选材示例

（1）机床主轴图

图 12-3 所示为 C6132 卧式车床主轴,该轴工作时受弯曲和扭转应力作用,但承受的应力和冲击力不大,运转较平稳,工作条件较好。锥孔、外圆锥面,工作时与顶尖、卡盘有相对摩擦;花键部位与齿轮有相对滑动,故要求这些部位有较高的硬度与耐磨性。该主轴在滚动轴承中运转,轴颈处硬度要求 220~250HBS。

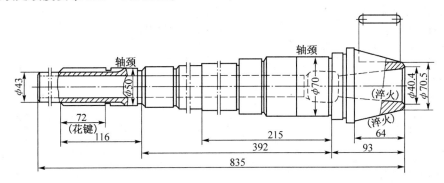

图 12-3　C6132 车床主轴简图（其他参数从略）

　　根据上述工作条件分析,本主轴选用 45 钢制造,整体调质,硬度为 220～250HBS;锥孔和外圆锥面局部淬火,硬度为 45～50HRC;花键部位高频感应淬火,硬度为 48～53HRC。该主轴加工工艺过程如下:下料→锻造→正火→粗加工→调质→半精加工(花键除外)→局部淬火、回火(锥孔、外锥面)→粗磨(外圆、外锥面、锥孔)→铣花键→花键处高频感应淬火、回火→精磨(外圆、外锥面、锥孔)。

　　45 钢虽然淬透性不如合金调质钢,但其具有锻造性能和切削加工性能好、价廉等特点。而且本主轴工作时的最大应力处于表层,结构形状较简单,调质、淬火时一般不会出现开裂。

　　因轴较长,且锥孔与外圆锥面对两轴颈的同轴度要求较高,为减少淬火变形,故锥部淬火与花键淬火分开进行。

　　常用机床主轴材料、热处理工艺及应用见表 12-2。

表 12-2　机床主轴的工作条件、选材及热处理

序号	工作条件	选用钢号	热处理工艺	硬度要求	应用举例
1	(1)在滚动轴承中运转; (2)低速,轻或中等载荷; (3)精度要求不高; (4)稍有冲击载荷	45	调质	220～250HBS	一般简易机床主轴
2	(1)在滚动轴承中运转转; (2)速稍高,轻或中等载荷; (3)精度要求不太高; (4)冲击、交变载荷不大	45	整体淬硬	40～45HRC	龙门铣床、立式铣床小型立式车床的主轴
			正火或调质+局部淬火	≤229HBS(正火) 220～250HBS(调质) 46～51HRC(局部)	
3	(1)在滚动或滑动轴承内运转; (2)低速,轻或中等载荷; (3)精度要求不很高; (4)有一定的冲击、交变载荷	45	正火或调质后轴颈局部表面淬火	≤229HBS(正火) 220～250HBS(调质) 46～57HRC(表面)	CB3463、CA6140、C61200 等车床主轴
4	(1)在滚动轴承内运转; (2)中等载荷,转速略高; (3)精度要求较高; (4)交变、冲击载荷较小	40Cr 40MnB 40MnVB	整体淬火	40～45HRC	滚齿机、组合机床的主轴
			调质后局部淬火	220～250HBS(调质) 46～51HRC(局部)	
5	(1)在滑动轴承内运转; (2)中或重载荷,转速略高; (3)精度要求较高; (4)有较高的交变、冲击载荷	40Cr 40MnB 40MnVB	调质后轴颈表面淬火	220～280HBS(调质) 46～55HRC(表面)	铣床、M7475B 磨床砂轮主轴
6	(1)在滚动或滑动轴承内运转; (2)轻、中载荷、转速较低	50Mn2	正火	≤241HBS	重型机床主轴

序号	工作条件	选用钢号	热处理工艺	硬度要求	应用举例
7	(1)在滑动轴承内运转； (2)中等或重载荷； (3)要求轴颈部分有更高的耐磨性； (4)精度很高； (5)交变应力较大,冲击载荷较小	65Mn	调质后轴颈和头部局部淬火	250～280HBS(调质) 56～61HRC (轴颈表面) 50～55HRC(头部)	M1450 磨床主轴
8	工作条件同上,但表面硬度要求更高	GCr15 9Mn2V	调质后轴颈和头部局部淬火	250～280HBS(调质) ≥59HRC(局部)	MQ1420、MB1432A 磨床砂轮主轴
9	(1)在滑动轴承内运转； (2)重载荷,转速很高； (3)精度要求极高； (4)有很高的交变、冲击载荷	38CrMoAl	调质后渗氮	≤260HBS(调质) ≥850HV(渗氮表面)	高精度磨床砂轮主轴,T68 镗杆,T4240A 坐标镗床主轴,C2150×6 多轴自动车床中心轴
10	(1)在滑动轴承内运转； (2)重载荷,转速很高； (3)高的冲击载荷； (4)很高的交变应力	20CrMnTi	渗碳、淬火	≥59HRC(表面)	Y7163 齿轮磨床 CG1107 车床、SG8630 精密车床主轴

（2）内燃机曲轴

曲轴是内燃机中形状复杂而又重要的零件之一,其作用是在工作中将活塞连杆的往复运动变为旋转运动。汽缸中气体爆发压力作用在活塞上,使曲轴承受冲击、扭转、剪切、拉压、弯曲等复杂交变应力。因曲轴形状很不规则,故应力分布不均匀；曲轴颈与轴承发生滑动摩擦。曲轴主要失效形式是疲劳断裂和轴颈磨损。

根据曲轴的失效形式,制造曲轴的材料必须具有高的强度、一定的韧性,足够的弯曲、扭转疲劳强度和刚度,轴颈表面应有高的硬度和耐磨性。

曲轴分锻钢曲轴和铸造曲轴两种。锻钢曲轴材料主要有中碳钢和中碳的合金钢,如 35 钢、40 钢、45 钢、35Mn2 钢、40Cr 钢、35CrMo 钢等。铸造曲轴材料主要有铸钢（如 ZG230 - 450）、球墨铸铁（如 QT600 - 3、QT700 - 2）、珠光体可锻铸铁（如 KTZ450 - 06、KTZ550 - 04）以及合金铸铁等。目前,高速、大功率内燃机曲轴常用合金调质钢制造,中、小型内燃机曲轴常用球墨铸铁或 45 钢制造。

图 12 - 4 所示为 175A 型农用柴油机曲轴。该柴油机为单缸四冲程,汽缸直径为 75mm,转速为 2 200～2 600 r/min,功率为 4.4 kW（6 马力）。因功率不大,故曲轴承受的弯曲、扭转应力和冲击力等不大。由于在滑动轴承中工作,故要求轴颈处硬度和耐磨性较高。其性能要求是 σ_b≥750 MPa,整体硬度为 240～260HBS,轴颈表面硬度≥625HV,δ≥2％,A_K≥12 J。

根据上述要求,选用 QT600 - 3 球墨铸铁作为曲轴材料,其加工工艺过程为:浇注→高温

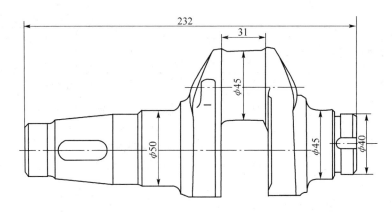

图 12-4　175A 型农用柴油机曲轴简图(其他参数从略)

正火→高温回火→切削加工→轴颈气体渗氮。

高温正火(950 ℃)是为了增加基体组织中珠光体的数量并细化珠光体,提高强度、硬度和耐磨性。高温回火(560 ℃)是为了消除正火造成的应力。轴颈气体渗氮(570 ℃)是为保证在不改变组织及加工精度的前提下,提高轴颈表面硬度和耐磨性。也可采用对轴颈进行表面淬火来提高其耐磨性。为了提高曲轴的疲劳强度,可对其进行喷丸处理和滚压加工。

12.3.3　丝锥和板牙的选材

丝锥(见图 12-5)加工内螺纹,板牙(见图 12-6)加工外螺纹。丝锥和板牙的刃部要求有高的硬度(59～64HRC)和耐磨性,为防止使用中扭断(指丝锥)或崩齿,心部和柄部应有足够的强度、韧性及较高硬度(40～45HRC)。丝锥和板牙的失效形式主要是磨损和扭断。

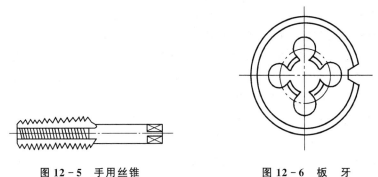

图 12-5　手用丝锥　　　　　　　　　图 12-6　板　牙

丝锥和板牙分为手用和机用两种。对手用丝锥和板牙,因切削速度较低,热硬性要求不高,可选用 T10A 钢、T12A 钢制造,并经淬火、低温回火;对机用丝锥和板牙,因切削速度较高(8～10 m/min),故热硬性要求较高,常选用 9SiGr 钢、9Mn2V 钢、CrWMn 钢制造,经淬火、低温回火处理;高速(25～55 m/min)切削用丝锥和板牙,要求热硬性高,常选用 W18Cr4V 钢、W6Mo5Cr4V2 钢制造,并经适当热处理。

M12 手用丝锥,材料为 T12 钢,其加工工艺过程为:下料→球化退火(当轧材原始组织不良时采用)→机械加工(大量生产时用滚压法加工螺纹)→淬火、低温回火→高温(600 ℃)盐浴中快速回火(柄部)→防锈处理(发蓝)。

柄部高温快速回火是为降低硬度,提高韧性。大型丝锥柄部有时可采用 45 钢制造,经调质后与刃部焊接。

12.3.4　箱座类零件的选材

箱座类零件是机械中的重要零件之一,其结构一般都较复杂,工作条件相差很大。主轴箱、变速箱、进给箱、阀体等,通常受力不大,要求有较高的刚度和密封性;工作台和导轨等,要求有较高的耐磨性;以承压为主的机身、底座等,要求有较好的刚性和减振性。有些机身、支架往往同时承受拉、压和弯曲应力,甚至还承受冲击力,故要求有较好的综合力学性能。

受力较大,要求强度、韧性高,甚至在高压、高温下工作的箱座件,如汽轮机机壳等,应采用铸钢。铸钢件应进行完全退火或正火,以消除粗晶组织和铸造应力。

受力较大,但形状简单,生产数量少的箱座件,可采用钢板焊接而成。受力不大,且主要承受静载荷,不受冲击的箱座件,可选用灰铸铁,如在工作中与其他零件有相对运动,且有摩擦、磨损产生,则应选用珠光体基体灰铸铁。铸铁件一般应进行去应力退火。

受力不大,要求自重轻或要求导热好的箱座件,可选用铸造铝合金。铝合金件应根据成分不同,进行退火或固溶热处理、时效处理。受力小,要求自重轻,工作条件好的箱座件,可选用工程塑料。

思考题与作业题

1. 什么是零件的失效? 失效形式主要有哪些? 分析零件失效的主要目的是什么?

2. 选择零件材料应遵循哪些原则? 在选用材料力学性能判据时,应注意哪些问题?

3. 简述零件选材的方法和步骤。

4. 有一个 30 mm×300 mm 的轴,要求摩擦部位的硬度为 53～55HRC,现用 30 钢制造,经调质后表面高频淬火(水冷)和低温回火,使用过程中发现摩擦部位严重磨损,试分析失效原因,并提出再生产时的解决办法。

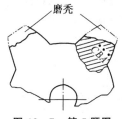

图 12-7　第 5 题图

5. 有一从动齿轮用 20CrMnTi 钢制造,使用一段时间后发生严重磨损,齿已磨秃(见图 12-7),对齿轮剖面正中 A、B、C 三点进行硬度分析,并取样进行成分和金相分析,结果见表 12-3。

表 12-3　第 5 题表

取样部位	w_C/%	金相组织	硬　度
A	1.0	S+碳化物	30HRC
B	0.8	S	26HRC
C	0.2	F+S	86HRB

该齿轮制造工艺过程为:锻造→正火→切削加工→渗碳→预冷淬火、低温回火→精磨。

又知与该齿轮同批加工的其他齿轮并未发生类似失效情况,试根据以上资料分析该齿轮失效的原因。

6. 为什么在蜗轮、蜗杆传动中,蜗杆采用低、中碳钢或合金钢(如 15 钢、45 钢、20Cr 钢、40Cr 钢)制造,而蜗轮则采用青铜制造?

7. 指出下列几种轴的选材及热处理:

(1) 卧式车床主轴,最高转速为 18 006 rm/in,电动机功率 4 kW,要求花键部位及大端与卡盘配合处硬度为 53~55HRC,其余部位整体硬度为 220~240HBS,在滚动轴承中运转;

(2) 坐标镗床主轴,要求表面硬度≥850HV,其余硬度为 260~280HBS,在滑动轴承中工作,精度要求很高;

(3) 手扶拖拉机中的 185 型柴油机曲轴,功率为 5.9 kW(8 马力),转速为 2 200 r/min,单缸。

8. 试为下列齿轮选材,并确定热处理:

(1) 不需润滑的低速、无冲击齿轮,如打稻机上的传动齿轮;

(2) 尺寸较大,形状复杂的低速中载齿轮;

(3) 受力较小,要求有一定抗蚀性的轻载齿轮(如钟表齿轮);

(4) 受力较大,并受冲击,要求高耐磨性的齿轮(如汽车变速齿轮)。

9. 确定下列工具的材料及最终热处理:

(1) M8 的手用丝锥;

(2) 10 mm 麻花钻;

(3) 切削速度为 35 m/min 的圆柱铣刀;

(4) 切削速度为 150 m/min,用于切削灰铸铁及有色金属的外圆车刀。

10. 某厂用 T10 钢制的钻头加工一批铸铁件(钻 10 mm 深孔),钻了几个孔后钻头磨损失效。经检验,钻头材质、热处理工艺、金相组织及硬度均合格。试问失效原因是什么?请提出解决办法。

11. 列出你在金工实习过程中见过或使用过的三种零件或工具的材料及热处理方法。

第13章 先进金属基及无机非金属基复合材料※

13.1 概 述

13.1.1 基本概念

　　复合材料是由两种或两种以上的材料通过一定的制造技术复合而成的。构成复合材料的组元有增强(韧)体、基体和界面层。增强体是承载组元,均匀分布在基体中并对基体产生增强(韧)作用;基体连接着增强体,使复合材料获得一定的形状并保护增强体;界面层是包敷在增强体外面的涂层,其功能是传力,同时防止基体对增强(韧)体的损伤并调节基体与增强体之间的物理、化学结合状态,确保增强体作用的发挥。通过界面层产生的复合效应可以使复合材料超越原来各组元的性能,达到大幅度改善强度或韧性的目的。如在脆性陶瓷纤维和脆性陶瓷基体之间设计适当的界面层,可以使陶瓷基复合材料具有类似金属的韧性断裂行为。

　　先进复合材料主要指连续纤维增强(韧)的聚合物、金属、金属间化合物以及无机非金属等各类基体的复合材料,目前主要用于航空、航天等高科技领域。图 13-1 所示为航空、航天复合材料的比强度和使用温度,表 13-1 所列为美国 NASA 的高温发动机材料计划(HT-TEMP)对连续纤维增强(韧)先进复合材料工作温度范围的划分。可见,先进复合材料具有高比强和耐高温等突出特点。

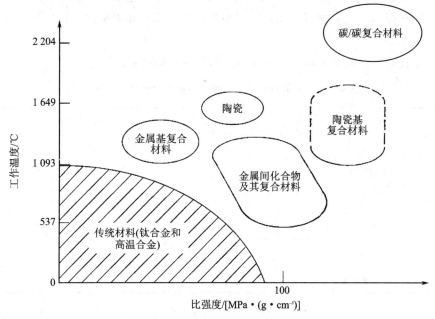

图 13-1　各类发动机材料的比强度与使用温度对比

表 13 - 1　NASA 对纤维增强(韧)复合材料工作温度的划分

复合材料类别	工作温度/℃
PMC 聚合物基复合材料	<425
MMC(Al、Ti 和 TiAl)金属基复合材料	425～980
IMC 金属间化合物及其复合材料	650～1 260
CMC 陶瓷基复合材料	1 100～1 650

13.1.2　先进金属基及无机非金属基复合材料在航空和航天系统发展中的作用

现代战争要求未来航空器在不增重的前提下进一步增加航程,提高超声速巡航能力,降低起飞重量,降低采购和保障费,延长寿命等。如一些发达国家提出战斗机要在现有水平上增加航程,增加有效承载能力,减轻起飞重量,降低成本,延长寿命。

激烈的市场竞争促使民机朝着高速、低噪声、低 NO_x 排放、低油耗、低全寿命成本、长寿命和高可靠性的方向发展。未来航天技术进一步要求航天器小型化,提高有效载荷,降低发射成本和具有更远的射程。如有计划提出航天器到 2020 年要使有效载荷能力提高 22%,发射成本降低 42%,卫星结构质量减轻 40%,成本降低 10% 等。与之相对应,对航空航天器的动力系统也提出更高的要求,提高军用航空发动机的推重比(发动机的推力与其重量之比)和火箭发动机的质量比(发动机中推进剂质量与发动机质量之比)是确保航空航天器达到上述目标的关键,很大程度取决于先进的轻质、低成本、高性能材料技术的发展。

美国在发展推重比 15～20 的高性能涡轮发动机的 IHPTET 计划、国家空天飞机计划(NASP)和高速民用运输机(HSCT)计划中,都把发展先进高温复合材料列为重点。发展耐高温、低密度、高比强、高比模、抗氧化和高可靠性的先进金属基和无机非金属基复合材料是实现上述目标的基础。

表 13 - 2 反映了先进航天动力和推进系统对材料性能的需求。

表 13 - 2　先进航天动力和推进系统对材料性能的需求

要　求	空间动力系统	航天推进系统
寿命	>7 年	
循环次数	多次	>50 次
环境	真空	低氧化分压
温度	高温	爆发高温、超低温
质量	轻	轻
控制寿命的应力	蠕变	疲劳

13.1.3　航空和航天用先进金属基及无机非金属基复合材料的研究与应用

HTTEMP 的核心是发展连续纤维增强(韧)的各类基体复合材料。表 13-3 和表 13-4 所列分别为传统结构材料与先进复合材料工作温度和应用部位情况。

可以看出,先进复合材料与相应基体的传统材料相比,在相同密度下的使用温度显著提高。可用密度仅为 1.66 g/cm³ 的树脂基复合材料代替密度为 4.43 g/cm³ 的钛合金作进气机匣;用钛基或密度为 5.26~5.54 g/cm³ 的金属间化合物基复合材料代替密度为 8.03 g/cm³ 镍基高温合金作风扇和高压压气机的零部件;用密度仅为 3.32 g/cm³ 的陶瓷基复合材料代替密度为 8.03~8.86 g/cm³ 的镍或单晶镍合金作燃烧室、高压涡轮、低压涡轮和尾喷管零部件。若实现上述目标,提高发动机工作温度和减重的效果是可观的,这也是推重比 10~20 发动机结构材料发展的奋斗目标。对于推重比 10~20 的发动机,要求在推重比 10 的基础上再减重 50%。

表 13-3　传统结构材料

材　料	密度/(g·cm⁻³)	最高工作温度/℃	应用部位
树脂基复合材料	1.66	270	
铝合金	2.77	316	
钛合金	4.43	600	进气机匣、风扇
镍基高温合金	8.03	1 000	高压压气机、燃烧室、喷管
单晶镍基合金	8.86	1 127	高压涡轮、低压涡轮

表 13-4　先进复合材料

材　料	密度/(g·cm⁻³)	最高工作温度/℃	应用部位
PMC	1.66	427	进气机匣
MMC(Al)	2.77	538	
MMC(Ti、TiAl)	4.43	871	高压压气机、风扇
IMMC(NiAl)	5.26	1371	高压压气机
IMMC(FeAl)	5.54	1 371	高压压气机
CMC	3.32	1 760	燃烧室、喷管、高压涡轮、低压涡轮

图 13-2 所示为在先进发动机上各类高温复合材料的应用年代预测。

不难看出,在飞机和发动机上,目前仍以传统结构材料为主,金属基复合材料逐步得到应用。2000 年以后,纤维增强的金属基复合材料、金属间化合物和陶瓷基复合材料开始用于发动机上。随着高速飞机的发展,金属基、金属间化合物基和陶瓷基复合材料将成为发动机的主体材料。

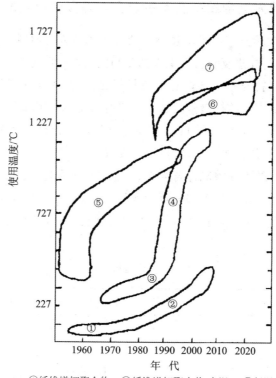

①纤维增韧聚合物；②纤维增韧聚合物(高温)；③低温MMC；
④高温MMC；⑤金属/超耐热合金；⑥CMC；⑦C/C

图 13-2　先进发动机上各类高温复合材料的应用年代预测

13.2　先进复合材料制造技术

13.2.1　制造技术在复合材料发展中的地位

复合材料是一种可设计的新型材料,其特点是材料设计和构件的成型融为一体。一定的制造技术是实现两者融合的手段,往往需要通过特定设备来保证。因此,各国都十分重视发展复合材料的先进制造技术与设备。

在复合材料的组成确定后,制造技术是决定复合材料性能和显微结构的主要因素。复合方法的选择显然要根据基体、增强体和界面层材料、复合材料结构以及对复合材料性能的要求来确定。复合材料制造技术主要包括纤维预制体制造,界面层(纤维涂层)的制造和基体材料的复合等三大部分。

13.2.2　纤维预制体

纤维往往以预制体的形式存在于复合材料中,纤维编织技术的发展更能充分发挥复合材料性能可设计性的优势。适当的编织结构不仅能大幅度提高复合材料的性能,而且能大大提高材料的可靠性,还特别适合制造异形薄壁近尺寸构件,因而在航空航天用 CMC、C/C 复合材料构件的制造中,占据越来越重要的地位。按照纤维的排列形式,预制体可分为非连续的、连续的、平面交织(二维)、整体结构(三维)等四类。表 13 - 5 所列为复合材料的编织物结构特征和分类,图 13 - 3 所示为线性、平面和三维编织物结构。

表 13 - 5　复合材料的纤维织物结构特征和分类

水　平	增强系统	纺织品结构	纤维形式	纤维方向性	纤维缠结
Ⅰ	非连续	短切纤维	非连续	不控制	无
Ⅱ	线性	单丝束	连续的	线性	无
Ⅲ	层状	简单织物	连续的	平面	平面
Ⅳ	整体	先进纤维编织体	连续的	三维	三维

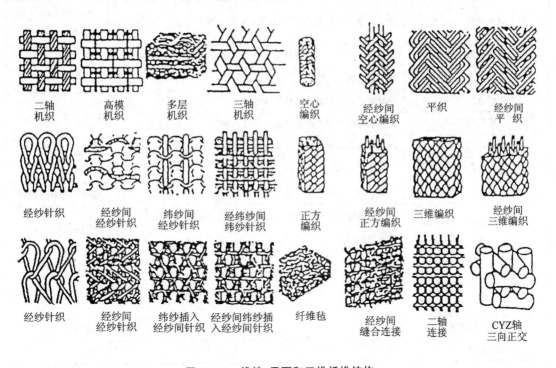

二轴机织　高模机织　多层机织　三轴机织　空心编织　经纱间空心编织　平织　经纱间平织

经纱针织　经纱间经纱针织　纬纱间经纱针织　经纬纱间纬纱针织　正方编织　经纱间正方编织　三维编织　经纱间三维编织

经纱针织　经纱间经纱针织　纬纱插入经纱间针织　经纱间纬纱插入经纱间针织　纤维毡　经纱间缝合连接　二轴连接　CYZ轴三向正交

图 13 - 3　线性、平面和三维纤维结构

13.2.3　复合技术

复合材料的复合技术是指按照材料的设计要求将基体与增强体均匀复合成一体的方法,其中包括复合材料线材、板材和构件。根据基体成型时的物理状态,可分为固相法、液相法和气相法等基础方法(见表 13 - 6)。在实际应用中往往根据需要选择几种方法联合使用。

表 13－6　复合材料的基本复合技术

分 类	复合技术	方法内容和特点	适用材料范围
固相法	热压烧结（粉末冶金或粉末布叠层热压）	基体粉和增强剂均匀混合后热压；涂敷基体浆料的纤维经缠绕、叠层后热压；制成粉末布的基体与纤维布交替叠层后热压	MMC、IMMC、CMC
	热等静压	多作为后处理工艺	P 或 W 增强 MMC 和 IMMC
	热挤压		MMC_P 或 MMC_W 棒材
	放热弥散（XD）	在 M 或 IM 中的增强相组元间放热反应形成弥散增强相	MMC_P、$IMMC_P$
	球磨反应法	如 $NiAl+Y_2O_3+N_2$ 系统在球磨中生成 AlN 增强相	$NiAl+Y_2O_3+AlN$
	热轧或爆炸	板间复合	MMC 板材
液相法	熔体浸渗	在压力下熔体浸渗入纤维、晶须或颗粒的预制体中	MMC、IMMC 的复杂构件
	反应熔体浸渗	在压力下熔体浸渗入涂敷反应物的预制体中，反应形成基体	CMC_f、IMMC
	等离子溶化	如制备 $TiB_2/TiAl$	$IMMC_P$
	先驱体热解	如聚碳硅烷和沥青分别热解成 SiC 和 C	CMC_f、C/C_f
	喷雾沉积	通过喷雾将熔融基体金属沉积在颗粒增强剂上，形成复合粉	MMC_P
	熔体搅拌	将晶须或颗粒在金属熔体中搅拌混合后铸成锭或铸件	MMC_W、MMC_P
	电镀和化学镀	获得金属基体或 CMC 基体的反应组元	MMC_f、CMC_f
	定向凝固	特别适用于定向自生共晶复合材料	MMC、IMMC、CMC
	快速凝固	将基体熔体和增强颗粒混合均匀后，快速凝固成 $20\sim50\ \mu m$ 丝再磨成粉	MMC_P、$IMMC_P$
	溶胶-凝胶		CMC
气相法	化学气相沉积		CMC_f、C/C_f
	物理气相沉积		MMC
	磁控溅射		MMC

注：表中下角标 P 表示颗粒；W 表示晶须；f 表示纤维。

13.2.4　界面层的制造技术

界面层的制造技术见表 13－7。

表 13－7　界面层的制造技术

涂层方法	适用范围
化学气相沉积（CVD）	各类增强体的金属和陶瓷涂层如 C、BN、SiC、TiC、TiN、Ta、Si 等
物理气相沉积（PVD）	各类增强体的金属或陶瓷涂层如 Au 等

涂层方法	适用范围
电镀	各类增强体的金属涂层如 Ni、Co、Cu、Cr 等
化学镀	各类增强体的金属涂层如 Ni、Co、Ag 等
溶胶-凝胶(Sol - Gel)	各类增强体的氧化物陶瓷涂层如 Al_2O_3、SiO_2、ZrO_2 等
液态金属转移法	各类增强体的复合陶瓷涂层如 Nb_2C、Ta_2C、$TiC - Ti_4SiN_2C_2$、$ZrC - Zr_4SN_2C_2$ 等

13.3　先进金属基复合材料

13.3.1　金属基复合材料的性能特征

金属基复合材料与一般金属相比,具有耐高温、高比强、高比模、热膨胀系数小和抗磨损等优点(见图 13 - 4～图 13 - 7)。与聚合物基复合材料相比,不仅剪切强度高、对缺口不敏感,而且物理性能和化学性能更稳定,如不吸湿、不放气、不老化、抗原子氧侵蚀、抗核、抗电磁脉冲、抗阻尼,膨胀系数低、导电和导热性好。由于上述特点,使金属基复合材料更适合于空间环境使用,是理想的航天器材料,在航空器上也有潜在的应用前景。

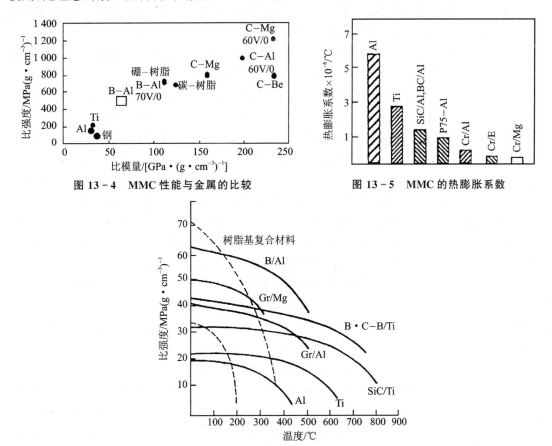

图 13 - 4　MMC 性能与金属的比较　　图 13 - 5　MMC 的热膨胀系数

图 13 - 6　MMC 比强度-温度关系

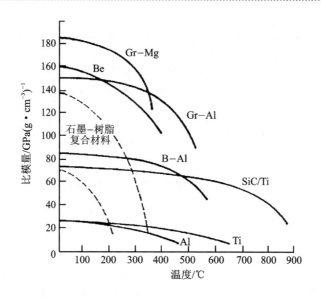

图 13-7　MMC 比模量-温度关系

13.3.2　金属基复合材料在航空航天领域的研究与应用

　　表 13-8、表 13-9 简要概括了各类金属基复合材料在航空航天领域的应用。金属基复合材料（MMC）的研究始于 20 世纪 60 年代，美国和俄罗斯在航天器用金属基复合材料的研究应用方面处于领先地位。早在 20 世纪 70 年代，美国就把 B/Al 复合材料用到航天飞机轨道器上，该轨道器的主骨架是用 89 种 243 根重 150 kg 的 B/Al 管材制成，比原设计的铝合金主骨架减重 145 kg，相当于降低结构质量 44%。美国还用 B/Al 复合材料制造了 J-79 和 F-100 发动机的风扇和压气机叶片，制造了 J-106、F-111 飞机和卫星构件，并通过了试验，其减重效果达 20%～66%。苏联的 B/Al 复合材料于 20 世纪 80 年代达到实用阶段，研制了多种带有接头的管材和其他型材，并成功地制造出能安装三颗卫星的支架。由于 B 纤维的成本高，因此自 20 世纪 70 年代中期美国和苏联又先后开展 C/Al 复合材料的研究，在解决了碳纤维与铝之间不润湿的问题以后，C/Al 复合材料得到应用。美国用 C/Al 制造卫星的波导管具有良好的刚性和极低的热膨胀系数，比原 C/环氧复合材料轻 30%。随着 SiC 纤维和 Al_2O_3 纤维的出现，连续纤维增强的金属基复合材料得到进一步发展，其中研究和应用比较多的是 SiC/Al 复合材料。连续纤维增强金属基复合材料的制造工艺复杂、成本高，因此美国又率先研究发展晶须和颗粒增强的金属基复合材料，主要用于对刚度和精度要求高的航天构件上。如美国海军武器中心研制的 SiC_p/Al（P-颗粒）复合材料导弹翼面已进行了发射试验，卫星的抛物面天线、太空望远镜的光学系统支架也采用了 SiC_p/Al 等复合材料，其刚度比铝合金大 70%，显著提高了构件的工作精度。

表 13-8　B/Al 复合材料的应用

构件名称	所属飞行器	质量/kg	构件特点
转接壳	Atlas 导弹	13.6	ϕ1.22 m×2.14 m 加筋圆柱壳
推进器箱（方案）	Atlas 导弹	590	长椭圆形

续表 13 - 8

构件名称	所属飞行器	质量/kg	构件特点
姿态控制系统的下壁板(方案)	Apollo 飞船的服务舱		四层单向 B/Al 板
卫星天线桁架(方案)		373	B/Al 管组成桁架式天线 $\phi 30.5$ m×1.66 m
中机身框构件	航天飞机	141	243 根 B/Al 管和钛接头组成
中机身上翼板(方案)	航天飞机	136	B/Al 板加筋与铝蒙皮铆接
中机身上侧壁板(方案)	航天飞机	364	同上
主起落架柱杆(方案)	航天飞机	33.2	B/Al 管和钛接头组成
受压缩壁板(试件)	航天飞机	95.91	1.2 m×1.8 m 多条桁条组成的多件构件
压力容器(方案)	空间站		$\phi 5.6$ m×4.06 m 圆柱壳

表 13 - 9　其他 MMC 的应用背景

复合材料名称	增强体	应用背景
C/Al C/Mg	石墨纤维	人造卫星支架、L 频带平面天线、空间望远镜和照相机波导和镜筒、红外反射镜、人造卫星抛物面天线、航天飞机大面积蜂窝结构蒙皮和动力回收系统构件
SiC_p/Al	SiC 纤维	导弹弹体及垂直尾翼
SCS - 6/Ti	SCS - 6 纤维	压气机整体叶环结构转子和静子,火箭发动机箱体等
SCS - 6/Cu	SCS - 6 纤维	火箭的高温部件
W/Cu	W 纤维	火箭喷管
W/Ni、W/Fe	W 纤维	用于火箭发动机
SiC_W/Al	SiC 晶须	导弹平衡翼和制导元件,如仪表壳、框架、加速度表、光学反射镜,航天器结构件和发动机部件
SiC_p/Al	SiC 颗粒	卫星支架、连接件,金属镜光学系统如红外探测器、空间激光镜、高速旋转扫描镜,导弹翼面等
TiC_p/Ti - 6Al - 4AV	TiC 颗粒	导弹壳体,导弹尾翼,发动机部件

　　早在 1981 年美国国防部的专家就预言 MMC 用作结构材料将使工程设计发生一场革命,导致构件大幅度减轻重量、提高强度和刚度,因此美国国防部从 20 世纪 60 代末至 90 年代,对 MMC 技术的研究发展资金逐年增加。MMC 对轻质化、小型化和高性能化航天器的发展将发挥愈来愈重要的作用。与此同时,MMC 在航空器上的应用潜力也受到重视,英国罗·罗公司研制了 SCS - 6/Ti 的发动机叶片构件,大幅度提高了其承载能力和刚度,并优化了气动载荷下的翼型。对 MMC 在发动机上的应用前景预测表明,用 SCS - 6/Ti 代替耐热钢制成 RB211 发动机的压气机静子,减重 40%;用 SCS - 6/Ti 做成压气机叶环结构的转子代替 Ni 基高温合金叶盘结构转子,减重 80%;SiC_f/Ti 活塞杆有望替代不锈钢用在 F - 22 第五架试验型飞机上。我国航天 MMC 也得到迅速发展,并开始步入实用阶段,如研制了卫星天线、火箭发动机壳体、导弹构件等。

　　金属基复合材料还有很多,主要有铝基、钛基、镁基、铜基以及金属间化合物复合材料等,这里就不详细介绍了。

13.4 先进陶瓷基复合材料

13.4.1 航空航天应用领域

航空领域新一代飞机的超声速巡航、非常规机动性、低环境污染、低油耗、低全寿命成本等性能,极大程度上是靠发动机性能的改善来实现的。提高发动机的推重比和平均级压比,降低油耗是军用航空发动机发展的主要方向;提高发动机的总增压比、涵道比和降低油耗是民用发动机的发展方向。增加航空发动机的涡轮进口温度和降低结构重量是提高推重比和降低油耗的主要途径。例如:当推重比为 10 时,涡轮前进口温度为 1 550~1 750 ℃;当推重比为 15~20 时,涡轮前进口温度高达 1 800~2 100 ℃,与之相适应,发动机的平均级压比也由 1.11 提高到 1.85。这意味着发动机构件要在更高的温度和压力下工作,由于发动机的重量反比于推重比,在不增加推力的情况下,若重量降低 50%,可使推重比提高一倍。陶瓷基复合材料(CMC)的密度仅为高温合金的 1/3~1/4,最高使用温度为 1 650 ℃。其"耐高温和低密度"特性是金属和金属间化合物无法比拟的,因而美、英、法、日等发达国家一直把 CMC 列为新一代航空发动机材料的发展重点,并投入巨资进行研究。

另外,美国"IHPTET"还开发了发动机用自增韧氮化硅陶瓷轴承,要求工作温度为980 ℃。国际上自 20 世纪 90 年代以来,自增韧氮化硅轴承已成功地用于飞机上,如 B777 环控系统的蝶阀、C-17 军用运输机的 3 号轴承以及 F117-PW-100 飞机轴承,此外还用于"发现者"号航天飞机动力装置和响尾蛇导弹上。以上应用表明,该材料大幅度提高了轴承的寿命和可靠性,节省了巨额维修费。

在航天领域,导弹要向小型化、轻型化、高性能的方向发展,提高火箭发动机的质量比是实现上述目标的关键。因此,发展低密度、耐高温、高比强、高比模、抗热震、抗烧蚀的各种连续纤维增韧 CMC,对提高射程、改善导弹命中精度和提高卫星远地点姿控、轨控发动机的工作寿命都至关重要。发达国家已成功地将 CMC 用于导弹和卫星中,如作为高质量比全 C/C 喷管的结构支撑隔热材料、小推力液体火箭发动机的燃烧室-喷管材料等。这些 CMC 构件大大提高了火箭发动机的质量比,简化了构件结构并提高了可靠性。此外,C/SiC 头锥和机翼前缘还成功地提高了航天飞机的热防护性能。熔融石英基复合材料是一种优良的防热-介电透波材料,作为导弹的天线窗(罩)在中远程导弹上具有不可取代的地位。对于上述瞬时或有限寿命使用的CMC,其服役温度可达 2 000~2 200 ℃。未来火箭发动机技术对 CMC 性能的要求见表 13-10。

表 13-10 未来火箭发动机技术对 CMC 性能的要求

材料类型	密度/(g·cm^{-3})	最高使用温度/℃	拉伸强度/MPa	剪切强度/MPa	断裂韧性/(MPa·m$^{1/2}$)	径向线烧蚀率/(mm·s^{-1})	径向导热系数/(W·m^{-1}·s^{-1})
烧蚀防热材料	2.5~4	3 500~3 800	100~150	≥50	10~30	0.1~0.2	≥10
热结构支撑材料	2~2.5	1 450~1 900	100~300	50~100	>30		
绝热防护材料	1~2	1 500~2 000	10~30	2.5~10			0.5~1.5

由于在航空航天领域中,CMC 的服役环境和条件不同,可将 CMC 分为超高温有限寿命、超高温瞬时寿命和高温长寿命 CMC。前者主要用于战略和战术导弹的雷达天线罩、连接裙、燃烧室、喷管;后者用于航空发动机热端部件;至于航天飞机头部、机翼前缘,以及卫星发动机姿态控制系统燃烧室、喷管,均属于短时多次重复使用(或多次点火)的有限寿命 CMC 构件,对材料性能的要求介于上述两者之间。

航空发动机用 CMC 的长寿命要求使其工作环境更苛刻,研究难度也更大。本章将重点介绍高温长寿命的连续纤维增韧 CMC。

13.4.2　陶瓷材料的韧化

陶瓷材料具有耐高温、低密度、高强度、高模量、耐磨损、抗腐蚀等优异性能,因此其作为热结构材料在航空航天领域具有广泛的应用前景,但同时陶瓷的脆性大和可靠性差等致命弱点,长期阻碍其应用推广,因此多年来人们一直在探索陶瓷的增韧途径,近年来取得了重大突破。CMC 在航空航天热结构件的应用证明,发展连续纤维增韧的 CMC 是改善陶瓷脆性和可靠性的有效途径,可以使 CMC 具有类似金属的断裂行为,对裂纹不敏感,没有灾难性损毁。因此,美国 NASA Lewis 研究中心制定的高温发动机材料计划(HTTEMP)明确发展连续纤维增韧的 CMC,这一点在国际上已达成共识。

高性能的连续纤维为陶瓷增韧提供了必要条件,能否有效发挥纤维的增韧作用从而使 CMC 在承载破坏时具有韧性断裂特征,还取决于界面状态。

近十年来,以发展长寿命高温 CMC 为目的,如何提高陶瓷纤维性能和解决界面问题成为研究热点。因为 CMC 的使用温度比 MMC 和 IMMC 更高,故对纤维和界面的要求也更高。在这个前提下,陶瓷纤维得到迅速发展。

作为长寿命结构件使用的连续纤维,要求在 10 000 h 内持久强度 σ_{SR}>1 GPa,在 0.5 GPa 的应力作用下蠕变量 ε_c<1%,同时还应具有小直径、抗氧化和耐腐蚀等特点。实践证明有发展前景的陶瓷纤维有碳化硅纤维和氧化铝基纤维,两者分属于非氧化物和氧化物。制约非氧化物纤维长寿命的因素是高温氧化,也在一定程度上存在蠕变问题;制约氧化物纤维长寿命的是高温蠕变,近十年的研究一直集中在解决上述问题方面,目前已取得了实质性进展。

目前发展的 SiC 纤维主要由三种方法制备:树脂先驱体热解法、CVD 法和烧结法。实践表明,采用树脂先驱体热解法制造 SiC 纤维,可以通过降低氧含量和增加 β - SiC 纳米晶的晶粒尺寸来提高纤维的抗蠕变性和抗氧化性,从而提高使用温度。含氧量为 0.6%(质量)的 Hi - Nicalon SiC 纤维是唯一已商品化的高温高性能纤维,使用温度为 1 300～1 400 ℃,目前价格还十分高昂。

在氧化铝基纤维系列中,采用激光区域熔融处理的单晶 Al_2O_3 纤维虽然具有优良的抗蠕变性,但是由于纤维直径太大又十分昂贵,使发展受阻。多晶 Al_2O_3 纤维的晶粒高温长大是导致蠕变的主要原因,因此发展复相多晶 Al_2O_3 基纤维是提高其抗蠕变性的有效途径。Nextel 720 是一种莫来石-氧化铝纤维,其中 55%(体积)的莫来石和 45%(体积)的氧化铝。针状莫来石环绕细晶氧化铝,若以 1 000 h 的断裂应变不大于 1% 为标准,则其使用温度为 1 100 ℃,若略降低要求则使用温度可达 1 200 ℃。

碳纤维作为一种比较价廉的纤维目前仍用作 CMC 的增强纤维,但是其高温易氧化的特性使其对 CMC 的裂纹十分敏感,任何裂纹都会成为氧化源导致碳纤维全部被烧掉,特别当

CMC 处于 700～800 ℃的中温循环载荷或有温度梯度的情况下更会加剧上述过程,因此普遍认为碳纤维难以作为航空发动机的长寿命 CMC 的增韧纤维,但是在航天 CMC 中却成功得到应用。在缺乏优质 SiC 纤维的情况下,在航空 CMC 的研究中,仍可将 C 纤维作为一种过渡性材料使用,一方面可以用来进行 CMC 制备工艺和防氧化涂层的探讨,另一方面可以用作试验件进行短期环境考核。

13.4.3 陶瓷基复合材料体系、制备方法和性能

与上述纤维相适应,发展了一系列基体材料。其中,对于航空发动机 CMC 的非氧化物基体有碳化硅(SiC)、氮化硅(Si_3N_4),氧化物基体有氧化铝(Al_2O_3)、莫来石(M)和钡长石玻璃陶瓷(BAS)等。对于航天应用的 CMC,按其应用功能分为四种类型:航天超高温抗烧蚀 CMC 的基体有 SiC、ZrC、HfC、TaC 等;航天热结构 CMC 基体有 SiC、Si_3N_4;航天绝热 CMC 基体有 Al_2O_3、ZrO_2 等;电透波防热 CMC 的基体主要是 SiO_2。

1. 主要 CMC 材料体系及其相关制造技术

航空和航天 CMC 以发展多维编织复合材料为主,材料体系和制造方法见表 13-11。目前制造技术的发展趋势是各种方法相互渗透、取长补短,从而形成一系列复合新方法,以提高材料性能和可靠性,并缩短生产周期。

表 13-11　连续纤维增韧 CMC 体系及其制造方法

制造方法	方法实质	材料体系	应用范围
化学气相沉积 CVI	气相法	SiC/SiC、C/SiC、SiC/Si_3N_4、SiC/Al_2O_3、SiC/M、$C/C-ZrC-ZrO_2+$渗 Cu、Al_2O_3/Al_2O_3	2D 以上
热压烧结 HP	固相法	SiC/Al_2O_3、SiC/M、SiC/BAS、C/M、C/BAS、Al_2O_3/Al_2O_3、ZrO_2/Al_2O_3、C/SiO_2	1D 和 2D
高聚物浸渗热解 PIP	液相法	SiC/SiC、C/SiC	2D 以上
反应熔体浸渗 RMI	液相法	SiC/SiC、C/SiC、SiC/Al_2O_3、Al_2O_3/Al_2O_3	2D 以上
反应结合氮化硅 RBSN	气相法	SiC/Si_3N_4	2D 以上
CVI-PIP	气-液复合法	SiC/SiC、C/SiC	2D 以上
CVI-RMI	气-液复合法	SiC/SiC、C/SiC、SiC/Al_2O_3、SiC/M	2D 以上
PIP-HP	液-固复合法	SiC/SiC、C/SiC	1D 和 2D

2. 主要 CMC 的性能

表 13-12 中列出了连续纤维增韧 SiC 基复合材料的力学性能。

表 13-13 中列出了自增韧 Si_3N_4 的性能。该自增韧是在热压工艺中,通过对 Si_3N_4 晶体生长过程的控制,获得一定数量的、类似晶须的长柱状 Si_3N_4 以达到增韧的目的。

表 13-14 中列出了主要 C/SiO_2 的性能。

表 13-15 中列出了西方国家航天绝热 CMC 的性能。

表 13-12　SiC 基复合材料及其力学性能

制造者	法国 SEP		德国 MAN		日本 Toshiba	日本 Tyoto	中国 NWPU		中国 SNMTI
CMC 体系	2D C/SiC	2D SiC/SiC	2D C/SiC	2D SiC/SiC			3D C/SiC	3D SiC/SiC	3D C/SiC
体积密度 /(g·cm^{-3})	2.1	2.5	2.1~2.2	2.3~2.5	3.0	2.55	2.06	2.5	2.107
抗拉强度/MPa	317	187	270~330	300~350	556	350	200~210		
拉伸断裂应变%	0.93	0.22	0.6~0.9	0.5~0.8	0.9	0.2	0.58		
抗弯强度/MPa	454	259	450~500	500~600		620	430~500	862	553
真空 1 300 ℃抗弯强度/MPa							370~400	890~1 000	
真空 1 600 ℃抗弯强度/MPa							445		
抗压强度/MPa	520	800	450~570	440			447		
剪切强度/MPa	26		45~55	65~75			30	67	55~56
断裂韧性/(MPa·m$^{1/2}$)		25				25	20	35	15.6

表 13-13　热压自增韧 Si$_3$N$_4$ 的性能

材料制造者	室温抗弯强度/MPa	1 350 ℃抗弯强度/MPa	室温断裂韧性/(MPa·m$^{1/2}$)	1 000 ℃断裂韧性/(MPa·m$^{1/2}$)	1 350 ℃断裂韧性/(MPa·m$^{1/2}$)	Weibull 模数
L. Pyzik	920~1 250		8~14			
中国 NWPU	880~940	720~780	11.7~12.3	12~14.2	22~24	32.5~38

表 13-14　C/熔融 SiO$_2$ 复合材料的性能

材料类型	碳纤维含量/%(体积)	抗弯强度/MPa	抗压强度/MPa	弹性模量/GPa	断裂韧性/(MPa·m$^{1/2}$)	断裂功/(J·m^{-2})	断裂应变/%
熔融 SiO$_2$	0	50~60				5.94~11.3	0.03
C/熔融 SiO$_2$	连续正交 30	294	52.9				0.32
C/熔融 SiO$_2$	连续端头帽 25	轴向 8~10 径向 15~25	轴向 3.6 径向 6.3				轴向 0.36 径向 0.32
C/熔融 SiO$_2$	短切纤维 20	42.6±7.3		弯曲 60	0.76		

表 13 - 15　国外航天绝热 CMC 的性能

性　能	C/Al_2O_3	Al_2O_3/C	$Al_2O_3/C/C$	C/ZrO_2	C/C	C/酚醛
密度/$(g \cdot cm^{-3})$	2.3	1.7	1.55	2.3	1.6	1.5～1.6
最高使用温度/℃	1 800	1 500	≥2 000	2 000	≥2 000	
环向拉伸强度/MPa	100	50	70		100	
热扩散率×10^{-6}/$(m^2 \cdot s^{-1})$	1.8	0.5	0.7	1.1	3	0.7～0.8

13.5　先进碳/碳复合材料

碳/碳复合材料(C/C)是碳纤维增强碳基体的复合材料,具有耐高温、低密度、高比模、高比强度、抗热震、耐腐蚀、摩擦性能好、吸振性好和热膨胀系数小等一系列优异性能。碳/碳复合材料自从在美国 NASA 的阿波罗登月计划问世以来,在航空航天领域获得了越来越广泛的应用。

13.5.1　先进碳/碳复合材料在航空和航天领域的研究与应用

从 20 世纪 70 年代开始,C/C 首先作为抗烧蚀材料用于航天领域,如导弹鼻锥,火箭、导弹发动机的喷管的喉衬、扩展段、延伸出口锥和导弹空气舵等。在随后的近 30 年间,为了提高中远程战略弹道导弹的精度和运载火箭的推力,人们一直在发展各种制备技术和改性技术,以进一步提高 C/C 复合材料的抗烧蚀、抗雨水、粒子云侵蚀以及抗核辐射等性能,并降低材料成本。特别是多维编织的整体结构 C/C 制造技术的发展,根本改善了 C/C 构件的整体性能。C/C 作为防热结构材料,早在 20 世纪 70 年代末、80 年代初已成功用于航天飞机的鼻锥帽和机翼前缘。由于发展了有限寿命的防氧化技术,使 C/C 复合材料能够在 1 650 ℃保持足够的强度和刚度,以抵抗鼻锥帽和机翼前缘所承受的起飞载荷和再入大气的高温度梯度,满足了航天飞机多次往返飞行的需求。对于上述瞬时或有限寿命使用的 C/C,其服役温度可达 3 000 ℃左右。表 13 - 16 所列为 C/C 在导弹上的应用。

表 13 - 16　C/C 在导弹上的应用

序　号	导弹型号	使用部位	材料结构
1	战斧巡航导弹	助推器喷管	4D C/C
2	近程攻击导弹	助推器喷管	3D C/C、4D C/C
3	希神导弹	助推器喷管	4D C/C
4	反潜艇导弹	助推器喷管	4D C/C
5	ASAT 导弹	助推器喷管	4D C/C
6	RECOM 导弹	助推器喷管	4D C/C
7	民兵Ⅲ导弹	鼻锥	细编穿刺 C/C 或 3D C/C
8	MX 导弹	鼻锥	细编穿刺 C/C 或 3D C/C
9	SICBM 导弹	鼻锥	细编穿刺 C/C 或 3D C/C
10	三叉戟导弹	鼻锥	3D C/C
11	SDI 导弹	鼻锥	3D C/C
12	卫兵导弹	鼻锥	3D C/C

　　C/C 在航空领域应用的最成功范例是作为摩擦材料用于飞机刹车盘。1973 年英国首次将 C/C 刹车装置用于 VC-10 飞机,1976 年又在"协和号"超声速飞机上使用,至 20 世纪 80 年代中后期已广泛用于高速军用飞机和大型民用客机,形成了成熟的市场,用于刹车盘的 C/C 占到世界 C/C 年产量的 63%。目前世界上已有 60 余种飞机采用了 C/C 刹车装置,欧美公司生产的民航飞机的刹车系统已基本用 C/C 盘取代钢盘。C/C 优异的高温性能更引人注目,飞机刹车时摩擦引起的温升高达 500 ℃以上,最苛刻的是中止起飞紧急刹车引起的温升超过 1 000 ℃,此时一架 B747-400 的刹车系统所做的功高达 1.755 GJ,瞬间转变的热能会使一些钢刹车片迅速达到熔点,而 C/C 的耐高温性能显示了极大的优越性。此外,C/C 刹车盘具有合适的摩擦系数和很好的耐磨性,不仅提高了刹车的可靠性而且大幅度提高了使用寿命。钢刹车盘一个周期仅可 300 次着陆,而 C/C 可以达到 1 500～2 000 次起落,寿命提高 5～6 倍。

　　作为热结构材料,C/C 在航空领域的应用目标是航空发动机的热端部件,如涡轮盘和叶片、燃烧室、喷油杆、内锥体和尾喷管调节片等。当航空发动机推重比达到 15～20 时,其工作温度高达 2 000 ℃,要求材料的比强度比目前高 5 倍,而发动机的重量在推重比 10 的基础上再降低 50%。如此苛刻的条件,目前除 C/C 外的其他材料都已无能为力,因此世界各发达国家在发展新一代高推重比航空发动机中,无一不是把 C/C 作为关键材料来竞相发展,国际上称之为黑色争夺战。早在 20 世纪 80 年代初美国就开始研制 C/C 涡轮盘和涡轮叶片,以后又先后进行了 F100 飞机发动机的燃烧室和喷管试验,JTD 验证机低压整体涡轮盘及叶片试验(运转温度为 1 649 ℃,比高温合金涡轮盘高出 555 ℃),还进行了 1 760 ℃地面超速试验。德国、俄罗斯和日本已相继成功研制涡轮外环和整体涡轮,但至今均未投入应用。根本原因是在发动机工作环境下的 C/C 长寿命防氧化技术尚未取得突破。此外,20 世纪 90 年代初,美国已在实施将 C/C 用于超高速飞行器的飞机结构材料的计划,以实现飞行器全 C/C 主结构的设计与制造。

13.5.2　碳/碳复合材料的性能特征

　　碳原子间的典型共价键结构,使 C/C 在惰性气氛下直到 2 000 ℃以上均保持着非常优异的高温力学和物理性能,因此其长时间工作温度可达 2 000 ℃。随温度升高,除导热系数略有下降外,抗拉、抗压、抗弯性能和比热容均增加,这些性能是其他结构材料所不具备的。虽然组成 C/C 复合材料的基体和纤维都是脆性的,但是其失效模式却表现为具有很大断裂功的非脆性断裂,其断裂机制是载荷转移、纤维拔出和裂纹偏转,赋予复合材料高的断裂韧性。一般认为 C/C 复合材料在一定载荷下,呈现假塑性的破坏行为,在高温下尤为明显。由于 C/C 的强度被基体很低的断裂应变所控制(0.6%),所以应选择模量较高的纤维。

　　C/C 复合材料的力学性能随纤维预制体的编织与排布和承载方向的不同而有较大变化。表 13-17 所列为 C/C 复合材料的力学性能,表 13-18 中列出了几种美国制造的 C/C 复合材料的性能数据。

表 13-17　C/C 复合材料的力学性能

性　能	PAN 基 单向纤维		PAN 基 纤维编织体		PAN 基 3D-C/C		Rayon 基 纤维编织体
	碳化	石墨化	碳化	石墨化	Z 方向	X,Y 方向	碳化
拉伸强度/MPa	850		350		300		60～65
拉伸模量/GPa	180		105		140	100	15
弯曲强度/MPa	1 350	1 100	350	250			190～200
弯曲模量/GPa	140	270	55	65			20～25
压缩强度/MPa	400	375	160		120		180～190
压缩模量/GPa			140		140		30～35
断裂功/(kJ·m^{-2})	80	40	20	13			5
密度/(g·cm^{-3})	1.55	1.75	1.5	1.6	1.9	1.9	1.4

表 13-18　几种美国 C/C 复合材料的性能

牌　号	纤维编织方式	ρ/(g·cm^{-3})	σ_b/MPa	E/GPa	$\alpha \times 10^{-6}$/℃$^{-1}$
3Dmod3	3D	1.65	103.4	41.3	1.9
T50-221-44	3D	1.9	237.2	57.9	1.45
G.E.2-2-3	3D	1.88	302	96.1	2.69
AS4	4D	1.92	208	79.9	

13.5.3　碳/碳复合材料的氧化行为

C/C 在空气中使用时,极易发生氧化反应:$2C+O_2 \longrightarrow 2CO$,即使在非常低的氧分压下,上述反应也有很大的反应驱动力。

一般将 C/C 的氧化分为三个区:在温度较低的Ⅰ区,氧化速度控制环节是氧与碳表面活性源发生的化学反应;在温度较高的Ⅱ区,氧化速度控制环节是氧通过碳材料的扩散;在温度更高的Ⅲ区,氧化速度控制环节是氧通过碳材料表面边界层的扩散。后来研究证实了氧化的三个区,并得出三个区的氧化活化能分别为 42.6 kJ/mol、20.8 kJ/mol 和 20.9 kJ/mol。上述由低温到高温氧化机制的转变温度一般在 600～800 ℃范围内。

C/C 的氧化受结构缺陷及碳化收缩在基体内引起的应力集中所制约。氧化一般随碳化温度的增加而增加,随高温处理温度(HTT)的增加而减少。HTT 对氧化的抑制是由于残留杂质量的降低、碳化应力的释放及反应活化源的减少,尽管 HTT 增加了开口孔隙率。但在不同的氧化条件下,并不总是遵循这一氧化模式。在高速烧蚀的情况下,纤维有可能比基体更容易氧化。压应力对氧化没有明显的影响,张应力由于增加了孔隙率和微裂纹密度,因而增加了氧化速度。

在 650～850 ℃范围内,碳纤维/均质碳基体复合材料的氧化速度比热解石墨和未增强的均质碳都要快,原因是纤维/基体界面存在大量的边界点和孔隙而处于高能状态,因而成为优先氧化区域。随后氧化的区域依次是层间、非均质碳基体、均质碳基体、纤维轴向表面、纤维末端,最后是纤维芯。

C/C 失效的原因有两种：未氧化 C/C 的失效是由层间及层内纤维束间的剥裂引起的突发性破坏；氧化首先损伤纤维与基体的界面和削弱纤维束，使 C/C 的失效具有较少层间剥裂和较多穿纤维束裂纹的特征，这说明氧化引起纤维束内的损伤比纤维束之间界面上的损伤更加严重。

13.5.4　碳/碳复合材料的防氧化

氧化对 C/C 的性能影响非常显著，氧化重量损失 10％，弹性模量和弯曲强度分别降低 30％ 和 50％，因此防氧化成为 C/C 应用的关键。C/C 的防氧化有材料改性和涂层保护两种途径，材料改性是提高 C/C 本身的抗氧化能力，涂层防氧化是利用涂层使 C/C 与氧隔离。

1. C/C 改性抗氧化

可通过对 C/C 改性来提高抗氧化性能。改性的方法有纤维改性和基体改性两种，纤维改性是在纤维表面制备各种涂层，基体改性是改变基体的组成以提高基体的抗氧化能力，但是改性的结果必然使抗氧化温度和寿命显著降低。

（1）C/C 纤维改性

在纤维表面制备涂层不仅能防止纤维的氧化，而且能改变纤维/基体界面特性，提高 C/C 首先氧化的界面区域的抗氧化能力。碳纤维表面涂层的制备方法很多（见表 13-19）。纤维改性的缺点是降低了纤维本身的强度，同时影响纤维的柔性，不利于纤维的编织。由于基体没有得到保护，因此纤维改性的抗氧化寿命是很有限的。

表 13-19　碳纤维表面的涂层及其制备方法

涂层方法	涂层材料	涂层厚度/μm
CVD	TiB、TiC、TiN、SiC、BN、Si、Ta、C	0.1～1.0
溅射	SiC	0.05～0.5
离子镀	Al	2.5～4.0
电镀	Ni、Co、Cu	0.2～0.6
液态先驱体	SiO_2	0.07～0.15
液体金属转移法	Nb_2C、Ta_2C、$TiC-Ti_4SN_2C_2$、$ZrC-Zr_4SN_2C_2$	0.05～2.0

（2）C/C 基体改性

基体是继纤维/基体界面氧化之后的主要氧化区域，因此基体改性是 C/C 改性的主要手段。基体改性有液相氧化（LPO）、固相复合、液相浸渍（LPI）和化学气相渗透（CVI）四种方法。

利用液相对 C/C 进行氧化，不仅能降低基体碳氧化的活性源，使基体得到钝化，还能在基体碳表面形成石墨氧化物层。液相氧化虽然工艺简单，但该 C/C 只能在 600 ℃ 以下使用，因为高温下表面的官能团（—C—OH、—CO_2H 和—C＝O）将会消失。固相复合是将抗氧化剂（如 Si、Ti、B、BC、SiC、TiB_2 和 ZrB_2、$MoSi_2$ 等）以固相颗粒的形式引入 C/C 基体。在氧化过程中能形成玻璃的抗氧化剂称为玻璃形成剂，其作用是对碳基体进行部分封填，不能形成玻璃的抗氧化剂称为聚氧剂，其作用是吸收扩散入碳基体中的氧。抗氧化剂是在浸渍碳化过程中以颗粒填料的形式掺入树脂或沥青而引入 C/C 基体。

液相浸渍是在制备结束后将抗氧化剂以先驱体的形式引入 C/C 基体，通过加热转化得到抗氧化剂，抗氧化剂可能是氧化物玻璃或非氧化物。形成氧化物玻璃的先驱体主要有硼酸、硼酸盐、磷酸盐、正硅酸乙酯等，形成非氧化物的先驱体主要是有机金属烷类。

在 C/C 制备的致密化阶段用 CVI 引入部分陶瓷基体,可以显著提高 C/C 的抗氧化性能。通常引入的陶瓷基体是 SiC,而引入部分 SiC 基体后 C/C 已经成为 C/C - SiC。因此,所谓抗氧化 C/C 实际上包含了介于 C/C 和 C/SiC 之间的广泛一族。SiC 含量增加,C/C - SiC 的剪切强度和抗氧化性能提高,韧性和使用温度下降。

2. C/C 的涂层防氧化

基体改性防氧化不仅寿命有限,而且工作温度一般不超过 1 000 ℃,对基体的性能影响也很大。在更高温度下工作的 C/C 必须依靠涂层防氧化,因此涂层是 C/C 最有效的防氧化手段。

作为航天飞机防热结构材料和飞机刹车盘摩擦材料的 C/C,其防氧化涂层研究始于 20 世纪 70 年代初,前者的防氧化涂层寿命达 1 650 ℃,30 h,后者达 1 100 ℃ 以下 300 个起落架次,这些都称为有限寿命的防氧化涂层。20 世纪 80 年代以来,高推重比航空发动机热结构 C/C 的长寿命防氧化涂层成为研究热点,但是至今尚未取得突破性进展。

(1) C/C 防氧化涂层制备的基本问题

制备 C/C 防氧化涂层必须同时考虑涂层挥发、涂层缺陷、涂层与基体的界面结合强度、界面物理和化学相容性、氧扩散、碳逸出等诸多基本问题(见图 13 - 8),正是这些基本问题决定了涂层一般都具有两层以上的复合结构。首先,涂层必须具有低的氧渗透率和尽可能少的缺陷,以便有效阻止氧扩散。其次,涂层必须具有低的挥发速度,以防止高速气流引起的过量冲蚀。再次,涂层与基体必须具有足够的结合强度,以防止热震环境引起的剥落。涂层还必须有效阻止碳的扩散逸出,以防止碳热还原反应对最外层氧化物的破坏。最后,涂层中的各种界面都必须具有良好的界面物理和化学相容性,以减小热膨胀失配引起的裂纹,并防止界面扩散和界面反应。

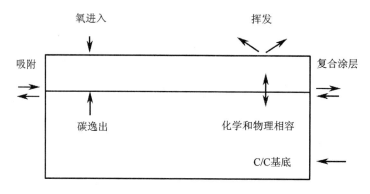

图 13 - 8　影响 C/C 防氧化涂层性能的因素

(2) C/C 的一般氧化特征

涂层 C/C 具有明显不同于 C/C 的氧化特征(见图 13 - 9)。涂层 C/C 氧化的门槛温度(T_T)与 C/C 一样,均为 370 ℃。涂层一般都是在一定的高温下制备的,该温度称为涂层制备温度(T_F)。涂层的极限使用温度(T_L)不但与涂层材料的性质有关,而且与涂层的寿命要求有关。在制备温度以下,涂层因与基体热膨胀失配而产生裂纹的温度称为裂纹生成温度(T_C)。裂纹生成温度到极限使用温度为本征防氧化温度区间,在这一温度区间涂层 C/C 与涂层的氧化行为一致。门槛温度到裂纹生成温度区间除了氧化的活化源减少以外,涂层 C/C

与 C/C 的氧化行为并没有本质区别。

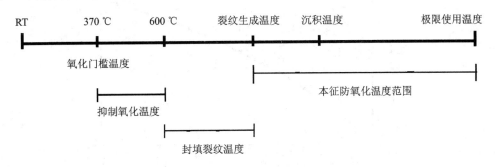

图 13 - 9　涂层 C/C 的一般氧化行为

（3）C/C 全温度范围的防氧化

缩短经过门槛温度到裂纹生成温度区间的时间可以有效防止 C/C 在这一温度区间的氧化，但根本的办法应该是在裂纹温度以下采取防氧化措施，以实现 C/C 的全温度范围防氧化。实现全温度范围防氧化的主要途径有裂纹封填、基体改性和无裂纹涂层等三种。

用来进行裂纹封填的玻璃主要有三类：B_2O_3 玻璃、P_2O_5 玻璃和 SiO_2 玻璃。一般玻璃封填的最低温度为 600 ℃，玻璃有效工作范围为 600～900 ℃，而且还要具有合适的黏度和足够的表面张力。

由于玻璃不能同时兼顾低温和高温，1 650 ℃以上 C/C 的全温度范围防氧化只能依靠基体改性和裂纹愈合。基体改性与涂层联合防氧化时，只有在引入部分非氧化物陶瓷基体才不至于对涂层 C/C 的使用温度产生太大的影响。

涂层裂纹是在冷却中受拉应力而产生的，因而消除裂纹可以从三方面入手：一是使涂层在受拉应力时能发生塑性变形而避免裂纹产生，用 Pt 和其他一些延性较好的金属制备涂层就是基于这样的考虑；二是提高基体的热膨胀系数（CTE）使其与涂层匹配，引入部分陶瓷基体能提高 C/C 的 CTE；三是提高 C/C 表面的退让性，在涂层与基体界面上增加软质过渡层能缓解涂层所受的热应力。

（4）环境对防氧化涂层性能的影响

涂层材料在不同的氧分压条件下具有不同的氧化行为，因而具有不同的防氧化性能。当界面气相总压力大于环境氧分压时，涂层材料在氧化过程中总是失重的，这种氧化称为主动氧化；反之，涂层材料在氧化过程有增重，称为被动氧化。显然，长寿命涂层材料本身的氧化应该是被动的。温度越高，界面气相压力越高，被动氧化的氧分压也越高。也就是说，氧化介质的氧分压越低，涂层材料的防氧化温度越低。Si 在空气介质中的防氧化温度可达 1 650 ℃以上，但在氧分压为 10^3 Pa 的氧化介质中，防氧化温度降低到 1 400 ℃以下（见图 13 - 10）。SiC 的氧化也是如此，只是 Si 氧化时界面气相产物是 SiO，而 SiC 氧化时界面气相产物是 CO 和 SiO。

（5）不同工作温度的防氧化涂层

1 500 ℃以下工作的防氧化涂层种类很多，但一般都具有简单的双层结构。典型的涂层有两种，一种由玻璃封填外层与陶瓷内层组成，另一种由陶瓷外层与玻璃或能形成玻璃的内层组成。第一种涂层中，陶瓷内层最常用的是 SiC 和 Si_3N_4，而封填玻璃通常使用 $SiO_2 - B_2O_3 -$ Na_2O 或 $SiO_2 - B_2O_3 - Li_2O$ 等经过改性的硅基玻璃。第二种涂层中，外层最常用的也是 SiC

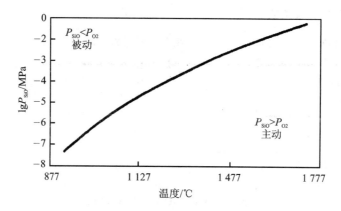

图 13-10　Si 被动氧化和主动氧化的热力学关系

和 Si_3N_4,内层玻璃通常也是硅玻璃,能形成内层玻璃的是 BN。当然,将内层和外层材料混合也可以制备低膨胀系数、具有裂纹封填能力的单层结构涂层。

　　1 500 ℃以上由于玻璃与 C/C 的界面气相压力大于 0.1 MPa,玻璃不能直接与 C/C 接触而需要碳化物内层。1 500～1 800 ℃工作的防氧化涂层的外层材料主要是硅化物,涂层结构可能有三种。第一种具有 SiC 过渡层和致密 SiC、Si_3N_4 外层的双层结构,第二种具有 SiC 过渡层和致密 SiC、Si_3N_4 外层及玻璃封填的三层结构,第三种具有致密 SiC、Si_3N_4 内层和玻璃封填层及致密 SiC、Si_3N_4 外层的三层结构。SiC 过渡层可以用固渗、反应烧结及有机硅烷浸渍热解等方法制备,致密的 SiC、Si_3N_4 层通常是用 CVD 工艺制备的。在 SiC 和 Si_3N_4 表面可以用 SiO_2 玻璃封填,航天飞机 C/C 防热系统的防氧化涂层就是用固渗 SiC 加上 TEOS 封填得到的。

　　在 1 800 ℃以上短时间(2 h 左右)工作的涂层是由 HfB_2、ZrB_2 等硼化物与 SiC 组成的复合涂层。1 800 ℃以上长寿命防氧化涂层有以下两种设想的涂层结构。

　　第一种是高熔点氧化物/SiO_2 玻璃/高熔点氧化物/碳化物(见图 13-11)。外层氧化物防止腐蚀和冲蚀;SiO_2 玻璃封填裂纹和阻止氧扩散;碳化物保证 C/C 与氧化物的化学相容性;内层氧化物提高碳化物与玻璃的化学相容性。制备这种涂层的主要难点是发展满足各层之间化学相容的制备工艺和协调各层之间的热膨胀匹配关系。

　　第二种是 Rh/Ir/碳化物。Rh 是阻止氧扩散能力很强的氧阻挡层;Ir 是 Rh 与碳化物的隔离层;碳化物是 Ir 与 C/C 的隔离层。制备这种涂层的成本非常高,工艺条件也很苛刻。

　　(6)C/C 防氧化涂层的制备方法

　　C/C 防氧化涂层的制备方法很多,主要有包埋(Pack Cementration)、化学气相沉积(CVD)、等离子喷涂(Plasmaspray)、溅射(Sputtering)和电沉积(Electro-deposition)等,其中最常用的是包埋和 CVD 法。

　　制备多层结构的复合涂层,需要根据每一层的材料特性和功能选择最佳制备方法,不同结构的涂层需要不同的制备方法组合。包埋法制备的涂层由于具有成分和孔隙率梯度,因而特别适合制备过渡层和界面层。CVD 制备的涂层均匀且致密度高,一般用于制备碳阻挡层和氧阻挡层。用 ZrO_2 等高熔点氧化物制备致密度要求高的氧阻挡层时,只能采用溅射等能在短时间内使涂层材料熔融的方法。

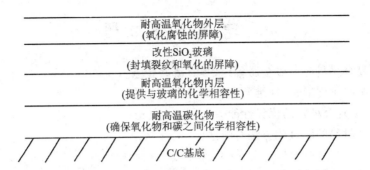

图 13-11　1 800 ℃以上长寿命 C/C 防氧化涂层的理想涂层系统

(7) 高温长寿命涂层的结构与性能

表 13-20 所列为一种涂层对 C/C 强度的影响。

表 13-21 所列为 1 650 ℃长寿命涂层的特征寿命。

图 13-12 所示为涂层的典型微结构。

表 13-20　涂层对 C/C 强度的影响

试验条件	强度/MPa					强度保持率/%
	1	2	3	4	平均	
无涂层	83.6	94.1	66.7	109.3	88.4	96.9
有涂层	77.4	89.2	96.0	80.3	85.7	

表 13-21　1 650 ℃长寿命涂层的特征寿命

氧化方式	氧化条件/℃	特征寿命/h
恒温氧化	1 600	168
	1 650	50
	1 700	4
热震氧化	1 500→100(沸水)	>50 次循环
热循环氧化	1 550→400	>30

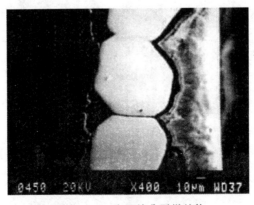

图 13-12　涂层的典型微结构

思考题与作业题

1. 金属基复合材料与一般金属相比,具有哪些特点?
2. 按照纤维的排列形式,纤维预制体的分类有哪些?
3. 简述碳/碳复合材料的优异性能。
4. C/C 复合材料的防氧化方法有哪些?

第 14 章　先进聚合物基复合材料[※]

14.1　引　言

　　复合材料是一类成分复杂的多相体系,目前还很难准确全面地予以定义。20 世纪 70 年代曾概括地定义为复合材料是由两个或两个以上独立的物理相,包括黏结材料(基体)和颗粒、片状材料、纤维等增强材料组成的一类固体产物。此后随着复合材料的广泛应用和人们在原材料、复合工艺、界面理论、复合效应等方面的实践和理论研究的深入,使人们对复合材料有了更全面的认识。现在人们可以更能动地选择不同的增强材料(颗粒、片状物、纤维及其织物)和基体进行合理的性能(功能和力学)设计(如宏观的铺层设计、微细观的界面设计等),再采用多种特殊的工艺使其复合或交叉结合,从而制造出高于原先单一材料的性能或开发出单一材料所不具备的性质和使用性能,如优异的力学性能、物理-化学多功能(电、热、磁、光、耐烧蚀等)或生物效应的各类高级复合材料。因此,"复合"涵盖的范围将更广。

　　以上只是从较直观的角度定义了复合材料,实质上所有复合材料均由三种基本的物理相组成,即增强材料构成的分散相,基体构成的连续相以及增强材料与基体相互作用形成的界面相(Interphase)。这三种相的结构和性能、它们的配置方式和相互作用以及相对含量决定了复合材料的性能,正是这种新材料开拓了材料科学的新领域,它已成为现代航空航天工业必不可少的结构材料和功能材料。

　　众所周知,在航空航天工业发展过程中,设计师一直在追求如何减轻飞行器的质量,因为飞行器的减重可带来极其可观的收益。例如:对一枚小型的洲际导弹弹头,减重 1 kg,在有效载荷不变的条件下可增加射程 15 km;又如,卫星结构质量降低可增如卫星有效载荷,从而获得更大利润。以国际通信卫星 V 号为例,其中心承力筒铝合金改为复合材料结构,可减轻 9 kg,仅此一项可使卫星增加 2 000 条通信线路,运行期间可增加赢利 3 000 万美元,相当于 330 万美元/kg 的收益。所以为了获得最高的收益,高速飞行器要求所用材料愈轻愈好。由于现代复合材料有高的比刚度和比强度,自然成为现代飞行器首选的结构材料之一。另一方面,同样重要的是,为了保证飞行器在天空和宇宙间飞行执行任务时有更强的生存能力和更多的功能,除了结构材料之外,还应用了各种功能材料,如吸波隐身材料、透波材料、含能材料、防热烧蚀材料等。由于现代复合材料具有可设计性、易于实现结构承载和功能一体化的优点,因此出现了许多功能/结构一体化的复合材料。其中最突出的例子是近年来作为隐身材料、导弹弹头多功能防热材料和全复合材料固体火箭发动机结构的各类复合材料。

　　从上述可见,现代复合材料发展的主要驱动力来自航空航天工业的需要和有关材料科学和工艺技术的最新发展和支持,如高聚合材料科学与材料工程学的发展对聚合物基复合材料的支撑和促进;反过来,复合材料技术的发展也促进了航空航天工业和材料科学的进步,两者相辅相成、密不可分。

14.1.1 聚合物基复合材料(PMC)的分类和特点

现代复合材料按基体材料类型可分为有机高分子的聚合物基、金属基以及无机非金属基三大类。PMC又可分为树脂基体和橡胶弹性基体。树脂基体处于玻璃态,因此树脂基复合材料具有较高的模量、强度和尺寸稳定性,可作为承力结构材料;而橡胶弹性体处于高弹态,可用作阻尼、隔音、含能(固体推进剂)等功能复合材料的基体。由于目前复合材料的优势在于用作结构材料,因此树脂基复合材料更为重要,甚至可认为它是聚合物基复合材料的代表。

PMC是从聚合物(高分子)材料学科中分流出来,并以聚合物科学和工程学为基础,融合其他相关学科发展起来的一门独立的学科。因此,高分子材料科学的发展必然促进和推动PMC的发展。事实上,近二十年来聚合物化学和物理及其加工工艺方面的成就,促进了棒状刚性链的聚芳酰胺(PPTA)和聚对苯撑苯并双噁唑(PBO)等的合成,并以液晶纺丝制得高强高模耐热纤维,以及对柔性链超高分子量聚乙烯的冻胶纺丝,使处于折叠状态的分子链伸直而得到的接近纤维理论模量值的高强度纤维,他们都是PMC的重要增强材料。另外,由热固性网状高分子与热塑性线性高分子形成半互穿网络结构对脆性的环氧和BMI(双马来酰亚胺)等热固性树脂基体的增韧改性成功,也是对树脂基体的一大贡献。此外,聚合物加工成型方面的进展(如集反应与加工于一体的反应加工、反应复合、反应共混等技术)对PMC重要成型技术之一的RTM(树脂传递模塑成型)系列复合工艺也是很大的促进。总之,上述这些进展对PMC的增强材料、基体和复合工艺等方面都起到互相促进的作用。

同样对复合材料界面工程的深入研究,也对PMC的界面形成和界面效应有了新认识。特别是界面所起应力传递作用,当复合材料受力时,树脂基体所受的应力通过界面传递给纤维,因此,纤维是主要的承载体,是决定复合材料力学性能(如模量和强度)的主要因素,上述情况只有当纤维和树脂形成足够强的界面黏结时才出现。如果界面黏结较弱,则界面将在低应力下断裂,其传递应力作用也就终止,因而不能充分发挥纤维的增强作用。由此可见,只有控制好界面的结构与性能才能获得最佳的复合效应。

复合材料界面的结构取决于纤维的表面性质和基体的性质。基体起着黏结纤维的作用,它和纤维表面的物理和化学作用构成了界面结构。此外,基体还是复合材料的连续相,因此在设计和制造复合材料时,选择好树脂基体是很关键的。

结构复合材料的基本特点是具有高的比模量、比强度和韧性,高的尺寸稳定性。因此需选择高性能的增强纤维和与之匹配的高性能树脂基体,并优化其复合工艺,才能得到预期性能的结构复合材料。

和其他基体的复合材料一样,聚合物基复合材料还可以按不同的原则分类,如表14-1所列。其中,功能复合材料是指除了具有良好的力学性能之外,还兼有物理性能(电、磁、光、热等)、化学性能(能源、分离等)和生物性能的复合材料。

表 14 - 1　聚合物基复合材料分类

分类方式	名　称
按纤维种类分	碳纤维复合材料 有机纤维复合材料 玻璃纤维复合材料 混杂纤维复合材料
按增强物的外形分	连续纤维复合材料 短纤维复合材料 纤维织物或片状填料复合材料 粒状填料复合材料
按使用性能分	结构复合材料 功能复合材料

聚合物基复合材料是在第二次世界大战后开始发展起来的,它的第一代是玻璃纤维/树脂基复合材料(俗称玻璃钢),第二代是以高强度、高模量为特征的碳纤维、硼纤维、芳纶纤维、超高分子量聚乙烯等纤维增强的复合材料,其性能明显优于第一代,被称为先进聚合物基复合材料(APMC),这类复合材料具有一系列的特征和优点。

1. 聚合物基复合材料的特征和优点

(1) 比强度、比模量高

纤维/聚合物复合材料最突出的优点是比强度和比模量高于其他结构材料。例如高模量碳纤维复合材料的密度约 1.6 g/cm^3,只有钢的 1/5、铝的 3/5,其比强度为钢的 5 倍、铝合金的 4 倍、钛合金的 3.5 倍以上;其比模量是钢、铝、钛的 4 倍甚至更高,各种纤维树脂基、金属基复合材料和金属材料的比强度与比模量见图 14 - 1。

(2) 耐疲劳性能好

金属材料的疲劳破坏常常是没有明显预兆性的破坏,而 PMC 中纤维与基体界面能阻止裂纹的扩展。因此,其疲劳破坏总是从纤维的薄弱环节开始,逐渐扩展到界面上,破坏前有明显的预兆。大多数金属材料的疲劳极限强度是其拉伸强度的 30%～50%,而碳纤维/树脂基复合材料的疲劳极限强度可达到其拉伸强度的 70%～80%。

(3) 减振性能好

受力结构的自振频率除与结构形状有关外,还与结构材料比模量的平方根成正比。由于复合材料的比模量高,因此,其结构件具有高的自振频率。同时,复合材料中的聚合物基体和界面,尤其是高韧性的树脂和橡胶基体,具有显著的振动阻尼特性。高的自振频率和阻尼决定了复合材料有很强的吸振能力,对相同形状和尺寸的梁进行振动试验表明,轻合金梁需 9 s 才能停止振动,而碳纤维复合材料量只需 2.5 s 就停止了同样大小的振动。

(4) 具有多种功能性

选择适当的基体和纤维,可使复合材料具有某种或多种功能性,例如选择具有高比热、熔融热和汽化热的聚合物基体(如酚醛树脂)制成的复合材料,在很高的温度下可以吸收大量的热能,这种具有防热功能的复合材料可作为航天飞行器的烧蚀防热材料。多功能聚合物基复合材料是当代航空航天材料发展的重点之一,将在后面详细论述。

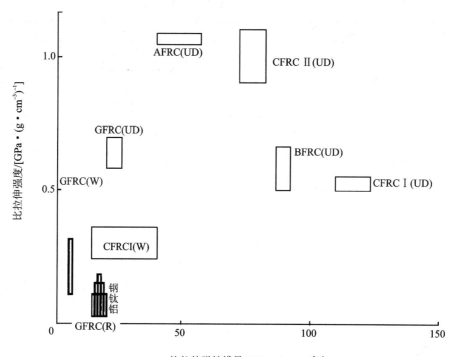

(UD)—单向；(W)—织物；(R)—无序纤维；Ⅰ—高模量纤维；
Ⅱ—高强度纤维；C—玻璃纤维；A—芳纶；C—碳纤维；B—硼纤维

图 14-1　各种工程材料的比强度及比模量

（5）各向异性及性能可设计性

纤维/聚合物复合材料的另一突出特点是各向异性以及与之相关的性能可设计性。纤维复合材料的性能除了与纤维、树脂的种类及体积含量有关之外，还与纤维的排列方向、铺层次序、层数密度以及编织（针织）方式等有关，因此可根据结构件的载荷分布及使用条件的不同，选取相应的材料铺层设计和各种编织方式来满足预定的要求，实现构件的优化设计。

（6）材料与结构的同一性

与一般工程材料不同，复合材料制造与制品成型是同时进行的，可实现制品的一次成型，适合于大面积、结构形状复杂构件的精确整体成型。这对于提高生产效率和制品的质量是很有利的。

（7）热膨胀系数小

在冷热交变时，尺寸稳定性好。

2. 聚合物基复合材料的缺点和问题

（1）耐湿热性较差

大多数聚合物基复合材料的最高工作温度为 230 ℃以下。例如：广泛使用的环氧树脂基复合材料，在干态工作温度大约 180 ℃，但在湿态下，工作温度降至 120 ℃，因此，开发湿热稳定性高的树脂基体一直是聚合物基复合材料研究的重点之一。

（2）材料性能的分散性较大

这与复合材料原材料的选择，制造过程中所发生的一系列复杂的化学反应、物理变化，以及文明生产、厂房环境等有关。实际上,复合材料制造的全过程都必须严格控制和检验,以保证制品质量的稳定性。

（3）价格过高

与其他工程材料相比,复合材料存在着价格过高的问题,这阻碍了它的应用,尤其是在民品中大量应用。这一问题已引起国际复合材料界的高度重视,并已开展了许多降低制品造价的研究,如降低原材料的成本,使用大丝束纤维、规范制造工艺,开发高效的制造技术等。

14.1.2　先进聚合物基复合材料在飞行器上的应用

PMC 从 20 世纪 50 年代末即用于航空航天部门,并在 20 世纪 70 年代后期迅速发展成为继铝、钢和钛之后的又一类结构材料。与此同时,还开发了许多具有重要功能的 PMC,成为航空航天部门不可替代的功能材料,可以认为,复合材料在飞行器的用量及其性能水平已成为飞行器先进性的重要标志之一。

复合材料在飞机结构中已大量采用,以战斗机为例,已应用部位几乎遍布飞机机体,包括垂直尾翼、水平尾翼、机身蒙皮以及机翼的壁板和蒙皮等。图 14－2 所示为国际上不同年代的飞机机体结构所用材料的变化情况。我国机体结构用材的差距主要表现在钛合金和复合材料的用量上。先进的 F－22 战斗机树脂基复合材料的用量为 24％。民用飞机的应用部位以次结构（如整流罩、固定翼和尾翼口盖壁板、发动机罩）以及飞机控制面（如副翼、升降舵、方向舵和扰流片）为主。在主结构方面,目前主要是高强中模 IM7 和 T800H 以上的碳纤维/高性能增韧 PMC 应用于尾翼、机身等部件上。

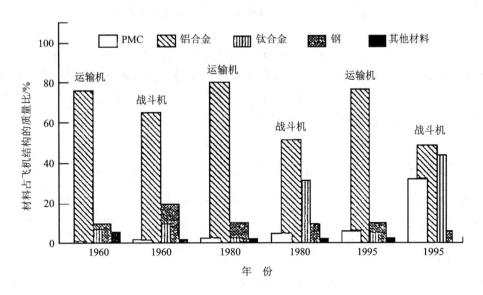

图 14－2　飞机结构材料用量比变化（含起落架）

复合材料在直升机结构中应用更广、用量更大,不仅机身结构,而且由桨叶和桨毂组成的升力系统、传动系统也大量采用树脂基复合材料。20 世纪 80 年代生产的海豚直升机,复合材料用量占结构质量的 25％;20 世纪 80 年代后期生产的虎式先进直升机和 20 世纪 90 年代开始原型机演示/验证的第五代直升机 RAH－66“卡曼其”,复合材料的用量更大。

PMC 在航天领域的导弹、运载火箭、航天器等重大工程系统以及其地面设备配套件中都

获得广泛应用,主要有以下几方面:

① 液体导弹的弹体和运载火箭箭体材料的推进剂贮箱(如"冒险星"X-33液氢贮箱)、导弹级间段、高压气瓶等。

② 固体导弹和运载火箭助推器的结构材料和功能材料,如仪器舱、级间段、弹体主结构(多级发动机的内外多功能绝热壳体)、固体发动机喷管的结构和绝热部件。例如:美国"MX""三叉戟""潘兴""侏儒"等导弹和法国"阿里安-5"火箭助推器的各级芳纶和碳纤维环氧基复合材料壳体及碳/酚醛、高硅氧/酚醛的喷管防热件。

③ 各类战术战略导弹的弹头材料,如战术导弹的弹头端头帽、战略远程和洲际导弹弹头的锥体防热材料,弹头天线窗的局部防热材料。

④ 机动式固体战略导弹(陆基和潜艇水下发射)和各种战术火箭弹的发射筒。

⑤ 卫星整流罩的结构材料(如端头、前锥、柱段、倒锥等)和返回式航天器(人造卫星、载人飞船)再入时的低密度烧蚀防热材料。

⑥ 返回式卫星和通信卫星用的复合材料构件有太阳能电池基板、支撑架,天线反射器、支架、馈源;卫星本体结构外壳、桁架结构、中心承力筒、蜂窝夹层板;卫星气瓶和卫星接口支架等。

⑦ 含能复合材料(固体火箭复合推进剂),所有的固体火箭发动机都采用不同能量级别的推进剂,它们是以热塑性或热固性高分子黏合剂为基体,其中添加氧化剂和金属燃料粉末(增强相)经高分子交联反应形成的复杂多界面相的填充弹性体的功能复合材料。

14.2 复合材料增强体材料

前面已指出,特别对飞行器而言,材料的密度尤为重要,因此要应用轻质高模高强纤维,由于材料的理论密度是其组分原子的原子序数和晶体结构等参数的函数,因而轻质纤维通常由低原子序数的元素或其基团组成,其中包括C、N、O、B和Si。B纤维已研制成功并得到了应用,但由于价格高,应用受限制。现在树脂基复合材料中应用的纤维主要是玻璃纤维、碳纤维,及有机纤维。

14.2.1 玻璃纤维

玻璃纤维是由二氧化硅和铝、钙、硼等元素的氧化物以及少量的加工助剂氧化钠和氧化钾等原料经熔炼成玻璃球,然后在坩埚内将玻璃球熔融拉丝而成。从坩埚中拉出的每一根线称为单丝,一个坩埚拉出的所有单丝经浸润槽后集合成一根原纱(又称丝束)。原纱是构成商品纤维和织物的最基本单位。

在制造玻璃纤维(原纱)过程中,浸润剂对纤维的质量有重大影响。它的作用主要是:作为黏合剂,把单丝黏结在一起;作为润滑剂,减少单丝间的摩擦系数,避免因摩擦作用导致纤维损伤;作为偶联剂,提高纤维和基体之间的黏结强度;作为润湿剂,促进树脂浸润。很明显,后三点对改善复合材料的界面性能起着重要的作用。

原材料的纯度和组成、配比不同,可制得不同性能的玻璃纤维。其性能列于表14-2,从表中可以看出,玻璃纤维的性能特点是高强度、低模量、高伸长率、低线胀系数、低导热系数。玻璃纤维的拉伸强度远远超出各类钢材的强度(1 010~1 815 MPa),其中强度最高的是高强

S 纤维,无碱 E 纤维(碱金属氧化物含量低于 2%)也有较高的强度。在航空航天工业中,主要应用这两种纤维。

表 14-2　玻璃纤维的性能

种　类		有碱 A	耐酸 C	低介电 D	无碱 E	高强 S	粗纤维 R	高模 M
密度/(g·cm⁻³)		2.46	2.46	2.14	2.55	2.5	2.55	2.89
力学性能	拉伸强度/MPa	3 100	3 100	2 500	3 400	4 580	4 400	3 500
	拉伸模量/GPa	73	74	50	71	85	86	110
	伸长率/%	3.6	—	—	3.37	4.6	5.2	—
	比强度/[GPa·(g·cm⁻³)⁻¹]	1.29	1.29	1.19	1.36	1.87	1.76	1.23
	比模量/[GPa·(g·cm⁻³)⁻¹]	30	31	24	28	35	34	39
热物理性能	线膨胀系数×10⁶/K⁻¹	—	8	2~3	5.0	5.6	4	—
	导热系数/[W·(m·K⁻¹)]	—	—	—	~1.0	~1.0	—	—
	比热容/[kJ·(kg·K⁻¹)]	—	—	—	0.8	0.74	—	—
	软化点/K	—	—	—	1 119	1 243	—	—
	应变点/K	—	—	—	889	1 033	—	—

与碳纤维和有机纤维相比,玻璃纤维有优良的氧化稳定性,但其强度随温度升高而降低,玻璃纤维在 200~250 ℃,强度无明显变化;超过 250 ℃,强度显著下降;在 400 ℃经 24 h 后,强度下降一半。玻璃纤维的熔融温度高达 1 200 ℃,故它具有短期耐高温性。

S 纤维具有高的强度、低的导热系数和高的短期耐热性,特别适宜作为耐烧蚀和绝热的结构复合材料;而 E 纤维和低介电 D 纤维由于有极低的介电损耗正切角,适宜作为透波结构复合材料。

玻璃纤维的主要缺点是模量低和密度大,其比模量远低于碳纤维和芳纶纤维。因此,在飞行器结构复合材料中,玻璃纤维应用相对要少。

另一种耐高温的高硅氧玻璃纤维,也是航天工程弹头和固体发动机中常用的耐烧蚀增强剂,它含有 96%~99% 的 SiO_2,可以由 E 玻璃纤维制品(纱或织物)经热处理玻璃分相后,再经盐酸缓冲液浸出处理,溶出 SiO_2 以外的组分,形成 SiO_2 达 96%~99% 的高硅氧纤维。用它增强的酚醛基复合材料是优良的烧蚀防热材料。

14.2.2　碳纤维

碳纤维是一种含碳量在 90% 以上、不完全石墨结晶化的纤维状碳素材料,它既具有一般碳素材料低密度、耐高温、耐腐性、导电、导热等特点,又具有各向异性、轴向拉伸强度和模量高、成丝状柔软可制造加工的特点。例如:对碳纤维经 2 500 ℃以上高温处理可得到碳含量 99% 以上、由乱层结构向三维有序结构转向的更高模量的高性能石墨纤维。

1. 碳纤维的制造

碳纤维的制造方法有两大类:有机纤维法和气相生长法。应用于聚合物基复合材料的碳纤维以有机纤维法制造为主。

有机纤维法制造的碳纤维(石墨纤维)有三种:聚丙烯晴基(PAN)碳纤维、粘胶丝基碳纤维及沥青基碳纤维。目前航空航天工业大都采用 PAN 和粘胶丝法制造的碳纤维,前者主要用于结构材料,后者用于烧蚀防热材料。

(1) PAN(聚丙烯腈)基碳纤维

PAN 制造碳纤维的工艺可分为三个阶段:

第一阶段称为预氧化。在这一阶段将一束 1 000~10 000 根或更多根的 PAN 原丝在施加张力的条件下于 200~300 ℃进行受控氧化。此时 PAN 线型分子发生脱氢、氧化和环化等复杂的化学反应而形成取向的梯形结构的高分子。

第二阶段为碳化阶段。预氧化后的纤维在氮气保护下通过温度为 1 000~1 500 ℃的多级炉,除去原纤维中大部分的非碳原子(这时有 CO_2、HCN、NH_3、H_2 和 N_2 等气体排出),获得含碳量为 80%~95%的六元碳环叠层结构的碳纤维。

为了制得高模量的碳纤维,可将碳纤维进行第三阶段的石墨化。石墨化是在 2 000~3 000 ℃的炉子中并对纤维施加较大的张力下进行的。这时非碳原子进一步被排除。随着后处理温度的提高,含碳量逐渐提高,碳纤维的密度和模量也不断提高。最终形成的碳纤维(有时称为石墨纤维)含碳量可高达 99%,并且具有石墨的结晶结构。

必须指出,碳纤维的性能取决于原丝的质量和生产工艺。原丝中裂纹、缺陷的数量和大小对纤维的强度有明显的影响。经多年的研究,现已较好地掌握了碳纤维的生产工艺,可控制工艺参数来使纤维的强度或模量最佳,从而制得高强度(HS 或 Ⅱ型)或高模量(HM 或 Ⅰ型)的碳纤维。用上述工艺制得的碳纤维,也需要涂敷浸润剂。常用的浸润剂是环氧树脂溶液,有时也用环氧树脂/固化剂体系。

研究表明,碳纤维尤其是石墨纤维,其表面惰性较大,与树脂基体的黏结较弱,不能充分发挥其增强作用。为此,发展了许多碳纤维的表面处理方法,常用的有氧化法(包括气相和液相氧化法),所用氧化剂包括氧(气相法)、硝酸和次氯酸等。后来,又开发了碳纤维的表面电解聚合涂层法和表面等离子处理法,这些表面处理法不同程度地提高了碳纤维与树脂的黏结,改进了复合材料界面。但是,由于研究表明,碳纤维尤其是石墨纤维,其表面惰性较大,与树脂基体的黏结较弱,不能充分发挥其增强作用,为此,发展了许多碳纤维的表面处理方法,常用的有氧化法、表面电解聚合涂层法和表面等离子处理法。这些表面处理法不同程度地提高了碳纤维与树脂的黏结,改进了复合材料界面,但是由于表面处理工艺大多比较复杂,有的还会引起纤维强度的降低,同时还需要控制纤维的处理程度以获得最佳的复合材料界面,这一切均导致纤维成本的进一步增加。

(2) 粘胶基碳纤维

首先由含纤维素的原料制成浆泊提取 α-纤维素,用 NaOH、CS_2 处理后得纤维素黄原酸钠,再溶解在稀 NaOH 中,成为黏稠的纺丝原液(粘胶),再经过滤、熟成、脱泡后进行湿法纺丝获得粘胶纤维。粘胶纤维经 400 ℃低温热解,1 500 ℃碳化得碳纤维,再经张力下 2 800 ℃高温石墨化即制成粘胶基石墨纤维。

粘胶碳纤维的密度低(1.78 g/cm^3)、热导率低(1.26 W/(m·K))、纯度高(碱金属杂质含量低于 $50×10^{-6}$)、工艺性能好,它不熔化、强度保持率高、有效烧蚀热大,常用于导弹弹头再入时高比热容、高热流密度下的烧蚀防热材料的增强剂。

(3) 沥青基碳纤维

以煤沥青、石油沥青经热致或溶致改性,脱除杂质和轻组分,经轻度缩聚得软化点为220~280 ℃,C/H 原子数比接近 1.70 的煤沥青、原子数比为 1.17 的石油沥青或合成沥青,调制至呈现一定的流变性,并使其化学组分和结构满足碳化和石墨化性能的要求。沥青有各向同性和中间相(或液晶相)两种,经熔融纺丝成沥青纤维,其中以中间相沥青纤维发展较快。将沥青纤维经过预氧化(200~400 ℃),纤维内部发生氧化脱氢、交联、环化和缩聚等化学反应,形成不熔化纤维,然后再送入碳化炉。

在纯氮保护下,于 1 000~1 600 ℃处理成沥青碳纤维,如再进石墨化炉,在 2 500 ℃以上温度处理成沥青石墨纤维。沥青基碳纤维的优势在于较经济以及具有较高的模量,但加工性和其他性能不如 PAN 碳纤维,故近年来发展速度有所放慢。

2. 碳纤维的性能

碳纤维最突出的特点是其比模量和比强度高。表 14-3 中列出了国外碳纤维的力学性能。其中,T300 是最先商业化的普通碳纤维,T300/树脂基复合材料已在飞行器上广泛作为结构材料使用。但是,随着飞行器性能的提高以及复合材料在飞行器上应用部位的扩大(从应用于次承力结构到应用于主承力结构),设计师们很快发现,T300 这一级的碳纤维某些性能(主要是拉伸强度和断裂应变)偏低,不能满足现代飞行器的减重和提高性能的要求,尤其是对机翼、机身等主承力结构更是如此。因此,在 20 世纪 80 年代,国外又开发了高强中模量碳纤维。

表 14-3　国外典型碳纤维的力学性能

碳纤维牌号	单丝数/根	拉伸强度/MPa	拉伸模量/GPa	断裂伸长/%	单位长度质量/tex(g/1 000 m)	密度/(g·cm⁻³)
T300	1 000 3 000 6 000 12 000	3 530	230	1.5	66 198 396 800	1.76
T400H	3 000 6 000	4 410	280	1.8	198 396	1.80
T700S	12 000	4 800	230	2.1	800	1.80
T800H	6 000 12 000	5 490	294	1.9	222 445	1.81
T1000G	12 000	6 370	294	2.1	485	1.80
T1000	12 000	7 060	294	2.4	448	1.82
M35J	6 000 12 000	4 700	343	1.4	225 450	1.75
M40J	6 000 12 000	4 410	377	1.2	225 450	1.77
M46J	6 000 12 000	4 210	436	1.0	223 445	1.84
M50J	6 000	3 920	475	0.8	216	1.88
M55J	3 000	3 920	540	0.7	212	1.93

碳纤维牌号	单丝数/根	拉伸强度/MPa	拉伸模量/GPa	断裂伸长/%	单位长度质量/tex(g/1 000 m)	密度/(g·cm⁻³)
M60J	3 000 6 000	3 920	588	0.7	100 200	1.94
M30	1 000 3 000 6 000 12 000	3 920	294	1.3	56 160 320 640	1.70
M40	1 000 3 000 6 000 12 000	2 740	392	0.6	61 182 364 728	1.81
M46	6 000	2 550	451	0.6	360	1.88
M50	1 000 3 000	2 450	490	0.5	60 180	1.91
UM55	6 000	4 020	540	0.7	360	1.91
UM68	6 000	3 300	650	0.5	360	1.93

高强中模量碳纤维的拉伸强度一般≥5 000 MPa(牌号见表 14 - 3),拉伸模量为 230～310 GPa。它具有如下特点:

① 很高的强度,强度值比 T300 高 50%～100%;

② 断裂应变较高,如目前应用较多的 IM7 和 T800H,其断裂应变比 T300 高 25%;

③ 与此同时,模量也比 T300 高 30%。

美国的"三叉戟-2"导弹、"侏儒"导弹、"飞马座"火箭以及"大力神-4"火箭的直径高达 3.10 m 的助推器,日本的"M-5"火箭第三级,法国的"阿里安-5"火箭改型都是用高强中模碳纤维复合材料。当前宇航级碳纤维价格在 60～300 美元/kg。已开发的碳纤维中强度最高的是 T1000,抗拉强度达 7.06 GPa,而固体发动机中实际使用的性能最高的美国 STARS 靶箭第三级(Orbus 1 发动机)所用的是 T800 纤维,纤维强度转变率为 87.4%,壳体的容器特性系数为 490 MPa/(g·cm⁻³),比同样尺寸的凯夫拉壳体轻 37.5%,比钛合金壳体轻 83%。但是,T1000 价格高昂,尚未被大量应用。而在卫星结构设计中,主要是在满足强度的条件下解决刚度同题,所以主要选用高模或超高模碳纤维,如 M60J 和 M46J 等。

碳纤维的热性能也具有显著的特点。其中最突出的是具有极高的潜在耐热性,当温度高于 400 ℃时,碳纤维出现明显的氧化反应。但在惰性空气中,即使温度超过 2 000 ℃,碳纤维仍具有承载能力,最高工作温度大于 2 500 ℃,远高于已知的其他纤维。为了提高碳纤维在空气中高温下的工作寿命,常常在碳纤维表面上涂敷抗氧化涂层。由于碳纤维有很高的耐热性并在高温下表面逐渐被氧化放出 CO、CO_2 等气体,故有优异的耐烧蚀性,可作为航天器的热防护复合材料的增强材料。

碳纤维的导热性呈各向异性,即平行于纤维轴方向的导热系数远大于垂直于纤维轴方向的导热系数。各种碳纤维的导热系数也不同。一般说来,高模量碳纤维的导热系数远远大于高强碳纤维,如 T300 为 6.5 W/(m・K),而 M40(高模)高达 85 W/(m・K)。

碳纤维的线膨胀系数也呈现显著的各向异性。其横向线膨胀系数为正值,为$(23\sim32)\times10^{-6}$/K。但平行于纤维轴方向(纵向)的线膨胀系数(α)存在着负值温区($\alpha<0$)和正值温区($\alpha>0$)。如对 T300,其负值温区的上限约为 100 ℃,高于 100 ℃,转变为正值温区。高模量碳纤维的负值温区大于高强碳纤维,而且前者的纵向膨胀系数小于后者,如 M40 和 T300 的常温纵向膨胀系数分别为 0.12×10^{-6}/K 和-0.80×10^{-6}/K。

碳纤维的另一特点是具有导电性。在常温下,高模量碳纤维的比电阻为 775 $\mu\Omega\cdot$cm,小于高强度碳纤维的 1 500 $\mu\Omega\cdot$cm。碳纤维的电动势为正值,而铝合金的电动势为负值。因此,当碳纤维复合材料与铝合金组合应用时会发生电化学腐蚀,应采取措施予以避免。

碳纤维具有一定的导电性还意味着它对电磁波具有反射和吸收双重作用。研究表明,改变碳纤维的成分降低其电导率,可以获得吸波(隐身)功能的纤维(如碳化硅纤维);或者通过与其他纤维(玻璃纤维、芳纶纤维)的适当混杂,可制得具有吸波功能的混杂复合材料。因此,可以认为碳纤维/树脂基复合材料有可能发展成为隐身-结构双功能复合材料。

碳纤维除了具有耐高温性能之外,还具有极好的耐低温性能,如在液氮温度下也不脆化。此外,它还具有耐水、耐油、抗辐射、吸收有毒气体和减速中子等特性。

碳纤维存在的问题是价格较高。目前价格较低的沥青碳纤维已研制成功,但其强度低于PAN 碳纤维。

21 世纪初,碳纤维正向着扩大生产、降低价格的方向发展,其中的主要措施之一是采用 48 K以上大丝束(LT)的纺织品级 PAN 作为原丝制造碳纤维,目前常规级(CT)和 LT 级两种纤维在产品性能和价格平衡之间的竞争相当激烈;还有一种措施是扩大碳纤维在航空航天产业以外的应用,扩大市场。

14.2.3　芳酰胺纤维

凡聚合物大分子的主链由芳香环和酰胺键构成,且其中至少 85％的酰胺基直接键合在芳香环上,每个重复单元的酰胺基中的氮原子和羰基均直接与芳香环中的碳原子相连接并置换其中的一个氢原子的聚合物称为芳香族聚酰胺树脂;由它纺成的纤维总称为芳香族聚酰胺纤维(简称芳酰胺纤维),我国定名为芳纶纤维。

芳酰胺纤维有两大类:全芳族聚酰胺纤维和杂环芳族聚酰胺纤维。

全芳族聚酰胺纤维按美国联邦贸易委员会所定的用词为 Aramid。它主要包括对位的聚对苯二甲酰对苯二胺和聚对苯甲酰胺纤维、间位的聚间苯二甲酰间苯二胺和聚间苯甲酰胺纤维、共聚芳酰胺纤维以及如引入折叠基、巨型侧基的其他芳族聚酰胺纤维。

杂环芳族聚酰胺纤维是指含有氮、氧、硫等杂原子的二胺和二酰氯缩聚而成的芳酰胺纤维,如有序结构的杂环聚酰胺纤维等。虽然可合成的高性能芳酰胺品种很多,但目前可供复合材料产业界实际应用的品种主要是聚对苯二甲酰对苯二胺(PPTA)、聚间苯二甲酰间苯二胺(MPIA)、聚对苯甲酰胺(PBA)和共聚芳酰胺纤维(含二氨基二苯醚的三元共聚以及含杂环二胺的三元共聚或多元共聚纤维)等。其中 MPIA(即国产的芳纶 1313、美国杜邦公司的 Nomex、日本帝人公司的 Conex)在复合材料中主要用作蜂窝结构用纸、绝缘纸和防火织物等,很少用作基体的增强材料,故不作重点讨论。

1. 聚对苯二甲酰对苯二胺(PPTA)纤维

PPTA 纤维(Polyparaphenylene Terephthalamide)是芳纶在复合材料中应用最为普遍的一个品种,美国杜邦公司于 1972 年推出 Kevlar 系列纤维后,荷兰 AKZO 公司的 Twaron 纤维系列、俄罗斯的 Terlon 等纤维相继投入市场,我国于 20 世纪 80 年代中期试生产此纤维,定名为芳纶 1414(芳纶Ⅱ)。

(1) 树脂和纤维制备

PPTA 分子的化学结构式如下:

$$-[CO-\bigcirc-CO-NH-\bigcirc-NH]_n-$$

相对分子质量高、相对分子质量分布又窄的 PPTA 聚合物是由严格等摩尔比的高纯度对苯二甲酰氯(TDC)或对苯二甲酸和对苯二胺(PPD)单体在强极性溶剂(如含有 LiCl 或 $CaCl_2$ 增溶剂的 N-甲基吡咯烷酮即 NMP 体系)中,通过低温溶液缩聚法或直接缩聚反应而得,然后溶于浓硫酸中配成临界浓度以上的向列型溶致液晶纺丝液,采取干-湿法纺丝。最后经洗涤、干燥或热处理,可以制得不同规格、不同性能、呈金黄色的纤维或着色纤维。

(2) 结构与性能的关系

芳纶纤维具有的优异力学、化学、热学、电学等性能是和其化学和物理结构密切关联的,而这些结构的形成又与聚合物合成和成纤的工艺过程有关。决定聚合物纤维性能的因素很多,既与化学组成、键接方式、分子质量等有关,又与链的聚集状态(如晶区中分子链的构象、结晶度等)有关,也与更高层次的纤维形态结构有关。

从化学结构看,PPTA 的分子链是由苯环和酰胺基按一定规律有序排列组成的,酰胺基的位置接在苯环的对位上,构成一种链节难以内旋转的大共轭体系,所以大分子链具有线型刚性伸直链(棒状)构型,从而使纤维具有高强度、高模量以及高耐热性。而大分子间由于酰胺基上的氢能够和相邻分子链酰胺基团中可供电子的羰基(—CO—)结合成氢键,构成准梯形聚合物。这种聚合物具有良好的规整性,因而具有高度的结晶性。在纺丝过程中,PPTA 在临界浓度的浓硫酸中形成向列型液晶态,大分子呈一维取向有序排列,成纤时在剪切力作用下极易沿作用力方向取向。采取干喷湿纺法液晶纺丝工艺可抑制卷曲或折叠链的产生,使分子链沿轴向高度取向,形成几乎 100% 的次晶结构。

PPTA 的晶体结构为单斜晶系,在每个单胞中含有两个大分子链。纤维中分子在纵向具有近乎平行于纤维轴的取向,而在横向是平行于氢键片层的辐射状取向。

PPTA 纤维还有微纤结构、皮芯结构、空洞结构等不同形态结构的超分子结构。纤维的这种更高层次的有序微纤形态的形成,以及微纤聚集成束和相互间条状微纤的相连也有利于纤维承担更大载荷,这些结构特点是形成各类 PPTA 纤维的不同强度、不同模量性能的基础。

(3) 品种和性能

PPTA 纤维具有高拉伸强度、高拉伸模量、低密度、吸能性和减振性好、耐磨、耐冲击、抗疲劳、尺寸稳定等优异的力学和动态性能,良好的耐化学腐蚀性、高耐热、低膨胀、低导热、不燃、不熔等突出的热性能以及优良的介电性能。

美国杜邦公司生产的 PPTA 纤维,注册商标为 Kevlar 系列。早期曾用名为 PRD-49 和 B 纤维等,20 世纪 70 年代中期后定名为 Kevlar 系列。Kevlar 纤维的第一代产品有 RI 型、29

型和 49 型;第二代 Kevlar Hx 系列纱有 Ha(高粘接型)、Ht(129,高强型)、He(100,原液着色型)、Hp(68,高性能中模型)、Hm(149,高模型)和 He(119,高伸长型)。表 14 - 4 中列出了这些 Kevlar 纤维的物理性能。

表 14 - 4　各种 Kevlar 纤维的物理性能

	Kevlar RI Kevlar 29	Kevlar Ht (129)	Kevlar He (119)	Kevlar Hp (68)	Kevlar 49	Kevlar Hm (149)
韧性/$(cN \cdot tex^{-1})$	205	235	205	205	205	170
拉伸强度/MPa	2 900	3 320	2 900	2 900	2 900	2 400
拉伸模量/GPa	60	75	45	90	120	160
断裂应变/%	3.6	3.6	4.5	3.1	1.9	1.5
吸水率/%	7	7	7	4.2	3.5	1.2
密度/$(g \cdot cm^{-3})$	1.44	1.44	1.44	1.44	1.45	1.47
分解温度/℃	~500	~500	~500	~500	~500	~500

2. 聚对苯甲酸胺(PBA)纤维

PBA 分子的化学结构式如下:

$$\text{\(\left[\right.\)CO} - \bigcirc - \text{NH\(\left.\right]_n\)}$$

我国于 20 世纪 80 年代初期曾试生产此纤维,定名为芳纶 14(芳纶Ⅰ)。

芳纶Ⅰ纤维和芳纶Ⅱ纤维的力学性能对比列于表 14 - 5。

表 14 - 5　芳纶Ⅰ纤维和芳纶Ⅱ纤维的力学性能对比

纤维名称		密度/$(g \cdot cm^{-3})$	拉伸强度/$(cN \cdot dtex)$	初始模量/GPa	延伸率%
芳纶Ⅰ	原丝	1.42	8.8~10.1	340~400	5.5~6.5
	热丝处理	1.46	16.0~17.7	903~1 062	1.5~2.0
芳纶Ⅱ	原丝	1.44	19.5~21.2	354~400	3.5~5.5
	热丝处理	1.45	19.5~21.2	624~703	2.5~3.5

虽然芳纶Ⅰ的拉伸强度比芳纶Ⅱ低约 20%,但拉伸模量却高出 50% 以上,接近于 Kevlar - 149 的水平。芳纶Ⅰ的起始分解温度 474 ℃比 Kevlar - 49 的 520 ℃低,但分解终点相近。芳纶Ⅰ在高温下的强度保持率优于 Kevlar - 49,热老化性能也好。这些性能用作某些复合材料的增强剂是很有利的。

3. 芳纶共聚纤维

采用新的二胺或第三单体合成新的芳纶是提高芳纶纤维性能的重要途径。加入第三共聚组分的对位芳酰胺共聚纤维,目前的主要品种有日本帝人公司的 Technora 以及俄罗斯的 CBM 和 APMOC 纤维。

（1）对位芳酰胺共聚纤维 Technora

分子结构式如下：

$$\text{—[NH—}\bigcirc\text{—NH—CO—}\bigcirc\text{—CO—]}_m\text{[NH—}\bigcirc\text{—O—}\bigcirc\text{—NH—CO—}\bigcirc\text{—CO—]}_n$$

纤维密度为 1.39 g/cm^3，拉伸强度为 2.46 N/tex(3.4 GPa)，拉伸模量为 51.9 N/tex (64 GPa)，断裂应变为 4.6%，吸水率为 2%，热分解温度为 500 ℃ 以上。

（2）聚对芳酰胺苯并咪唑纤维

当前俄罗斯商品牌号为 CBM 的芳纶纤维属芳杂环共聚芳纶，一般认为它们是在原 PP-TA 的基础上引入对苯撑苯并咪唑类杂环二胺，经低温缩聚而成的三元共聚芳酰胺体系，纺丝后再经高温热拉伸而成。

CBM 的分子结构式如下：

$$\text{—[NH—}\bigcirc\text{—N=C—}\bigcirc\text{—NH—CO—}\bigcirc\text{—CO—]}_n$$

APMOC 是 PPTA 溶液和 CBM 溶液以一定比例混合抽丝而得到的一种过渡结构。通过纤维结构的改变和后处理工艺的调整，可得到一系列性能不同的 APMOC 纤维。

据介绍，CBM 结构中含有苯并咪唑环，形成更为稳定的化学结构，它是一种非晶型的高分子结构，因此，APMOC 兼有结晶型刚性分子和非晶型分子的某些特征。APMOC 纤维的性能明显优于以 Kevlar - 49 为代表的 PPTA 纤维，并且由于其分子链中的叔胺和亚胺原子易于与基体中的环氧官能团作用，故纤维/基体界面可能形成比较牢固的网状结构。相关研究表明，APMOC 复合材料的层间剪切强度比 Kevlar - 49 复合材料要高出 25% 以上。APMOC 纤维是目前世界上性能最好的芳酰胺纤维之一，它的高比强度、高比模量和优异的热性能，使它在先进复合材料领域获得广泛应用。

4. 芳纶纤维的新发展

尽管以 PPTA 为代表的芳纶纤维因其特殊结构而具有许多优良的力学、热学、化学等性能，然而由于结构和成型方法等方面的原因，该纤维也存在耐光性较差、溶解性差、抗压性能低、吸湿性较高等缺点，为弥补其缺陷，赋予芳纶纤维新的优良性能，目前正在进行的研究如下：

① 继续对 PPTA 引入第三组分进行共聚（接枝共聚、嵌段共聚）、共混等改性研究。

② 新型芳纶纤维的合成。采用新的二胺或二甲酰氯单体合成新型芳纶、在分子主链结构上引入柔性、庞大体型的基团，合成含有联苯基和联萘基等结构的芳纶。在对纤维结构和断裂模式深入研究的基础上合成出新型芳纶，向获得接近理论强度和刚性的方向发展。

③ 功能型芳纶的开发，如 PPTA/(PAn)导电纤维、间位芳纶和对位芳纶混纺阻燃防护纤维、舒适性着色纤维等，拓宽芳纶的应用领域。

14.2.4 芳杂环纤维

芳族纤维除前面所述的芳纶(聚芳酰胺)外，还包括聚芳酰肼、聚芳酯、聚芳甲亚胺、聚芳酰亚胺、聚芳杂环等。近年来，由于分子设计和工艺技术的突飞猛进，新型高性能芳族纤维层出不穷,成为材料领域中十分活跃的一个分支,通常称为 21 世纪超级纤维。这些纤维都是典型的液晶高聚物,尽管开发程度不同,但已呈现高强度、高模量、高耐热性能的共同特点。其中开发程度较高的是聚芳酯、聚芳酰亚胺和聚芳杂环纤维。聚芳酯纤维强度、模量、热稳定性和 Kevlar 相当,耐辐射和耐酸碱性能更优,成本亦和 Kevlar 相同,已呈普及应用之势。聚芳酰亚胺耐热性能优异,强度和模量也相当优良,和聚酰亚胺树脂复合后将是优良的高温结构材料,但成本很高。

考虑到 PPTA 及 PBA 等芳酰胺分子中的酰胺键具有较柔软的键角变化,对应较大的分子变形未能充分发挥苯环的刚直性,所以又发展了 PBO 系列的新一代聚芳杂环高强高模纤维。

聚芳杂环是芳族纤维中力学性能最优的,其分子结构的主要特征是主链由芳杂环和亚芳基组成,常见的分子通式如下:

式中 A_{r1} 和 A_{r2} 均为均为芳环,可以相同也可以各异。X 是杂环元素,当 X 为 N 时即为咪唑系列,当 X 为 S 时为噻唑系列,当 X 为 O 时为噁唑系列。现已开发的品种中,以 PBZT 和 PBO 为最优,尤以 PBO 的性能最为突出,受到各国普遍重视。这些纤维由于杂环亚芳基的化学结构确保了它们的硬棒状轴对称分子结构,加上极高的相对分子质量、液晶纺丝和高温处理,使得其在各方面性能特别优异。目前的主要问题是单体原材料尚未上批量,聚合和纺丝等工艺也比较困难,因而成本较高。

PBO 正式名称是聚对苯撑苯并双噁唑,简称为聚苯并双噁唑,起初由美国斯坦福研究所(SRI)在空军资助下研制成功,后来道氏(DOW)化学公司取得许可证,并进一步开发了新的单体合成路线和聚合技术,随后又和日本东洋纺公司合作于 1994 年共同开发了一种独特的纺丝技术,1995 年完成试生产,纤维强度已达到 5.8 GPa,模量为 280 GPa。表 14 - 6 列出了 PBO 纤维性能。最新资料表明,PBO 纤维抗拉强度现已达 7 GPa,弹性模量为 300~400 GPa,成为当今比强度和比模量最高的增强纤维,已明确的用途有 20 多种。在固体火箭发动机壳体方面,美国布伦斯维克(Brunswick)公司已用 5.8 GPa 级 PBO 纤维进行缠绕容器的综合研究,共缠绕 6 台内径为 250 mm 的球形高压容器,实测平均爆破压强为 91 MPa,纤维应力为 4.73 GPa,纤维强度转换率为 86%。复合材料特性系数与同样强度(5.65 GPa)的 T - 40 相比,要高出 31%。此外,由于 PBO 纤维在高温、高压和严酷化学环境下的稳定性、耐烧蚀性能优异,残炭强度高,因而亦已考虑作为绝热层候选材料。这种新型超级纤维的成功应用将对火箭发动机的性能产生重大影响。PBO 的缺点是压缩强度低,与树脂基体黏结性能差,目前正在改进;下一步成本也会有明显降低。

表 14 - 6 PBO 纤维性能

性　　能	常规型（AS）	高模量型（HM）
抗拉强度/GPa	5.8	5.8
比强度/[GPa·(g·cm^{-3})$^{-1}$]	3.7	3.7
弹性模量/GPa	180	280
比模量/[GPa·(g·cm^{-3})$^{-1}$]	115	180
断裂伸长/%	3.5	2.5
吸水率/%	2.0	<0.5
压缩强度/MPa	58.8	
密度/(g·cm^{-3})	1.56	
氧指数/%	68	
热膨胀系数×10^6/℃$^{-1}$	—6	
热分解温度/℃	650	
370 ℃下失重/(%·h^{-1})	0.06	

14.2.5　超高模量聚乙烯纤维

普通聚乙烯是具有柔性链层间结构的半结晶聚合物,分子质量通常为 $0.5\sim5\times10^5$,高分子链存在大量对强度无贡献的弯折链,因而强度很低。20 世纪 80 年代初人们采用分子质量极大$(1\sim5)\times10^6$ 的聚乙烯通过高拉伸率凝胶纺丝法或拉挤法,制成高分子链有序取向的伸直链聚乙烯纤维,取得巨大成功,称为超高分子质量或超高模量聚乙烯(UHMPE)。图 14-3 所示为 UHMPE 和普通聚乙烯的结构比较。在拉伸初始阶段,高聚物结晶层破坏成为小结晶块,它们沿着拉伸方向与无定形区交替形成原纤。连接着不同层晶的分子变成晶块间的连接分子,位于原纤的边界层。进一步拉伸时原纤产生剪切变形,同时完全伸直的链节分子数增加,在较高的拉伸温度下排列整齐的链节分子结晶成长为伸直链结晶,其分子结晶间的链节是—CH$_2$—CH$_2$—,具有 C—C 主链化学键,结合强度很高,且结晶取向度接近 100%。

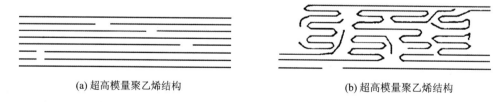

(a) 超高模量聚乙烯结构　　　　　　　　(b) 超高模量聚乙烯结构

图 14 - 3　超高模量聚乙烯和普通聚乙烯结构比较

影响 UHMPE 纤维性能的主要因素是相对分子质量和制造时的拉伸比,此外还要严格控制拉伸阶段和工艺温度。一般情况下,拉伸比越大,分子取向度就越高,纤维强度和模量也就越高。通常采用的凝胶纺丝法是将相对分子质量为 10^6 量级的聚乙烯,在拉丝前溶于溶剂以减少分子链的缠结,提高取向度。拉伸比为 200 时,纤维抗拉强度为 3 GPa,弹性模量为 172 GPa。据经验公式估算,相对分子质量为 1.5×10^6 的聚乙烯纤维,其拉伸强度理论值为 $7.4\sim8.5$ GPa。当前已商品化的品种主要是美国 Allied Signal 公司生产的 Spectra 系列,荷兰 DSM 公司和日本东洋纺公司联合生产的 Dyneema 系列（见表 14 - 7），抗拉强度最高的 SK - 77 已达 4 GPa。

表 14 - 7　超高模量聚乙烯纤维性能

性　　能	Spectra 900	Spectra 1000	Dyneema SK - 66	Dyneema SK - 77
直径/μm	38	27	20	
密度/$(g \cdot cm^{-3})$	0.97	0.97	0.97	0.97
抗拉强度/GPa	2.59	3.0	3.3	4.0
比强度/$[GPa \cdot (g \cdot cm^{-3})^{-1}]$	2.67	3.09	3.46	4.20
弹性模量/GPa	121	172	101	140
比模量/$[GPa \cdot (g \cdot cm^{-3})^{-1}]$	121	177	106	147

超高模量聚乙烯纤维最大的优点是密度低（0.97 g/cm³），约为碳纤维的 1/2，因而它的比强度已超过当前在用的高档碳纤维 T800。目前主要应用于绳索和防弹制品，同时也考虑将其用于纤维缠绕固体发动机壳体和高压容器。

超高模量聚乙烯纤维用于复合材料的关键问题是要提高与树脂基体的粘接强度，因为聚乙烯属于非极性聚合物，表面能低，树脂的浸润性很差。通常采用纤维表面处理方法解决，目的是清除或强化弱边界层，在纤维表面引入羧基、羰基、羟基等极性基团，使惰性表面层活化。已使用的表面处理方法有：化学试剂浸蚀法、等离子处理改性、辐射接枝处理（紫外线、γ 射线、电子束）、电晕放电处理、光氧化处理、光致交联处理等，都已获得不同程度的进展。同时各国还都在努力采用新型催化聚合技术和控制分子取向度技术来促进它的高强度化；采用高浓度化技术、无溶剂化技术、高速纺丝和拉伸技术来降低成本；开发提高耐热性和抗蠕变性能的技术。我国近年来也在开发这种纤维，并已建成年产量近 1 000 t 的生产线。

14.2.6　增强织物

目前除连续纤维及短切纤维直接用作增强材料外，为了克服上述复合材料横向性能差、层间剪切强度低和不耐冲击等弱点，在先进 PMC 制造中大量采用二维和三维结构的织造物作为增强材料。图 14 - 4 所示为编织及纤维结构分类图。

结构增强织物大致分为以下两类：

第一类是二维（2D）结构的各种二轴向和三轴向的机织、针织和编织的布和以短切纤维或连续纤维制成的各种毡（包括编织毡、混杂毡等）。

第二类是近期在航空航天复合材料领域中愈来愈受重视的整体织物（立体织物），包括三维（3D）机织、针织、编织和非织造制品以及由第一类二维织物用穿刺、缝纫等方法将上述布或毡裁剪而成的组件组合在一起形成组合式增强织物和整体毡等。

这类三维编织物的概念是在 20 世纪 60 年代后期提出的，20 世纪 70 年代美国曾发展全向编织法（Omniweave），20 世纪 80 年代初又发展了磁导编织法（Magnaweave）和磁旋缠法，此后新的编织方式不断探索，不断发展。当前是三维四步编织法和二步编织法为主流。四步法结构是四根纱束以对角线方向交织在一起，并以对角线方向从一个单元进入另一个单元。四步编织法其纱线的一个运动循环中分为四步：第一步是不同行的纱线交替地以不同的方向向左或向右运动一个纱线位置；第二步是不同列的纱线交替地以不同方向向上或向下运动一

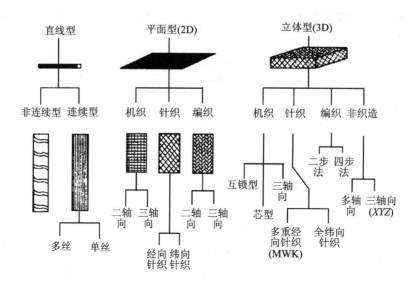

图 14-4　编织及纤维结构分类

个纱线的位置;第三步和第四步运动分别与第一步和第二步对应,方向相反。纱线不断重复上述四个运动,再加上打紧运动和织物输出运动就可完成编织过程。两步编织法采用两组基本纱线,一组是固定不动的轴向纱线,另一组是编织纱线。

　　三维编织能获得各种规则形状及异形实心的、无接缝的完整结构,并且能织成由不同纤维(如有机、无机和金属)构成的多层整体构件,可以作为航空航天多功能复合材料预成型体。

　　以名为"全自动织造机"织造的机织物也是近几年航天导弹弹头和固体火箭机喷管喉衬常用的三维编织物。它是由碳纤维通过拉挤法制成的刚性塑料细棒插在圆筒形芯模上成为径向,轴向为直布纱线,周向为呈螺旋卷缠纱从而构成软硬混编的三维织物,也可以由经纱、纬纱、垂纱立体正交形成全软编织物,以及三向全由刚性棒有规律地装配而成的全硬编织物。

　　此外,还有用其他方法制造增强织物预成型体,如美国 ARC 公司利用四轴微机控制的双绕丝嘴(两台相对小车)纤维缠绕机进行独特的纤维铺层,形成层内锁(Layer Interlock)的三维整体增强织物。最近,美国 Storage Tek 复合材料公司提出了一种结合纤维缠绕和 RTM 技术制造增强织物的方法。这种织物纤维含量高,纤维排布精确,并可直接利用缠绕芯模装入RTM 模腔内成型。

　　实际上,在当前先进的 PMC 成型工艺中(如 RTM 系列和拉挤成型等),应用最多的是第一类平面织物和第二类 2D 织物铺叠一定厚度后用芳纶线在专用的能缝厚料的快速,或多头的链式(或锁式)缝纫机上缝合成 2.5D 和 3D 立体织物。这是一种既立足于现有成熟原材料,又能满足高性能使用要求的经济实用的预成型件制造工艺,已在大型飞机结构件上获得成功应用。

14.3　复合材料聚合物基体材料

　　原则上,所有聚合物都可作为复合材料基体。但对航空航天用的先进复合材料而言,选用的聚合物基体都应该是高性能的,即除了具有良好的工艺性能之外,还应具有优良的力学性能

(强度、模量和韧性)和环境稳定性(其中最重要的是湿热稳定性)。此外,在许多情况下,还要求聚合物基体具有某种功能性。这样一来,高性能树脂基体的种类就要少得多。

树脂基体按其在成型中的行为可分为热固性树脂和热塑性树脂。

热固性树脂实际上是含有多官能基的小分子化合物(有时称为预聚体),具有可溶和可熔性质。将它加热至某一温度范围时,树脂熔融和流动而被塑化,在塑化过程中,树脂分子链上的官能基起固化反应从而使分子链扩链、支化(分子质量增加)和交联,最终形成交联(体形)结构的大分子。

相反,热塑性树脂是一种高分子量的聚合物,具有高的熔点和熔融黏度,将它加热至熔点以上而流动塑化,冷却后重新形成固体状态的聚合物。因此,它在成型过程中,基本上不发生化学反应,只发生物理状态的转变。

这两类树脂作为复合材料的基体各具特点:

热固性树脂的特点是易于浸渍纤维以制造预浸料(通常采用溶液法和热熔法),固化温度和固化压力较低,复合材料具有高的强度、模量和尺寸稳定性及高耐热性;主要缺点是材料不能反复成型,成型周期长,材料的脆性大,很难回收再利用。

热塑性树脂作为高性能基体发展较晚。其最大的优点是复合材料的韧性高,挥发份(是指样品在规定条件下隔绝空气加热,样品中的有机物质受热分解出一部分相对分子质量较小的液态)、可凝物少,材料可反复成型;制造工艺周期短和容易回收再利用;但存在着预浸料制造困难、成型温度很高、成型压力大的缺点。

热固性树脂基体研究由于较早,性能数据积累较完整,制造工艺较为成熟,是目前应用最为广泛的树脂基体,其主要品种有环氧树脂、酚醛树脂、双马来酰亚胺树脂、聚酰亚胺树脂和氰酸酯树脂,本节将重点介绍这些树脂。

14.3.1　环氧树脂

环氧树脂是开发最早、应用最广的高性能树脂基体。它具有优良的工艺性和与增强纤维的黏结性,固化树脂具有高的强度和模量。此外,环氧树脂还具有品种多、适应面广和价格低的特点,不仅在航空航天而且在其他部门均获得了广泛的应用。

环氧树脂基体主要由环氧树脂、固化剂以及其他改性剂组成。在设计环氧树脂基体时,首先要选好环氧树脂和固化剂。

1. 环氧树脂

环氧树脂是指分子中含有两个或两个以上环氧基团的有机化合物。除个别之外,它们的分子质量都不高。环氧基是活泼的基团,可以位于环氧树脂分子链的末端、中间。环氧树脂正是通过其环氧基与多种固化剂发生交联反应而形成体型结构的高聚物。

(1)二缩水甘油醚树脂

二缩水甘油醚树脂是一类多品种的环氧树脂。其中最常见的是双酚 A 二缩水甘油醚(俗称双酚 A 型环氧树脂),是一类通用性环氧树脂,其结构式如下:

式中，聚合度 n 是平均值。通常当 $n<2$ 时，环氧树脂呈液体状态，其黏度随 n 值的增加而增加。

双酚 A 型环氧树脂具有低黏度、力学性能高、价格低等优点。它只有与一些特殊的固化剂（如芳香二胺）配合之后才能作为高性能树脂基体，但耐热性不高，其工作温度低于 100 ℃。为了提高二缩水甘油醚树脂的耐热性，可在其分子结构上引入更多的芳香环，以提高分子链的刚性。以此为思路，国外合成了许多不同结构的高性能二缩水甘油醚树脂，已实际应用。

（2）多缩水甘油醚树脂

多缩水甘油醚树脂是一类多官能团的环氧树脂。其中典型品种为线性酚醛环氧树脂，其结构式如下：

商品酚醛环氧树脂随聚合度 n 不同，处于液体至固体状态，具有低的软化点（24～45 ℃），其官能度为 2.3～6.0。因此，固化物的交联密度大，具有优良的热稳定性、力学强度、电绝缘性和耐腐蚀性。

除了酚醛环氧树脂之外，还开发了一系列的多缩水甘油醚树脂。这些树脂大多具有较高的软化点、更高的耐热性或者较小的吸水性，或者较为柔韧。例如：双酚 A 酚醛环氧树脂与普通酚醛环氧树脂相比，不仅固化物的耐热性更高，并且具有良好的综合性能。又如：二环二烯酚醛型，由于其分子骨架中导入了环戊二烯而具有较好的韧性。

（3）缩水甘油胺树脂

这是一类高性能复合材料常用的环氧树脂。它具有流动性好、耐热性高的特点，但由于其分子中含有—N—基，使树脂的吸湿率较大。其通式如下：

缩水甘油胺树脂系列中最典型的是—Ar—为 $>$N—〇—CH$_2$—〇—N$<$ 的 4,4′-二胺基二苯甲烷四缩水甘油胺（TGDDM），其商品有 Ciba 公司的 Araldire My720、721 和国产商品 AG - 80。TGDDM 与适当的固化剂如 DDS 配合，所得树脂基体普遍应用于航空航天复合材料。这种树脂基体具有高的耐热性，其 T_g 最高达 265 ℃。

缩水甘油胺树脂另一代表是—Ar—为 $>$N—〇—O— 的对氨基苯三缩水甘油胺（TGAP），其商品有 Ciba 公司 Aradite MY 0500、0510 和国产 AFG - 90。这种树脂的特点是它的黏度小，固化速度非常快，故常常作为降低黏度和提高固化反应活性的改性剂和其他环氧树脂混用。

2. 环氧树脂的固化剂

环氧树脂分子上的环氧基可在固化剂作用下通过不同的聚合机理形成体型高聚物。其中环氧基与固化剂的逐步加成聚合在实际应用中更为重要。作为这类固化剂的化合物都含有活泼氢,其种类有多元胺、多元硫醇、多元酸和酸酐以及多元酚等。上述固化反应可被酸或碱催化。选择与之匹配的固化剂及其用量,是决定环氧树脂基体性能的基本因素。

下面介绍一些高性能环氧树脂基体常用的固化剂。

(1) 双氰胺

双氰胺是一种应用很广的固化剂,它对含羟基的相对分子质量较高的双酚 A 型环氧树脂特别适宜。它的特点是,与环氧树脂组成的体系有很长的贮存期(在室温下贮存期为半年以上)。当加热到 145～165 ℃时快速固化,因此是一种很好的固化剂。

双氰胺的熔点较高(208 ℃),且不溶解在环氧树脂中,通常以粉末形式与环氧树脂混合,形成两相体系,这是双氰胺固化剂的缺点。为了解决双氰胺不溶于环氧树脂的问题,研究人员研制了一些改性双氰胺,但尚未普遍应用。

双氰胺和作为催化剂的一些脲衍生物配合,可使环氧树脂的固化温度降至 125 ℃左右。所用的脲衍生物如下:

(Monuron)　　　　　　(Diuron)

以双氰胺/脲衍生物固化体系和双酚 A 型环氧树脂组成的中温固化树脂体系广泛用于复合材料,这种复合材料的工作温度较低(80 ℃),可应用于飞行器的结构件。

(2) 芳香族二胺

芳香族二胺是环氧树脂的常用固化剂。典型的有 4,4'-二胺基二苯甲烷(DDM)和 4,4'-二胺基二苯砜(DDS)。这类固化剂的主要优点是固化后环氧树脂具有较高的耐热性。

DDM 和 DDS 属于环氧树脂高温(150～180 ℃)固化剂,特别是用于固化耐热的环氧树脂(如 TGDDM、酚醛环氧等)。DDM 的主要缺点是树脂体系的贮存期短(室温下经 8～12 h 会凝胶)。相反,DDS 具有较好的潜伏性,而且毒性小,因而应用更广。由 TGDDM/DDS 组成的树脂基体广泛应用于航空航天飞行器的结构件。这种复合材料的工作温度,干态为 177 ℃,湿态为 130 ℃。

为了改善环氧树脂基体的韧性和湿热性,近年来开发了一些多苯醚二胺固化剂,如下:

3. 环氧树脂的增韧剂

作为复合材料基体,仅由环氧树脂/固化剂组成的树脂体系脆性较大,在冲击下易开裂。为此,必须对其进行增韧,才能作为高性能复合材料基体。

　　过去常用的增韧方法是在环氧树脂中加入适量的含活性基的液体橡胶,如端羧基丁腈橡胶。这类橡胶增韧虽能大幅度提高树脂的韧性,但同时导致树脂的耐热性和模量显著降低。有报道推荐核壳橡胶作增韧剂可消除这一弊端。近年来多采用高性能热塑性树脂增韧的方法。这种方法较为理想,克服了耐热性和模量显著下降的弊端。用于环氧树脂增韧剂的高性能热塑性树脂主要有聚醚砜(PES)、聚醚酰亚胺(PEI)以及聚芳醚酮(PEK)。这些树脂可以是高聚物或者是低相对分子质量的含活性端基的齐聚物。采用前者作增韧剂的缺点是树脂体系的黏度较大,流动性差,导致复合材料的固化成型工艺性不佳。因此,发展趋势是采用含活性端基的齐聚物,它不仅具有较低的黏度,而且由于其端基能参与环氧树脂的反应而使两者键接强度增加,从而提高了树脂体系的力学性能。

　　环氧树脂的增韧效果取决于热塑性树脂的结构、相对分子质量。选取合适的热塑性树脂,可达到树脂增韧的同时又不降低其模量和耐热性(T_g)。例如:可分别用 PES 和 PEI 增韧 TGDDM/DDS 树脂体系以获得高韧性的环氧树脂基体,用含端胺基的 PEK 增韧双酚 A 型环氧/DDS 也可获得显著的效果。

　　必须指出,含热塑性树脂的环氧树脂体系一般不溶解于常用的低毒性溶剂(如丙酮)中,其他溶剂(如二氯乙烷)通常有较大的毒性。因此,在制作预浸料时推荐使用热熔法。

4. 高性能环氧树脂基复合材料

　　由上述可知,环氧树脂基体的改进可从两个方面着手:一方面是通过合成新型结构的环氧树脂及其固化剂,以改善其湿热性能;另一方面主要靠选择增韧剂来提高其韧性,这样可获得高性能的碳纤维/环氧复合材料。

　　固体火箭发动机高性能纤维缠绕壳体常用热固性环氧树脂系统,按其浇注体力学性能可分为刚性树脂和柔性树脂两类。刚性树脂强度和模量较高,柔性树脂模量低,而延伸率较高。国外在研制芳纶纤维所用的树脂配方时,经历了一个刚性—柔性—刚性的螺旋前进过程。以前,一般认为复合材料应采用强度和模量高、黏结性能好的基体,但 20 世纪 70 年代后期有人根据小容器试验的结果,提出在缠绕高压容器和固体发动机壳体时,采用高延伸率(20%~60%)和低黏结强度的体系(如采用硅油作为松粘剂),可使容器中纤维强度转化率由 65% 提高到 80% 以上,而后美国发动机研制部门和杜邦公司则认为柔性树脂降低了壳体的刚性,而松粘剂会导致壳体分层,这是固体发动机所不容许的,因此还是采用刚性树脂好。美国一些固体发动机壳体所用典型树脂情况见表 14-8。

表 14-8　固体发动机壳体所用典型环氧树脂情况

配方代号	类型与组分		型号应用情况
LRF-092	(刚性双酚 A-酸酐体系) 双酚 A 环氧 Epon828 纳锹克甲基酸酐 NMA 苄基二甲胺	100 90 1	北极星 A3 民兵 II
HBRF-55A	(刚性双酚 A-芳香胺体系) 双酚 A 环氧 Epon828 1,4 丁二醇二缩水甘油醚 RD-2 40%间苯二胺+60%二氨基二苯基甲烷(Tonox60-40)	100 25 29	三叉戟 I

配方代号	类型与组分	型号应用情况
ERLA 2256/Tonox60 -40	（刚性脂环族环氧-双酚 A-芳香胺体系） ERLA2256（63％双酚 A 环氧 ERL2774＋37％二氧化双环戊基醚 ERLA0400）　　　　　　　　　　　　　　　　　　　100 Tonox60-40　　　　　　　　　　　　　　　　　　　27	海神
EPON828/ERLA206	（刚性双酚 A 环氧-胺体系） 双酚 A 环氧 Epon828 二氧化-四乙烯环己烯 ERLA206 4,4-二氨基二苯基甲烷 MDA	惯性 顶级

　　环氧树脂的固有缺点是耐冲击损伤能力差,因而壳体设计时的应变极限常取得较小以保障安全;其次是耐热性低于 170 ℃,在湿热环境下力学性能通常会明显下降。为避免发动机在高速飞行下由于气动加热而失强,需要采用外绝热层,从而加大了惰性质量。因此,多年来各国一直在寻找一批耐热性高、韧性好的环氧树脂。提高韧性通常采用引进柔性单元的途径,例如:已有研究提出将端羧基丁腈橡胶预先溶解在双酚 A 环氧树脂中,固化后形成分散相粒子。可以在不明显影响强度和耐热性的前提下提高韧性,近年来还采用韧性热塑性树脂和链端基活性的热塑性齐聚物来增韧。提高耐热性除常见的胺类环氧外,主要途径是采用新的刚性链单元结构,例如稠环类芴型结构。表 14－9 列出几种耐热性能优良的环氧树脂主链结构,其中:1 和 2 是四官能度缩水甘油胺,具有很好的耐湿热性能;3、4、5 均为芴型刚性链单元结构,主要用于先进复合材料和结构型黏合剂,在 177 ℃下有极好的湿热强保持率。以上五种环氧长期(14 天)湿热(93 ℃热水)试验的模量保持率均达 89％,其中 5 采用两个氯原子邻位取代,可以提高树脂的玻璃化温度和模量。美国陆军也拟用另一种含卤素取代基的环氧树脂——四溴双酚 A 二缩水甘油醚来提高发动机壳体耐热性能,同时加一种可膨胀组分(降冰片烯氧代螺十一烷)来消除树脂固化时产生的气泡。表 14－9 中的 7 具有极佳的耐候性,还具有优异的粘附性和高的热分解温度。此外,使用芴型芳香胺固化剂对于提高环氧树脂耐高温性能、韧性和抗吸湿性亦有良好的效果,也可以采用碳氢主链结构的线型酚醛环氧树脂。由此可见,环氧树脂性能改进的潜力是很大的。

表 14－9　几种耐热环氧树脂主链接结构

序　号	名　　称	缩　写	熔点/℃	结构式
1	二异丙叉苯撑型 四缩水甘油胺	TGBAP	50	
2	四甲基异丙叉苯撑型 四缩水甘油胺	TGMBAP	65	

序 号	名 称	缩 写	熔点/℃	结构式
3	双酚基芴二缩水甘油醚	DGEBF	132	
4	二甲基双酚基芴型二缩水甘油醚	DGEBF - DiMc	85～98	
5	二氯双酚基芴型二缩水甘油醚	DGEBF - DiCI	198	
6	双酚基蒽酮二缩水甘油醚	DGEA	163	
7	异氰酸脂型三官能环氧	TGIC	102	

14.3.2 双马来酰亚胺树脂

双马来酰亚胺(BMI)树脂是以 BMI 单体为基础经各种改性而成的一类树脂。BMI 树脂的主要特点是耐高温、耐湿热(吸湿率小)、耐辐射和电绝缘性优良,而且可用与环氧树脂相似的一般方法固化成型。但 BMI 树脂存在的主要问题是脆性大。因此从 20 世纪 60 年代末期法国 Phone - Poulence 公司首次研制出 M - 33BMI 树脂以来,国内外研究者针对 BMI 树脂的增韧和其工艺性改进进行了大量研究,开发出一系列高性能的 BMI 树脂及其复合材料,应用于航空航天等高新技术领域。我国从 1980 年起才开始研制高性能 BMI 基体,如 QY8911、5405、4501、4503 等,已应用于航空航天领域。

迄今为止,国内外研制的 BMI 树脂基体,工作温度为 150～230 ℃,个别可达 250 ℃。其耐热性介于环氧和聚酰亚胺之间。但必须指出,BMI 树脂的工艺性虽远优于聚酰亚胺树脂,但比环氧树脂差。例如:BMI 树脂的后处理温度大都高达 220～250 ℃,因此 BMI 树脂基复合材料的原材料价格和加工费用均比环氧树脂基复合材料高。

目前,研制成功的 BMI 树脂体系多达几十个。实际上,BMI 树脂按其用途可分为两类,即结构复合材料基体和透波/结构复合材料基体;虽然已经研制成功了多种高性能 BMI 树脂基体,但真正用于飞行器结构的 BMI 树脂并不多。表 14 - 10 列出部分 BMI 树脂基结构复合材料的主要性能及在飞行器中的应用情况。近年来,研究人员又相继开发了高韧性(CAI>250 MPa)的 BMI 树脂,如 BASF/Narmco 公司的 IM7/5260 基复合材料,其 CAI 为 340 MPa;我国有关单位研究的 T700/5428 和 T700/5240 复合材料,其 CAI 值分别为 260CAI 和 296 MPa。

表 14 - 10　几种 BMI 树脂复合材料的性能和在飞行器中的应用

材　料	CAI/CAI	工作温度/℃	应　用
T300/QY8911 - 1	156	150	机翼、前机身、尾翼
T300/5405	173	150	机翼
IM7/52502	179	230(干态),194(湿态)	F - 22 中机身、管道、骨架
IM7/5250 - 4	208	230(干态),194(湿态)	F - 22 机翼蒙皮、安定面等
T300/GM - 300	—	237	航天构件

14.3.3　热固性聚酰亚胺树脂

聚酰亚胺(PI)树脂可分为热固性和热塑性两类,后者将在热塑性树脂基体中论述。热固性 PI 可分为三种,即 BMI 树脂、PMR 型 PI 树脂和乙炔基封端的 PI 树脂(如 Ther - mid600 系列)。但作为复合材料基体使用的主要是 PMR 树脂,这种 PI 树脂是目前已广泛应用的树脂基体中耐热性最高的一种,其工作温度可达 316 ℃以上。此外,PI 树脂还具有优良的力学性能、电绝缘性、耐磨性、耐辐射性等,在航空航天、电子电工和其他机械行业中均有重要的应用。但是,PI 树脂的工艺性差、成型条件苛刻、价格高,为了获得合格的制品,需要在深入了解其固化反应的基础上严格控制成型条件。

1. PMR - 15 树脂

PMR 就是单体就地聚合(in suit Polymerization of Monomeric Reactant)的英文缩写。采用单体作为树脂的形式,目的是为了使其预浸料的制作与一般树脂相同,即以单体的溶液浸渍纤维,制成预浸料。在预浸料固化时,这些单体经缩聚和聚合之后形成体形结构的 PI。

最早由 NASA Lewis 研究中心开发的也是最常应用的 PMR 型 PI 称为 PMR - 15。它是由 3,3′,4,4′-二苯甲酮四酸二甲酯(BTDE)、4,4′-二氨基二苯甲烷(MDA)和 Nadic 二酸单甲酯(NE)的混合物组成的溶液(甲醇为溶剂),其反应如下:

改变单体摩尔比可以制备不同分子质量的预聚体。经研究发现,当 $n = 2.087$ 时,PMR 预聚体具有最佳的工艺性和热氧化稳定性的平衡,此时预聚体的平均分子质量为 1 500,故称为 PMR - 15。

中国科学院在 20 世纪 80 年代研制成功了与 PMR - 15 相似的 PMR 树脂,其牌号为 KH - 304。它和 PMR - 15 的区别是,单体 NE 和 3′,3,4′,4 -二苯甲酮四酸二乙酯采用的是乙酯,溶剂则是乙醇。从树脂的成分和基本性能评定,KH - 304 与 PMR - 15 相当。

与 PMR - 15 耐热性相似的 PMR 树脂有 NASA Lewis 研究中心开发的 LARC - 160 和中国开发的 LP - 15。LARC - 160 以聚甲撑苯胺替代 PMR - 15 中的 MDA 的 PMR 树脂,由于采用了呈黏性液体、分子结构不规整的多胺,制成的预浸料具有比 PMR - 15 较好的黏性,复合材料的韧性也较高。而 LP - 15 由于采用 4′,4 -二苯醚二胺,解决了 PMR - 15 使用 MDA 给健康和安全使用带来的问题,且复合材料韧性和成型工艺性也得到明显的改善。

2. 耐热性更高的 PMR 树脂

选用能赋予 PI 分子链更高耐热性的单体,可以合成一系列高耐热性 PMR 型 PI 树脂。其中已开发的有 PMR -Ⅱ、LARC - RP - 46、V - CAP、AFR - 700 等,它们的合成原理如下列各式所示:

PMR－Ⅱ聚酰亚胺合成
(n=5得PMR-Ⅱ-30;n=8.9则得 PMR-Ⅱ-50)

LaRC-RP-46聚酰亚胺合成

PAS　　　　　　　　　p–PDA

6FDE

V–CAP–50
或
V–CAP–75

V–CAP聚酰亚胺合成
(*n*=9得V–CAP–50;*n*=14则得V–CAP–75)

NE　　　　　　　p–PDA　　　　　　6FDE

AFR–700B
Nadic/胺封端

或

AFR–700A
Nadic/
酸酐封端

AFR–700B和AFR–700A聚酰亚胺合成

实验表明,PMR-Ⅱ复合材料比 PMR-15 有更高的热氧化稳定性。

3. 聚酰亚胺复合材料的性能

表 14-11 和表 14-12 分别列出了各种 PMR 型 PI 树脂基体的最高工作温度和复合材料的高温强度。可以看出,目前商品化的 PI 树脂基体,最高工作温度为 371 ℃。

工作温度高于 371 ℃的 PI 树脂也有所报道。杜邦公司研制的航空发动机复合材料基体 Avimid N 在 400 ℃有良好的热氧化稳定性;布伦斯威克复合材料公司研制的 PI 在 470 ℃仍有较好的性能保持率。

表 14 - 11 聚酰亚胺树脂的工作温度

树脂代号	玻璃化温度/℃	最高工作温度/℃
PMR - 15	335	316
LaRC - 160	330	316
PMR - Ⅱ	371	340
VCAP - 75	371	357
LaRC - RP46	397	370
AFR - 700B	399	370

表 14 - 12 PMR 聚酰亚胺单向复合材料性能

复合材料	弯曲强度/MPa			层间剪切强度/MPa		
	RT	316 ℃	371 ℃	RT	316 ℃	371 ℃
Celion6K/ PMR - 15	1 750	710	317	120	45	21.4
HT - S/ LaRC - 160	2 130	—	—	96	—	—
T40R/ PMR - Ⅱ	—	—	320	—	—	20.0
T40R/ VCAP - 50	—	—	190	—	—	20
QuaHZ/AFR - 700B	848	—	420	59	—	51
Celion6K/LaRCTMRP46	1 724	917	793	131	51	32.4

乙炔封端聚酰亚胺和聚酰亚胺同时发展的高性能热固性树脂,主要有 Thermid 和 Thermco 两系列产品,通用的商品牌号有 Thermid MC - 600,Thermid LR - 600,Thermid AL - 600 和 Thermid FA - 700,可作为模压料和复合材料基体使用,具有优异的热氧化稳定性和介电性能。

聚酰亚胺复合材料可应用于制造航空发动机压气机叶片和机匣、中介机匣、外涵道、进气口锥形帽罩、发动机喷管等,此外还可用作导弹鼻锥、航天飞机机翼等。

14.3.4 酚醛树脂

酚类和醛类化合物的缩聚产物称为酚醛树脂,以苯酚和甲醛合成的酚醛树脂最为普遍,采用不同结构的原材料、不同的合成条件(如酸值、酚和醛的摩尔比)以及不同的催化剂可以获得不同品种的酚醛树脂:热塑性的线性酚醛、热固性酚醛、高分子量线性酚醛等。

由于它的原料易得,合成方便,价格低廉,固化产物具有较高的力学性能,耐热性和绝缘性好,耐酸、碱、油的侵蚀,尤其是瞬时耐高温烧蚀性能优异,所以虽是古老的产品,但仍广泛应用于制造增强塑料。特别是碳纤维增强复合材料,更是火箭、卫星、导弹必不可少的耐烧蚀防热功能材料。

常用于烧蚀材料的酚醛主要是能制成高纯度,能减少导弹弹头再入尾流电子密度,以氢氧化铵为催化剂的氨酚醛,和能在较低成型压力下固化的、以氢氧化钡为催化剂的钡酚醛。但酚醛树脂较脆、韧性差、成型压力高,故需改性以提高使用性能,主要是通过封端酚羟基和引进其他组分的途径,如聚乙烯缩丁醛、聚酰胺、环氧、有机硅等改性以及在酚醛树脂分子结构中引入硼元素或重金属元素(钼和钨)等。

14.3.5　氰酸酯树脂

氰酸酯树脂是指含有两个或两个以上氰酸酯官能团的酚的衍生物,它在热和催化剂作用下发生三环化反应,生成含有三嗪环网络和含有醚键结构的芳香族聚合物。经固化氰酸酯树脂具有低介电系数(2.8~3.2)和极小的介电损耗正切值(0.002~0.008),高玻璃化温度(240~290 ℃),低收缩率,低吸湿率(<1.5%),优良的力学性能和粘接性能等,还具有与环氧树脂相似的加工工艺性,可在 177 ℃固化,并在固化过程中无挥发性小分子产生。这些分子结构自身的优点使得它适于作为 APMC 的基体,尤其适合于 RTM、拉挤和纤维缠绕等工艺,并且基体的许多优异性能也在 PMC 中保持相应的性能,如较高的力学性能、耐热性、耐湿热、高抗冲击和高频率范围内低介电损耗性能等,是一种优良的航空航天用结构/功能性树脂基体。氰酸酯树脂性能及其应用情况列于表 14 - 13。

表 14 - 13　氰酸酯树脂性能及其应用情况

供应商及树脂体系	未增韧(U)增韧剂	固化温度/℃(工作温度/℃)	T_g/℃	吸湿率/%	介电损耗	介电常数	应用情况
Rhone-Poulenc							高速电路
B - 10	U	177(177)	290	2.5	0.003	2.9	一次/二次
M - 10		177(177)	270	1.3	0.003	2.75	航空结构
F - 10		177(177)	290	1.8	0.003	2.66	雷达罩/天线
L - 10(液体)	TP 或环氧树脂	177(177)	260	2.4		2.98	
RTX - 366(液体)		177(177)	192	0.6		2.6~2.8	
Dow-Plastics	U	177(177)	252	1.2	0.002	2.8	雷达罩,天线,结构航天,雷达罩,低温 177 ℃湿热应用
XU 71787.02	橡胶	177(177)	265	1.2	0.002	2.9	
XU 71787.07	TP	177(177)	220~250	0.6	0.002	3.1	
XU71787.09L							
ICI Fiberite	TP	177(177)	266	0.4			雷达罩,天线
954 - 1	TP	177(177)	240	0.5			高抗冲击结构
954 - 2	TP	177(177)	258	0.4			航天结构
954 - 3							
BASF		177(177)	216				主承力结构,雷达罩
5245C		177(177)	232	1.0	0.005	3.25	航天应用
5575 - 2	TP	177(177)	250		0.005	1.8	雷达罩,天线
X6555		177(177)	250		0.005	1.6	F - 22 一次结构
X6555 - 1							

供应商及树脂体系	未增韧（U）增韧剂	固化温度/℃（工作温度/℃）	T_g/℃	吸湿率/%	介电损耗	介电常数	应用情况
Amoco ERL－1939－3 ERL－1999	TP U	177(177) 177(177)	240 201	1.6 0.99	0.004	3.4	雷达罩,天线航天结构
Hexcel HX1566 HX1553 HX1548－3 YLA Lnc RS－3	U TP U U	177(177) 177(177) 177(177) 177(177)	240 180 210 254	0.5 0.8 0.3 1.45	0.005 0.004 0.005	2.74 2.74 2.74 2.6	军机,天线航天结构,低温卫星机构,飞机骨架导弹结构,雷达罩
Bryte Techn. BTCY－1 BTCY－2 BTCY－3 EX1515(增韧) EX1505	U U U U	177(177) 177(177) 121(163) 121(135) 177(260)	270 190 166 330	1.0 0.6 0.6	0.003 0.004 0.004 0.007	2.7~2.8 2.6 2.7 2.8	高温雷达罩/天线超低损耗雷达罩天线,喇叭及棱镜低损耗浇铸体空间应用

由于氰酸酯树脂具有一些其他热固性树脂不具备的优异使用性能和工艺性能,因此除了用于制作各种 PMC 外,还利用它来改性酚醛、环氧和 BMI 等热固性树脂,例如典型酚醛树脂的固化属于缩聚反应,会产生小分子挥发物,固化产物发脆,力学性能偏低,热氧化稳定性也差。采用氰酸酯改性后,以加聚反应取代缩聚反应,固化过程避免了挥发物的形成,改善了酚醛树脂的脆性,也提高了树脂耐热性和耐热氧化性。

14.3.6 聚芳基乙炔树脂

聚芳基乙炔树脂是一类由乙炔基芳烃为单体聚合而成的高性能聚合物,它的聚合过程是一种加聚反应,固化时无挥发物和低分子量副产品逸出;固化后呈高度交联结构,耐高温性能十分优异,在－100~500 ℃范围内力学性能无明显变化,由于分子结构中仅含 H 和 C 两种元素,含碳量达 90% 以上,热解成碳率极高;可制成预聚体溶液,适宜于浸胶和缠绕等工艺。

这种树脂除了可用作碳/碳复合材料的浸渍树脂以外也可用来制造 PMC,既可用于代替酚醛树脂作为烧蚀防热功能材料也可用作结构材料。作为结构复合材料主要朝着两个方向发展:①高温结构材料,可在 460 ℃下保持稳定,有望用于航空发动机材料;②用作航天器结构材料,出发点是吸水性低,逸出挥发性气体极少,不会由于环境温度变化而产生尺寸变化,也不会污染空间太阳能镜面和空间元器件,且有优良的空间环境适应能力,是 21 世纪极有前途的一种耐高温树脂基体。

14.3.7　热塑性树脂

热塑性树脂是由线性高分子量聚合物组成的,能够溶解和熔融。航空航天工程常用的是高性能热塑性树脂,它们的分子链中含有大量的芳杂环基团,这些基团的存在使其链段的刚性较大,因而具有高的玻璃化转变温度、良好的耐热性和高温性能保持率。聚合物中大量芳杂环结构热分解需大量的热量,从而使它们具有较高的热分解温度和低的可燃性。热塑性树脂作为纤维复合材料的基体,和热固性树脂相比之下有下列优点:工艺成型是一种熔融—造型—冷却过程,制造周期短,生产效率高,产品的力学性能好,零部件之间的连接可以采用各种焊接方法,简易可靠,容易回收废品和再生利用。

热塑性树脂可与短纤维或长纤维及其织物复合后提高其力学强度、弹性模量及其热变形温度,降低其线膨胀系数,增加尺寸稳定性,改善其蠕变性能,并提高抗摩擦磨损性能。表 14 - 14 中以 PSP、聚酯、PPS 为例,给出热塑性树脂基体短纤维复合材料性能。

表 14 - 14　热塑性树脂基体短纤维复合材料性能

性　　能	聚砜(PSP)			热塑性聚酯			聚苯硫醚(PPS)		
	纯聚砜	加 30% 玻璃纤维	加 30% 碳纤维	纯聚酯	加 30% 玻璃纤维	加 30% 碳纤维	纯 PPS	加 30% 玻璃纤维	加 30% 碳纤维
密度/(g·cm⁻³)	12.4	1.52	1.47	1.32	1.52	1.47	1.34	1.56	1.45
24 h 吸水率/%	0.2	0.20	0.15	0.08	0.06	0.04	0.20	0.04	0.04
模塑收缩率 3.18 mm 试验	0.007~0.008	0.002~0.003	0.001~0.002	0.02	0.035	0.0015	0.01	0.002	0.001
拉伸强度/MPa	717	1 270	1 620	562	1 370	1 410	759	1 410	1 900
断裂伸长率/%	50~100	3~4	2~3	10	3~4	2~3	3~4	3~4	2~3
弯曲强度/MPa	106	165	207	89.6	138	200	138	200	234
剪切强度/MPa	62	65	65	48	55	55	—	—	—
弯曲模量 ×10⁻⁴/GPa	2.65	8.27	16.6	2.25	9.30	14.31	4.14	11.89	16.9
lzod 冲击强度(缺口)/(N·cm·cm⁻¹)	65.3	98.0	65.3	16.3	87.1	65.3	16.3	76.2	59.9
热扭曲温度/℃	174	185	185	67.2	221	221	137	260	260
热膨胀系数/℃⁻¹	5.58	2.58	1.08	9.53	2.16	0.89	5.40	2.34	1.08

新型热塑性树脂基体发展很快,和环氧类热固性树脂相比,它除了具有高疲劳强度、优异的韧性、抗湿热性能、抗冲击性能和耐高温性能外,还具有热塑性树脂损伤容限高、可修补等固有优点,因此人们普遍重视这类材料的开发,在航空航天工业上曾于 20 世纪八九十年代成为复合材料的一个热点。航天工业曾试图将其用于缠绕固体发动机和火箭壳体材料,它的发展对发动机壳体材料实现低成本展示出良好前景。目前已有不少品种实现了商品生产,最典型的品种及其商品名称是:聚醚酰亚胺 PEI(Ultem)、聚苯硫醚 PPS(Ryton)、聚砜 PSP(Udel P - 1700)、聚芳砜 PASF(Radel)、聚酰胺酰亚胺 PAI(Torlon)、聚醚砜 PES(Vitrex)、聚酰亚胺 PI

（Avimid）、聚醚醚酮 PEEK 以及聚醚酮酮 PEKK 等。这些树脂都是芳族结构，玻璃化温度和熔点都很高，且在 200 ℃ 以下几乎不溶于任何溶剂，因此成型工艺有别于传统的热固性树脂。通常先采用熔融浸渍法、悬浮法、薄膜镶嵌法、原位聚合法、纤维混杂法、静电粉末法等方法制备预浸料，然后再复合材料成型，其成型工艺主要由热固性树脂复合材料和金属成型技术移植而来，一般有模压成型、隔膜成型、热压罐成型、纤维缠绕、拉挤成型、橡胶垫压制成型、压延成型等工艺。

热塑性树脂中有一批属于热致液晶聚合物，目前多数是芳族均聚聚酯和共聚酯，典型的牌号有美国 Celanese 公司的 Vectra 树脂、Carborundum 公司的 Ekonol 树脂、Dartco 公司的 Xydar 树脂等。这些液晶聚合物是热塑性树脂中的佼佼者。它们的高分子主链是由刚性或半刚性棒状单元链段和柔性链段通过分子剪裁设计而成的，刚性链提供高强度和高模量，柔性链提供加工性和柔顺性。它们在熔融状态呈液晶态，分子呈单向或双向定向排列，在冷却过程中这些有序性可保留下来，使材料获得优异的力学性能，是一种自增强复合材料，称为原位复合材料，它们的复合线度在超分子水平，故也有称为分子复合材料或分子复合物。但实际上这些体系都未真正实现分子复合，而是微纤状，所以称为原位复合材料更确切些。它们可以作为树脂基体与增强材料复合使用，也可以单独制成带状、薄膜状材料缠绕成型，或注塑成型制作发动机壳体。这类材料还具有在某个高温点（500 ℃ 左右）显著失强的特点，这正是钝感武器所需要的特性，因此非常适宜于制作战术导弹发动机壳体。美国空军于 20 世纪 90 年代曾针对"响尾蛇 AIM-9"空空导弹的工作特性，对液晶聚合物应用的可能性进行了一系列探索研究，制作了大量推进剂弹道评估用的小发动机壳体，装药进行了试验，取得阶段成果，但尚不成熟。原位复合材料尚有许多理论和技术问题需要解决，但这种有别于传统复合概念和方法的新材料除了性能优异外，也可降低价格，应该予以重视。

14.4　功能聚合物基复合材料

功能聚合物基复合材料是指具有除力学性能以外其他物理性能的工程材料，即指在电、磁、声、热、光等方面具有特殊性质，或者在其作用下表现出二次特殊功能的材料，例如磁性材料（永磁、软磁、磁致伸缩等）、光学材料（发光、感光、光质变色）、电子材料（半导体、绝缘、超导等）、热学材料（隔热、传热、吸热、热化学反应等）。

人们可以通过结构复合度、零维至三维体型的增强剂、相组分复合效应和借鉴仿生概念进行功能复合材料的设计和制造。这种材料在高科技领域的应用前景令人瞩目，其中聚合物基功能复合材料最为现实。

聚合物基功能复合材料实质上是复合型功能高分子材料，这种功能复合材料在航空航天工程领域获得广泛应用，例如：电磁波功能复合材料（透波雷达罩材料和吸波隐身材料）、烧蚀型防热复合材料以及热化学反应含能复合材料（复合固体推进剂）等。

14.4.1　电磁波功能复合材料

电磁波功能复合材料包括两大类，一类是透波复合材料，另一类是吸波（隐身）材料。实质上，前者是具有极小介电损耗的结构材料，相反，后者则是具有强电磁损耗的结构材料。这两类电磁波功能复合材料在现代飞行器中有极重要的用途，尤其是吸波复合材料，是目前军事大国竞相研制和应用的尖端材料。

1. 透波复合材料

透波复合材料已有悠久的历史,在飞行器中主要用作雷达天线罩和天线窗。罩体的透波性能取决于结构设计、材料设计和材料的介电性能。一般说来,作为罩体复合材料,其介电损耗正切角愈小,电磁波在介质传输过程中的能量损耗就愈小,而雷达天线罩的透波率就愈高。因此,透波复合材料应选择高介电性能的增强材料和树脂基体。

作为透波复合材料的增强纤维有 E-玻璃纤维、S-玻璃纤维、石英纤维、芳纶和超高强聚乙烯(UHSPE)纤维等,其介电性能如表 14-15 所列。

表 14-15　增强纤维的介电性能

纤　维	介电常数 $\varepsilon/(F \cdot m^{-1})$	介电损耗角正切值
E-玻璃	4.5～6.0	0.004～0.006
S-玻璃	5.21	0.002 8
石　英	3.78	0.000 1～0.000 2
芳　纶	3.85	0.01
UHSPE	2.0～2.3	0.000 2～0.000 4

可作为透波复合材料的树脂基体较多。其中,环氧树脂、双马来酰亚胺(BMI)树脂、聚酰亚胺树脂(PI)和氰酸酯树脂广泛应用于机载雷达天线罩。由于 BMI、PI 和氰酸酯具有较高的耐热性和优良的介电性能,应用范围要比环氧树脂广,可作为高性能雷达天线罩应用于高速飞机和低速导弹,其复合材料的介电性能如表 14-16 所列。

表 14-16　一些复合材料的介电性能(10 Hz,20 ℃)

复合材料	介电常数 $\varepsilon/(F \cdot m^{-1})$	介电损耗角正切值
玻璃纤维/环氧树脂	4.2～4.7	0.007～0.014
玻璃纤维/BMI 树脂	4.0～4.4	0.006～0.012
石英纤维/BMI 树脂	2.5～3.3	0.004～0.009
石英纤维/氰酸酯树脂	2.8～3.2	0.005

以上透波复合材料耐温有限,不能应用于航天高速飞行器雷达天线罩。能应用于这一领域的是石英玻璃纤维和高硅氧玻璃纤维增强的有机硅树脂复合材料。由于有机硅树脂在高温下 Si—C 键先断裂,在分解出气体的同时形成高耐热和低介电损耗的 SiO_2/SiO_2 同质复合材料,因此可在高温下和短时间内(1 500 ℃,时间按 s 计)工作,已广泛用于各种火箭、导弹和航天飞机的天线罩。

2. 吸波复合材料

由于有机聚合物绝大多数是绝缘体,不具有较强的电磁损耗性能,因此,现今开发和应用的吸波材料都是由聚合物和电磁损耗介质复合而成的。根据吸波机理的不同,雷达吸波材料(RAM)中的损耗介质可分为电损耗型和磁损耗型两大类。前者如各种导电性石墨粉、碳化硅粉末或碳化硅纤维、特种碳纤维、碳粒、金属短纤维、钛酸钡陶瓷体和各种导电性聚合物(如聚苯胺),其主要特点是具有高的介电损耗正切角,通过介质的各种极化作用吸收电磁波;后者包括各种铁氧体粉、羰基铁粉、超细金属粉或纳米相材料等,这些材料具有高的磁损耗正切角,通过各种磁极化作用吸收电磁波。

RAM 一般有两种形式：一是涂层，它只有吸波功能；另一种是结构型，即吸波/结构复合材料。

不管是涂层型或结构型 RAM，都要求它们具有质轻和宽频带、高吸收率的特性。这些特性主要取决于吸收介质，作为结构型吸波材料或吸波结构件，同时依赖于材料及其结构件的设计，因此，吸收介质就成为 RAM 的关键材料。

吸波复合材料由具有吸波功能的增强纤维和树脂基体构成或将其设计成吸波结构，通常用的商品增强碳纤维由于其高的电导率，而主要呈现反射电磁波（吸波功能小），如果设法降低碳纤维的电导率，使其电导率在半导体范围（$10^{-6} \sim 10^3 \ \Omega \cdot cm$）内，并经电结构设计，则可具有良好的吸波性能。为此，可制成具有半导体性的碳化硅纤维，也可采取在较低温度（500～1 000 ℃）范围内碳化聚丙烯腈纤维制取半导性的碳纤维。此外，通过碳纤维的表面改性和改变其截面形状也可望获得较佳的吸波性能。表面改性方法有：在碳纤维上沉积一层有微小空穴的碳粒或 Si—C 膜；表面喷涂一层金属镍等。将碳纤维制成腰形、三角形、四方形截面，据称 B-2 等隐形飞机上就采用了这些特殊截面的碳纤维。

实际上，吸波复合材料多采用多层结构。一般最外层为透波层，由低介电损耗的树脂和玻璃纤维或芳纶纤维编织物制成，其外表面接近于自由空间阻抗，有助于阻抗匹配并减少表面反射；中间层为电磁波吸收层，由特殊碳纤维、碳化硅纤维/树脂或混杂纤维/掺有吸收介质的树脂的多层复合层组成；底层则应具有反射电磁波的特性，可由普通碳纤维复合材料或金属基底（薄片）构成。

必须指出，中间吸收层还可设计成波纹形或角锥形蜂窝夹芯或泡沫塑料夹芯，从而制成夹芯结构吸波复合材料，为增加夹芯的吸波性能，可在制作蜂窝芯的树脂中或在泡沫塑料中掺入吸收介质。

吸波结构材料已应用于隐身飞机（如 F-22）和导弹的结构上，它和吸波涂层一起构成了隐身飞行器的基本吸波材料。

14.4.2 防热烧蚀复合材料

防热技术是航天器的关键技术之一，包括烧蚀防热、辐射防热、隔热、热管主动冷却、热沉和发汗冷却等多种方法。

烧蚀防热是利用表面烧蚀材料在烧蚀过程中的热解吸热、热解气体的质量引射效应以及表面碳层的再辐射等一系列物理化学反应带走大量的热来保护构件的，其优点是防热效率高、工作可靠。随外部热流变化的适应性强，几乎能用于任何温度或加热条件，是研究较为深入的防热技术，广泛用于各种航天器的高热流部位的热防护，如导弹头部、航天器返回舱外表面、固体火箭发动机的壳体及喷管等。

烧蚀材料在高热流作用下，由于发生化学状态、物理状态和结构的变化而吸收热量，材料在贫氧条件下热解生成的多孔碳质残留物具有良好的隔热性能，且在赤热状态下具有很高的表面红外辐射系数，可通过辐射作用将大部分热量辐射出去，从而延缓热能向内部传导，保护了构件在工作过程中不会受到热损伤。

烧蚀复合材料是满足烧蚀热防护所必需的，但又是航天器消极质量的重要部分。其性能的优劣，对航天器的性能有着举足轻重的影响。烧蚀复合材料应当是一种低密度、耐烧蚀、低热导、有良好的力学性能与工艺性能,与周边材料相容性好且具较高抗老化性能的材料,为了最大限度地减少航天器的消极质量,通常特别注重密度与线烧蚀率两项指标。所以,在选择其基体、增强材料时,除了密度外,首先要考虑的是材料的碳产率和碳层结构,热分解温度及有效烧蚀热。复合材料的线烧蚀率极大地取决于这些因素。当然,在进行配方设计和确定增强方式时,各种组分间的协同效应和增强方式对烧蚀率的影响也不容忽视。

1. 树脂基防热烧蚀复合材料

对防热烧蚀复合材料而言,其组分主要为基体与填料。基体树脂除了将材料中的各种组分结合成型外,对复合材料的性能有着重要影响。选择一种基体,主要考虑其力学性能、密度、热稳定性、成碳特性、工艺性能、对环境的适应性及抗老化性能等。其中最为重要的是成碳特性,即碳产率的高低与碳化层的坚实程度,因为耐烧蚀材料在富含粒子(液滴)的高温燃气高速冲刷的工作环境中,其烧蚀往往不是碳化层单纯的吸收热量而气化、消融,多数是在未来得及消融前已被气流剥蚀冲走。因此,要提高材料的耐烧蚀性能,主要应着眼于增加碳化层本身的坚实程度及增加碳化层与基材结合的牢固性,这比选用热分解温度和静态烧蚀热高的材料更有意义。当所用填料为无机材料时,碳化层主要由基体提供,所以树脂的碳产率是一项极其重要的因素。表14-17列出了部分高分子材料的碳产率。

表14-17　部分高分子材料的碳产率

材料	苯酚甲醛	间苯二酚甲醛	二羟基二苯基酚甲醛	双-(二羟基苯基)酚甲醛	环氧
碳产率/%	60.4	56.9	64.5	56.5	3~50
材料	聚砜	聚氯乙烯	聚酰亚胺	聚酯	
碳产率/%	48	23.9	49.2	2.3	

可见,酚醛树脂的碳产率较高,为57%~65%,且一些新问世的改性酚醛树脂已达70%以上。酚醛树脂在热解时,可生成一种具有环形结构的、烧蚀性能优异的中间产物,完全碳化后的碳化层坚硬、气孔均匀,所以这种问世最早的合成树脂不仅是最早用于喷管的烧蚀材料,迄今仍在耐烧蚀材料领域扮演着重要的角色。新树脂基体的开发主要侧重于提高其耐温性及碳产率,除了引入各种侧基及重金属元素的改性酚醛树脂外,聚芳基乙炔是一个"新热点"。

增强材料起着调节各种物理机械性能、提高抗烧蚀能力的作用,多为与基体树脂亲和性好、耐热性高的纤维,如石棉纤维、玻璃纤维、高硅氧纤维、碳纤维(石墨纤维)等及其织物,石英纤维、碳化硅纤维、氧化铝纤维及有机纤维等也有少量应用。

树脂基隔热烧蚀复合材料的成型工艺多为模压及布带缠绕,层压及花瓣铺展也有少量应用,近年来在传递模塑成型(RTM)工艺方面的研究也有很大的进展,模压工艺多用纤维模压与碎布模压,由于模具造价高昂,加之受压机能力的制约,不宜制作大型部件;布带缠绕工艺则由于技术成熟、工艺简单、生产周期短、成本低廉而得到了广泛的应用。各国也很重视带缠技术的研究,美国开发了后编织工艺,即将纤维热处理后用胶液预浸,然后编织,从而改善了浸胶的均匀性,减少了织物变形,且有可能制得连续斜带,通过充填中空微球可获得密度仅为$0.95\sim1.05\ \mathrm{g/cm^3}$的碳/酚醛带缠材料,不仅可有效减少喷管的消极质量,且有利于提高隔热性能,俄罗斯为大尺寸防热材料的斜缠工艺专门研制了针织变密度的粘胶基碳布,可满足斜缠时对预浸带变形的要求,缠绕角可达$20°\sim50°$,且可进一步对斜缠后的坯件进行法向穿刺,从而显著提高了层间强度、抗剥蚀性能及耐烧蚀性能。

树脂基防热烧蚀复合材料用于制作喷管部件时,为了提高总体效益,降低成本,经常采用复合模压、复合缠绕工艺,在燃气冲刷严重的部位使用耐烧蚀性能优异的材料,如碳(石墨)/酚醛;而在烧蚀较缓和需隔热的部位使用耐烧蚀性能稍逊而隔热性能较好的材料,如高硅氧/酚醛、石棉/酚醛甚至玻璃/酚醛等。

2. 弹性体基防热烧蚀复合材料

弹性体基防热烧蚀复合材料主要用于固体火箭发动机的壳体内、外热防护及喷管的某些特殊部位(如柔性喷管的柔性防热套),其基体主要是各种橡胶及其共混物,填料可分为增强纤维与特种填料两大类,所用增强纤维的范围很广,无论是玻璃纤维、石棉纤维、碳素纤维、金属氧化物或金属盐类制得的晶须等无机纤维以及芳纶、酚醛、尼龙等有机纤维均有应用。其中特别值得一提的是碳素纤维与芳纶,用碳素纤维增强的弹性体基防热烧蚀复合材料具有优异的耐烧蚀、抗冲刷性能,但导热系数较高,通常须与隔热性能良好的柔性隔热材料复合使用,用于固体火箭发动机壳体的烧蚀严重部位,如前后封头,效果极为良好。芳纶纤维增强的材料具有优良的综合性能,近年来备受重视,增强形式除混乱态的短切纤维或浆粕外,长纤维也有应用。

弹性体基防热烧蚀复合材料的基体,就已商品化并已成功应用的材料而言,几乎遍及天然橡胶和各种合成橡胶。三元乙丙橡胶(EPDM)由于其密度低(0.87 g/cm^3),充填系数大,热解温度高,耐烧蚀性能及与周边材料的相容性、抗老化性能良好等原因而备受青睐,以它为基体制得的防热烧蚀复合材料是近年来各国固体火箭发动机壳体内绝热层的主要品种。

弹性体基防热烧蚀复合材料的原始形态,除常规的胶片外,还常以厚浆涂料的形式出现,用喷涂、涂抹、泵挤出与浇铸等方式施工,用于发动机的外部防热及大型短时发动机的壳体内部防热,根据需要,这类材料的密度经特殊填充后可以很低,甚至低于 0.5 g/cm^3。

近年来,以多轴纤维缠绕机缠绕成型的壳体内绝热材料,由于具有施工精度高、省时省力、成本相对低廉、厚度可调、在设计人员修改设计时很容易调整程序来满足设计要求等优点而崭露头角,材质主要为芳纶/EPDM。使用这种绝热层,可在完成内绝热层施工和壳体缠绕后,形成芳纶/EPDM+芳纶/环氧的整体复合绝热壳体结构,对改善绝热层、壳体的界面状态十分有利。

由于 EPDM 分子链易于断链的倾向,美国军方提出用聚二甲基硅氧烷(PDMS)来代替EPDM。PDMS 是硅氧烷中最重要的品种,以其高性能著称,它的基本链节是—Si—O—,分子结构和天然橡胶相似,玻璃化温度极低($-125 ℃$),密度低,无空洞,高温下相当稳定,热辐射降解率低,发气量小。试验表明,在 $-80 \sim +260 ℃$ 范围内其邵氏 A 硬度和模量基本保持恒定,在 $200 ℃$ 空气中老化 60 天,抗拉强度、延伸率、硬度均无明显变化,这种材料过去曾在火箭发动机外绝热层和防热烧蚀涂料中应用过,美国军方认为它也是一种有前途的内绝热层材料,需要加强推广研究。

3. 防热烧蚀材料应用概况

固体火箭发动机是应用聚合物基防热烧蚀复合材料最多的航天器之一,应用的部位有壳体的内外壁、喷管的入口锥、出口锥、喉部背衬甚至喉衬。所用材料除树脂基复合材料外,也用到相当数量的弹性体基复合材料。

天地往返运输系统(火箭动力垂直起降单级入轨运输器、火箭发射的小型航天飞机、火箭发射的载人飞船和返回卫星、两级入轨及单级入轨的航天飞机和空天飞机)、大型运载火箭及卫星等,均需采取严格的防热措施,以防护飞行器壳体在高速飞行时不受热流直接冲刷与烧蚀,并保护仪器舱内的电子器件不致热损伤。

用于这些航天器上的防热材料除了碳/碳及陶瓷基复合材料外,也大量采用聚合物基防热烧蚀复合材料。例如:"水星号"飞船用了玻璃/酚醛,"双子座号"飞船用了低密度甲基硅橡胶基的弹性烧蚀材料,"阿波罗"飞船用了(石英纤维＋酚醛微球)/(酚醛＋环氧)的低密度烧蚀材料,"联盟号"飞船用了含氟树脂升华型烧蚀材料及石棉玻璃布/酚醛烧蚀材料等。

为尽可能保持洲际导弹弹头在再入过程中的原设计气动外形,要求其防热材料有良好的抗烧蚀、机械剥蚀及抗应力性能,烧蚀率应低且均匀。洲际导弹弹头的端头采用的主要烧蚀材料已逐步让位于碳/碳复合材料,弹头的锥体部分采用碳/酚醛材料由于具有良好的综合性能,不仅已在"民兵Ⅲ""三叉戟 C4"等导弹上得到了成功应用,且其性能还在不断得到提高,在导弹高热流区域的防热技术中仍发挥着重要的作用。

在卫星、飞船等航天器的高焓低热流区域,应用的聚合物基防热烧蚀材料多为充填有中空微球的有机硅一类弹性体材料。这类材料密度低,有良好的隔热性能、耐环境性能和抗烧蚀性能,用作固体火箭壳体外绝热层的材料也属于此类。

树脂基防热烧烛复合材料也用于壳体的热防护,但由于缺乏足够的延伸率来满足壳体应变所提出的要求,除了在一些小型的战术发动机局部有所应用外已趋于淘汰,让位于弹性体基防热烧蚀复合材料。

14.4.3　推进剂复合材料(含能复合材料)

固体推进剂是固体火箭发动机的动力源,它为固体火箭发动机提供能量和工质,是将化学能转变为动能的一种含能材料。复合固体推进剂以预聚合高分子黏合剂为弹性基体,添加氧化剂和金属燃料粉末(或丝)为填料,混料后浇注成型,经交联固化反应形成一个复杂相、多界面的填充弹性体。固体推进剂必须具备固体火箭发动机的工作特性所要求的各种性能,例如能量性能、力学性能、燃烧性能、耐老化性能、加工性能和安全性能。这些特性无一不与聚合物本体和各种填料的性质有关,犹如聚合物基复合材料的性能与树脂及增强剂相关一样。复合固体推进剂的研究方法和手段,许多基础理论研究、力学分析、表征方法,多界面理论以及成型工艺都与复合材料相似,技术上有参比性和互补性,是一种典型的聚合物基功能复合材料。

复合推进剂对固体火箭发动机有举足轻重的作用,不仅它的性能优劣决定了发动机的总体性能(如推力),从而对固体导弹的射程等战术指标也起到了制约作用,而且推进剂占发动机总质量的 90％以上,在整个固体导弹结构中也占总质量的 50％以上;在大型发动机中,推进剂占总成本的 27％左右。

复合推进剂可按高分子黏合剂种类、氧化剂种类和性能特点来分类,在研究配方时往往是以研究高分子黏合剂为主线,推进剂品种的发展也以黏合剂体系演变为标志。所采用的黏合剂有热塑性和热固性两类,其发展过程如下:

在推进剂的诸多性能要求中,能量性能决定了发动机能量高低,通常以比冲和密度为标志,其乘积称为体积比冲。体积比冲越高,则能量性能越好,图 14-5 所示为各类固体火箭推进剂的能量水平。力学性能也是一项至关紧要的使用性能,这是由于固体推进剂药柱在整个寿命和工作周期内要经受多种载荷作用,如固化降温、运输振动、温度交变、点火冲击等,必须保证其结构完整性,因此要求推进剂在高、中、低各种温度环境下具有足够的抗拉强度和伸长率,以保障发动机可靠地工作。燃速特性是要求在各种压强、温度条件下推进剂可以有控制地燃烧,通常用压强指数和温度敏感系数来表示。在某些特殊场合下还需要采用特高或特低燃速的推进剂。安全性能和使用寿命是指对摩擦、热、静电、冲击的感度、燃烧转爆轰的临界条件以及安定性,对含能材料来说这无疑是个十分敏感的问题。羽烟信号特征主要对战术导弹而言,要求燃气对相应频率制导波束的吸收率低,因此尽量减少羽烟中电离物质的浓度,并要求减少可见烟,提高导弹生存能力。

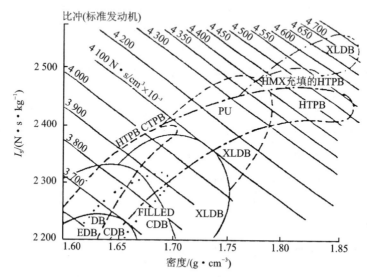

HMX—硝胺；HTPB—丁羟；XLDB—交联双基；PU—聚氨酯；
EDB—挤压成型双基推进剂；DB—双基推进剂；CTPB—丁羧

图 14-5　各类固体火箭推进剂的能量水平

按基体分类,固体推进剂分为热塑型和热固型两类。目前应用于固体火箭发动机的推进剂主要有以下四种类型。

1. 双基推进剂

双基推进剂起源于枪炮药,第二次世界大战时用于火箭发动机,它是一类由硝化甘油和硝化纤维素组成的无相分面的固体溶胶,多采用挤压成型(EDB),后来又发展成为药粒式浇注成型工艺(CBD)。其主要优点是工艺成熟,药柱质量均匀,各种性能再现性好,贮存寿命长,发射无烟,因而又称无烟药;而其缺点是能量低,比冲为 2 000～2 250 N·s/kg,密度为 1.54～1.65 g/cm³,且高、低温力学性能差,因而仅限于小型战术导弹。20 世纪 50 年代中期,国外在浇注双基药中加入无机氧化剂的金属燃料,开发了复合改性双基推进剂(CMDB),能量性能大幅度提高,比冲达 2 400～2 500 N·s/kg,密度为 1.75～1.85 g/cm³,燃速范围为 10～30 mm/s,压强指数为 0.34～0.39,因而在许多弹道导弹上面级中应用成功,典型型号有"民兵-Ⅱ"导弹第三级,"北极星 A2,A3"导弹第二级,"海神"导弹第二级,单台发动机装药量已达数吨。但由于其黏合剂中硝化纤维素分子链柔顺性差的原因,低温延伸率一般不超过 10%,且安全性能差(1.1 级),属于爆轰品,局限性仍较大。

2. 复合推进剂

复合推进剂是一类以高聚物黏合剂为弹性基体,以氧化剂和金属燃料为填料的多相混合物,是一种典型的聚合物基复合材料,工艺上采用浇注成型,推进剂经交联固化后和发动机壳体黏结成一体,可制成直径很大的发动机,现有型号中最大直径达 6.6 m。复合推进剂比冲较高,为 2 400~2 500 N·s/kg,密度 1.8 g/cm³,常称中能推进剂。使用温度范围很宽,具有优良的强度和伸长率,燃烧临界压强低,仅 1.0~1.5 MPa,燃速可调范围宽,压强指数低,安全性能优良,通常是 1.3 级(易燃品)。20 世纪 50 年代中期以来,正是由于新型复合推进剂的出现,使大型固体战略导弹得到迅速发展,后来又大量应用于各种运载火箭助推器和空间发动机。

各国习惯于按高聚物黏合剂类型将复合推进剂分为无规丁羧(PBAA)、聚氨酯(PU)、聚硫(PS)、丁腈羧(PBAN)、丁羧(CTPB)、丁羟(HTPB)等类型。按总生产量计使用最多的是PBAN 型,就美国而言,至 1997 年已为 25 种固体发动机生产 25.5×10⁴ t PBAN 推进剂,其中两种大型火箭助推器(航天飞机助推器,单台装药 503 t,"大力神-Ⅲ"助推器,每台装药 190 t)和两种战略导弹("民兵"导弹和"海神"导弹)占了 97.5%。HTPB 出现较晚,至 20 世纪 70 年代才实际飞行,但一出现即以优异的能量特性、弹道特性、力学性能和老化性能得到各国重视,并逐步取代其他类型推进剂,当前世界各国无论是战略战术导弹,还是航天发动机通常都优先选用 HTPB 推进剂,美国 39 种发动机至 1997 年已生产 11.7×10⁴ t 勹 HTPB,其他国家如法国、意大利、日本、印度、以色列等在技术上亦均已成熟。当前典型的 HTPB 配方总固体含量为 88%,理论比冲 2 590 N·s/kg,密度 1.8 g/cm³。HTPB 推进剂在添加高能炸药组分HMX 后,比冲还可进一步提高,俄罗斯多用这种推进剂,而其他国家中的应用不够广泛。

3. 高能推进剂

高能推进剂相对于中能推进剂而言,理论比冲通常大于 2 650 N·s/kg,目前已应用于固体发动机的主要是交联双基(XLDB)和硝酸酯增塑聚醚(NEPE)两种。各国在研的高能组分品种很多,主要有叠氮类(GAP、BMMO、NMMO 等)、多硝基多环硝胺酚类(CL-20、TNAZ等)、硝仿肼(NHF)、氟二硝基缩醛(FEFO)、二硝酸胺盐类(AND)、三氢化铝(AlH₃)、硼粉、二氟胺类(NF₂)等,发展比较快。

XLDB 和 NEPE 高能推进剂实际上是双基推进剂和复合推进剂两大系列的结合,它综合了双基推进剂含有大剂量硝酸酯增塑剂的特点,又像复合推进剂那样通过硫化交联而具有优异力学性能,并采用了复合推进剂那样的浇注生产工艺,使之成为当前实际应用的性能最高的推进剂,它通常含有大剂量硝胺炸药组分,比冲要比中能推进剂高 70~80 N·s/kg;推进剂固体含量可达 75%~80%,密度达 1.84 g/cm³。20 世纪 70 年代末,美国首先将 XLDB 用于"三叉戟-Ⅰ"潜地导弹各级,加上其他改进措施,导弹射程提高约 40%。20 世纪 80 年代初,美国又用硝酸酯增塑的聚醚和乙酸丁酸纤维素取代 XLDB 中的硝化纤维素黏合剂,研制成 NEPE推进剂,使推进剂力学性能显著改进,并成功地用于"MX"导弹第三级发动机,继后又相继用于"三叉戟-Ⅱ"导弹和"侏儒"导弹的各级发动机。这类推进剂的主要问题是成本高,其次是安全等级高。

4. 特种推进剂

特种推进剂指需要具备某种特殊性能或在特定场合应用的推进剂,主要指少烟微烟推进剂、燃气发生剂和富燃料推进剂,其中最重要的是少烟微烟推进剂。

双基推进剂通常是无烟的,但能量太低,而复合改性双基、复合推进剂虽然能量较高,但均是有烟的。近 20 年来,人们积极研制了多种类型的战术导弹用少烟、微烟推进剂。这类推进剂通常不含铝粉,高氯酸铵含量也限制在 20% 以下,代之以硝胺(HMX、RDX)类氧化剂,可以比较有效地减少一次烟和二次烟的产生,在可见光区和红外光区呈现很高的透射率。为降低燃气中电离物质的浓度,目前已研究出在配方中引入电子捕捉剂和二次燃烧抑制剂等方法来控制燃气对电磁波的衰减。当今许多先进的战术导弹都已开始重视使用少烟微烟推进剂,如美国"先进中程空空导弹"AIM-120,"高速反辐射导弹"AGX-88A,英国的"超高速"反坦克导弹都使用这类推进剂。今后研究工作的重点将是NEPE、GAP类高能微烟、无烟推进剂。燃气发生剂主要用于各种用途的燃气发生器,特点是燃烧温度低(800~1 900 ℃,最低可达500 ℃)、燃气少烟而洁净、发气量大、燃速较低。其品种很多,通常按所用的氧化剂分类,有硝酸铵(AN)型、高氯酸铵(AP)、硝胺(HMX、RDX)型、二羟基乙二肟(DHG)型等,用得最多的是AN型和AP型,如"民兵"导弹、"三叉戟-Ⅰ、Ⅱ"导弹、MX导弹的伺服机构,以及"百舌鸟"、"响尾蛇"导弹的舵机等。AN型燃气发生剂的关键技术问题是控制硝酸铵的吸湿和保持其相稳定。AP型发生剂燃气温度高,关键技术是引入降温剂,如草酸铵、草酰胺等。硝胺型和DHG型也都是优良的燃气发生剂,已分别用于"海神"导弹被动段控制和"MX"导弹的发射装置。富燃料推进剂又称贫氧推进剂,主要用于固体冲压火箭发动机,其燃烧产生的热等离子体进入二次燃烧室中,和来自进气道的空气混合后进一步燃烧,再由喷管排出。富燃料推进剂由黏合剂、氧化剂、催化剂和添加剂组成。目前应用最多的黏合剂是HTPB,并常常用有机含能添加剂取代一部分黏合剂来提高能量,无机填料集中于硼、碳、铝、锆等,当前已有不少战术导弹使用这种固体冲压发动机,如德国的先进舰舰导弹"ASSMⅡ"和轻型反舰导弹"ANL"、法国的"玛特拉 ANL"导弹。

14.4.4 多功能复合材料

多功能复合材料广义来说是指根据产品使用要求,有意识设计成具有预期的两种或两种以上功能的复合材料,它是顺应多功能一体化和结构一功能一体化的趋势而发展的;它是在具有高性能的功能纤维和树脂、全新复合材料综合设计概念和复合新工艺的基础上使复合材料应用达到崭新水平的一种新时代材料。当前,随着武器系统攻防技术及航空航天技术的发展,新技术武器系统和航天飞行器对多功能化的要求日趋迫切,尤其是战略导弹弹头再入环境因素的多样化要求更为突出。战略核弹头要求材料具有防热结构承载、被动滚控、抗粒子云侵蚀、隐身、抗核、抗动能和抗激光等多功能。为提高武器系统的可靠性,实现核弹头小型化、轻质化、强突防、全天候、机动飞行、高再入精度等目标,必须充分利用多功能复合材料取代多种单一功能材料组合设计方案。此外,战略军机也需要结构承载、隐身和抗冲击损伤的功能一体化材料;精确制导武器需要结构承载、防热、透波功能一体化材料;战略导弹发动机和空间飞行器需要结构承载、抗流星、抗超高速撞击等多功能材料;战术导弹和火箭(弹箭)以及复合装甲也都需要多功能复合材料。

作为弹头多功能材料,首先要保证其防热功能,然后再结合结构承载、隐身、抗冲击、抗核、抗激光和其他功能综合设计。为保持弹头均匀烧蚀的外形面,通常都采用整体编织体作为增强骨架,这种纤维分布均匀的编织物具有优异的各向强度,其可靠性和损伤容限都很高。编织多功能复合材料所用纤维可分为结构纤维和功能纤维两类,主结构纤维为耐高温的高强度高模量纤维(如碳纤维及石英、碳化硅等特种陶瓷纤维),可以单独编织,也可以用具有特种功能的纤维(如有机纤维、金属纤维)予以纤维混编。整体编织工艺可以是3D正交、三维编织或其他编织工艺。多功能复合材料的基体材料是多种混杂的,根据特种功能的需要,可以是聚合物、陶瓷、碳和金属基体。相应的复合工艺也会是几种基体复合材料成型方法的混杂;成型中除了液相成型外,也会涉及气相、固相的渗透、浸渍,以及各种物理状态变化和化学反应。增强体除了基本骨架的三维材料外,也会遇到二维平面、一维线型,甚至"零"维的颗粒(如纳米级功能材料)增强,此外还可功能梯度复合。美国研制的一种 3D 双基复合材料就是碳纤维整体编织物为基本骨架的碳基和树脂基混杂基体的简单型多功能复合材料,其中的碳基体可以用酚醛树脂直接热解或气相沉积方式获得,并浸以酚醛树脂,形成碳/碳-酚醛双基多功能复合材料。它具有碳/碳和碳/酚醛两种复合材料优良性能的综合平衡,即比碳/酚醛更好的耐烧蚀性能,并具有与碳/酚醛相近的、较低的热导率并可改变碳基体和树脂基体的比例来调节材料的性能。

多功能复合材料的发展是近几年的事,历史很短,应用面尚较窄,只限于国防的航天、航空、武器等尖端领域,所以实践经验积累较少,其功能设计、材料设计(含编织体设计)、结构设计、复合成型工艺设计、多功能条件下基本性能的测试方法、多功能应用性能研究、评估和表征,材料结构与性能的关系等理论问题和涉及物理、化学、力学、计算机应用等方面的理论有待深化。我们深信,多功能复合材料在 21 世纪必将获得包括航空航天、兵器、交通以及医学、生物工程及其他民用工业的广泛应用。

先进复合材料在现代航空航天工业中的作用与重要性已是无可争辩的事实,以航空工业中的法、德联合研制的"虎"式武装直升机为例,其复合材料用量达到结构质量的 45%;航天工业中大型固体火箭发动机所用结构和功能复合材料质量占总质量的 90% 以上。未来的发展,其比例将更高。目前聚合物基复合材料在复合材料领域又占据主要地位,可见聚合物基复合材料与航天工业之间的不解之缘,由此可毫不夸张地说,没有先进聚合物基复合材料就不可能有现代航天工业。

思考题与作业题

1. 聚合物基复合材料按基体材料类型分为哪几类?
2. 简述聚合物基复合材料的特征和优点。
3. 列举聚合物基复合材料的主要缺点。
4. 碳纤维的突出特点是什么?
5. 结构增强织物分为哪两类?
6. 什么是功能聚合物复合材料?请列举一两种。

第15章　先进功能材料

工程材料中,具有特殊物理性能、化学性能和生物性能的一类材料称为功能材料。这类材料能将光、声、磁、热、压力、位移、角度、加速度、化学变化、生化过程等转化为电信号,或将某一种性质的能量转化为另一种性质的能量,或按照预定目的和要求将多种能量的转化集成在一种整体材料上,从而实现对能量和信号的传感、转换、传送、贮存、控制、处理、集成和显示。用功能材料制作的各种各样的传感器、换能器、信息显示与处理器等在航空航天工程系统中得到了广泛的应用,是飞机、火箭、导弹、卫星等航空航天器的决策系统、控制系统、战斗系统、情报系统的"五官"和"头脑",是航空航天工程的关键基础技术,也是所谓力量倍增(用最少的人力物力达到最大的战果与战绩)的关键。因此,功能材料在航空航天工程中占有非常重要的地位,已成为现代航空航天工程先进性的决定因素之一。

在航空航天工程应用中,除了结构材料以外,还大量使用了品种繁多的功能材料,这里不可能逐一论述,只能依据性能、质量、通用和经济四项原则,重点对某些先进功能材料进行论述,其中包括:红外材料、激光材料、隐形材料等。

15.1　海湾战争突出了功能材料的作用

海湾战争给我们的启示是:空军的超视距空对空作战能力,精确制导武器的空对地攻击能力、夜战能力和电子战能力在现代战争中起着重要作用。据统计,多国部队参战飞机的 83% 装有各种激光器;20 种参加空袭的飞机中,15 种装有夜视设备,18 种装有激光器,分别占参加空袭飞机的 75% 和 90%;F-15E 和 F-16 等主作战飞机则全部装有夜视、激光和自卫电子战设备。多国部队在海湾战争中除了 8 种 142 架专用电子战飞机外,绝大多数参战飞机都装备有自卫电子战设备,其中包括雷达警告接收机、干扰机和干扰箔条等;F-117A 隐形飞机更是集夜视、隐形、激光等高技术于一体。所有这些机载设备构成了各种飞机的"五官"、"神经系统",并起到了"护身符"的作用。这些设备的功能、精度、寿命和对环境的适应性都是依赖于各种功能材料及其器件制造技术实现的。另外,通过材料特性的开发和利用,实现重大战术特性的改进比通过结构改进实现同一目标要简便得多,其效益也要高得多,有些目标甚至没有专门的材料就不能实现。例如:多国部队参战飞机的红外装置都是采用热成像器,而制造这种热成像器的关键功能材料是碲镉汞($Hg_{1-x}Cd_xTe$);又如,海湾战争中使用的第二代和第三代夜视设备中的像增强器分别为制造难度大的微通道板电子倍增器和由新型半导体材料砷化镓(GaAs)制成的像增强器;再如,激光探测设备从第一代(功能材料为红宝石)、第二代(钕钇铝石榴石(NdYAG))发展到第三代(CO_2 气体),其关键在于使用根本不同的功能材料。

功能材料的物理特性(电、磁、声、光等),主要取决于材料中原子和电子的行为,这些性能对材料的纯度、微观结构与缺陷等方面的特殊要求是极高的。

目前通常认为,除主要利用其力学性能的结构材料外,凡是将光、声、磁、热、压力、位移、角度、质量、速度、加速度和化学成分等转换为电信号,或将其某一种形式的能量转换为另一种形式的能量,从而实现对能量和信号的传感、转换、传递以至贮存等功能的材料,都称为功能材料。其主要特点是:品种多,批量小,技术高,更新换代快,知识密集和技术密集性强。

近十年来,功能材料是最活跃的材料领域,新材料层出不穷,每年以 5% 的速度增长,相当于每年有 1.25 万种新材料问世。日本制订的 21 世纪产业基础技术开发计划,共涉及 46 个领域,其中 13 个领域是功能材料;日本政府把传感技术、计算机技术、通信技术、激光技术、半导体技术和新材料技术列为当代六大关键技术,而这六大关键技术都是提高前述四项作战能力的基础技术,其物质基础都是功能材料。1998 年美国投入材料科学研究的经费约为 1 100 亿美元,1970—1980 年仅投入高能激光研究费用即达 15 亿美元;在 163 个实验室中,与激光研究有关的研究人员共 1.15 万人,美国空军还把传感器技术列为 21 世纪提高空军战斗力的关键技术之一,美国正是由于重视功能材料研究和给予高投资才换来了海湾战争的制空权,从而取得了整个战争的胜利。

就航天领域来说,过去多致力于结构材料的研究和生产,随着世界性航天及工业生产的发展,新功能材料无论从所占比重和影响来看,都具有越来越重要的作用。当今世界最活跃的技术领域,如计算技术、信息技术、激光技术、传感器技术的一些最新成就许多都用在航空航天部门,磁、电、光、声、热等基本能量方式的转换与控制多数都借助于功能材料的特性来实现,而这些基本能量参数又都是航空航天领域必然涉及并对航空航天技术产生巨大影响的。

15.2　红外材料

红外探测技术是 20 世纪 90 年代和 21 世纪对战争有重大影响的军用高技术。在航空航天领域,红外探测技术主要用于战略预警(预警卫星)、战术侦察(预警飞机、侦察机)、导航(军用和民用,全天候)、观察瞄准(高能束拦截武器的瞄准)、制导(拦截导弹、空地导弹的制导)等。红外预警是一种重要的预警手段,如对洲际弹道导弹的探测(尽早发现)、识别(抗干扰)和跟踪(为拦截提供信息)。

航空航天领域对红外材料的要求主要有两种:红外探测材料和红外透射光学材料。随着航空航天技术及红外探测技术的发展,对这两种材料提出了愈来愈苛刻的要求:机械性能、热稳定性、耐湿性、耐酸碱腐蚀性等。例如:红外制导空空导弹最前端的整流罩,为了对抗红外隐形,对远距离目标实施全方位攻击,以及对常温目标的探测等,要求探测器材料不仅对近红外(波长 1~3 μm)和中红外(波长 3~5 μm),尤其对远红外(波长 8~12 μm)进行热成像探测,而且要求光学材料具有良好的远红外透过率(高分辨率)。

1. 红外探测器材料

从 20 世纪 70 年代中期开始,伴随着碲镉汞(HgCdTe)材料的发展产生了红外成像技术。只有红外成像制导才具有全向攻击能力,并且具有很强的抗干扰能力及很高的导引精度。红外成像主要用于在中、远红外尤其是 10 μm 的远红外波段,相应的探测器材料主要有:

碲镉汞是目前红外成像技术中最受重视的二维焦平面列阵探测器的关键材料。碲镉汞是一种混晶,被标记为 Hg$_{1-x}$Cd$_x$Te 的 II-VI 族化合物半导体,通过改变 x 值,可以在 0~1.6 eV 范围改变禁带宽度,因而可应用于从近红外、中红外到远红外很宽的波长范围,它的主要缺点是太贵,一个象元的价格在一美元左右,对于 1 024×1 024 的列阵探测器来说就太贵了。

碲锰汞(HgMnTe)和碲锌汞(HgZnTe)被认为是最可能替代碲镉汞的材料,但目前还处在材料与器件发展的初始阶段。

高温 T_c 超导材料,如钇铜氧。在 20 世纪六七十年代,曾用高温 T_c 超导材料做出性能特优的红外探测器。但由于工作温度太低,使用不便,制作工艺也不稳定,而且响应波长在远红外(波长大于 20 μm),因而没有发展成批量生产的器件。1986 年以来,高温 T_c 超导材料有了飞速发展,临界温度 T_c 达到 77 K 以上,人们自然会想到用新超导材料来制作红外探测器。用超导材料制作红外探测器,成本可能低于碲镉汞。碲镉汞材料分子束外延生长设备需要计算机、超高真空度环境及表面分析微细加工的综合技术。同时 HgCdTe 是三元合金,由于汞(Hg)的蒸气压高,镉(Cd)和碲(Te)易于分凝,很难制备无宏观缺陷、光学电学性质均匀的大面积单晶,晶体中 Hg - Te 的键合力弱,在不太高的温度下就离解,形成 Hg 空位及点间 Hg,两者都易流动。因此,碲镉汞与金属的界面性能以及与绝缘体的界面性能等至今仍是尚未圆满解决的工艺问题。

2. 红外透射光学材料

红外透射光学材料最主要的要求是在相应于探测器的工作波段上具有尽可能高的透射率,良好的机械性能和加工性能,透光均匀,能耐温、酸、碱等的侵蚀,良好的抗热冲击性能,高的使用温度等。对于超声速飞机、导弹、人造卫星、宇宙飞行器的红外系统的整流罩来说,其使用条件十分苛刻。为了减小反射损失,要求有小的折射率;为了排除可能出现的假信号,要求材料的自辐射小;为了保证材料能够装到框架中去,以及由于空中受气流摩擦影响,在几秒钟内会突然由 −50 ℃上升到 500 ℃的剧烈热冲击,必须选用熔点高、膨胀系数小,热导率高的材料;为了不致被灰尘、水、砂粒所损伤,材料必须强度高、表面硬度大;为了能保证在雨中、潮湿大气或恶劣环境下工作,材料必须不吸潮,并对化学试剂有抗腐蚀性。整流罩的直径常有几十至几百毫米,且往往具有一定形状,所以必须制得较大尺寸的材料并且能够加工成型。

在中红外波段,整流罩主要采用多晶氟化镁材料,但由于目前红外制导系统向着成像方式发展,多晶氟化镁的分辨率不够高,美国从 1976 年开始就在寻求代替氟化镁的下一代整流罩材料。其主要研究方向是开发高硬度的单晶材料如蓝宝石、尖晶石($MgAl_2Cl_4$)、氧化镁(MgO)、氧化钇等,其中的首选材料是蓝宝石。蓝宝石无论在耐高温、抗热、抗冲击、抗撞击、抗各种气氛浸蚀等方面,其特性都是无与伦比的。

就整个红外制导的发展趋势来说是从近红外向中、远红外发展,目前特别注意向远红外发展。红外成像、激光制导的工作波段都主要在远红外区(波长 8～14 μm)。目前,还没有适合于波长 8～14 μm 又能耐 500 ℃以上高温的理想红外光学材料。

半导体单晶锗和硅虽能制取大块晶体,不溶于水,化学性能稳定并且在这一波段有良好的透射性能,但其折射系数和透过率随温度变化太大。研制可在 8～14 μm 波段内使用,同时又能耐 500 ℃以上高温的红外光学材料是当前的主要课题之一。目前,人们注意比较多的是硫、硒的复杂三元化合物、稀土化合物以及重元素作为负离子的化合物的研制工作。

15.3 激光材料

激光在航空航天领域中有广泛的应用,包括激光测绘与安装、激光加工与处理、激光陀螺、激光制导、激光雷达、高能激光武器、激光火箭等。

激光器的出现提供了光频段的相干电磁波,使得在雷达技术中所熟悉的概念由无线电频谱段扩展至光频段,雷达所采用的电子学方面的元器件必须代之以光子学元器件。因此,激光雷达技术中必然要涉及大量的光学材料问题。

激光雷达在作战方面的用途不断扩展,最先是用来测量距离,接着出现了激光测距测角、激光测距测角测速、激光成像雷达。目前激光雷达已能实现多目标跟踪、弹头识别、测量目标姿态和滚动速度等多种功能。激光对人造地球卫星的测距误差为 10 mm,速度分辨率为 0.2 mm/s,达到了过去人们无法想象的精度。激光雷达之所以具有比微波雷达高得多的分辨率主要是因为激光波长比微波波长低几个数量级,激光雷达在现代战争中的作用越来越突出。

在激光制导雷达方面业已取得许多突破,但有些基本问题尚未解决,如寿命短(2~3 年)、体积大、稳定性差;与之相应的激光探测器也存在寿命短、价格高、工作条件苛刻、承载能力差、窗口材料不过关等许多问题;所涉及的稳频、锁频、频率跟踪、激光调制、混频和激光扫描等都还没有很好解决,而影响这些问题的关键是非线性光学材料。

对于激光扫描技术而言,以往采用机械式扫描,速度太慢。现在国际上出现了声光控制快速扫描技术,大大提高了激光雷达的扫描速度和探测精度。其关键是要求一种"梯度晶体"功能材料,国外许多实验室正在全力开发这种新材料。

据报道,日本已研制出一种通过施加电压改变折射率的新型非线性光学有机材料,有望做成电控光扫描器件。

导航激光雷达集雷达与图像处理技术于一身,可给出高精度的导航信息。飞机、巡航导弹依据实际地形地貌与地图的匹配实现超低空飞行。海湾战争中,美军的战斧式巡航导弹就穿梭于伊拉克的大楼之间准确地攻击预定目标。

航天领域中宇宙飞船的空间对接、航天飞机的准确降落也都是因为有了能够精确测量位置、速度、姿态的激光雷达。

发展高能激光武器是激光对抗技术的关键。美国"星球大战计划"的一项重要内容就是利用激光的准直性,将高能激光束发射到太空,然后利用空间反射镜聚焦后照射到飞行目标表面,形成极高的放热区,将其击毁或致残。

高能激光武器的激光器有化学激光器、A 激光器、准分子激光器。最近自由电子激光器的重大突破和可能的巨大潜力,吸引着各国竞相研制自己的自由电子大功率激光器。人们已认识到开发与高能激光器相适应的耐热材料及镀膜技术是十分必要的。就基层结构来说,固体激光材料可分为激光晶体和激光玻璃。

在激光晶体中有红宝石激光晶体,即以 $\alpha\text{-}Al_2O_3$ 为基质,以铬(Cr)为激光离子组成的晶体激光材料。红宝石激光器效率较低,但由于它发射 694.3 nm 的红光,且能获得相干性好的单模输出,作为可见光脉冲光源段较为合适。在激光晶体中还有钕-钇铝石榴石激光晶体(YAG)。

现有 Nd:YAG 晶体是在 $Y_3Al_5O_{12}$ 和钇铝石榴石晶体中掺以质量分数 1.5% 左右的钕,以 Nd 代替 Y 的位置,器件中产生激光的是钕离子。掺钕-钇铝石榴石激光晶体的优点是阈值功率低,在一定条件下它的增益系数为红宝石的 75 倍,因此可做成连续激光器。现有 NdYAG 连续激光器最大输出功率已超过 1 kW,重复频率为 30 次/s 的巨脉冲输出达 10 kW 的水平,可初步满足激光武器应用的要求。

目前正在研究中的较有前途的激光晶体还有钕铝酸钇晶体($Nd:YALO_3$)、钕氟磷酸钙($Nd:Ca_2(PO_4)F$)、硫代氧化铜晶体(La_2O_2S,简写为 LOS),它们都具有较高的输出效率,如

Nd:LOS 的连续激光输出效率是 Nd:YAG 的 8～12 倍。

激光玻璃中,钕玻璃是应用最广的大功率激光器工作介质。掺钕钇铝石榴石晶体在控制中存在目前尚难以避免的光学不均匀性,因此制作合格的大型晶体很难并且价格高昂;而用钕玻璃作为激光工作物质具有尺寸大、均匀性好、价格便宜等优点,且玻璃具有各向同性,均匀掺入高浓度激活离子后,玻璃性质随其成分不同能在很大范围内变化。

钕玻璃激光器发射的激光波长也为 $1.06~\mu m$。通常脉冲输出时峰值功率达 $500~kW$,所获得脉宽为 PS 量级的超短脉冲峰值功率可达 109 W 量级,因此钕玻璃激光器可说是目前获得功率最高的激光器。但钕玻璃输出激光的单色性差,导热率低,在做大能量器件时,必须注意冷却。

近几年来,美、日等国大力研究开发新的激光晶体,如钇钪、钾石榴石(GSGG)、钇锂氟化物(YLF)以及铍酸铝($Al_2Be_2O_2$)等,其中 GSGG 的激光效率可达 YAG 的 3 倍。

我国由于较早注意对无机非线性光学材料及其生长的基础科学研究,在世界范围内已确立了这方面的优势。福建物质结构研究所研制的 BBO($\beta-BaBO_4$)晶体,倍频效率达 80% 以上,1987 年获得美国光电子产业界颁发的十大光电子产品奖;他们后来开发的 LBO(LiB_3O_5)晶体可得到更短的波长,转换效率高,操作阈值高,可聚焦照射,对于"星球大战计划"中的激光高能武器具有极大的吸引力,引起了国际上对非线性光学晶体的第二次瞩目。特别值得一提的是,有机材料的非线性光学特性已引起人们的极大兴趣,这些材料的非线性光学系数比无机晶体材料高一至数个数量级,此外,这些材料还具有低密度、易加工、化学结构可设计等优点。

利用材料的磁光效应,做成各种磁光器件,可对激光束的强度、相位、频率、偏振方向及运输方向进行控制,可用于激光雷达、测距、光通信、激光陀螺和激光放大器等系统的光路中。

15.4　隐形技术与隐形材料

在美国,隐形技术被列为国际三大高技术之一(另两项为"星球大战计划"和"核技术");在 20 世纪 70 年代苏联隐形技术也被列为国际高技术。

用于缩短军事目标与监视器或探测器的距离而不被发现的技术,称为隐形技术,用于隐形目的的材料称为隐形材料。由于雷达技术是探测军事目标的主要手段,因此,雷达波隐形材料是最主要的隐形材料。随着红外探测器日趋成熟,红外探测成为仅次于雷达的中远程探测手段,同时红外隐形技术及其材料也应运而生。

在现代战争中,雷达是最可靠的飞机探测方法。减弱飞机的雷达反射信号,成为隐形技术应用中最关键、最重要的因素。

雷达是利用无线电波发现目标并测定其位置的。无线电波在传播过程中遇到障碍物会产生反向传播,这个规律是雷达发现目标的依据;无线电波具有恒速、定向传播的特点,是测定目标距离和方向的依据。

广义上来说,雷达隐形技术包括电子干扰技术和减小飞机、导弹回波强度的雷达散射截面(缩写为 RCS,RGS 是度量飞行器雷达回波强弱的物理量)减小技术。

目前,降低雷达散射截面的技术途径主要有两条:一是改变飞行器的外形和结构,二是采用吸收雷达波的涂敷材料和结构材料。

老一代飞机,像 B-52 轰炸机,具有很大的 RCS 值,约为 100 m^2。图 15-1 示意性地给出了各种军用飞机的 RCS 值。有些隐形飞机的 RCS 值还不到 0.5 m²,在敌方的雷达屏幕上的显示比一只大鸟的显示还小。

　　隐形技术是当前国内外都十分关注和重点发展的高技术。同时它又是一项综合技术,主要包括飞行器外形设计、隐形材料技术、阻抗加载及天线隐形等。在隐形材料中主要包括反雷达吸波和反红外探测两方面,在现今发展水平上对飞机构成严重威胁的是雷达探测手段,隐形吸波功能材料是隐形技术的重要组成部分。

　　隐形吸波功能材料作为隐形技术的主要支柱之一,其作用和发展一直受到重视。美国 F-117A 隐形战斗机、B-2 隐形轰炸机均采用大量和多种类的隐形吸波材料。因此,研制高效、宽频隐形吸波功能材料是当前隐形技术发展的关键之一。

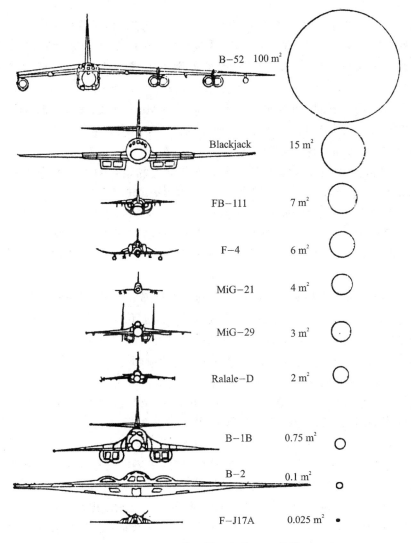

图 15-1　一些军用飞机的 RCS 比较

　　雷达波隐形材料的基本性能要求是吸收雷达波,所以也称为雷达波吸收材料或微波吸收材料,它主要由吸收剂、黏合剂及其他助剂或填料组成。所谓吸波材料,即当电磁波穿过材料时,电磁能被其吸收,从而使入射电磁波的能量被耗损,实际上是将电磁能转换为热能并散失掉。凡能使电磁波穿过其表面,并对电磁波的能量具有高耗损特性的材料,都能够吸收雷达波,简称为吸波材料。

材料吸收电磁波的基本条件是:①电磁波入射到材料上时,它能最大限度地进入材料内部(匹配特性);②进入材料内部的电磁波能迅速地几乎全部衰减掉。

当前雷达工作的主要频带(X 波段)为 8.2～12.4 GHz,因此在该波段内,隐形材料应主要具备如下条件:①对电磁波的最大吸收;②最小的反射;③宽的吸波范围;④高的机械特性;⑤最小的体积空间和重量;⑥能够在大的温度范围工作。

要同时满足上述六条要求,这对隐形材料是非常苛刻的,只有高效能的复合材料或复合薄膜材料才有可能具备。

微波吸收材料可分为两种类型,即涂敷型吸波材料和结构型吸波材料。

涂敷型吸波材料要求达到薄(厚度)、轻(质量)、宽(频带)。一般来说,制备薄而轻的吸波材料在技术上不难实现,但同时要获得宽频性能则很困难。目前,涂敷型材料主要有以下几种:

① 铁氧体系列吸波材料:如 Ni－Zn、Ni－Mg－Zn、Mn－Zn、Co—Ni－Zn 等。它们按一定的比例混合并分散在各种有机高分子材料的黏结剂中,其涂层厚度在 1.7～2.5 mm 范围,用于 5～10 GHz(甚至到 15 GHz)频带内。

② 将粒度为 0.5～20 μm 的磁化粒子分散在热固性黏结剂中。它可使 2～10 GHz 的电磁波能量衰减 10～20 dB,厚度约 1 mm,其价格低廉,涂敷方便。

③ 用导电纤维与高损耗物(如碳黑、陶瓷或黏土)和树脂组成的一种吸波涂层。

④ 宽频高效吸波材料。它是由变化层与吸收体组成的双层结构。吸收体由铁氧体、导电纤维及高分子化合物构成;变化层由铁氧体与高分子化合物组成。它们可吸收 1～20 GHz 的雷达波。

尽管微波吸收材料的涂料研制已取得一定的进展和部分应用,新的微波吸收涂料(如稀土元素、高分子导电体、阻抗匹配材料、超细金属粉末等)也还不断在开发。理想的涂敷型吸波材料,就目前的科学水平而言,要同时解决诸如单位面积上的涂层重量,涂层与基材的黏结力和稳定性、对飞行器的气动特性影响等问题,还是相当困难的。

另一种微波吸收材料是结构型吸波材料。

人们设想一种可同时兼顾吸波与承受载荷的结构型吸波材料。这种材料既能保证在 200～300 ℃温度范围内,结构与吸波性能稳定,而且还能减轻飞行器的重量。比如选用透波性能好、强度高的高聚物复合材料(如玻璃钢,芳纶纤维复合材料)作面板,采用蜂窝体、波纹体或角锥体的夹芯结构(如 B－2 飞机的机翼前沿)。芯层中还可填充轻质吸波材料或在其壁面上喷涂吸波涂料。采用这种结构可以提高吸收效果并使材料具有较高的刚性。

当前,复合材料正在取代飞行器结构中的金属,使结构更轻、更坚固。它的另一个优点是可以大大减小飞行器的 RCS 以及红外、音响信号,在一定程度上起到隐形的作用。碳、硼、硅的复合物以及陶瓷、超级塑料等材料都是很好的雷达吸波材料。

碳/碳复合材料适用于高温部位,能很好地抑制红外辐射并吸收雷达波。碳/碳复合材料可制成飞行器机翼前缘、机头及机尾。碳增强玻璃纤维材料已由美空军研制成功,并应用于一些空中发射的巡航导弹。玻塑材料(Fibaloy)是在塑料中加入玻璃纤维而制成的,可用作飞机蒙皮和一些内部构件,黑色的玻塑材料已被洛克希德公司的隐形战斗轰炸机(F-117A)当作一种主要材料使用,具有较好的雷达波吸收特性。

陶瓷及玻璃纤维环氧树脂复合材料均是简单有效的雷达透波材料,已用于隐形飞机和许多民用飞机。

碳化硅纤维能有效地减速弱隐形飞机发动机的红外信号,类似于航天飞机再入大气层时用于机身腹部和机翼前沿的热防护砖。

"铁球"是一种闻名的隐形涂料,在减少 RCS 方面是很有成效的。它与铁氧体涂料相似,但有磁性,质量轻。它不仅可吸收雷达波,还可吸收和散射红外辐射。该涂料的主要优点是雷达波吸收能力可以通过座舱内的控制器或自动电子干扰系统进行调节。通过改变涂料中金属颗粒的极化特性,使涂敷"铁球"的飞机能改变雷达波的反射方向,从而成功地扰乱敌雷达操作手。如果飞行员想让飞机显示在雷达荧光屏上,他只需简单地转换"铁球"涂层的极化开关,飞机就会被雷达发现并跟踪。"铁球"已用于洛克希德公司的 TR-1 和 SR-71 侦察机以及各种无人驾驶飞机上。

视黄基席夫碱盐是一种最新发展的雷达吸波涂层材料,它可减少 80% 的雷达反射率。它是一种非铁氧体类型的隐形材料,呈黑色,看起来和碳黑相似。视黄基席夫碱盐是聚合物,它的结构特性使它能很快(几分之一秒)将电磁能转换成热能散开。这就是它具有极好吸收电磁波性能的原因。美国国防部于 1987 年下半年开始试验由这些盐类制成的涂层,但对结果严加保密。他们预计用这些盐类制成的涂层,能够吸收 80% 的雷达波。

还有一种在发动机尾喷管附近的外表面涂覆的陶瓷-金属涂层,能迅速均匀地耗散热量,称为红外和声隐形材料。这种材料在美国已使用了多年,并在 F-15 和其他战斗机上应用。

自然界的每个物体都不断地向外辐射能量,飞机和火箭发动机排出的热喷射一般有大量的红外信号,容易被敌方的红外探测装置发现,发动机的噪声也产生可被探测的声响信号。因此,目标与背景之间的红外辐射的反差才是探测器的捕捉信号,只要使这个反差值小于红外探测器的最小分辨率,就能达到红外隐形的目的。

红外隐形材料是继雷达波隐形材料之后兴起的新型隐形材料。目前,红外隐形技术及其材料已在美国通过了初期探索而进入活跃的秘密开发阶段。但与雷达隐形材料相比,它仍然在初期阶段。

红外隐形材料是指在 $3\sim5~\mu m$ 和 $8\sim14~\mu m$ 两个大气窗口内的中近红外频率范围内,具有较低的红外发射率 ε_r 的材料,目标与环境之间的红外辐射的反差为零或接近于零,由此达到红外隐形的目的。为了防止飞行器表面吸收太阳能而使表面温度升高,红外隐形材料在 $0.3\sim2.1~\mu m$(可见光或近红外光区)内的太阳能吸收率应尽量低。

当前涂料型红外隐形材料有制造、施工方便,应用不受目标几何形状的限制等突出优点,是现有红外隐形材料中最重要的品种。涂料型材料包括基料和填料两部分:基料是指黏合剂,而填料是对隐形性能起重要调节作用的物质。

填料通常有如下 4 种:

①金属填料。对不透明的物体,发射率 ε_r 与反射率 R 有如下关系:$\varepsilon_r=1-R$,即反射率越高,其发射率越低。为此,金属是热隐形涂料中最常用的,也是最重要的填料种类。常用的金属填料为 Al、Zn、Sn、Au 等,但多选性能优良、价廉易得的 Al。

②着色填料。为了满足可见光伪装的要求,着色填料也是红外隐形涂料的重要填料之一。

着色填料有:金属氧化物和氢氧化物、硫化物、硒化物、无机盐和有机填料等。着色填料粒子大小对隐形性能影响很大,一般认为其粒子尺寸应小于红外波长,大于近红外波长。这样填料既具有良好的红外透明性,又具有一定的可见光和近红外反射。

③半导体填料。金属填料虽有良好的红外发射特性,但不利于雷达隐形和可见光伪装,从理论上来说,通过选择适当的载流子浓度和迁移率以及等离子体频率,可以使半导体填料在红外频段有较低的发射率,而在微波和毫米波段具有较好的吸收率,从而能较好地兼顾雷达和红外隐形。最常见的掺杂半导体材料是 SnO_2 和 In_2O_3。

④黏合剂是影响涂料隐形性能的另一个基本因素。黏合剂还应具有红外低辐射率或高透明性能。有机黏合剂多为烯烃类,橡胶类以及其他聚合物(醇酸树脂、丙烯酸树脂、环氧树脂、聚氨酯)等。其中名为 Kraton 的一种粒度在 $8\sim14~\mu m$ 范围内,透明度可达 0.8 的聚合物是比较理想的有机黏合剂。

金属薄膜是最简单、有效的低发射率薄膜($\varepsilon_r<0.1$),其中有 Au、Ag、Cu 和 Al 等金属薄膜,尤以 Al 的光学性能最满意。

电解质/金属多层复合膜的典型结构是金属薄膜位于两半透明的介质层之间形成夹心结构。其厚度在 $10\sim100~\mu m$,发射率 ε_r 在 0.1 左右。中间层金属的厚度为 $10\sim40~\mu m$,其主要的作用是提供低的红外发射特性,而氧化物的半透明层主要是抑制反射和保护金属层。

总之,航空航天技术发展中,力学、材料科学、电子技术、自动控制、计算机等技术,及物理化学等基础学科等都发挥了重要作用,它们交叉渗透,产生了新的学科,使空天技术形成了完整的体系。航空航天技术所取得的巨大进展,对国民经济的众多部门和社会生活的许多方面都产生了重大影响,它还几乎可以左右军事政治力量的格局,甚至改变世界的面貌。

同时,空天技术又为人类科学技术的发展做出了重要贡献。例如:超声速飞行的实践,奠定了气动弹性力学和大气压飞行动力学的基础;各种科学卫星和空间探测器的发射发现了地球辐射带、地球磁层、地冕和太阳风,以及高能量的粒子和可能是黑洞的天体。载人航天器又为人类创造了一个具有特殊环境条件的天然实验室,可借以开展物理、化学、生物、医学、新材料及工艺的综合研究工作。所以,空天技术愈来愈被世界各国列为重要发展方向。我国在1986 年 3 月,党中央、国务院决定实施高技术研究发展计划(即 863 计划),之后又制定了 S-863 发展计划,确定了七大高新技术领域,其中,航空航天技术及新材料均被列为优先发展的领域。我们深信,空天技术与材料科学的有机结合,必将进一步推动我国航空航天事业的发展。

思考题与作业题

1. 航空航天领域对红外材料有哪些要求?
2. 目前研究中,较有前途的激光晶体有哪些?
3. 降低雷达散射截面的技术途径有哪些?

附　录

附表Ⅰ　非合金钢、低合金钢和合金钢合金元素规定含量界限值(GB/T 13304—2008)

合金元素	合金元素规定含量界限值/%		
	非合金钢	低合金钢	合金钢
Al	<0.10	—	≥0.10
B	<0.000 5	—	≥0.000 5
Bi	<0.10	—	≥0.10
Cr	<0.30	0.30~<0.50	≥0.50
Co	<0.10	—	≥0.10
Cu	<0.10	0.10~<0.50	≥0.50
Mn	<1.00	1.00~<1.40	≥1.40
Mo	<0.05	0.05~<0.10	≥0.10
Ni	<0.30	0.30~<0.50	≥0.50
Nb	<0.02	0.02~<0.06	≥0.06
Pb	<0.40	—	≥0.40
Se	<0.10	—	≥0.10
Si	<0.50	0.50~<0.90	≥0.90
Te	<0.10	—	≥0.10
Ti	<0.05	0.05~<0.13	≥0.13
W	<0.10	—	≥0.10
V	<0.04	0.04~<0.12	≥0.12
Zr	<0.05	0.05~<0.12	≥0.12
La系(每一种元素)	<0.02	0.02~<0.05	≥0.05
其他规定元素(S、P、C、N除外)	<0.05	—	≥0.05

注:La系元素含量,也可为混合稀土含量总量。

附表Ⅱ　常用结构钢退火及正火工艺规范

牌　号	相变温度/℃			退　火			正　火	
	A_{c1}	A_{c3}	A_{r1}	加热温度/℃	冷却	HBS	加热温度/℃	HBS
35	724	802	680	850~880	炉冷	≤187	860~890	≤191
45	724	780	682	800~840	炉冷	≤197	840~870	≤226
45Mn2	715	770	640	810~840	炉冷	≤217	820~860	187~241

牌　号	相变温度/℃			退　火			正　火	
	A_{c1}	A_{c3}	A_{r1}	加热温度/℃	冷却	HBS	加热温度/℃	HBS
40Cr	743	782	693	830～850	炉冷	≤207	850～870	≤250
35CrMo	755	800	695	830～850	炉冷	≤229	850～870	≤241
40MnB	730	780	650	820～860	炉冷	≤207	850～900	197～207
40CrNi	731	769	660	820～850	炉冷＜600 ℃		870～900	≤250
40CrNiMoA	732	774		840～880	炉冷	≤229	890～920	
65Mn	726	765	689	780～840	炉冷	≤229	820～860	≤269
60Si2Mn	755	810	700				830～860	≤254
50CrVA	752	788	688				850～880	≤288
20	735	855	680				890～920	≤156
20Cr	766	838	702	860～890	炉冷	≤179	870～900	≤270
20CrMnTi	740	825	650				950～970	156～207
20CrMnMo	710	830	620	850～870	炉冷	≤217	870～900	
38CrMoAl	800	940	730	840～870	炉冷	≤229	930～970	

附表 III　常用工具钢退火及正火工艺规范

牌　号	相变温度/℃			退　火			正　火	
	A_{c1}	A_{cm}	A_{r1}	加热温度/℃	等温温度/℃	HBS	加热温度/℃	HBS
T8A	730		700	740～760	650～680	≤187	760～780	241～302
T10A	730	800	700	750～770	680～700	≤197	800～850	255～321
T12A	730	820	700	750～770	680～700	≤207	850～870	269～341
9Mn2V	736	765	652	760～780	670～690	≤229	870～880	
9SiCr	770	870	730	790～810	700～720	197～241		
CrWMn	750	940	710	770～790	680～700	207～255		
GCr15	745	900	700	790～810	710～720	207～229	900～950	270～390
Cr12MoV	810		760	850～870	720～750	207～255		
W18Cr4V	820		760	850～880	730～750	207～255		
W6Mo5Cr4V2	845～880		805～740	850～870	740～750	≤255		
5CrMnMo	710	760	650	850～870	～680	197～241		
5CrNiMo	710	770	680	850～870	～680	197～241		
3Cr2W8V	820	1100	790	850～860	720～740			

附表IV　常用钢的回火温度与硬度对照表

钢牌号	淬火后回火前的硬度HRC	回火温度 t/℃											
		180±10	240±10	280±10	320±10	360±10	380±10	420±10	480±10	540±10	580±10	620±10	650±10
		回火后的硬度/HRC											
35	>50	51±2	47±2	45±2	43±2	40±2	38±2	35±2	33±2	28±2	250±2	220±2	
45	>55	56±2	53±2	51±2	48±2	45±2	43±2	38±2	34±2	30±2	HBS	HBS	
T8、T8A	>62	62±2	58±2	56±2	54±2	51±2	49±2	45±2	39±2	34±2	29±2	25±2	
T10、T10A	>62	63±2	59±2	57±2	55±2	52±2	50±2	46±2	41±2	36±2	30±2	26±2	
40Cr	>55	54±2	53±2	52±2	50±2	49±2	47±2	44±2	41±2	36±2	31±2	(260 HBS)	
50CrVA	>60	58±2	56±2	54±2	53±2	51±2	49±2	47±2	43±2	40±2	36±2		30±2
60Si2MnA	>60	60±2	58±2	56±2	55±2	54±2	52±2	50±2	44±2	35±2	30±2		
65Mn	>60	58±2	56±2	54±2	52±2	50±2	47±2	44±2	40±2	34±2	32±2	28±2	
5CrMnMo	>52	55±2	53±2	52±2	48±2	45±2	44±2	44±2	43±2	38±2	36±2	34±2	32±2
30CrMnSi	>48	48±2	48±2	47±2		43±2	42±2			36±2		30±2	26±2
GCr15	>62	61±2	59±2	58±2	55±2	53±2	52±1	50±2	51±2	41±2			
9SiCr	62	62±2	60±2	58±2	57±2	56±2	55±1	52±2	51±2	45±2		30±2	
CrWMn	62	61±2	58±2	57±2	55±2	54±2	52±2	50±2	46±2	44±2			
9Mn2V	62	60±2	58±2	56±2	54±2	51±2	49±1	41±2					
3Cr2W8V	≈48		59±2						46±2	48±2	48±2	48±2	41±2
Cr12	>62	62	62	60	57±2			55±2		52±2			45±2
Cr12MoV	>60	62	62			57±2				53±2			45±2
W18Cr4V	>62									>64			

注：①在盐浴炉中、淬火、在井式炉内回火。
②回火保温时间一般碳钢为60~90 min，合金钢为90~120 min。

附表 Ⅴ 低合金高强度结构钢新旧标准牌号对照表(参考件)

GB/T 1591—2008	GB/T 1591—1988
Q295	09MnV、09MnNb、09Mn2、12Mn
Q345	12MnV、14MnNb、16Mn、16MnRE、18Nb
Q390	15MnV、15MnTi、16MnNb
Q420	15MnVN、14MnVTiRE

附表 Ⅵ 铝合金热处理状态代号及意义

代号	说明与应用
F	自由加工状态,适用于在成型过程中,对于加工硬化和热处理条件无特殊要求的产品,该状态产品的力学性能不作规定
O	退火状态,适用于经完全退火获得最低强度的加工产品
H	加工硬化状态,适用于通过加工硬化提高强度的产品,产品在加工硬化后可经过(也可不经过)使强度有所降低的附加热处理,H 代号后面必须跟有两位或三位阿拉伯数字
W	固溶处理状态,一种不稳定状态,仅适用于经固溶热处理后,室温下自然时效的合金,该状态代号仅表示产品处于自然时效阶段
T	热处理状态,适用于执处理后,经过(或不经过)加工硬化达到稳定状态的产品
T0	固溶热处理后,经自然时效再通过冷加工状态;适用于经冷加工提高强度的产品
T1	由高温成型过程冷却,然后自然时效至基本稳定的状态适用于由高温成型过程冷却后,不再进行冷加工(可矫直、矫平,但不影响力学性能极限)的产品
T2	由高温成型过程冷却,经冷加工后自然时效至基本稳定的状态;适用于高温成型过程冷却后,进行冷加工或矫直、矫平以提高强度的产品
T3	固溶热处理后进行冷加工,再经自然时效至基本稳定的状态;适用于在固溶热处理后,进行冷加工或矫直、矫平以提高强度的产品
T31	固溶化热处理,并通过一定控制量的拉伸(恒定状态对于薄板为 0.5%～3%,对于板为 1.5%～3%,对于轧制的或冷精加工的棒或杆为 1%～3%,对于手锻件或环锻件和轧制环为 1%～5%),产品在拉伸后,不再作进一步的校直
T3510	固溶化热处理,并通过一定控制量的拉伸(恒定状态对于挤出的棒、杆、型材和管为 1%～3%,对于拉管为 0.5%～3%),并自然时效,产品在拉伸后不再做进一步的校直
T3511	除了允许在拉伸后做小量的校直,以便符合标准的公差这一点外,其余方面均与 T3510 相同
T352	固溶化热处理,通过压缩产生 1%～5%的恒定状态的变形,以消除应力,并自然时效
T354	固溶化热处理,通过在精锻模内再冲压至冷态,自然时效
T36	固溶化热处理,冷作约 6%,并自然时效
T37	固溶化热处理,冷作约 7%,并自然时效
T39	固溶化热处理并进行一定量的冷作,以得到所规定的力学性能,冷作可在自然时效以前或以后进行
T4	固溶热处理后自然时效至基本稳定的状态;适用于在固溶热处理后,不再进行冷加工(可进行矫直、矫平,但不影响力学性能极限)的产品

续附表 Ⅵ

代　号	说明与应用
T42	固溶化热处理,并进行自然时效,用于试验材料,从退火或回火进行固溶化热处理直到显示热处理特性,或用于产品,由用户从任何状态进行热处理的变形产品
T451	固溶化热处理,并通过一定控制量的拉伸(恒定状态对于薄板为 0.5%～3%,对于板为 1.5%～3%,对于轧制的或冷精加工的棒或杆为 1%～3%,对于手工锻件或轧制环为 1%～5%)以消除应力,并自然时效,产品在拉伸后不再做进一步的校直
T4510	固溶化热处理,并通过一定控制量的拉伸(恒定状态对于挤出的棒、杆、型材和管为 1%～3%,对于拉管为 0.5%～3%),以消除应力,并自然时效,产品在拉伸后不再做进一步的校直
T4511	除了允许在拉伸后做小量的校直,其余方面均与 T4510 相同
T452	固溶化热处理,通过压缩产生 1%～5%的恒定状态的变形,以消除应力,并自然时效
T454	固溶化热处理,通过在精锻模内再冲压至冷态,以消除应力,然后进行自然时效
T5	由高温成型过程冷却,然后人工时效的状态适用于由高温成型过程冷却后,不经过冷加工(可进行矫直、矫平,但不影响力学性能极限),予以人工时效的产品
T51	从一个高温成型过程冷却下来,并在时效不足的条件下进行人工时效以提高成型性
T56	从一个高温成型过程冷却下来,然后进行人工时效——通过对过程的控制来得到比 T5 更高的力学性能水平(6 系合金)
T6	固溶热处理后人工时效的状态;适用于在固溶热处理后,不再进行冷加工(可进行矫直、矫平,但不影响力学性能极限)的产品
T61	固溶化热处理,然后在时效不足的条件下进行人工时效以提高成型性
T6151	固溶化热处理,并通过一定控制量的拉伸(恒定状态对于薄板为 0.5%～3%,对于板为 1.5%～3%,)以消除应力,然后在时效不足的条件下人工时效,以提高其成型性,产品在拉伸后不再做进一步的校直
T6510	固溶化热处理,并通过一定控制量的拉伸(恒定状态对于挤出的棒、杆、型材和管为 1%～3%,对于拉管为 0.5%～3%),以消除应力,并人工时效,产品在拉伸后不再做进一步的校直
T6511	除了允许在拉伸后做小量的校直,其余方面均与 T6510 相同
T652	固溶化热处理,通过压缩产生 1%～5%的恒定状态的变形,以消除应力,并人工时效
T654	固溶化热处理,通过在精锻模内再冲压至冷态,以消除应力,然后进行人工时效
T66	固溶化热处理,然后进行人工时效——通过对过程的控制来得到比 T6 更高的力学性能水平(6 系合金)
T7	固溶热处理后进行过时效的状态;适用于固溶热处理后,为获取某些重要特征,在人工时效时,强度在时效曲线上越过了最高峰点的产品
T73	适用于固溶热处理后,经时效以达到规定的力学性能和抗应力腐蚀性能指标的产品
T732	固溶化热处理,然后人工过度时效,以便得到最好的抵抗应力腐蚀的性能,用于试验材料,从退火或回火进行固溶化热处理直到显示热处理特性,或用于产品,由用户从任何状态进行热处理的变形产品
T7351	固溶化热处理,并通过一定控制量的拉伸(恒定状态对于薄板为 0.5%～3%,对于板为 1.5%～3%,对于轧制的或冷精加工的棒或杆为 1%～3%,对于手工锻件或轧制环为 1%～5%)以消除应力,然后进行人工过度时效,以便得到最好的抵抗应力腐蚀的性能,产品在拉伸后不再做进一步的校直

代　号	说明与应用
T73510	固溶化热处理,并通过一定控制量的拉伸(恒定状态对于挤出的棒、杆、型材和管为1%～3%,对于拉管为0.5%～3%),以消除应力,然后进行人工过度时效,以便得到最好的抵抗应力腐蚀的性能,产品在拉伸后不再做进一步的校直
T73511	除了允许在拉伸后做小量的校直,以便符合标准的公差这一点外其余方面均与T73510相同
T7352	固溶化热处理,通过压缩产生1%～5%的恒定状态的变形,以消除应力,并进行人工过度时效,以便得到最好的抵抗应力腐蚀的性能
T7354	固溶化热处理,通过在精锻模内再冲压至冷态,以消除应力,然后进行人工过度时效,以便得到最好的抵抗应力腐蚀的性能
T74	固溶化热处理,然后进行人工过度时效(在T73与T76之间)
T7451	固溶化热处理,并通过一定控制量的拉伸(恒定状态对于薄板为0.5%～3%,对于板为1.5%～3%,对于轧制的或冷精加工的棒或杆为1%～3%,对于手工锻件或轧制环为1%～5%)以消除应力,然后进行人工过度时效(在T73与T76之间),以便得到最好的抵抗应力腐蚀的性能,产品在拉伸后不再做进一步的校直
T74510	固溶化热处理,并通过一定控制量的拉伸(恒定状态对于挤出的棒、杆、型材和管为1%～3%,对于拉管为0.5%～3%),以消除应力,然后进行人工过度时效(在T73与T76之间),以便得到最好的抵抗应力腐蚀的性能,产品在拉伸后不再做进一步的校直
T74511	除了允许在拉伸后做小量的校直,以便符合标准的公差这一点外其余方面均与T74510相同
T7452	固溶化热处理,通过压缩产生1%～5%的恒定状态的变形,以消除应力,并进行人工过度时效(在T73与T76之间)
T7454	固溶化热处理,通过在精锻模内再冲压至冷态,以消除应力,然后进行人工过度时效(在T73与T76之间)
T76	固溶化热处理,然后进行人工过度时效,以得到抵抗脱皮腐蚀的性能
T761	固溶化热处理,然后进行人工过度时效,以得到抵抗脱皮腐蚀的性能(用于7475薄板和带)
T762	固溶化热处理,然后进行人工过度时效,以得到抵抗脱皮腐蚀的性能,用于试验材料,从退火或回火进行固溶化热处理直到显示热处理特性,或用于产品,由用户从任何状态进行热处理的变形产品
T7651	固溶化热处理,并通过一定控制量的拉伸(恒定状态对于薄板为0.5%～3%,对于板为1.5%～3%,对于轧制的或冷精加工的棒或杆为1%～3%,对于手工锻件或轧制环为1%～5%)以消除应力,然后进行人工过度时效,以便得到最好的抵抗脱皮腐蚀的性能,产品在拉伸后不再做进一步的校直
T76510	固溶化热处理,并通过一定控制量的拉伸(恒定状态对于挤出的棒、杆、型材和管为1%～3%,对于拉管为0.5%～3%),以消除应力,然后进行人工过度时效,以便得到最好的抵抗脱皮腐蚀的性能,产品在拉伸后不再做进一步的校直
T76511	除了允许在拉伸后做小量的校直,以便符合标准的公差这一点外其余方面均与T76510相同
T7652	固溶化热处理,通过压缩产生1%～5%的恒定状态的变形,以消除应力,并进行人工过度时效,以便得到最好的抵抗脱皮腐蚀的性能
T7654	固溶化热处理,通过在精锻模内再冲压至冷态,以消除应力,然后进行人工过度时效,以便得到最好的抵抗脱皮腐蚀的性能
T79	固溶化热处理,然后进行人工过度时效(很有限的过度时效)

代　号	说明与应用
T79510	固溶化热处理,并通过一定控制量的拉伸(恒定状态对于挤出的棒、杆、型材和管为1%～3%,对于拉管为0.5%～3%),以消除应力,然后进行人工过度时效(很有限的过度时效),产品在拉伸后不再做进一步的校直
T79511	除了允许在拉伸后做小量的校直,以便符合标准的公差这一点外其余方面均与T79510相同
T8	固溶热处理后经冷加工,然后进行人工时效的状态;适用于经冷加工或矫直、矫平以提高强度的产品
T81	固溶热处理后经冷加工约1%,然后进行人工时效的状态
T82	由用户进行固溶化热处理,进行最小恒定变形量是2%的控制拉伸,然后进行人工时效(8090合金)
T832	固溶化热处理,冷作加工至一定的控制量,然后进行人工时效(用于6063拉制的管)
T841	固溶化热处理,冷作加工,然后进行人工不足时效(合金2091和8090薄板和带)
T84151	固溶化热处理,通过进行恒定变形量为1.5～3%的控制拉伸,以消除应力,然后进行人工不足时效(2091和8090合金的板)
T851	固溶化热处理,并通过一定控制量的拉伸(恒定状态对于薄板为0.5%～3%,对于板为1.5%～3%,对于轧制或冷精加工的棒或杆为1%～3%,对于手工锻件或轧制环为1%～5%)以消除应力,然后进行人工时效,产品在拉伸后不再做进一步的校直
T8510	固溶化热处理,并通过一定控制量的拉伸(恒定状态对于挤出的棒、杆、型材和管为1%～3%,对于拉管为0.5%～3%),以消除应力,然后进行人工时效,产品在拉伸后不再做进一步的校直
T8511	除了允许在拉伸后做小量的校直,以便符合标准的公差这一点外其余方面均与T8510相同
T852	固溶化热处理,通过压缩产生1%～5%的恒定状态的变形,以消除应力,并进行人工时效
T854	固溶化热处理,通过在精锻模内再冲压至冷态,以消除应力,然后进行人工时效
T86	固溶化热处理,进行约6%的冷作加工,然后进行人工时效
T87	固溶化热处理,进行约7%的冷作加工,然后进行人工时效
T89	固溶化热处理,进行一个适量的冷作加工,以便得到所规定的力学性能,然后进行人工时效
T9	固溶热处理后人工时效,然后进行冷加工的状态;适用于经冷加工提高强度的产品
T10	由高温成型过程冷却后,进行冷加工,然后人工时效的状态适用于经冷加工或矫直、矫平以提高强度的产品
F	制造状态(未规定有力学性能极限)
O	退火的产品在经过热成型方法之后,得到所要求的退火性能可用O回火表示
O1	其热处理采用大致上相同于固溶处理的温度和时间,并缓慢冷却至室温
O2	热——机械加工的以提高成型性,例如超塑性成型(SPF)
O3	均质处理
H12	形变硬化的——1/4
H14	形变硬化的——1/2
H16	形变硬化的——3/4
H18	形变硬化的——4/4
H19	形变硬化的——超硬的

代　号	说明与应用
H××4	用于浮雕的或模后的薄板或带,有相对应的 H××
H××5	形变硬化的——用于焊接管
H111	退火并在以后的操作,例如拉伸或整平的过程中进行轻度的加工硬化(比 H11 轻)
H112	从一个高温加工过程,或是从一个有限的冷却中受到轻度的加工硬化(未规定有力学性能极限)
H116	用于镁含量在 4% 及以上的铝镁合金,对于这种合金规定了力学性能极限,以及抵抗脱皮腐蚀的性能
H22	形变硬化并部分退火——1/4 硬的
H24	形变硬化并部分退火——1/2 硬的
H26	形变硬化并部分退火——3/4 硬的
H28	形变硬化并部分退火——4/4 硬的(充分硬化)
H32	形变硬化并稳定化的——1/4 硬的
H34	形变硬化并稳定化的——1/2 硬的
H36	形变硬化并稳定化的——3/4 硬的
H38	形变硬化并稳定化的——4/4 硬的(充分硬化)
H42	形变硬化并刷涂料或漆的——1/4 硬的
H44	形变硬化并刷涂料或漆的——1/2 硬的
H46	形变硬化并刷涂料或漆的——3/4 硬的
H48	形变硬化并刷涂料或漆的——4/4 硬的(充分硬化)

参考文献

[1] 傅恒志，朱明，杨尚勤. 空天技术与材料科学[M]. 北京：清华大学出版社，2000.

[2] 许德珠. 机械工程材料[M]. 北京：高等教育出版社，1992.

[3] 郑明新. 工程材料[M]. 北京：清华大学出版社，1991.

[4] 戴枝荣. 工程材料[M]. 北京：高等教育出版社，1992.

[5] 张继世，刘江. 金属表面工艺[M]. 北京：机械工业出版社，1995.

[6] 王忠. 工程材料[M]. 北京：清华大学出版社，2005.

[7] 郝建民. 工程材料[M]. 西安：西北工业大学出版社，2003.

[8] 徐自立. 工程材料[M]. 武汉：华中科技大学出版社，2003.

[9] 史美堂. 金属材料及热处理[M]. 上海：上海科学技术出版社，1980.

[10] 郑明新. 工程材料[M]. 北京：清华大学出版社，1983.

[11] 郑明新. 工程材料[M]. 2版. 北京：清华大学出版社，1991.

[12] 沈莲. 机械工程材料[M]. 北京：机械工业出版社，1990.

[13] 朱荆璞，张德惠. 机械工程材料学[M]. 北京：机械工业出版社，1988.

[14] 王焕庭，李芋华. 机械工程材料[M]. 大连：大连理工大学出版社，1988.

[15] 吴维利，庄和铃. 机械工程材料[M]. 上海：上海交通大学出版社，1988.

[16] 王健安. 金属学及热处理[M]. 北京：机械工业出版社，1980.

[17] 王运炎. 金属材料及热处理[M]. 北京：机械工业出版社，1984.

[18] 李成功，傅恒志，于翘. 航空航天材料[M]. 北京：国防工业出版社，2002.